高等职业教育制造类专业基础课规划教材

国家示范性高职院校建设项目成果

机械图样的识读与绘制

（第二版）

奚旗文 主 编

周家泽 主 审

電子工業出版社

Publishing House of Electronics Industry

北京 • BEIJING

内 容 简 介

本书是适应高等职业教育的迅速发展，结合高等职业院校的“示范性建设”、“专业建设”及“课程建设”，按高等职业教育的教学计划和教学大纲编写而成的。

全书共五个学习情境，分别是机械图样的识读与绘制基础、绘制几何图形、绘制常用件的图样、识读和绘制典型零件图、识读和绘制装配图等内容，将高等职业教育所要求的机械制图教学内容有机地串联起来，采用了大量的切合实际的新颖图例。全书积极推广和运用最新的《技术制图》、《机械制图》等国家标准，内容丰富。

本书可作为高等职业院校、高等专科学校、成人教育学院等院校的机械制图课程的基础教材，也可供职工培训使用及有关工程技术人员参考。

图书在版编目（CIP）数据

机械图样的识读与绘制 / 奚旗文主编．—2 版．—北京：电子工业出版社，2016. 8

ISBN 978-7-121-29018-3

Ⅰ. ①机… Ⅱ. ①奚… Ⅲ. ①机械图—识图—高等学校—教材②机械制图—高等学校—教材 Ⅳ. ①TH126

中国版本图书馆 CIP 数据核字（2016）第 128759 号

策划编辑：朱怀永
责任编辑：底　波
印　　刷：三河市双峰印刷装订有限公司
装　　订：三河市双峰印刷装订有限公司
出版发行：电子工业出版社
　　　　　北京市海淀区万寿路 173 信箱　邮编　100036
开　　本：787×1 092　1/16　印张：16　字数：409.6 千字
版　　次：2012 年 8 月第 1 版
　　　　　2016 年 8 月第 2 版
印　　次：2016 年 8 月第 1 次印刷
定　　价：35.80 元

凡所购买电子工业出版社图书有缺损问题，请向购买书店调换。若书店售缺，请与本社发行部联系，联系及邮购电话：（010）88254888，88258888。

质量投诉请发邮件至 zlts@phei.com.cn，盗版侵权举报请发邮件至 dbqq@phei.com.cn。

本书咨询联系方式：zhy@phei.com.cn。

第二版 前 言

本书积极响应教育部倡导的职业教育改革精神，并结合国家高等职业院校建设思路和校企合作教学的经验，在课程改革实践的基础上，以基于工作过程为导向的思路及传统制图教学积累的经验编写了本书。

在教材编写的过程中，贯彻了以下编写原则：

（1）结合高等职业教育在人才培养方面的成功经验和教学成果，以国家职业技能标准及高职高专机械制图教学基本要求为依据，强调读图和绘图。

（2）充分采用最新的《技术制图》、《机械制图》等国家新标准。理论以“必需、够用、适用”为度，减少线面及交线等方面的理论知识，降低学习的起点，加强动手能力及空间想象力的培养，加强技能训练。

（3）为了提高学生的学习积极性，一方面，大量采用实际案例，尽量采用图文信息；另一方面，尽可能地采用任务引领、过程导向，并结合实践情境，将制图的教学内容及资源分成若干知识点放入学习情境中，以便学生高效率地学习、提炼与归纳。

本教材主题内容分为五个部分：学习情境一，机械图样的识读与绘制基础；学习情境二，绘制几何图形；学习情境三，绘制常用件的图样；学习情境四，识读和绘制典型零件图；学习情境五，识读和绘制装配图。每个学习情境又按知识点分解为若干任务，涵盖高职学生所必须掌握的制图理论与技能。

参加本教材编写及修订的有：武汉职业技术学院奚旗文（任主编，编写绪论、学习情境一、学习情境二、学习情境五），武汉职业技术学院李晶、周治荣（编写学习情境三），武汉职业技术学院艾小玲（编写学习情境四），烟台海军航空工程学院任云（编写学习情境二任务五中部分内容）。全书由奚旗文统稿。

本书由武汉职业技术学院周家泽教授任主审，武汉职业技术学院机电学院的图学教师对第一版提出了许多宝贵意见和建议，在此一并表示衷心的感谢。

本次再版，虽然意在使之成为更实用的应用型、技能型人才培养教材，但限于编者的水平，书中仍然难免存在缺点和疏漏，恳请使用本书的师生和其他读者批评指正。

编　者

2016 年 7 月

目　录

绪　论

本课程主要研究机械图样的绘制和识读的规律与方法，是一门机械设计制造类专业必修的、实践性较强的主干技术基础课。绘制和识读机械图样是机类、近机类专业学生毕业后，其工作岗位要求必备的技能之一。该课程的主要任务是为学生能在短期内正确识读和绘制一般复杂程度的机械图样提供必要的理论基础、方法和技术，并为后续学习其他专业相关课程及发展自身的职业能力打下必要的基础。

一、课程研究的对象和内容

本课程研究的对象是机器及其零部件的图样，是根据投影法绘制和识读机器或零部件的图样，并解决空间几何问题的理论和方法的一门技术基础课程。

图样是根据投影原理、技术标准或有关规定表示工程对象，并配有必要的技术说明等内容的图。它广泛应用于机械、建筑、电子、船舶等行业。它是表达设计意图和交流技术思想的工具，是加工、检验和维修时的重要依据，是工程技术界的通用语言。机械图样是图样中应用最多的一种。

在实际工作中，工程技术人员通过机械图样告诉别人“想制造什么样的零部件或机器”，又通过机械图样读懂“别人想制造什么样的零部件或机器”。技术人员根据国家标准规定和相关技术文件，正确识读客户或技术生产部门提供的图样；或者依据设计思想、零部件实物，按照相关国家制图标准，以小组或独立的工作形式，正确地使用绘图仪器、相关测量工具绘制出符合国家标准及客户要求的图样。

工程图的识读和绘制既有系统的理论基础，又有较强的实践性。其主要内容有：

① 制图基本知识——制图的国家标准及一般规定、绘图方法和基本技能。

② 几何图形——平面图形、正投影与三视图、轴测图、零件的基本视图、机件常用的表达方案。

③ 机械图样——常用机件及结构要素的画法和标注，零件图和装配图的绘制、识读及各种技术要求的标识。

二、课程的性质和任务

本课程是高等职业技术教育和高等工程专科教育机类及近机类专业的一门主干技术基础课，是学生学习后续课程和完成课程设计或毕业设计不可或缺的基础。通过学习，可使学生掌握绘图和识读机械图样的基本技能与方法，并具备一定的空间想象能力。

学习本课程的主要任务是：

① 熟练识读和绘制中等复杂程度、符合制图国家标准及生产要求的机械零件图，内

容包括结构图形、尺寸、技术要求等。

② 熟练识读和绘制中等复杂程度、符合制图国家标准及生产要求的装配图，内容包括图形、尺寸、技术要求、明细栏等。

③ 培养和发展学生的空间想象能力和构思能力；培养认真负责的工作态度和严谨细致的工作作风。

三、课程的学习方法

① 本课程既有理论，又具有较强的实践性。它的核心内容是学习如何用二维平面图形来表达三维空间形体，以及由二维平面图形想象三维空间形体的结构形状。因此，学习本课程的重要方法是将物体的投影与其空间形状紧密地联系起来，不断地由物绘图，由图想物，逐步提高空间逻辑思维能力和形象思维能力。

② 本课程实践性很强。在掌握基本理论和方法的基础上，必须做到学与练相结合，多做相应的习题。通过画图训练来促进识图能力的培养。

③ 机械图样既然是工程界交流的技术语言，就应遵循相关国家标准或 ISO 标准。因此，在学习过程中应树立严格遵守相关标准的观念，贯彻执行国家标准、宣传国家标准。

最新的《技术制图》国家标准主要有：

- GB/T 10609.1—2008　技术制图　标题栏；
- GB/T 14689—2008　技术制图　图纸幅面和格式；
- GB/T 14692—2008　技术制图　投影法；
- GB/T 17453—2005　技术制图　图样画法　剖面区域的表示法。

最新的《机械制图》国家标准主要有：

- GB/T 4457.4—2002　机械制图　图样画法　图线；
- GB/T 4458.1—2002　机械制图　图样画法　视图；
- GB/T 4458.2—2003　机械制图　装配图中零、部件序号及其编排方法；
- GB/T 4458.4—2003　机械制图　尺寸注法；
- GB/T 4458.5—2003　机械制图　尺寸公差与配合注法；
- GB/T 4458.6—2002　机械制图　图样画法　剖视图和断面图；
- GB/T 4459.2—2003　机械制图　齿轮表示法；
- GB/T 1182—2008　产品几何技术规范（GPS）几何公差、形状、方向、位置和跳动公差标注；
- GB/T 131—2006　产品几何技术规范（GPS）技术产品文件中表面结构的表示法。

学习情境一

机械图样的识读与绘制基础

【提要】 本学习情境主要介绍机械图样的识别，国家标准《技术制图》和《机械制图》的最新规定。

任务一　认知机械图样

知识点:

* 机械图样的概念;
* 机械图样的分类;
* 零件图与装配图的区别;
* 机器、部件、零件的概念及其相互关系。

技能点:

* 能正确区分零件图和装配图。

一、任务描述

在机械加工的实践中，最常见的技术文件是各种图样。所谓图样就是利用投影原理将研究对象的图形和相关说明等表达在图纸上而得到的图形。工人以图样为依据加工零件，将零件按要求装配成部件或机器。如图 1-1 所示为千斤顶的直观图，图 1-2 所示为千斤顶的装配图，图 1-3 所示为千斤顶支座的直观图，图 1-4 所示为千斤顶支座的零件图。

从机器、部件到装配图，是立体与平面图形间的转换。再如图 1-5 所示机用虎钳，其装配图如图 1-6 所示。

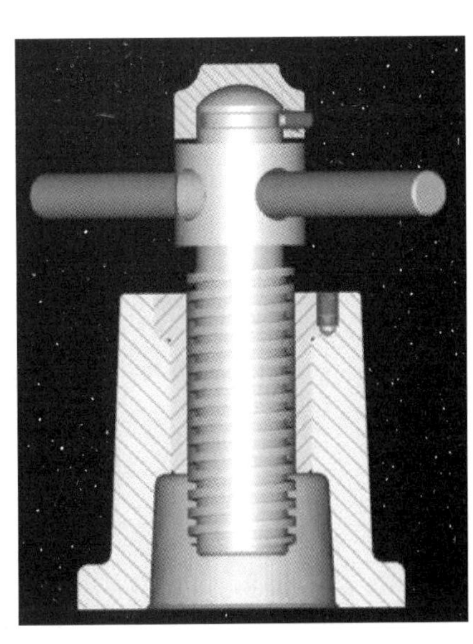

图 1-1　千斤顶的直观图

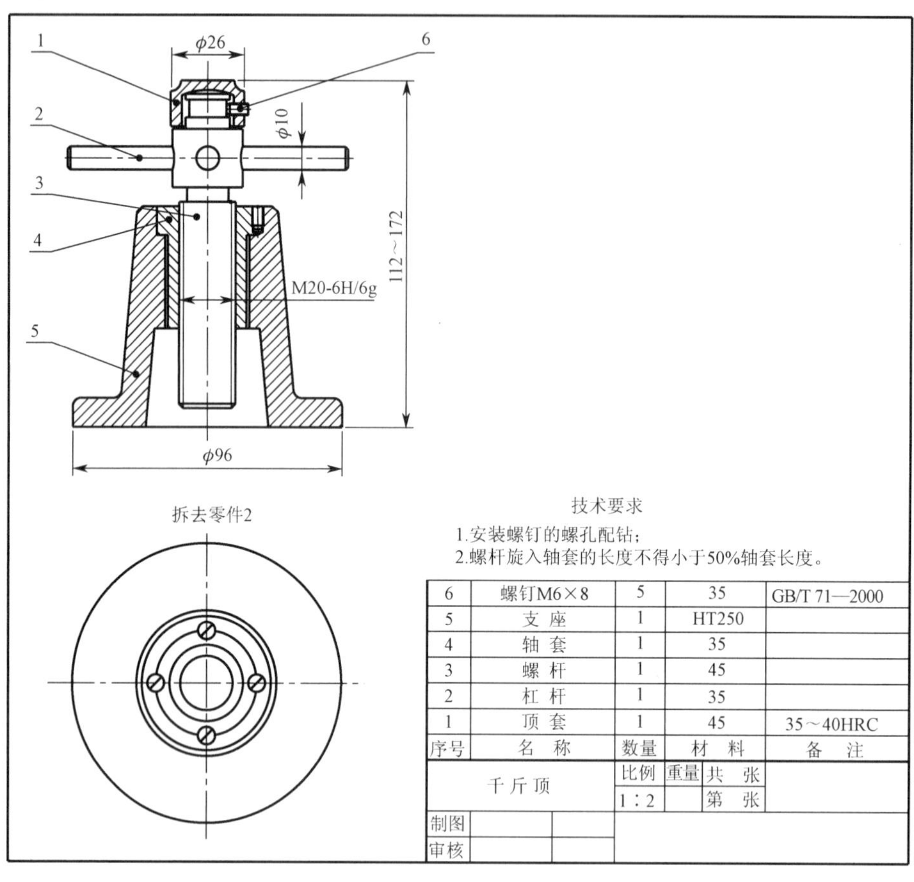

6	螺钉M6×8	5	35	GB/T 71—2000
5	支 座	1	HT250	
4	轴 套	1	35	
3	螺 杆	1	45	
2	杠 杆	1	35	
1	顶 套	1	45	35～40HRC
序号	名 称	数量	材 料	备 注

千斤顶	比例	重量	共 张	
	1∶2		第 张	
制图				
审核				

图 1-2 千斤顶的装配图

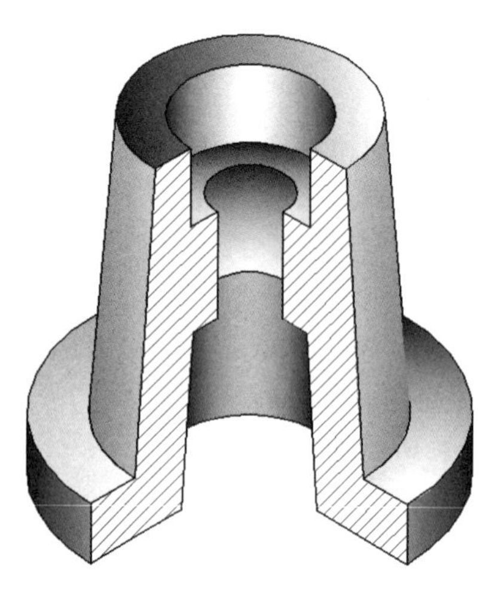

图 1-3 千斤顶支座的直观图

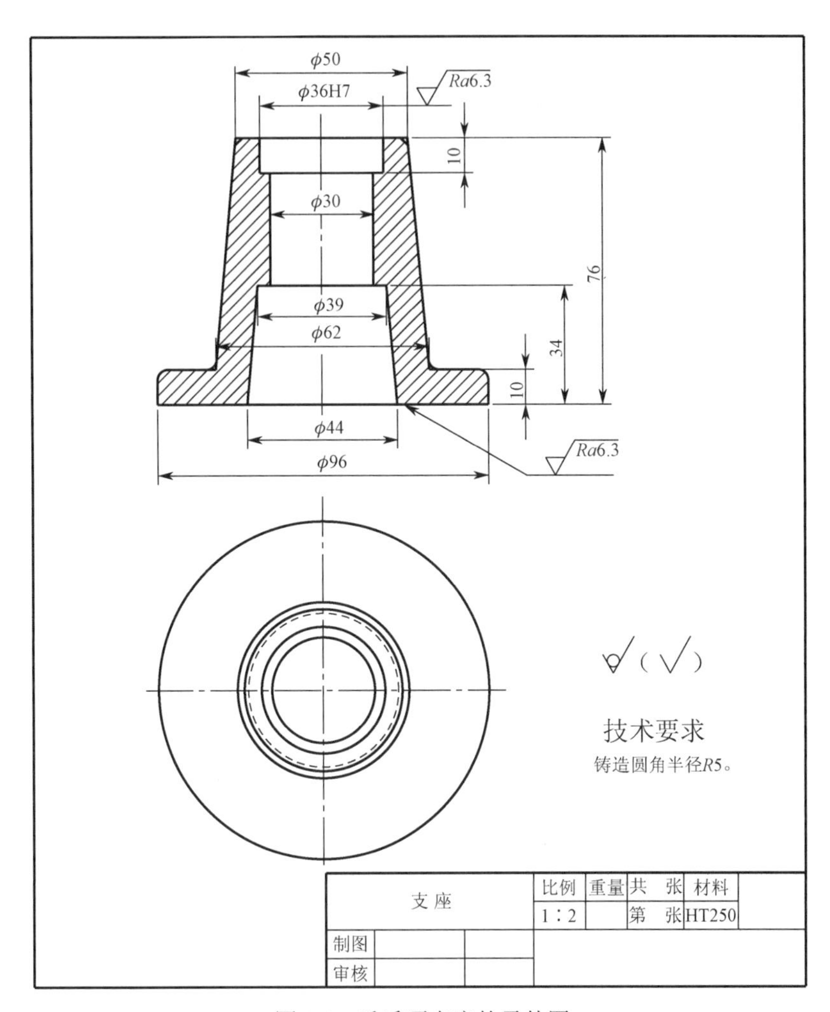

图 1-4　千斤顶支座的零件图

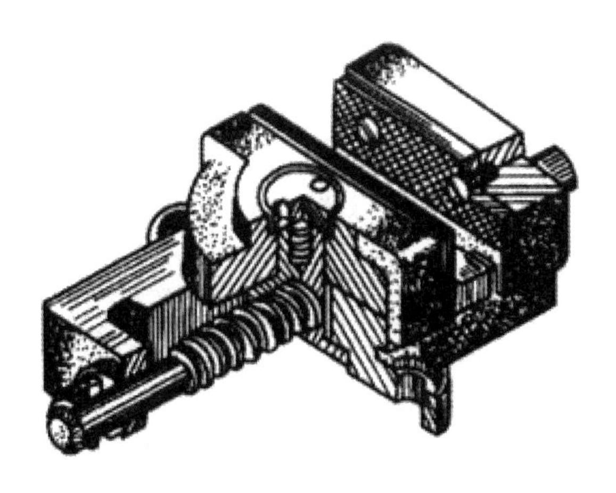

图 1-5　机用虎钳直观图

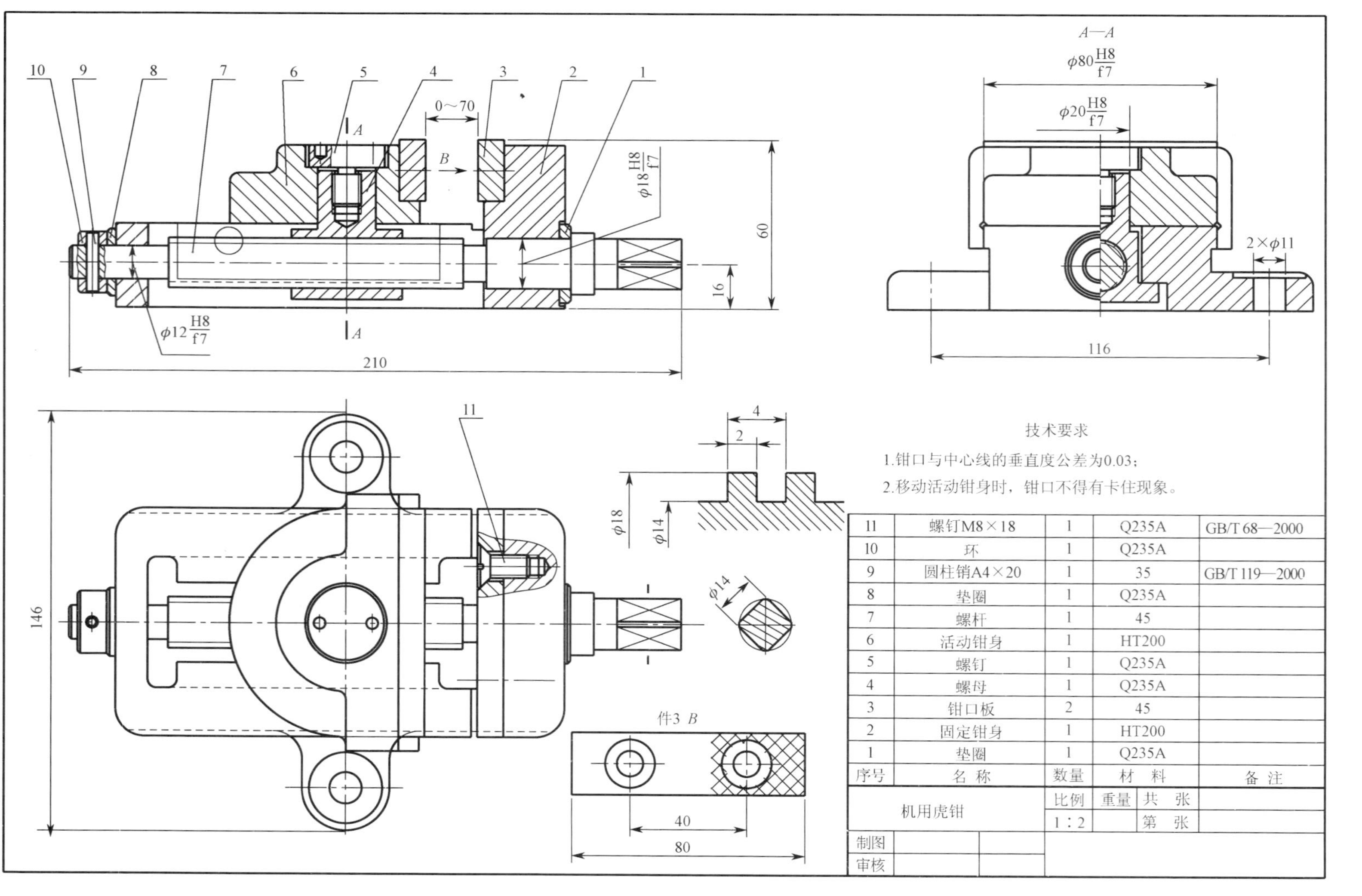

序号	名称	数量	材料	备注
11	螺钉M8×18	1	Q235A	GB/T 68—2000
10	环	1	Q235A	
9	圆柱销A4×20	1	35	GB/T 119—2000
8	垫圈	1	Q235A	
7	螺杆	1	45	
6	活动钳身	1	HT200	
5	螺钉	1	Q235A	
4	螺母	1	Q235A	
3	钳口板	2	45	
2	固定钳身	1	HT200	
1	垫圈	1	Q235A	

机用虎钳	比例	重量	共 张
	1：2		第 张
制图			
审核			

图1-6 机用虎钳装配图

二、任务执行

机械图样是工程图样中应用最多的一种。

机械图样分为零件图和装配图。

表达单个独立的、不能再拆卸的机件的机械图样称为零件图。它包含的内容有一组图形、完整的尺寸、技术要求和标题栏。

表达由多个零件组成的部件或机器的机械图样称为装配图。它包含的内容有一组图形、必要的尺寸、技术要求、标题栏、零件序号和明细栏。

零件图与装配图的区别如下：

① 零件图的图形只反映单个机件的结构形状；而装配图的图形反映多个机件所组成的机器或部件的结构形状、工作原理和装配关系。

② 零件图中没有明细栏，不标零件序号；装配图则相反。

机器、部件、零件三者与装配图、零件图的关系如图 1-7 所示。

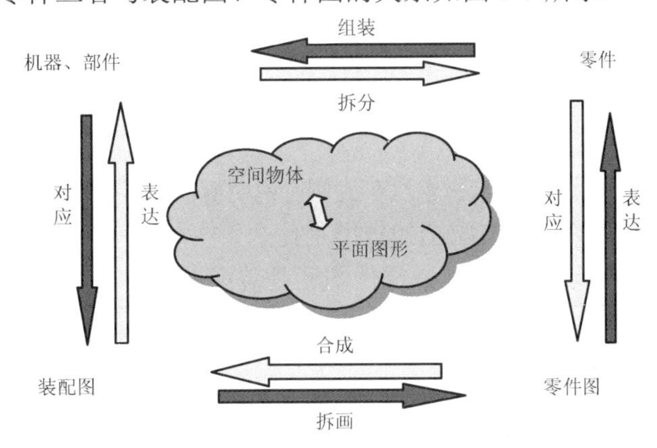

图 1-7　机器、部件、零件三者与装配图、零件图的关系

三、知识链接与巩固

图 1-8 所示为 C616-1B 车床，图 1-9 所示为小汽车，它们都是机器。所谓机器就是由零件和部件组成的可以做功或有特定作用的装置或设备。

机器都是由部件和零件组合而成的。如图 1-8 所示车床中有许多部件，如床头箱、机床尾座等；也有许多零件，如机床尾座中有锁紧扳手、尾座体、顶芯等。

图 1-8　C616-1B 车床

图 1-9　小汽车

课堂思考与练习：

1．以上述千斤顶、虎钳、车床和小汽车为例，说明机器、零件与装配图、零件图的关系。
2．判定图纸是零件图还是装配图的依据是什么？
3．判别如图 1-10 所示机械图样是零件图还是装配图。

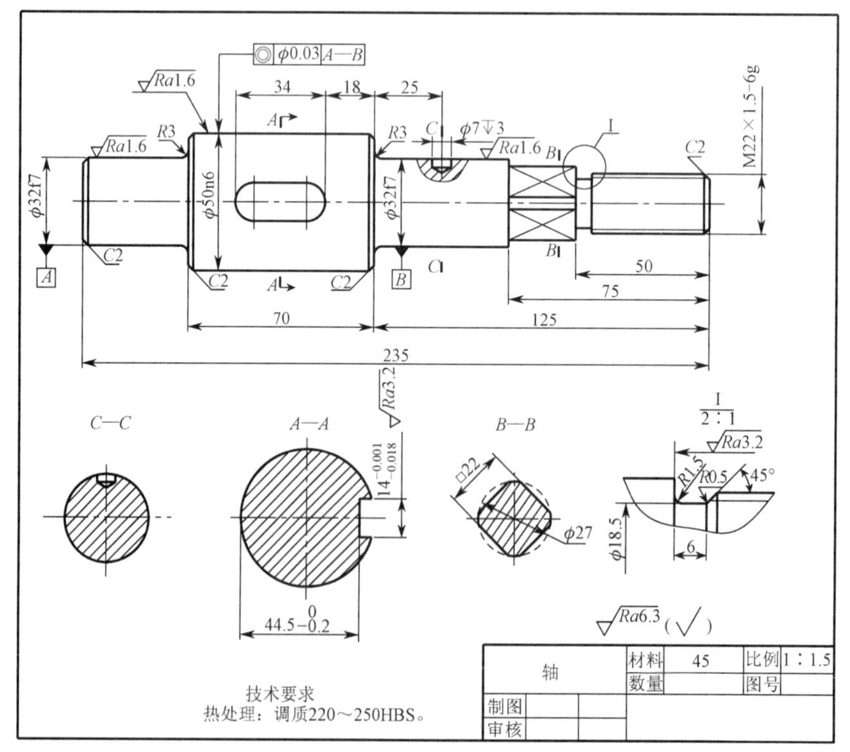

（a）

图 1-10　机械图样

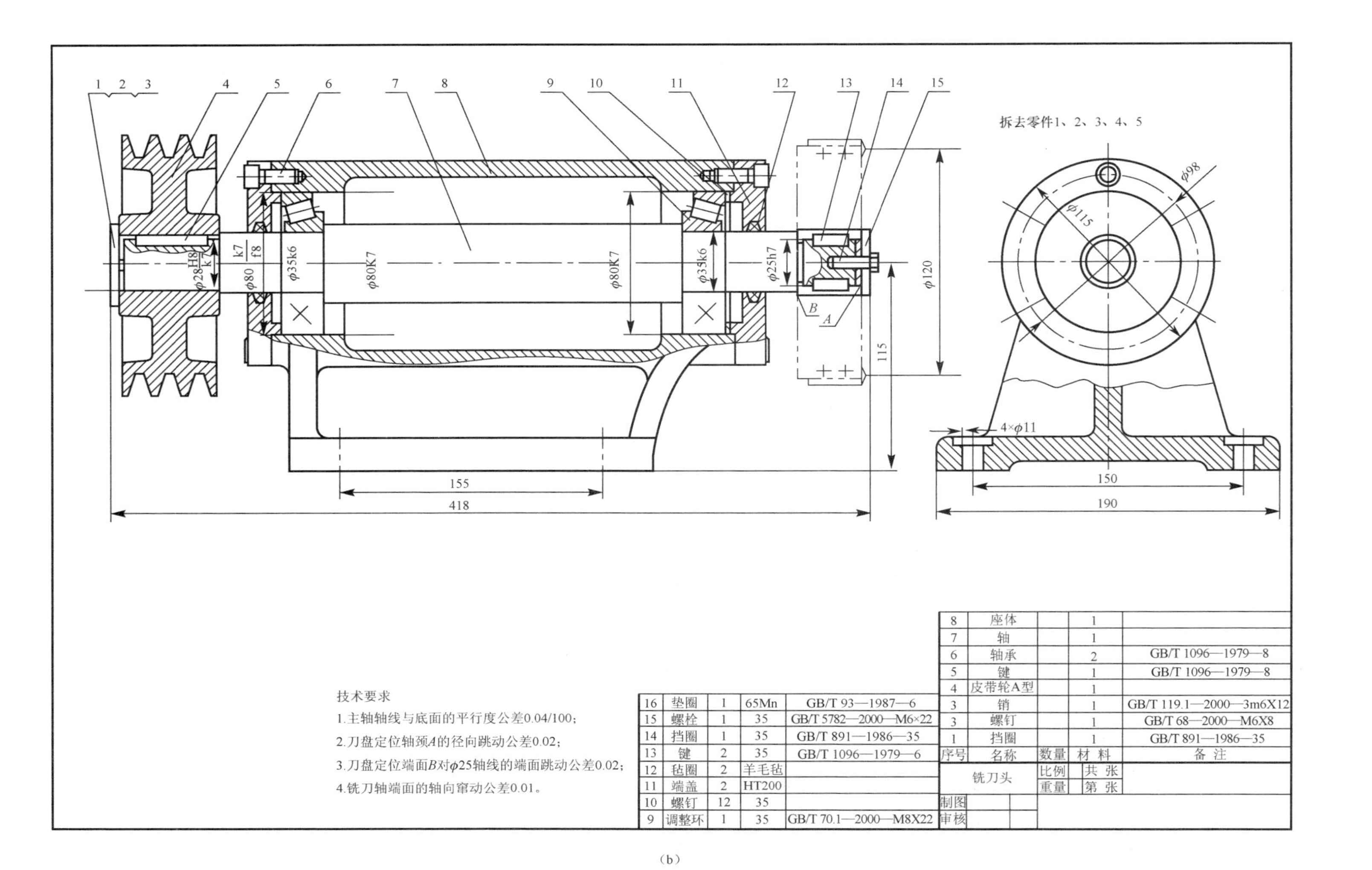
1 2 3
4
5
6
7
8
9
10
11
12
13
14
15
拆去零件1、2、3、4、5
φ98
φ115
4×φ11
150
190
φ120
115
φ28 H8/k7
φ80 k7/f8
φ35k6
φ80K7
φ80K7
φ35k6
φ25h7
B
A
155
418
技术要求
1.主轴轴线与底面的平行度公差0.04/100;
2.刀盘定位轴颈A的径向跳动公差0.02;
3.刀盘定位端面B对φ25轴线的端面跳动公差0.02;
4.铣刀轴端面的轴向窜动公差0.01。
16 垫圈 1 65Mn GB/T 93—1987—6
15 螺栓 1 35 GB/T 5782—2000—M6×22
14 挡圈 1 35 GB/T 891—1986—35
13 键 2 35 GB/T 1096—1979—6
12 毡圈 2 羊毛毡
11 端盖 2 HT200
10 螺钉 12 35
9 调整环 1 35 GB/T 70.1—2000—M8X22
8 座体 1
7 轴 1
6 轴承 2 GB/T 1096—1979—8
5 键 1 GB/T 1096—1979—8
4 皮带轮A型 1
3 销 1 GB/T 119.1—2000—3m6X12
3 螺钉 1 GB/T 68—2000—M6X8
1 挡圈 1 GB/T 891—1986—35
序号 名称 数量 材料 备注
铣刀头 比例 共 张 重量 第 张
制图
审核

（b）

图1-10　机械图样（续）

任务二　认知制图国家标准

知识点:

* 机械制图国家标准的内容。

技能点:

* 能正确判别机械图样中不符合国家标准的错误;
* 能正确运用制图国家标准进行制图。

一、任务描述

“工程图样”被形象地喻为“工程技术界的语言”，足见其对于工程或技术的重要性，所以，要搞好产品的设计生产或交流贸易，首先要学好“工程图样”的生成原理、绘制标准及技巧。而机械图样是设计和制造机械过程中的重要资料，它使用的标准是制图国家标准。

制图国家标准是国内绘制工程技术图样的根本依据。它分为《国家标准 技术制图》和《国家标准 机械制图》。机械制图标准属于专业制图标准的范畴。无论在国际还是国内，机械制图标准均是各类制图标准的代表。所谓标准就是“对重复性事物和概念所作的统一规定。它以科学、技术和实践经验的综合成果为基础，经有关方面协调一致，由主管机构批准。以特定形式发布，作为共同遵守的准则和依据”。

我国的制图标准主要是借鉴苏联的制图标准。1956 年，第一机械工业部发布了《机械制图》部颁标准，它主要参照了苏联 1952 年颁发的机械制图标准，结合中国的实际，做了少量的修改和增补。1959 年，国家科学技术委员会批准发布了 GB 122～141—1959《国家标准 机械制图》。1970 年和 1974 年，国家对《国家标准 机械制图》进行了两次修订。

1984 年，我国又对《国家标准 机械制图》进行了一次较系统的修订，即 1985 版。这次修订既考虑了本国的实际情况，也考虑了向 ISO 标准靠拢的因素。例如，17 项标准中有 7 项等效采用了 ISO 的相关标准，6 项参照采用了 ISO 的相关标准，当时在国际上还是比较先进的。但此标准仍较多地考虑了国内实用的因素，有些标准与 ISO 标准依然存在较大的差距。

中国现行制图标准的体系是 1989 年开始至 2008 年，即 2008 版本。它由中国标准化管理委员会（SAC）第 146 技术委员会（TC146）复审及制修订，制修订的宗旨是尽量向 ISO 制图标准靠拢。这次制修订将其中的一批共性的内容制修订成技术制图标准。

我国的技术标准分为国家级、行业级、地方级和企业级。国家标准是对全国经济、技术发展和生产等有重要意义而又必须在全国范围内统一的标准，国家标准的代号为“GB”或“GB/T”。国家标准的基本格式如图 1-11 所示。

GB/T	4457.4	—2002	机械制图	图样画法	图线
代号属性	序号	年号	引导要素	主体要素	补充要素

图 1-11　国家标准的基本格式

国家标准基本上分为强制性标准（用 GB 表示）和推荐性标准（用 GB/T 表示）两种。1988 年以前，我国的各种标准均是以强制性方式颁布的。

只有掌握了国家标准，才能正确地识读和绘制机械图样。

二、任务执行

机械图样的组成要素分图纸幅面和格式、比例、字体、图线、尺寸、标注尺寸的符号及缩写词、断面符号等几个方面。

国家标准对图纸幅面和格式、比例、字体、图线、尺寸、标注尺寸的符号及缩写词都有明确的规定。

（一）图纸幅面及格式（GB/T 14689—2008）

1. 图纸幅面

绘制机械图样时，图纸的幅面优先选用表 1-1 中所规定的基本幅面。

表 1-1 图纸幅面尺寸（GB/T 14689—2008） 单位：mm

幅面代号	A0	A1	A2	A3	A4
$B\times L$	841×1189	594×841	420×594	297×420	210×297
a	25				
c	10			5	
e	20		10		

必要时允许选用加长幅面，加长幅面的尺寸按基本幅面的短边成整数倍增加。加长后幅面代号记为：基本幅面代号×倍数。如 A3×3，加长后图纸幅面尺寸为 420×891。各种加长幅面如图 1-12 所示。

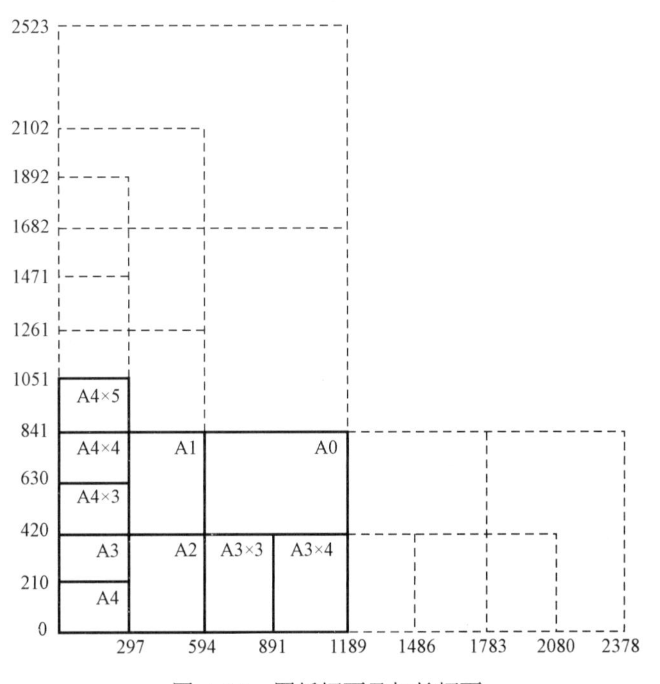

图 1-12 图纸幅面及加长幅面

2. 图框格式

在图纸上必须用粗实线画图框，其格式分为不留装订边和留有装订边两种，但同一产品的图样只能采用一种格式。不留装订边的图纸，其图框格式如图 1-13 所示，尺寸见表 1-1；留有装订边的图纸，其图框格式如图 1-14 所示，尺寸见表 1-1。

加长幅面的图框尺寸，按所选用的基本幅面大一号的图框尺寸确定。

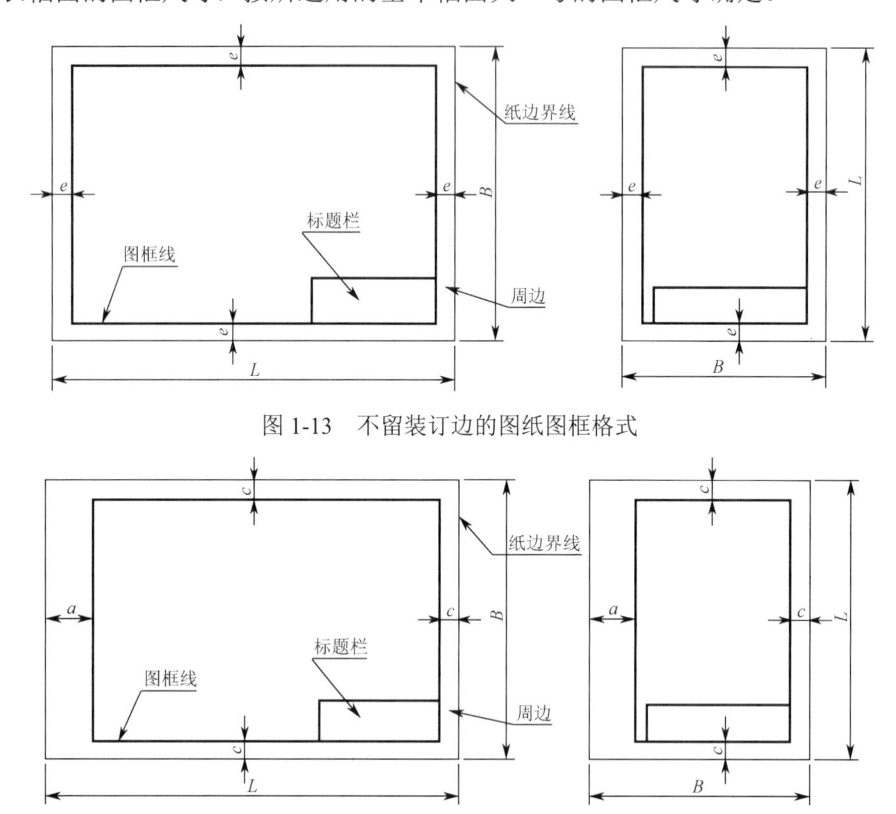

图 1-13　不留装订边的图纸图框格式

图 1-14　留有装订边的图纸图框格式

3. 标题栏

每张图纸上都必须画出标题栏。标题栏的格式，国家标准 GB/T 10609.1—1989 已作出统一规定，其尺寸和格式如图 1-15、图 1-16 所示。标题栏的位置一般应位于图纸的右下角，如图 1-13、图 1-14 所示。标题栏的长边一般置于水平方向，看图的方向与看标题栏的方向一致。

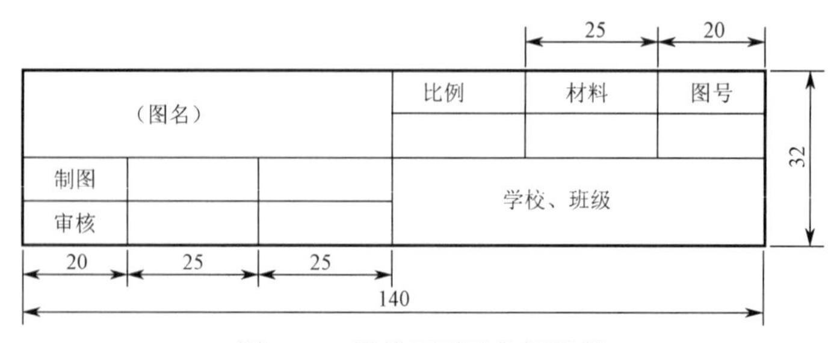

图 1-15　学校可采用的标题栏

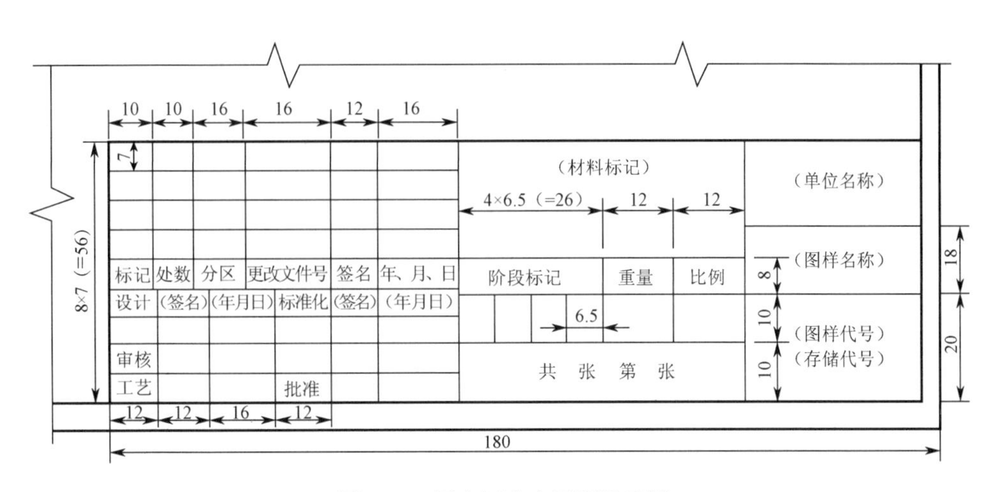

图 1-16　国家标准中标题栏示例

（二）比例（GB/T 14690—1993）

比例是指图中图形与其实物相应要素的线性尺寸之比。比例用符号“：”表示，如 1∶1、20∶1、1∶500 等。比例按其比值大小分为三种类型。

① 原值比例：比值为 1 的比例，即 1∶1。

② 放大比例：比值大于 1 的比例，如 2∶1、20∶1 等。

③ 缩小比例：比值小于 1 的比例，即 1∶2、1∶500 等。

绘制图样时，应在表 1-2 所规定的系列中选取适当的比例。优先选用第一系列的比例，必要时允许选用第二系列的比例或采用比例尺的形式。为了能从图样上得到实物大小的真实概念，应尽量采用原值比例绘图。当实物尺寸过大或过小时，也可以采用缩小或放大比例绘图，但图样上标注的尺寸应是实物的实际尺寸，如图 1-17 所示。

表 1-2　比例（GB/T 14690—1993）

种　　类	第一系列	第二系列
原值比例	1∶1	—
放大比例	2∶1　5∶1 1×10^n∶1　2×10^n∶1 5×10^n∶1	2.5∶1　4∶1 2.5×10^n∶1　4×10^n∶1
缩小比例	1∶2　1∶5　1∶10 1∶2×10^n　1∶5×10^n 1∶10×10^n	1∶1.5　1∶2.5　1∶3 1∶1.5×10^n　1∶2.5×10^n　1∶3×10^n 1∶4　1∶6 1∶4×10^n　1∶6×10^n

注：n 为正整数。

比例一般应标注在标题栏的比例栏中，必要时，可在视图名称的下方或右侧标注比例。

（三）字体（GB/T 14691—1993）

国家标准对技术图样和技术文件中书写的汉字、字母和数字的书写形式都作了统一规定。

1. 基本规定

① 图样和技术文件中书写的汉字、数字和字母必须做到：字体工整、笔画清楚、间

隔均匀、排列整齐。

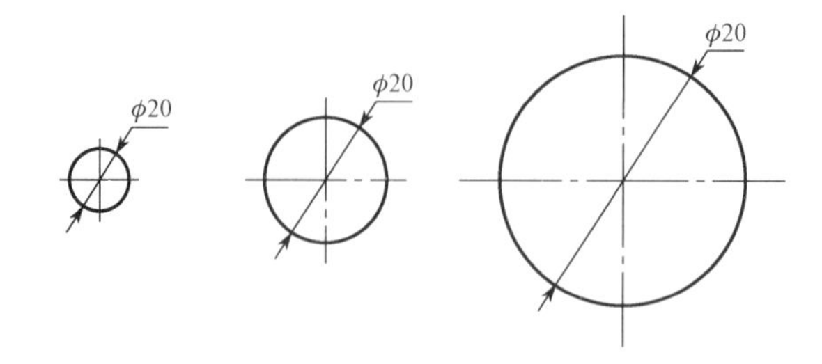

（a）1∶2 绘图　（b）1∶1 绘图　（c）2∶1 绘图

图 1-17　不同比例的图形

② 字体高度代表字体的号码。字体高度（用 h 表示）的公称尺寸系列为：1.8mm、2.5mm、3.5mm、5mm、7mm、10mm、14mm、20mm。如需要写更大的字，其字体高度应按 $\sqrt{2}$ 的比率递增。

③ 汉字应写成长仿宋体，并应采用中华人民共和国国务院正式推行的《汉字简化方案》中规定的简化字。汉字高度 h 不应小于 3.5mm，其字宽一般为 $h/\sqrt{2}$。

④ 字母和数字分 A 型和 B 型。A 型字体的笔画宽度 d 为字高 h 的 1/14，B 型字体的笔画宽度 d 为字高 h 的 1/10。在同一图样上，只允许选用同一种字体。

⑤ 图样上字母和数字可写成斜体和正体。斜体的字头向右倾斜，与水平基准线成 75°。

2. 字体示例

汉字、数字和字母如表 1-3 所示。

表 1-3　字体

字体		示例
长仿宋体字	10 号	字体工整、笔画清楚、间隔均匀、排列整齐
	7 号	横平竖直、注意起落、结构均匀、填满方格
	5 号	技术制图石油化工机械电子汽车航空船舶土木建筑矿山井坑港口纺织焊接
拉丁字母	大写斜体	*ABCDEFGHIJKLMNOP QRSTUVWXYZ*
	小写斜体	*abcdefghijklmnopq rstuvwxyz*
阿拉伯数字	斜体	*0123456789*
	正体	0123456789
罗马数字	斜体	*I II III IV V VI VII VIII IX X*
	正体	I II III IV V VI VII VIII IX X

3. 综合应用示例

① 用做指数、分数、极限偏差、注脚等的数字和字母，一般应采用小一号的字体。

其示例如图 1-18 所示。

② 图样中的数字符号、物理量符号、计量单位符号以及其他符号、代号，应分别符合国家有关法令和标准的规定。

其示例如图 1-19 所示。

10^{3}　S^{-1}　D_{1}　T_{d}

$\phi 20^{+0.010}_{-0.023}$　$7^{\circ}{}^{+1^{\circ}}_{-2^{\circ}}$　$\frac{3}{5}$

图 1-18　字体示例（一）

l/mm　m/kg　460r/min

220V　5MΩ　380kPa

图 1-19　字体示例（二）

③ 其他应用示例，如图 1-20 所示。

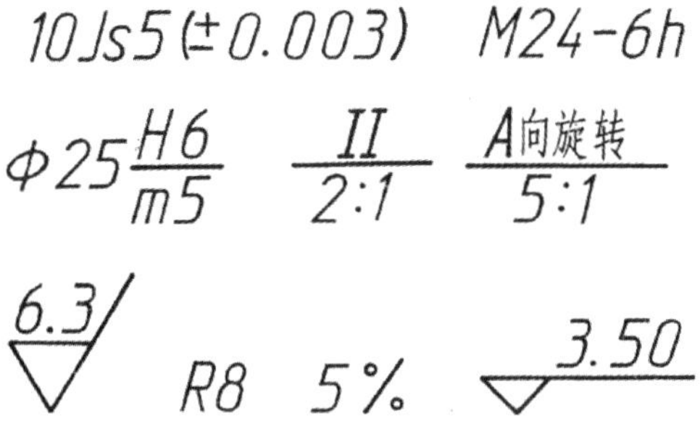

10Js5(±0.003)　M24-6h

$\phi 25\frac{H6}{m5}$　$\frac{II}{2:1}$　$\frac{A向旋转}{5:1}$

6.3　R8　5%　3.50

图 1-20　字体示例（三）

（四）机械制图用图线（GB/T 17450—1998，GB/T 4457.4—2002）

图线是起点和终点间以任意方式连接的一种几何图形。其形状可以是直线或曲线、连续线或不连续线。

1. 机械制图用图线及其线型与应用

GB/T 4457.4—2002《机械制图 图样画法 图线》中的各种线型的代码、名称及一般应用如表 1-4 所示。

GB/T 4457.4—2002 共规定了九种图线，它们涉及并细化了 GB/T 17450—1998《技术制图 图线》中的四种线型，即实线 01、虚线 02、点画线 04 和双点画线 05。其中双折线是细实线在间断后与几何图形组合派生出来的，而波浪线是细实线的连续变形。因此细实线、双折线、波浪线这三种线型共用一个图线代码：No.01. 1。

2. 图线的宽度系列和画法

1）图线的宽度规定

图线的宽度系列在 GB/T 17450—1998《技术制图 图线》中规定，所有线型的图线的宽度 d 应按图样的类型和尺寸大小在下列数系中选择（该数系的公比为 1∶$\sqrt{2}$≈1∶1.4）：

0.13mm、0.18mm、0.25mm、0.35mm、0.5mm、0.7mm、1mm、1.4mm、2mm。

粗线、中粗线和细实线的宽度比率为4∶2∶1。在同一图样中，同类图线的宽度应一致。

GB/T 4457.4—2002《机械制图 图样画法 图线》针对机械制图的要求和特点，只采用粗、细两种线宽。它们之间的比例为 2∶1，并在线型代码的右边增加一位“.1”或“.2”，分别用来表示细线和粗线，如实线的代码为01，则用 01.1 表示细实线，01.2 表示粗实线。而且根据线宽之比确定了线型组别，如表 1-5 所示。

表 1-4 《机械制图 图样画法 图线》中规定的线型及应用（GB/T 4457.4—2002）

代码 No.	线　型	一　般　应　用
01.1	细实线	过渡线、尺寸线、尺寸界线、指引线和基准线、剖面线、重合断面的轮廓线、短中心线、螺纹牙底线、尺寸线的起止线、表示平面的对角线、零件成形前的弯折线、范围线及分界线、重复要素表示线。如齿轮的齿根线、锥形结构的基面位置线、叠片结构的位置线；又如变压器叠钢片、辅助线、网格线、成规律分布的相同要素连线、不连续同一表面连线、投射线
	波浪线	断裂处边界线；剖与不剖部分的分界线
	双折线	断裂处边界线；剖与不剖部分的分界线
01.2	粗实线	可见棱边线、可见轮廓线、相贯线、螺纹牙顶线、螺纹长度终止线、齿顶圆（线）、表格图、流程图中的主要表示线、系统结构线（金属结构工程）、模样分型线、剖切符号用线
02.1	细虚线	不可见棱边线、不可见轮廓线
02.2	粗虚线	允许表面处理的表示线
04.1	细点画线	轴线、对称中心线、分度圆（线）、孔系分布的中心线、剖切线
04.2	粗点画线	限定范围表示线
05.1	细双点画线	相邻辅助零件的轮廓线、可动零件的极限位置的轮廓线、重心线、成形前轮廓线、剖切面前的结构轮廓线、轨迹线、毛坯图中制成品的轮廓线、特定区域线、延伸公差带表示线、工艺用结构的轮廓线、中断线

表 1-5 《机械制图 图样画法 图线》规定的线型组别（GB/T 4457.4—2002）

线 型 组 别	与线型代码对应的线型宽度	
	01.2；02.2；04.2	01.1；02.1；04.1；05.1
0.25	0.25	0.13
0.35	0.35	0.18
0.5	0.5	0.25
0.7	0.7	0.35
1	1	0.5
1.4	1.4	0.7
2	2	1

在选择图线宽度和组别时，应根据图样的类型、尺寸大小、比例和缩微复制的要求确定，应优先采用 0.5 和 0.7 两种线型组别。

2）图线的画法

（1）线素的长度

除 No.01 线型外，构成其他线型的线素长度，在 GB/T 17450—1998《技术制图　图线》中都做了具体的规定。并明确指出手工绘图时，线素的长度应符合规定。表 1-6 列出了与 GB/T 4457.4—2002《机械制图　图样画法　图线》中所规定的线型有关的线素长度。

表 1-6　线素长度及适用线型（摘自 GB/T 17450—1998《技术制图　图线》）

线　　素	线型 No.	长　　度
点	04～07、10～15	≤0.5d
短间隔	02、04～15	3d
画	02、03、10～15	12d
长画	04～06、08、09	24d

在绘制机械图样时，应根据表 1-6 所规定的线素长度画细虚线、粗虚线、细点画线、粗点画线和细双点画线。

（2）两线之间的间隙

GB/T 17450—1998《技术制图　图线》规定：当图样上出现两条或两条以上的图线平行时，则两条图线之间的最小距离不得小于 0.7mm，除非另有规定。

（3）图线相交时的画法

当图样上出现两条或两条以上的图线相交时，图线应相交于画处。也就是说，图线不能相交于间隔或点处，如图 1-21 所示。

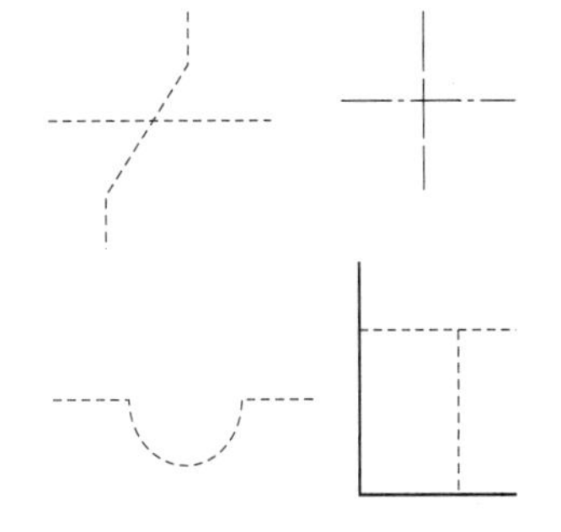

图 1-21　图线相交的画法

3. 图线的应用实例

在表 1-4 中已列出了九种线型在机械图样中的具体应用。此处仅针对用文字说明不够清楚或对文字说明的理解可能有困难的情况，用图例补充说明，如图 1-22 所示。

（五）尺寸标注（GB/T 4458.4—2003，GB/T 19096—2003）

尺寸的基本要求是正确、完整、清晰、合理。

1. 尺寸标注的基本规则

① 机件的真实大小以图样所注的尺寸数值为依据，与图样的大小及绘图的准确度无关。

② 图样（包括技术文件）中的尺寸以 mm 为单位时，不需标注计量单位符号（或名称）；如采用其他单位，则应注明相应的单位符号。

③ 图样中所标注的尺寸，为该图样所示机件的最后完工尺寸，否则另加说明。

④ 机件的每一个尺寸一般只标注一次，并应标注在反映该结构最清晰的图形上。

2. 尺寸的组成

1）尺寸界线

① 尺寸界线用细实线绘制，并由图形的轮廓线、轴线或对称中心线处引出。也可利用轮廓线、轴线或对称中心线作尺寸界线，如图 1-23、图 1-24 所示。

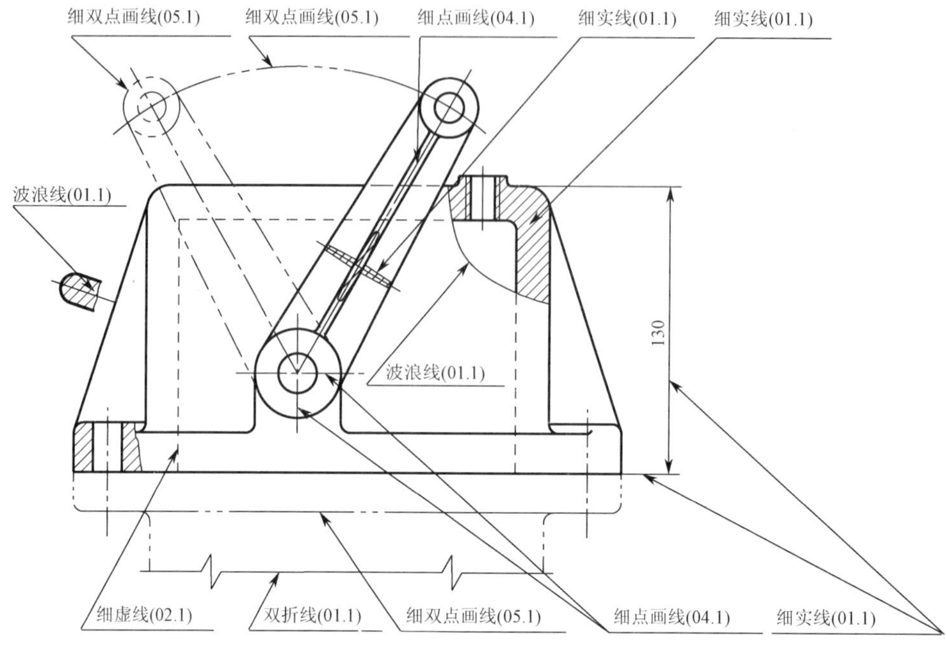

图 1-22　图线的综合示例

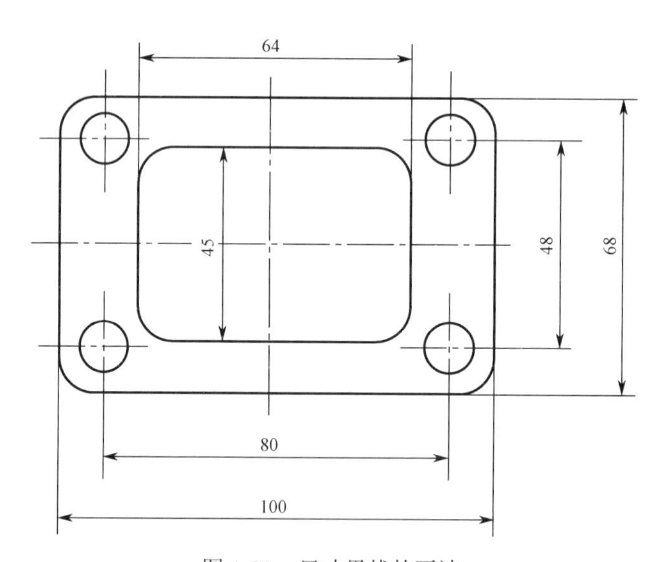

图 1-23　尺寸界线的画法

② 尺寸界线一般应与尺寸线垂直，必要时才允许倾斜。在光滑过渡处标注尺寸时，应用细实线将轮廓线延长，从它们的交点处引出尺寸界线，如图 1-25 所示。

③ 标注角度的尺寸界线应沿径向引出（如图 1-26 所示）；标注弦长的尺寸界线应平行于该弦的垂直平分线（如图 1-27 所示）；标注弧长的尺寸界线应平行于该弧所对圆心角的角平分线（如图 1-28 所示）。

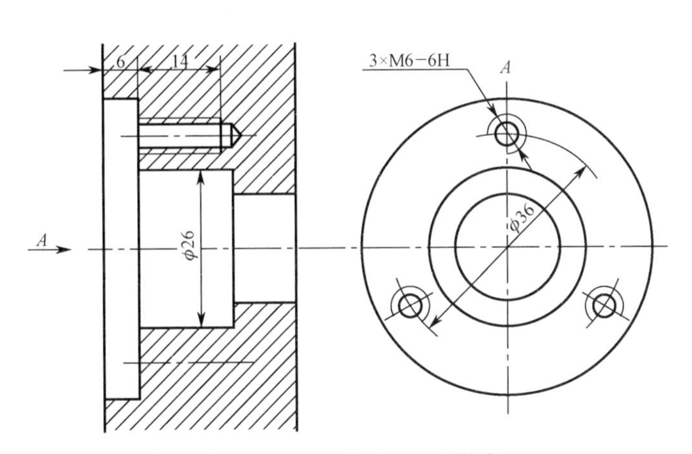

图 1-24　尺寸界线、尺寸数字

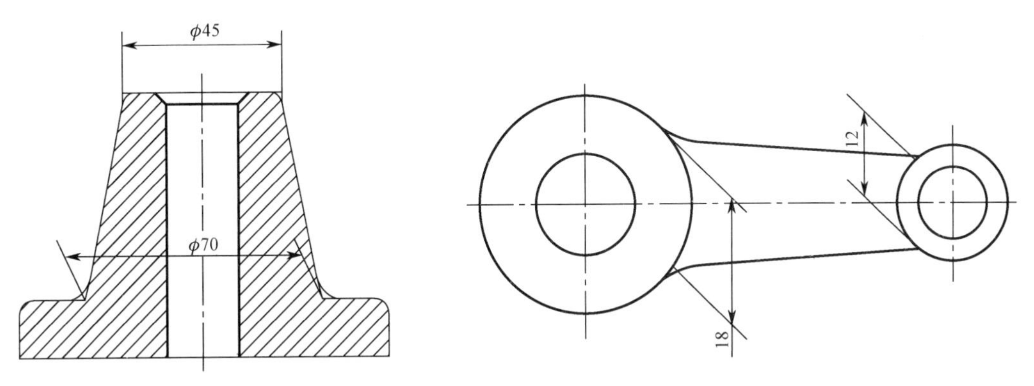

图 1-25　尺寸界线与尺寸线斜交的注法

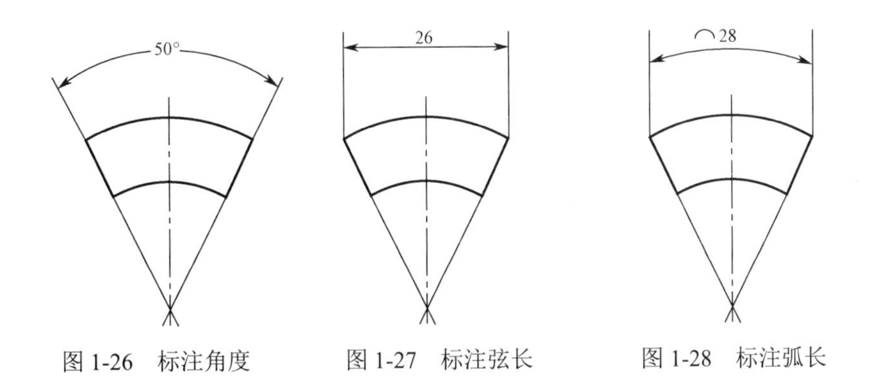

图 1-26　标注角度　　图 1-27　标注弦长　　图 1-28　标注弧长

2）尺寸线

① 尺寸线用细实线绘制，其终端一般画成箭头（如图 1-29 所示），也可用细实线画的斜线（如图 1-30 所示），采用斜线时，尺寸线与尺寸界线应互相垂直。机械图样中一般采用箭头作为尺寸的终端。

② 标注线性尺寸时，尺寸线应与所标注的线段平行。尺寸线不能用其他图线代替，一般也不得与其他图线重合或画在其延长线上。

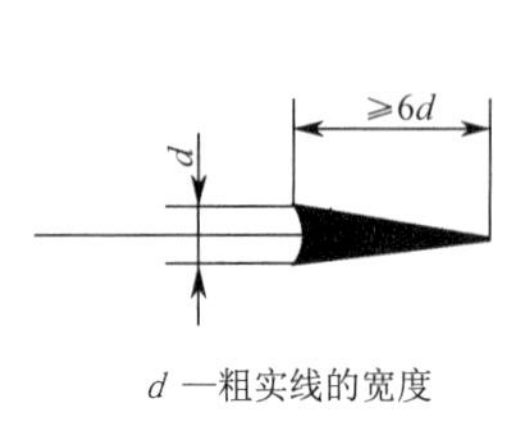

图 1-29 箭头画法

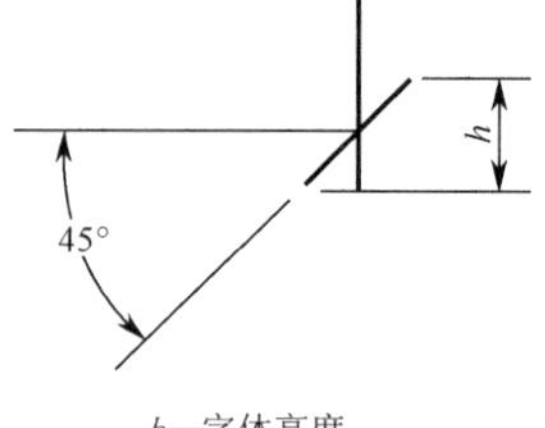

图 1-30 斜线画法

③ 圆的直径和圆弧半径的尺寸线的终端应画成箭头，并按图 1-31 所示的方法标注。当圆弧的半径过大或在图纸范围内无法标出其圆心位置时，可按图 1-32（a）所示的形式标注；若不需要标出其圆心位置，则可按图 1-32（b）所示的形式标注。

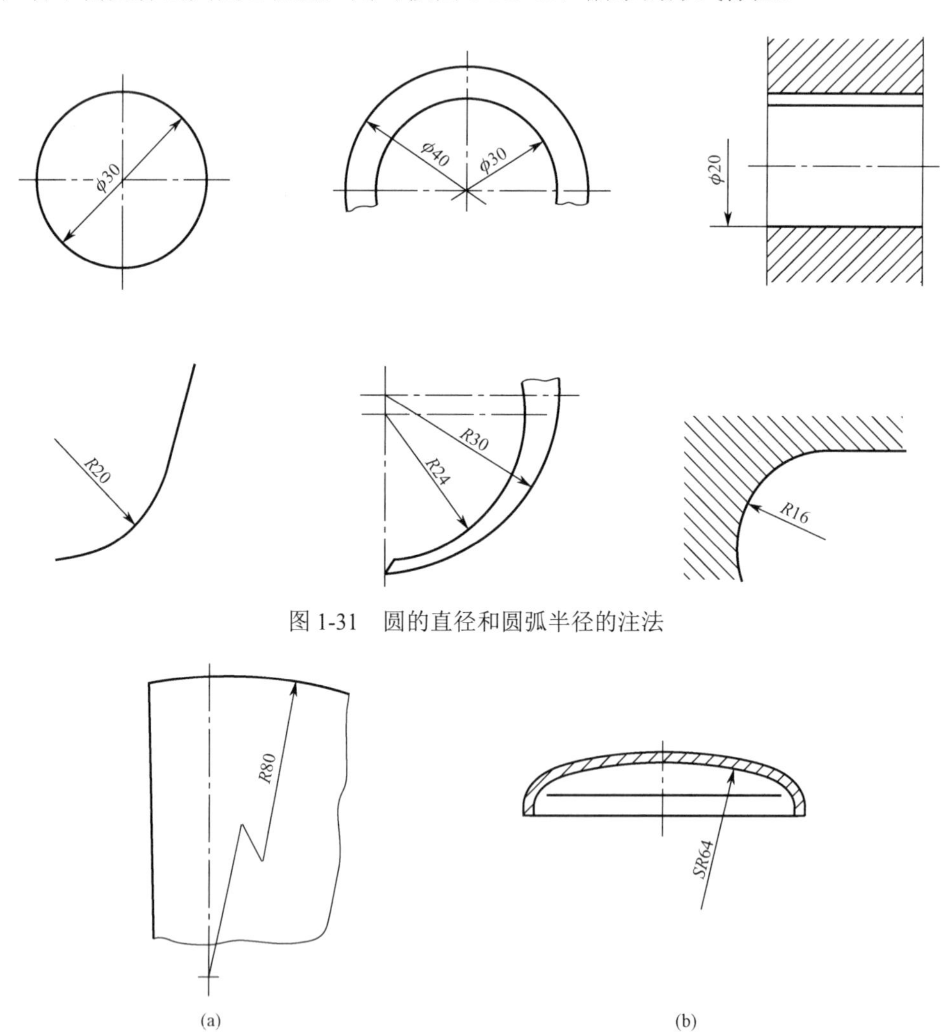

图 1-31 圆的直径和圆弧半径的注法

图 1-32 圆弧半径较大时的注法

④ 标注角度时，尺寸线应画成圆弧，其圆心是该角的顶点，如图 1-26 所示。

⑤ 当对称机件的图形只画出一半或略大于一半时，尺寸线应略超过对称中心线和断

裂边界，此时仅在尺寸线的一端画出箭头，如图 1-33 所示。

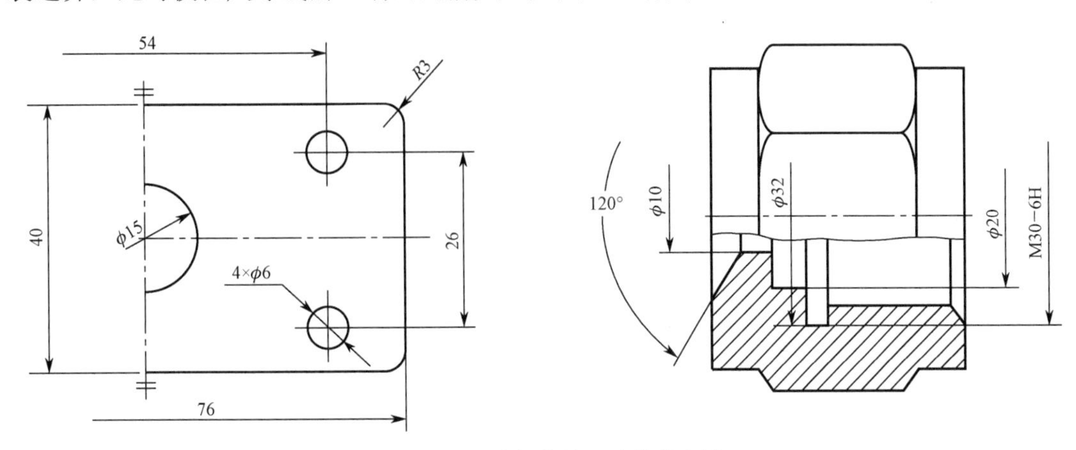

图 1-33　对称机件的尺寸线的注法

⑥ 没有足够的位置画箭头或注写数字时，可按图 1-34 所示的形式标注，此时，允许用圆点或斜线代替箭头。

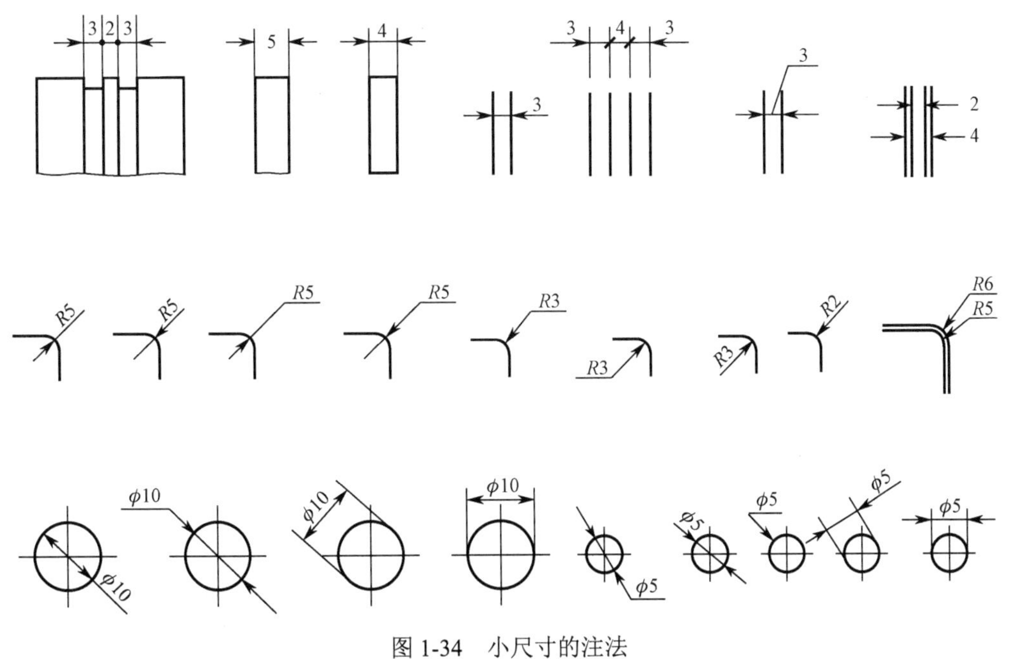

图 1-34　小尺寸的注法

⑦ 尺寸线之间的间隔应相等，且一般大于 7mm。

⑧ 尺寸线不能与其他图线交叉。

3）尺寸数字

① 线性尺寸的数字一般应注写在尺寸线的上方，也允许注写在尺寸线的中断处，如图 1-35 所示。

② 线性尺寸数字的方向，有以下两种注写方法，一般应采用方法 1 注写；在不致引起误解时，也允许采用方法 2。但在一张图纸中，应尽可能采用同一种方法。

方法 1：数字应按图 1-36 所示的方向注写，并尽可能避免在图示 30°范围内标注尺寸，当无法避免时可按图 1-37 所示的形式标注。

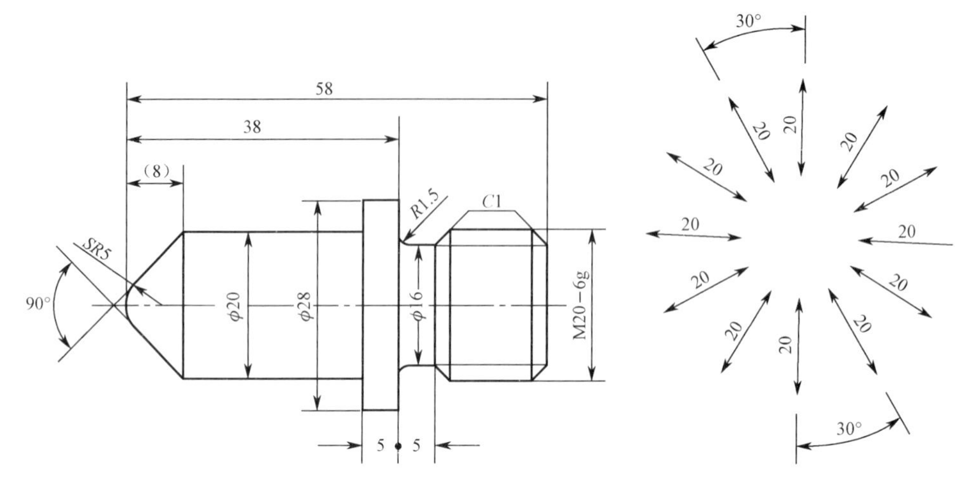

图 1-35 尺寸数字的注写位置　　图 1-36 尺寸数字的注写方向

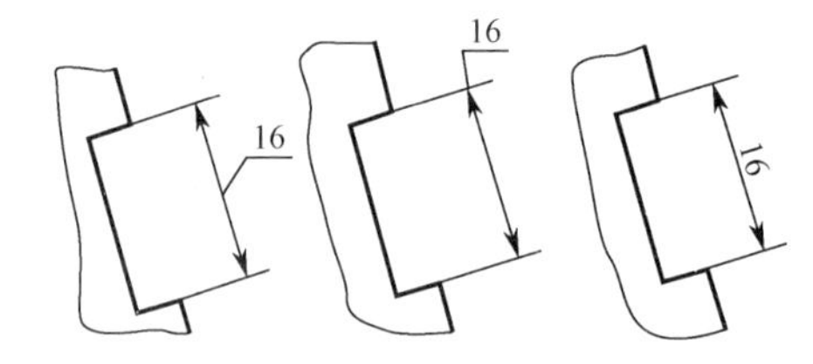

图 1-37 向左倾 30°范围内的尺寸数字的注写

方法 2：对于非水平方向的尺寸，其数字可水平注写在尺寸线的中断处，如图 1-38 所示。

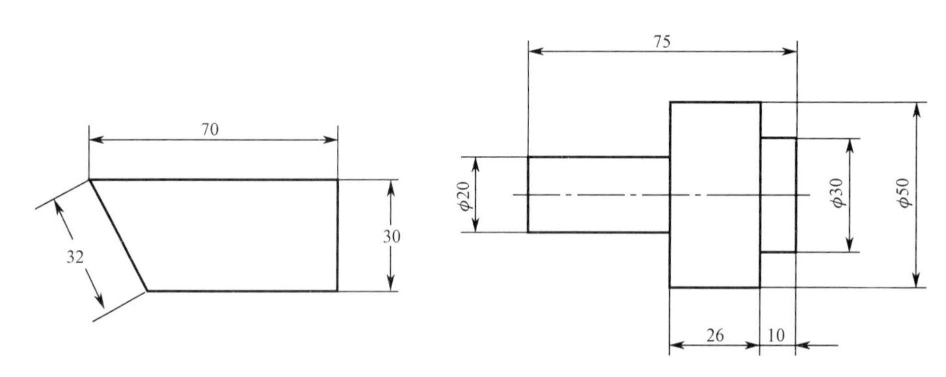

图 1-38 非水平方向的尺寸注法

③ 角度的数字一律写成水平方向，一般注写在尺寸线的中断处，如图 1-39 所示。必要时也可按图 1-40 所示的形式标注。

④ 尺寸数字不可被任何图线所通过，否则应将该图线断开，如图 1-24 所示。

⑤ 标注半径时，在数字前加 R；标注直径时，在数字前加ϕ；标注球的直径，球冠的半径、直径时，在数字前加 $S\phi$、SR。

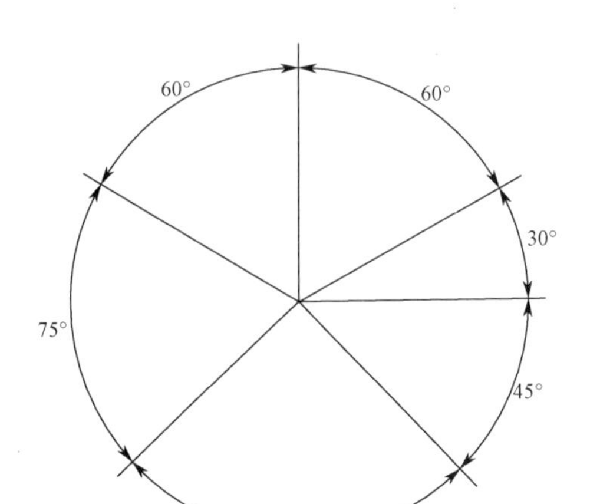

图 1-39 角度数字的注写位置（一）

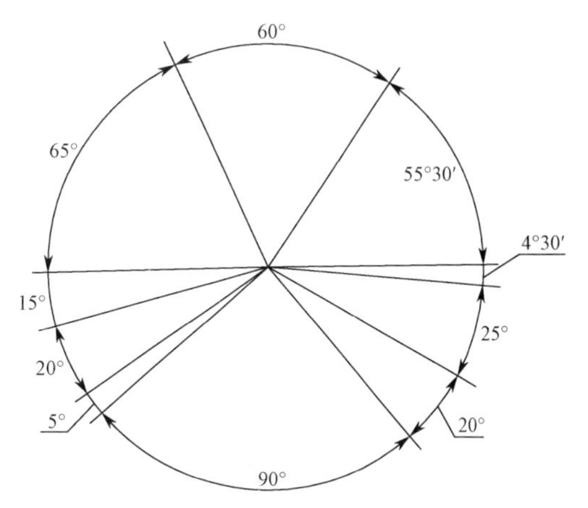

图 1-40 角度数字的注写位置（二）

三、知识链接与巩固

标注尺寸时常用的结构符号如表 1-7 所示，其应用如表 1-8 所示。

表 1-7 标注尺寸的符号及缩写词

序 号	含 义	符号或缩写词
1	直径	ϕ
2	半径	R
3	球直径	$S\phi$
4	球半径	SR
5	厚度	t
6	均布	EQS
7	45° 倒角	C
8	正方形	□
9	深度	↧
10	沉孔或锪平	⌴
11	埋头孔	⌵
12	弧长	⌒
13	斜度	∠
14	锥度	◁

表 1-8 标注尺寸的符号及示例

名 称	符 号	示 例	名 称	符 号	示 例
直径	ϕ	$\phi14$ $\phi10$	弧长	⌒	⌒45

续表

名　　称	符　　号	示　　例	名　　称	符　　号	示　　例
球面直径	$S\phi$	$S\phi30$	正方形	□	□14
半径	R	$R16$	厚度	t	$t2$
球面半径	SR	$SR30$	锥度	◁	1：5
斜度	∠	∠1：100	参考尺寸	（ ）	10　20　4×20（=80）　100

课堂思考与练习：

1．简述粗细线的粗细比例关系。
2．简述箭头的画法、尺寸数字的标注。
3．试分析图 1-41 中的标注错误，并用正确的方法标注在右图中。

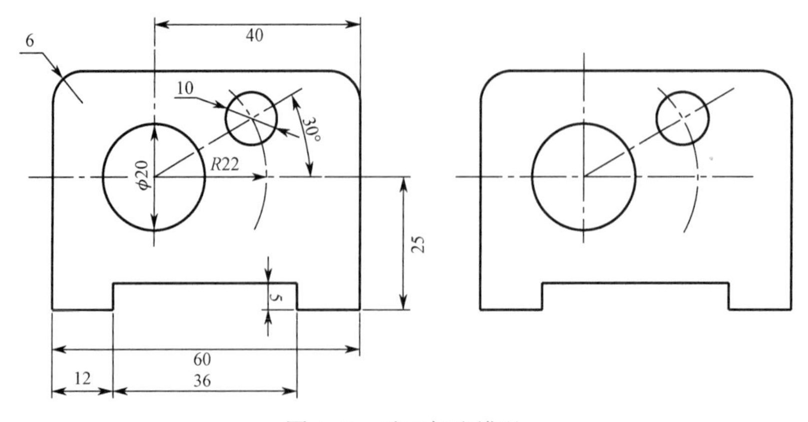

图 1-41　改正标注错误

学习情境二

绘制几何图形

【提要】本学习情境介绍的是机械制图的基本知识，包括画法几何、正投影原理、视图、轴测图、组合体及机件的表达方法。绘制几何图形的技能和方法，是绘制和识读零件图、装配图的基础，是机械工程技术人员必备的技能。

任务一　绘制平面图形

一、绘制瓶盖起子的平面图

知识点：

* 常用绘图工具的使用；
* 物体的平面图形。

技能点：

* 能利用绘图工具绘制简单物体的平面图形。

（一）任务描述

本任务主要是使用尺规手工绘制机械图样。能正确使用常用的绘图工具是绘制机械图样的基础。常用的绘图工具有图板、丁字尺、三角板、曲线板、比例尺、分规和圆规等。

下面使用绘图工具绘制用来启开啤酒瓶瓶盖的起子，如图 2-1 所示。

图 2-1　瓶盖起子

（二）任务执行

准备一张 A4 图纸、图板、丁字尺、三角板、圆规、分规，以及 HB、2B、H 铅笔各一支。

按表 2-1 中“铅笔”行所示，将铅笔削好，将 A4 图纸在图板上贴好。然后使用丁字尺和直尺在图纸中间先画好基准线——中心线，用直尺、分规或其他量具量取各线段的位置和长度，画出瓶盖起子的平面图形，如图 2-2 所示。

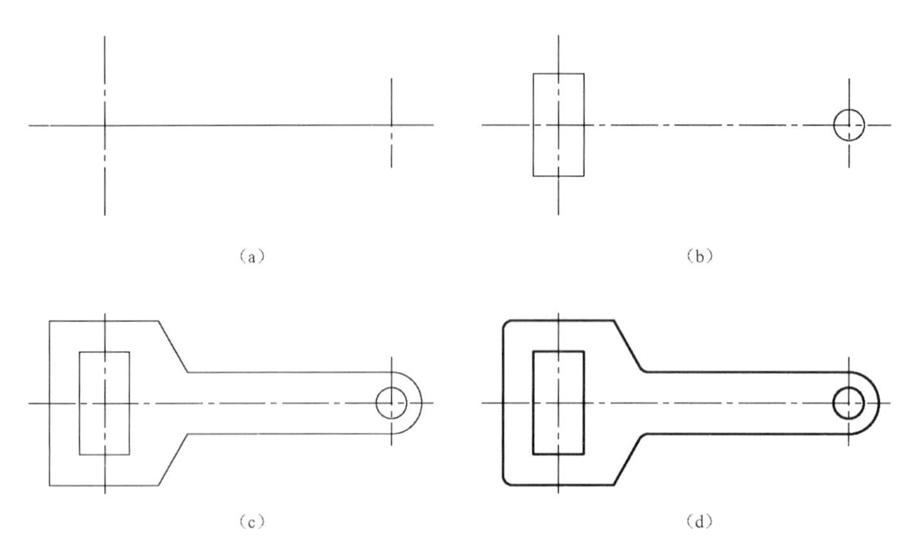

图 2-2　瓶盖起子平面图的画法和步骤

（三）知识链接与巩固

常用绘图工具的用法如表 2-1 所示。

表 2-1　常用绘图工具的用法

名　　称	绘图工具图例	说　　明
铅笔	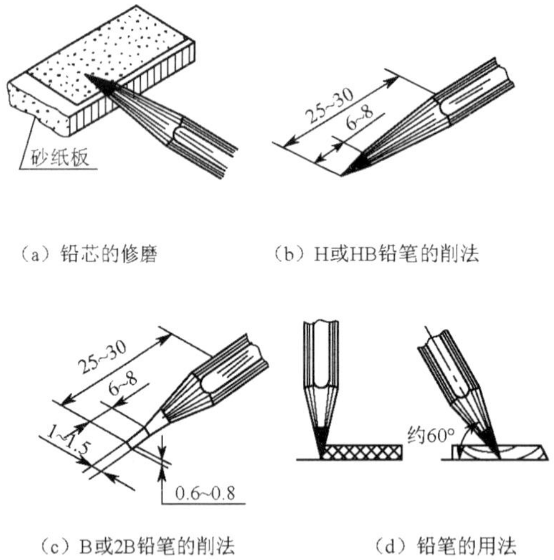 砂纸板 （a）铅芯的修磨 25~30　6~8 （b）H或HB铅笔的削法 25~30　6~8　1~1.5　0.6~0.8 （c）B或2B铅笔的削法 约60° （d）铅笔的用法	在绘图铅笔上印有 H，2H，3H，…，B，2B，3B，…或 HB 等数字和字母，它们是表示铅芯软硬程度的。H 表示硬笔芯，数字越大，铅芯越硬；B 表示软笔芯，数字越大，铅芯越软；HB 表示笔芯软硬适中。 画底稿时，一般用 2H 或 H 铅笔；加深时用 B 或 2B 铅笔；写字时用 HB 铅笔
比例尺	 1:100　1　2　30　1:200 比例尺	比例尺又叫三棱尺，是刻有不同比例的直尺，用来量取不同比例的尺寸。它的三个棱面上刻有六种不同比例的刻度，可按所需的比例量取尺寸画图

续表

名　称	绘图工具图例	说　明
圆规	作为分规时用　稍向画线方向倾斜　从下方开始顺时针画线　右下角 （a）　（b） （c）　（d）	圆规主要用来画圆和圆弧。画圆时，圆规的钢针应使用带有台阶的一端，并应调整好铅芯尖与钢针肩台平齐，如图（a）所示。铅芯的粗细要符合所画图线的要求。 画圆时，圆规的钢针应对准圆心，扎入图板，按顺时针方向画圆，并向前方稍微倾斜，如图（b）所示；画较大圆时，应保持圆规的两腿与纸面垂直，如图（c）所示；画大圆时应接上延长杆，如图（d）所示
分规	（a）分规　（b）调整分规量尺寸　（c）用分规等分线段 分规的使用方法	分规用于截取尺寸和等分线段。当分规两腿并拢时，两针尖应对齐
曲线板	1 2 3 4 5 6 7 8 9 10 11 12　1 2 3 4 5 6 7 8 9 10 11 12 用曲线板描绘非圆曲线	曲线板是用来描绘非圆曲线的。使用时，应先将需要连接成曲线的各已知点徒手用细线轻描出一条曲线轮廓，然后在曲线板上找出与曲线完全吻合的一段描绘，每描绘一段曲线应不少于四个吻合点，吻合的点越多，每段就可描得越长，所描曲线也就越光滑

课堂思考与练习：

1. 画图时，不同的铅笔各画什么图线？
2. 利用丁字尺和三角板，画正方形和等边三角形。
3. 利用丁字尺和三角板，画角度（15°、30°、45°、60°、75°、90°）。

二、绘制套筒扳手的平面图

知识点：

* 几何作图的常用方法——等分作图、圆弧连接；

* 定形尺寸和定位尺寸的概念；

* 已知线段、中间线段和连接线段的概念。

技能点：

* 能等分作图及圆弧连接；

* 根据已知尺寸及线段分析，能绘制带有简单曲线的平面图形。

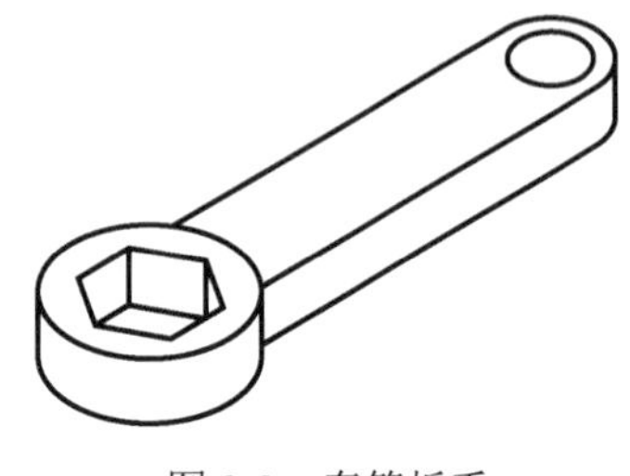

图 2-3　套筒扳手

（一）任务描述

机械零件的形状是多种多样的，但它是由尺寸和线段等要素所构成的。零件图形中的尺寸依作用不同，分为定形尺寸和定位尺寸两类；零件图形中的线段可分为已知线段、中间线段和连接线段三种。

根据如图 2-3 所示图形，绘制工厂中常用的套筒扳手。

（二）任务执行

首先根据已知条件看图，并分析图样。在分析尺寸和线段的基础上按绘制平面图形的方法和步骤画出套筒扳手的平面图形，如表 2-2 所示。

表 2-2　绘制套筒扳手平面图形的方法和步骤

阶段	步骤		图例	说明
识读和分析图样	尺寸分析	定形尺寸：用以确定要素形状的尺寸		图中 *R*4、*R*10、ϕ30、边长 8、对边尺寸 18 是定形尺寸
		定位尺寸：用以确定要素位置的尺寸		图中 120、20 是定位尺寸

续表

阶段	步骤		图例	说明
识读和分析图样	线段分析	已知线段：定形、定位尺寸齐全的线段	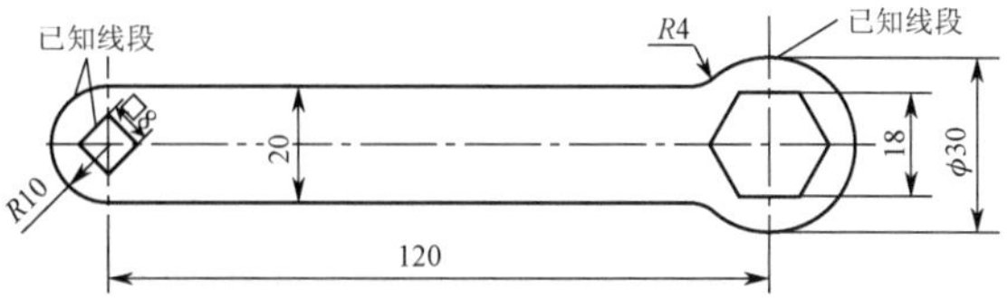	图中R10、ϕ30、边长 8、对边尺寸18 所确定的线段是已知线段
		中间线段：已知定形、定位尺寸只知一个方向的线段	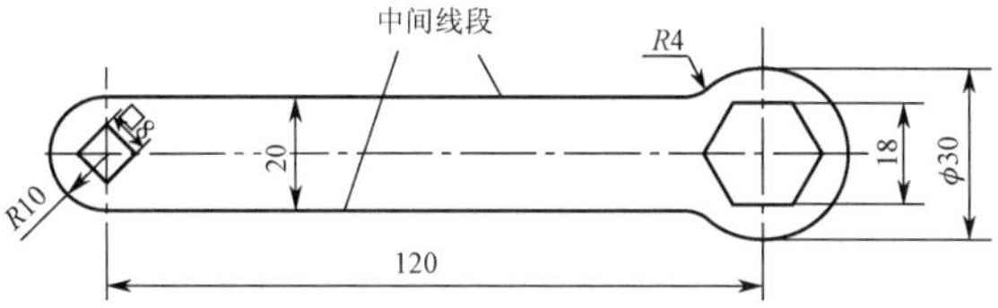	图中尺寸 20 所确定的线段（两直线）是中间线段
		连接线段：只有定形尺寸，而没有定位尺寸的线段	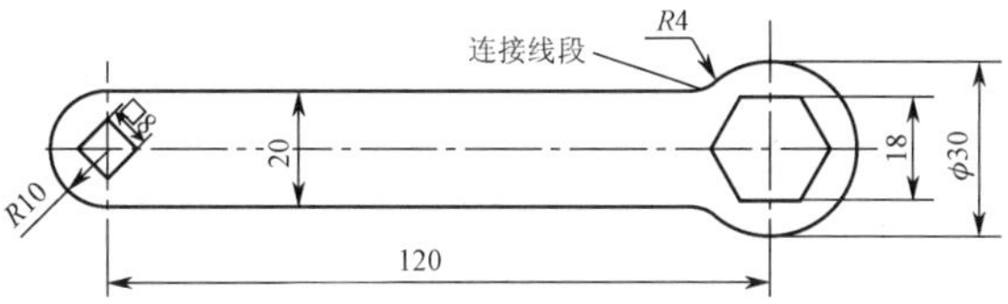	对于直线来说，如果两端都与定圆相切，可以直接作出，不需要标注直线定位、定形尺寸。对于圆弧来说，如果只标注圆弧的半径，而不标注其圆心位置尺寸，则称该圆弧为连接圆弧。图中R4 圆弧是连接圆弧
绘制平面图形	作基准线		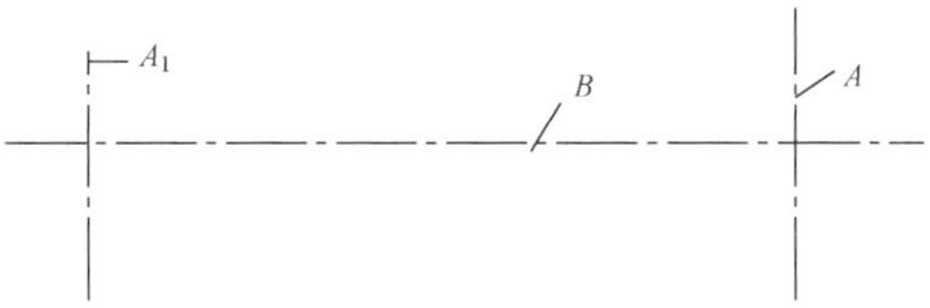	作出尺寸基准线A、B，以及距基准线A 120mm 并垂直于基准线 B 的点画线 A_1
	作已知圆弧			画出 R10 和ϕ30的已知圆弧
	连接中间线段		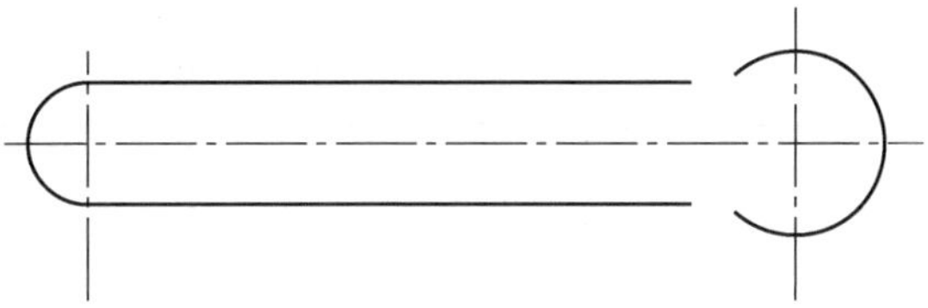	画出间距为20mm，且平行于基准线 B 的两条中间线段

续表

阶段	步　骤	图　例	说　明
绘制平面图形	作过渡圆弧	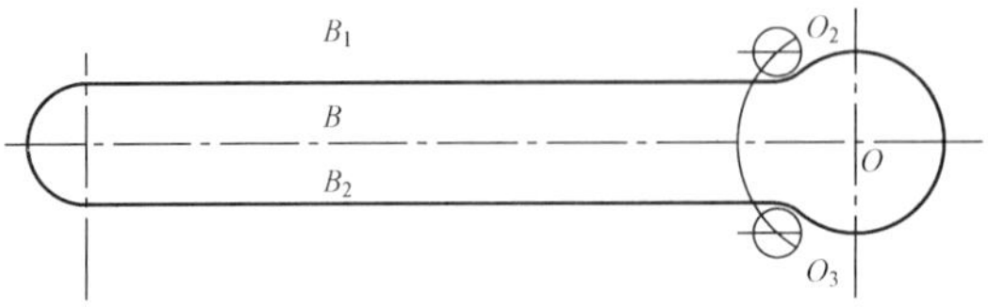	用圆弧连接的方法画出 $R4$ 的连接圆弧。具体画法是：以 O 为圆心，以大圆弧的半径（$\phi30$ 圆弧）加上连接弧的半径（$R4$ 圆弧）为半径（15+4）上下各画一个圆弧，再作两条平行于基准线 B，间距为 4mm 的线段 B_1、B_2，交 R 为（15+4）的圆弧于 O_2、O_3 两点，再分别以 O_2、O_3 为圆心，以 4mm 为半径画弧，连接 B_1、B_2 和 $\phi30$ 圆弧
绘制平面图形	作正六边形	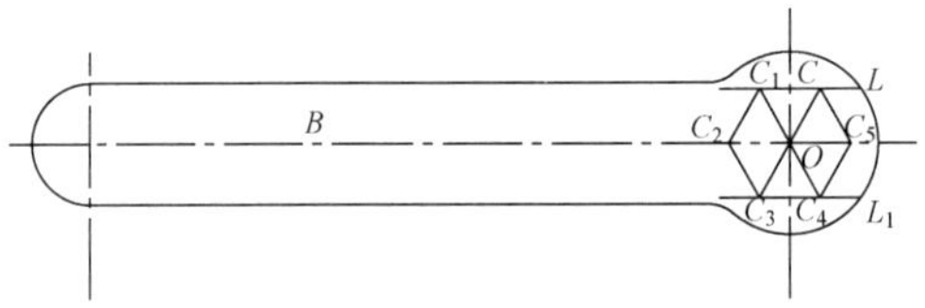	在基准线 B 的上下分别作相距 9mm 的平行线 L 和 L_1。 过 O 点作两条与基准线 B 夹角为 60° 和 120° 的直线，交 L 和 L_1 于 C、C_1、C_3、C_4 点。 用分规截取 OC_2、OC_5 等于 OC。 连接点 C、C_1、C_2、C_3、C_4、C_5，即得正六边形
	作正方形	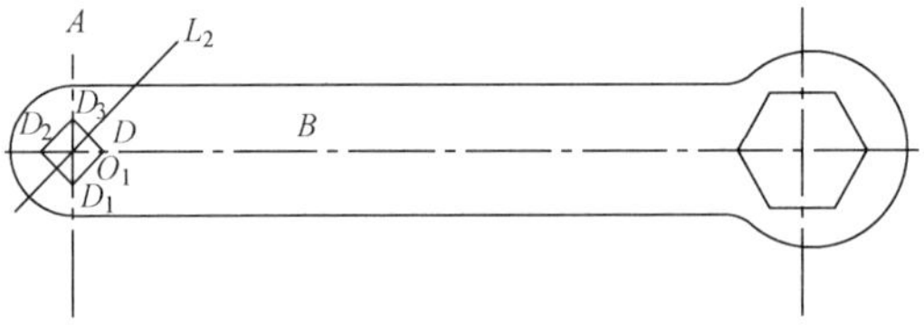	过 O_1 作一直线 L_2 与基准线 B 夹角为 45°。 在 L_2 的两侧，分别作与之相距 4mm 的平行线，交基准线 A、B 于 D_3、D_1、D_2、D 四点。连接 D、D_1、D_2、D_3，即是边长为 8mm 的正方形
	检查、加粗、完成图形	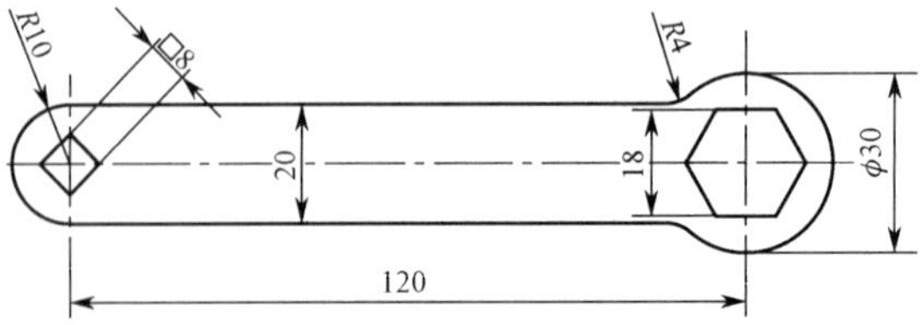	检查、擦除作图线、加粗，并标注尺寸

（三）知识链接与巩固

常用几何作图方法如表 2-3 所示。

表 2-3　常用几何作图方法

名　　称	已知条件和作图要求	作 图 步 骤
等分已知线段	已知线段 *AB*，对它进行三等分或 *n* 等分	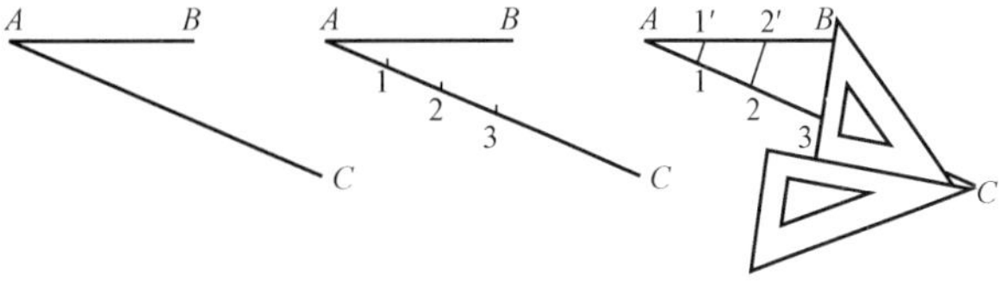 （a）　（b）　（c） 1．如图（a）所示，过点 *A*，作任意直线 *AC* 2．如图（b）所示，以任意长度在 *AC* 上截三段等长线段，得 1、2、3 点 3．如图（c）所示，连接点 3 和点 *B*，并过点 1、点 2，作线段 3*B* 的平行线，交 *AB* 于点 1′、点 2′，即得三段等长线段 *A*1′=1′2′=2′*B* 4．同理，可对已知定长线段进行 *n* 等分
等分圆周及作正多边形	已知圆的半径为 *R*，等分圆周及作正多边形	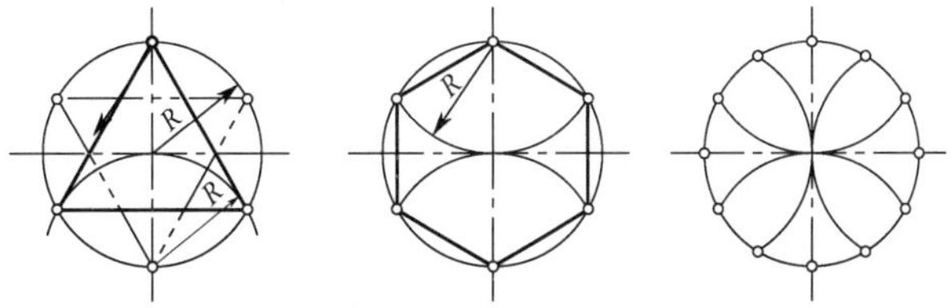 （a）　（b）　（c） 图 1　用圆规三、六、十二等分圆周 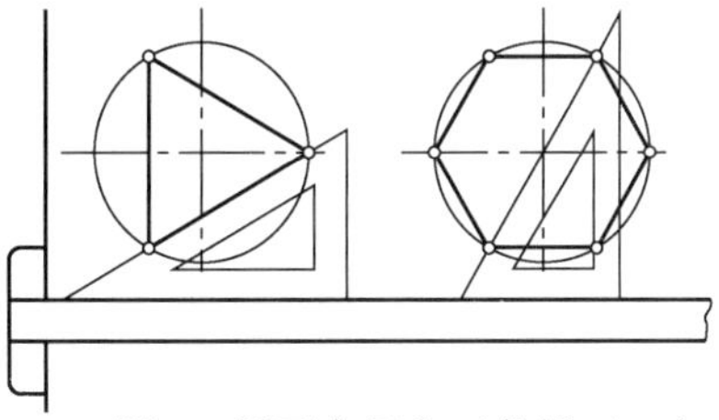 图 2　用丁字尺和三角板三、六、十二等分圆周 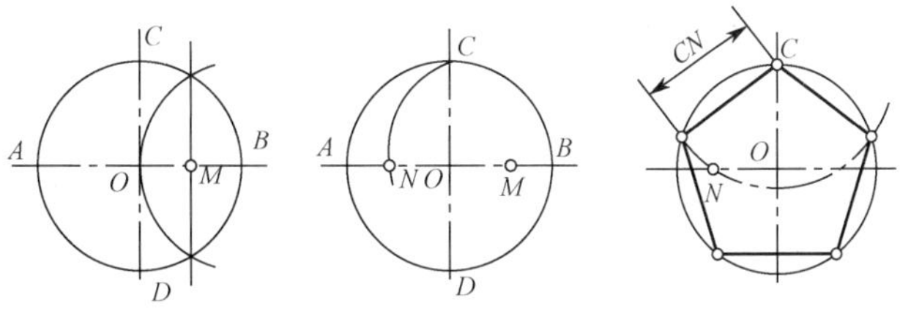 （a）　（b）　（c） 图 3　圆周的五等分 1．如图 3（a）所示，等分半径 *OB* 得点 *M* 2．如图 3（b）所示，以点 *M* 为圆心，*MC* 长为半径，画弧交 *AO* 于点 *N* 3．*CN* 为五边形的边长

两直线间的圆弧连接见表 2-4；直线与圆弧及两圆弧之间的圆弧连接见表 2-5。

表 2-4　两直线间的圆弧连接（圆角）

类别 / 项目	用圆弧连接锐角或钝角（圆角）	用圆弧连接直角（圆角）
图例		
作图步骤	1．分别作与已知角两边相距为 R 的平行线，交点 O 即连接弧圆心 2．过 O 点分别向已知角两边作垂线，垂足 T_1、T_2 即为切点 3．以 O 为圆点，R 为半径在两切点 T_1、T_2 之间画连接圆弧，即为所求	1．以直角顶点 A 为圆心，R 为半径作圆弧交直角两边于 T_1 和 T_2，得切点 2．分别以 T_1 和 T_2 为圆心，R 为半径作圆弧相交得连接弧圆心 O 3．以 O 为圆心，R 为半径在两切点 T_1 和 T_2 之间作连接弧，即得所求

表 2-5　直线与圆弧以及圆弧间的圆弧连接

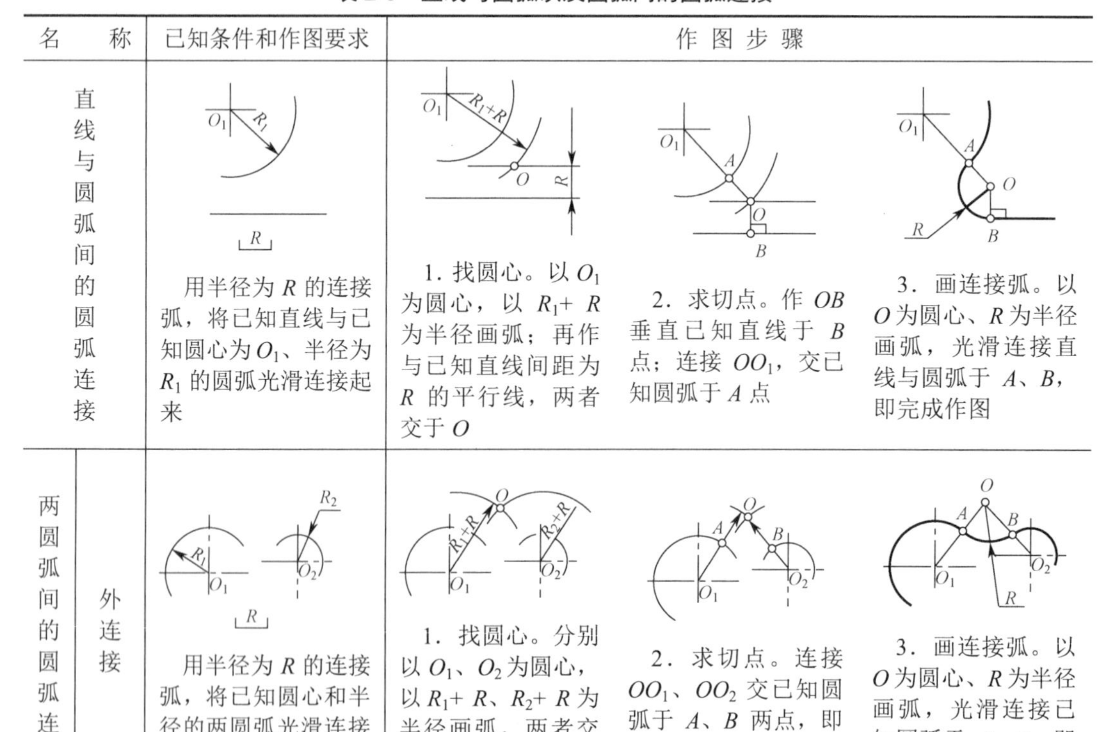

名　称	已知条件和作图要求	作 图 步 骤		
直线与圆弧间的圆弧连接	用半径为 R 的连接弧，将已知直线与已知圆心为 O_1、半径为 R_1 的圆弧光滑连接起来	1．找圆心。以 O_1 为圆心，以 R_1+ R 为半径画弧；再作与已知直线间距为 R 的平行线，两者交于 O	2．求切点。作 OB 垂直已知直线于 B 点；连接 OO_1，交已知圆弧于 A 点	3．画连接弧。以 O 为圆心、R 为半径画弧，光滑连接直线与圆弧于 A、B，即完成作图
两圆弧间的圆弧连接 外连接	用半径为 R 的连接弧，将已知圆心和半径的两圆弧光滑连接起来，与两圆弧外切	1．找圆心。分别以 O_1、O_2 为圆心，以 R_1+ R、R_2+ R 为半径画弧，两者交于 O	2．求切点。连接 OO_1、OO_2 交已知圆弧于 A、B 两点，即为切点	3．画连接弧。以 O 为圆心、R 为半径画弧，光滑连接已知圆弧于 A、B，即完成作图

续表

名称		已知条件和作图要求	作图步骤		
两圆弧间的圆弧连接	内连接	用半径为 R 的连接弧，将已知圆心和半径的两圆弧光滑连接起来，与两圆弧内切	1．找圆心。分别以 O_1、O_2 为圆心，以 $R-R_1$、$R-R_2$ 为半径画弧，两者交于 O	2．求切点。连接 OO_1、OO_2 并延长交已知圆弧于 A、B 两点，即为切点	3．画连接弧。以 O 为圆心、R 为半径画弧，光滑连接已知圆弧于 A、B，即完成作图
	混合连接	用半径为 R 的连接弧，将已知圆心和半径的两圆弧光滑连接起来，与 O_1 圆弧外切，与 O_2 圆弧内切	1．找圆心。分别以 O_1、O_2 为圆心，以 $R+R_1$、R_2-R 为半径画弧，两者交于 O	2．求切点。连接 OO_1，交已知圆弧于 A 点，连接 OO_2 并延长，交已知圆弧于 B 点，A、B 即为切点	3．画连接弧。以 O 为圆心、R 为半径画弧，光滑连接已知圆弧于 A、B，即完成作图

课堂思考与练习：

1．练习几何作图：正五边形、正六边形。

2．如图 2-4 所示的平面图形，用直尺和分规按 2∶1 的比例画出。

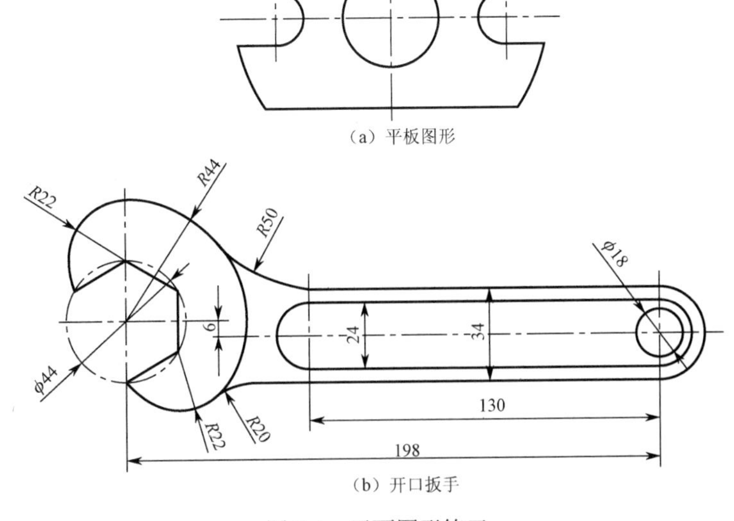

（a）平板图形

（b）开口扳手

图 2-4　平面图形练习

三、绘制手柄的平面图

知识点：

* 平面图形的分析和画法；
* 定形尺寸和定位尺寸的概念；
* 已知线段、中间线段和连接线段的概念。

技能点：

* 能熟练运用圆弧连接作图；
* 能熟练根据已知尺寸，在线段分析的基础上绘制机件的平面图形。

（一）任务描述

机械零件的形状是多种多样的，但它是用平面图形表达出来的，而平面图形是许多线段连接而成的。线段之间的相对位置与连接关系是靠给定的尺寸来确定的。

分析下面手柄的图形，如图 2-5 所示，并绘制其平面图形。

（a）直观图

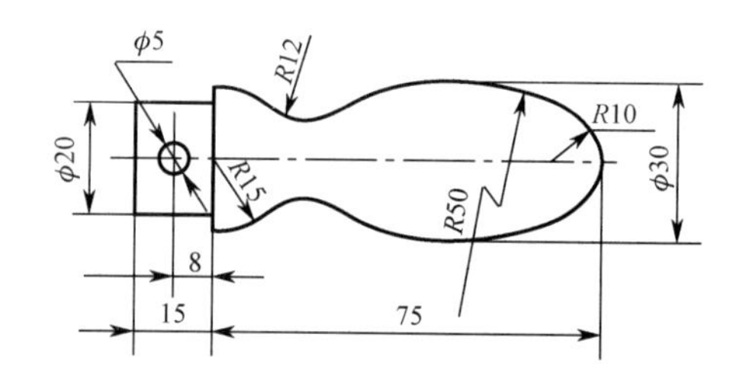

（b）平面图

图 2-5　手柄

（二）任务执行

首先根据已知条件（如图 2-5 所示），分析图样，并按比例绘制手柄的平面图形，如表 2-6 所示，省略图幅。

（1）准备工作

① 分析图形的尺寸及其线段。

② 确定比例，选用图幅，固定图纸。

③ 拟定具体的作图顺序。

（2）绘制底稿

① 按国家标准（GB）规定画出图框线及标题栏或直接用标准图幅。

② 合理布置图形、尺寸和文字的位置，画底稿。先画基准线、中心线、定位线；再依次画出已知线段、中间线段、连接线段。

（3）检查、加深

（4）标注平面图形的尺寸

（5）标注文字说明并填写标题栏

表 2-6 绘制套筒扳手平面图形方法和步骤

阶段	步骤	图例	简要说明
准备工作	尺寸分析	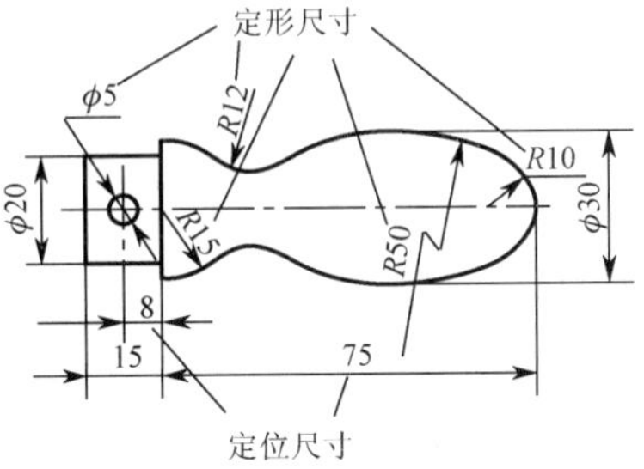	图中尺寸 15、$\phi5$、$\phi20$、$R10$、$R15$、$R12$、$R50$ 是定形尺寸；尺寸 8、75 是定位尺寸
	线段分析	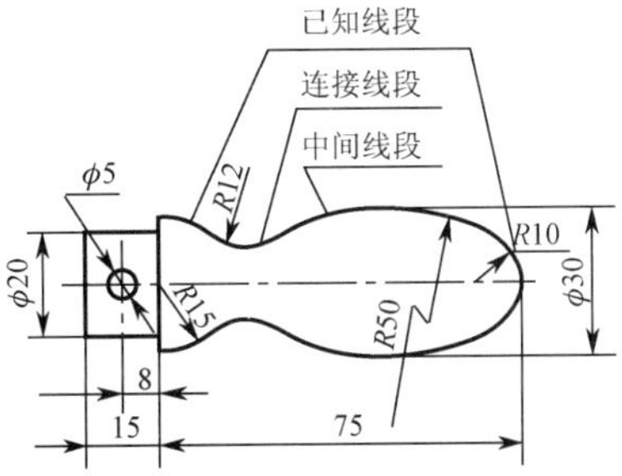	图中 15、$\phi5$、$\phi20$、$R10$、$R15$ 所标注的线段是已知线段；$R50$ 是中间线段；$R12$ 是连接线段
绘制底稿	画基准线	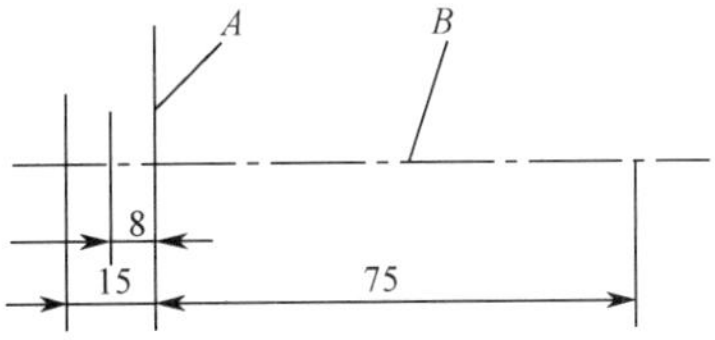	画出基准线 A、B
	画已知线段	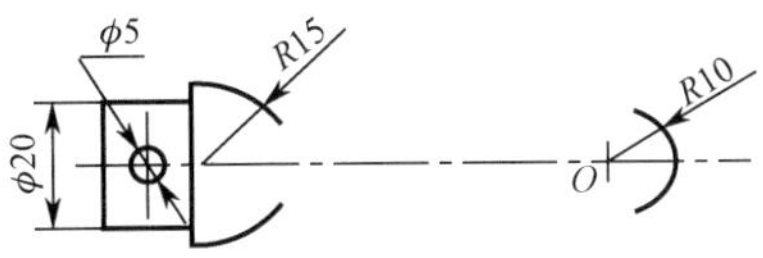	画出 15、$\phi5$、$\phi20$、$R10$、$R15$ 所标注的已知线段
	画中间线段	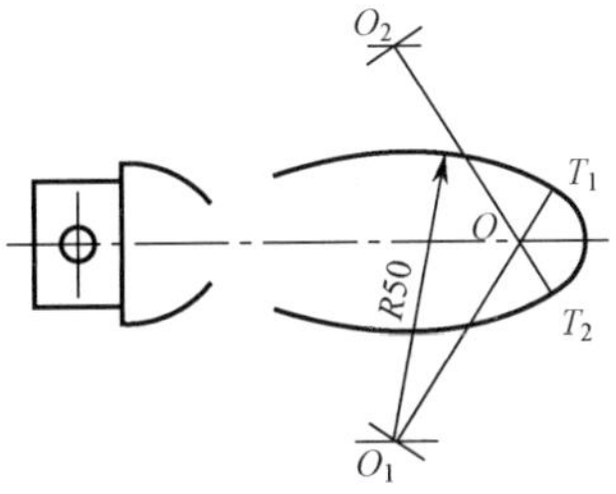	根据 $R50$ 与 $\phi30$ 的尺寸界线相切，并与 $R10$ 圆弧相内切，按几何作图圆弧的连接将其画出

续表

阶段	步骤	图例	简要说明
绘制底稿	画连接线段	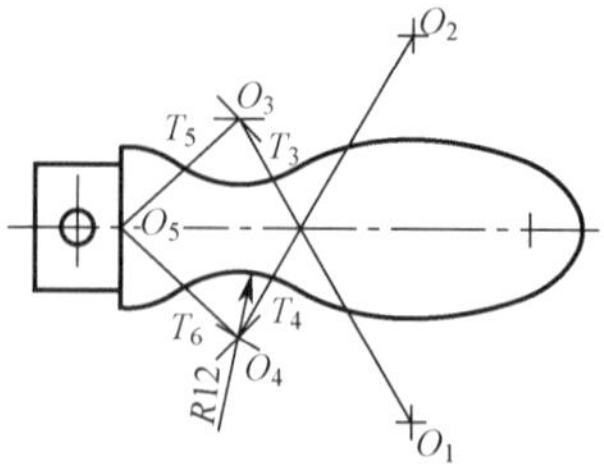	根据 R12 与 R15、R50 的圆弧相外切，按几何作图画出 R12 的连接线段
完成平面图形	检查、加深，并标注尺寸	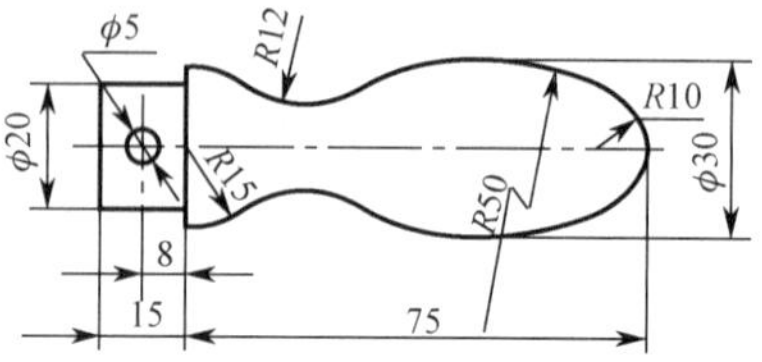	检查是否有遗漏或错误，加深图线，然后标注尺寸

画图时应注意：

① 画底稿用 2H 或 3H 铅笔，各种图线暂不分粗细，并画得很轻很细。

② 加深图线时，一般先粗后细，先加深全部的粗实线，再加深细点画线、细虚线、细实线，要保持粗细均匀，深浅一致。

③ 在加深同一种线型时，应先曲线后直线，以保证线段间连接光滑；先水平后垂直，先画水平线，再画垂直线、倾斜线；按从上到下、从左到右的顺序依次完成。

④ 为避免画图时弄脏图面，应保持双手、三角板、丁字尺的清洁。

（三）知识链接与巩固

1. 平面图形的尺寸分析

零件图形中的尺寸依作用不同分为定形尺寸和定位尺寸两类。

（1）定形尺寸

用于确定线段的长度、圆弧的半径（或圆的直径）和角度等形状大小的尺寸，如图 2-5 中的ϕ5、ϕ20、R10、R15、R12、R50 等。

（2）定位尺寸

用于确定线段在平面图形中所处相对位置的尺寸。确定平面图形的位置需要有两个方向的定位尺寸，即左右和上下（或水平方向和垂直方向）。如图 2-5 中的尺寸 8，确定ϕ5 圆心位置；75 间接地确定了 R10 的圆心位置；ϕ30 间接确定了 R50 的圆心位置的竖向坐标值。

应该指出，有时一个尺寸同时具有定形和定位两种作用。如图 2-5 中的 75，也可以看做手柄部分的长度（定形尺寸）；ϕ30 也可以看做表明手柄部分的大小（定形尺寸）。

在分析尺寸，特别是定位尺寸时，还应建立尺寸基准的概念。所谓尺寸基准就是标注尺寸的起点，即标注定位尺寸的起始位置。平面图形一般应有水平和垂直两个坐标方向的尺寸基准。通常选择圆和圆弧的中心线、对称中心线、图形的底线及边线等作为尺寸基准。

2. 平面图形的线段分析

零件图形中的线段根据其定位尺寸的完整程度可分为已知线段、中间线段和连接线段三种。

（1）已知线段

定形、定位尺寸齐全的线段（圆弧），如图 2-5 中的 $R10$、$R15$、$\phi5$、$\phi20$ 的线段。已知线段在作图时可以直接画出来。

（2）中间线段

有定形尺寸但缺少一个定位尺寸的线段（圆弧），如图 2-5 中 $R50$ 的线段。中间线段在作图时应根据其与相邻线段的几何关系，利用几何作图才可以画出来。

（3）连接线段。

有定形尺寸但没有定位尺寸的线段（圆弧），如图 2-5 中 $R12$ 的线段。连接线段在作图时应根据其与相邻线段的几何关系，也是利用几何作图才可以画出来。

3. 平面图形的尺寸标注

结合国家有关尺寸标注的规定，标注平面图形尺寸的一般步骤为：

① 分析平面图形中尺寸的各部分构成，确定尺寸基准。

② 标注全部的定形尺寸。

③ 标注必要的定位尺寸。已知线段的两个定位尺寸都要标出；中间线段的定位尺寸标出一个；连接线段的定位尺寸都不必标注。

④ 检查、调整、补遗漏、删除多余的尺寸。

4. 椭圆的画法

平面图形中常见的平面曲线是圆、椭圆，画圆比较简单，画椭圆较难。椭圆的画法有多种，常见的椭圆画法是四心近似法，具体如表 2-7 所示。

表 2-7 四心近似法画椭圆

已知条件	步 骤	尺 规 作 图	作 图 说 明
已知椭圆的长轴、短轴	作长、短轴	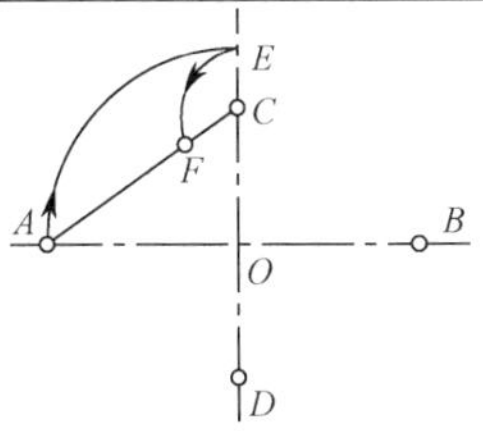	画出长轴 AB 和短轴 CD，连接 AC，并在 AC 上截取 CF，使其等于长、短轴半径之差
	找画圆弧的四个圆心	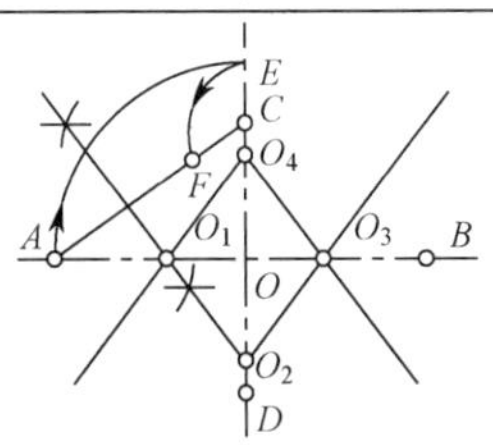	作 AF 的垂直平分线，使其分别交 AO 和 OD（或其延长线）于 O_1、O_2 两点。以 O 为对称中心，作 O_1、O_2 的对称点 O_3、O_4。分别连接 O_1O_2、O_2O_3、O_3O_4、O_4O_1 并延长
	作近似椭圆的四段相切圆弧	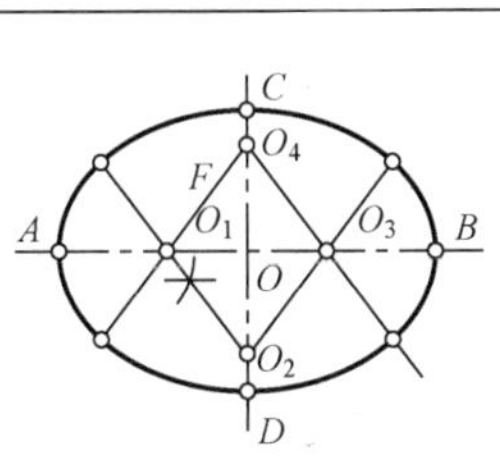	分别以 O_1、O_3 为圆心，以 O_1A 或 O_3B 为半径画两弧；再分别以 O_2、O_4 为圆心，以 O_2C 或 O_4D 为半径画两弧。这四段圆弧分别两两相切于 O_1O_2、O_2O_3、O_3O_4、O_4O_1 的延长线上。最后加粗圆弧，即画出近似椭圆

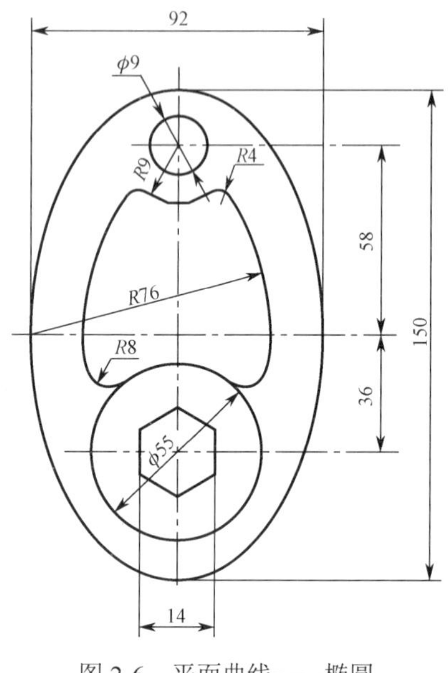

图 2-6　平面曲线——椭圆

课堂思考与练习：

1. 练习几何作图。
2. 按 1∶1 的比例画图 2-6 所示的平面图形。

四、绘制量规的平面图

知识点：

* 斜度与锥度的概念；
* 斜度与锥度的符号及标注。

技能点：

* 能熟练画斜度和锥度。

（一）任务描述

在制造加工过程中，质量检测是非常重要的环节，质量检验员根据图样要求，使用各种检验工具对产品进行检测。如图 2-7 所示的检测工具就是常用来检测产品的斜度和锥度的量规。我们的工作就是按 1∶1 的比例画出量规的平面图形，如图 2-7 所示。

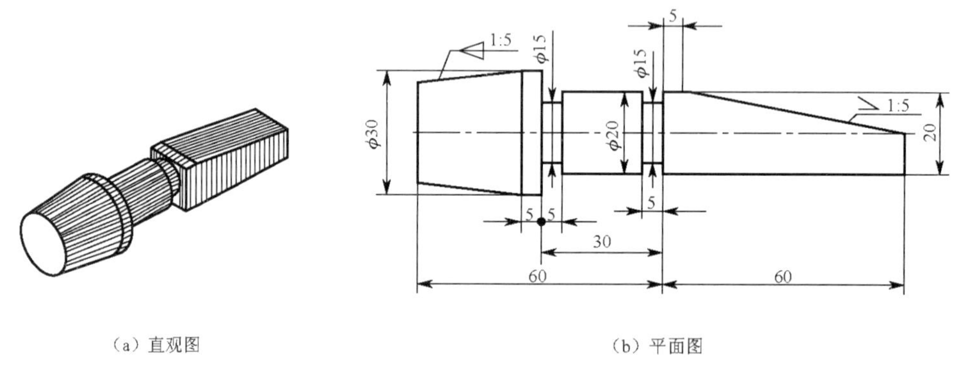

图 2-7　量规

（二）任务执行

首先根据已知条件（如图 2-7 所示），分析平面图形，并按比例绘制手柄的平面图形。具体方法和步骤如表 2-8 所示。

（三）知识链接与巩固

斜度与锥度是机械零件上常见的结构，必须在图样上画出来。

表 2-8　绘制量规平面图形的方法和步骤

阶　段	步　骤	图　例	简 要 说 明
准备工作	尺寸分析	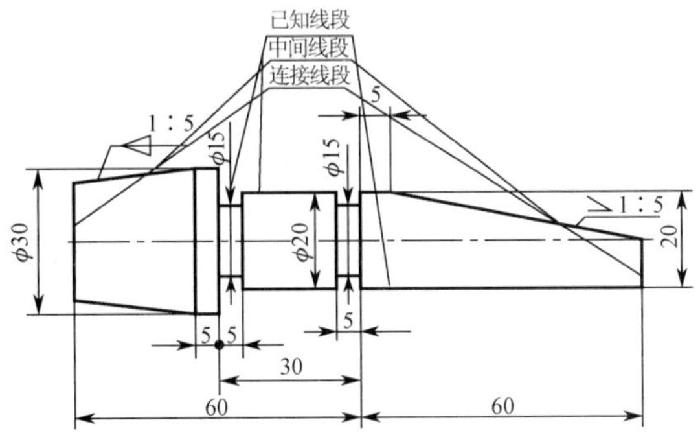	图中尺寸$\phi 30$、$\phi 20$、$\phi 15$、30、槽宽 5 等是定形尺寸；尺寸 60、槽的左右两端尺寸 5 是定位尺寸
	线段分析		图中 60、30、20、5、$\phi 30$、$\phi 20$、$\phi 15$、所标注的线段是已知线段；图中用锥度和斜度标注的线段是中间线段
绘制底稿	画基准线	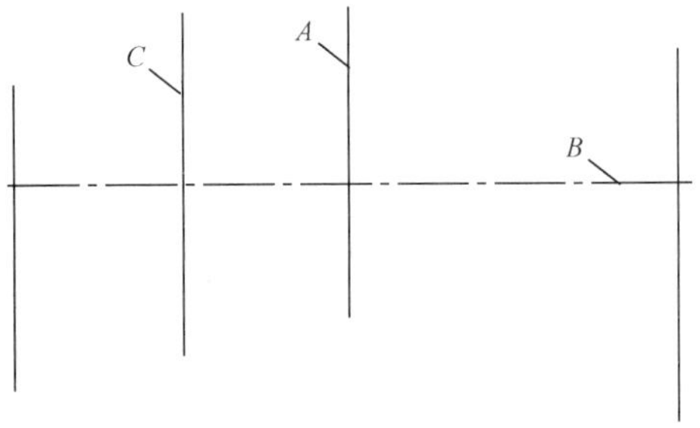	画出基准线 A、B、C
绘制底稿	画已知线段	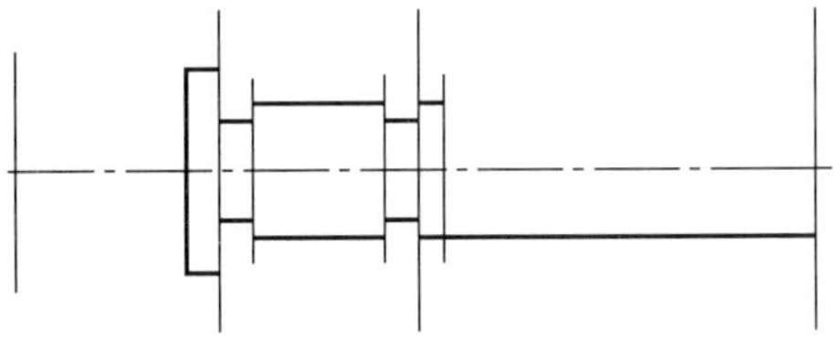	按上述分析画出已知线段
	画中间线段	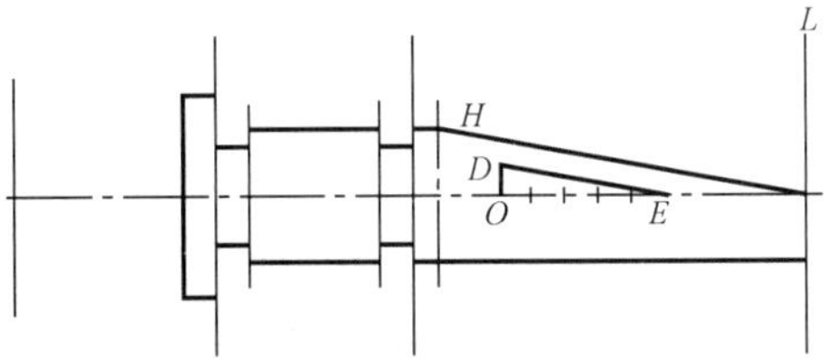	根据斜度的画法画出右端的斜度线
		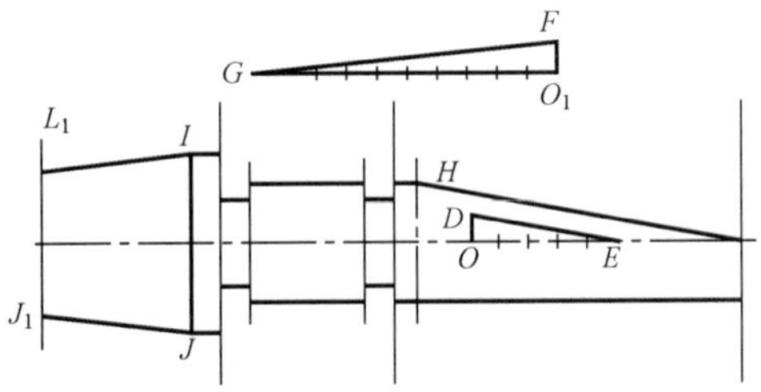	根据锥度的画法画出左端的锥度线

续表

阶　　段	步　　骤	图　　例	简要说明
完成平面图形	检查、加深并标注尺寸		检查是否有遗漏或错误，擦去多余的图线；再加深图线，然后标注尺寸

1. 斜度

所谓斜度是指一直线或平面相对另一直线或平面的倾斜程度，其大小用两者间夹角的正切值来表示，在图上通常用 1∶*n* 来标注。其画法、标注与符号如图 2-8 所示。

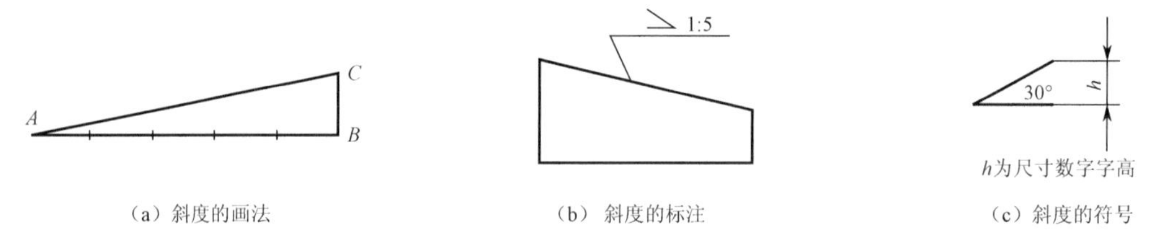

（a）斜度的画法　（b）斜度的标注　（c）斜度的符号

图 2-8　斜度的画法、标注与符号

2. 锥度

所谓锥度是指正圆锥体底圆直径与圆锥高度之比，在图样上通常也用 1∶*n* 来标注。其画法、标注与符号如图 2-9 所示。

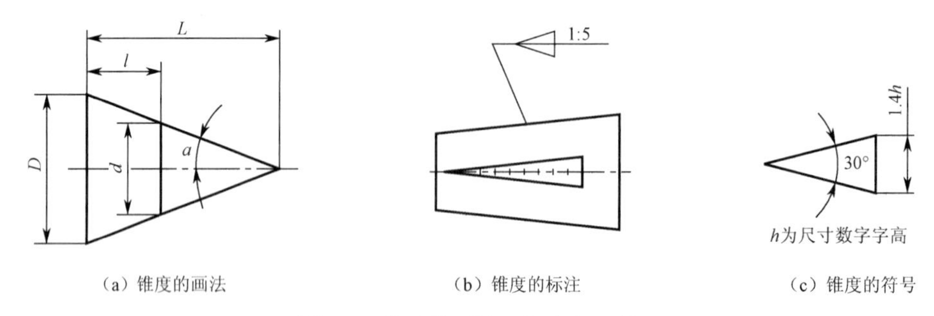

（a）锥度的画法　（b）锥度的标注　（c）锥度的符号

图 2-9　锥度的画法、标注与符号

3. 斜度和锥度的标注示例

斜度和锥度的标注示例如表 2-9 所示。

表 2-9　斜度和锥度的标注示例

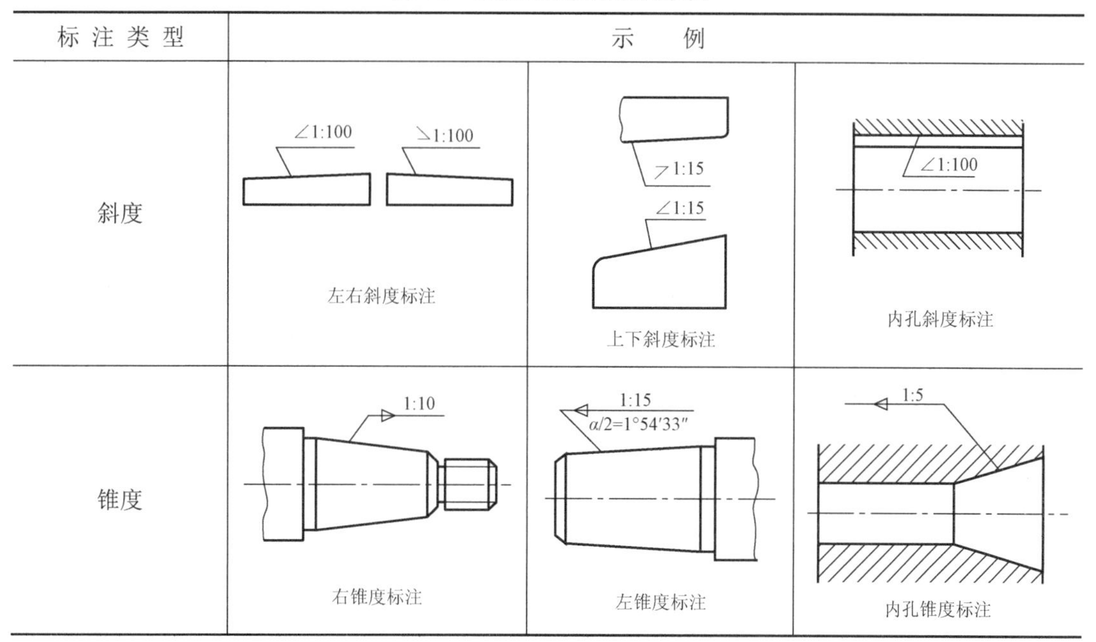

标注类型	示例		
斜度	∠1:100　∠1:100 左右斜度标注	∠1:15　∠1:15 上下斜度标注	∠1:100 内孔斜度标注
锥度	1:10 右锥度标注	1:15 α/2=1°54′33″ 左锥度标注	1:5 内孔锥度标注

课堂思考与练习：

按 1∶1 的比例画图 2-10 所示的平面图形，并标注相应的斜度和锥度。

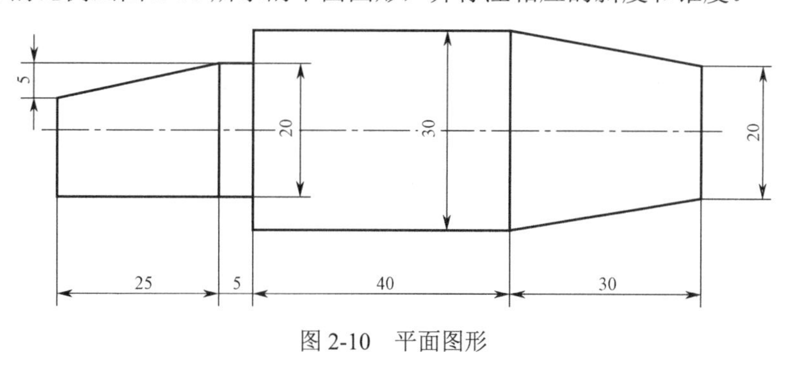

图 2-10　平面图形

任务二　绘制简单物体的三视图

一、绘制 V 形压块的三视图

知识点：

* 正投影的概念；
* 三视图的概念及名称；
* 三视图的投影规律；
* 点、线、面的投影规律。

技能点：

* 掌握三视图的形成及规律；
* 能绘制简单物体的三视图。

（一）任务描述

机械零件是由简单的物体堆叠或切割穿孔所构成的。因此，只有掌握了简单物体三视图的绘制和识读，才能为机械零件的视图绘制和识读打下坚实的基础。

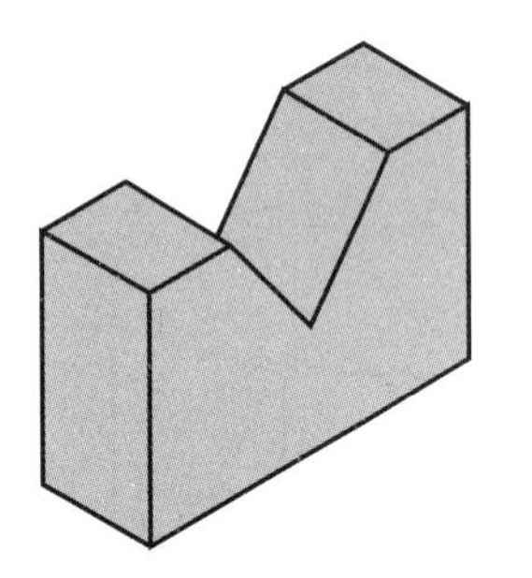
图 2-11　V 形压块

下面绘制如图 2-11 所示的 V 形压块的三视图。

（二）任务执行

要画机件——V 形压块的三视图，先要掌握正投影的概念、三视图的形成及画法。

1. 正投影的概念

如何才能在一张平面图纸上准确而全面地表达出物体的形状和大小呢？答案是用投影来表示。一组投射线通过物体向选定的平面投射，并在该面上得到图形的方法称为投影法。根据投影法所得到的图形称为投影图，简称投影。在投影法中，选定平面 *P* 称为投影面，所有射线的起源点称为投射中心，发自投射中心且通过被表示物体上各点的直线称为投射线。

工程上常见的投影法根据投射线的不同，一般可分为中心投影法和平行投影法，如图 2-12 所示。

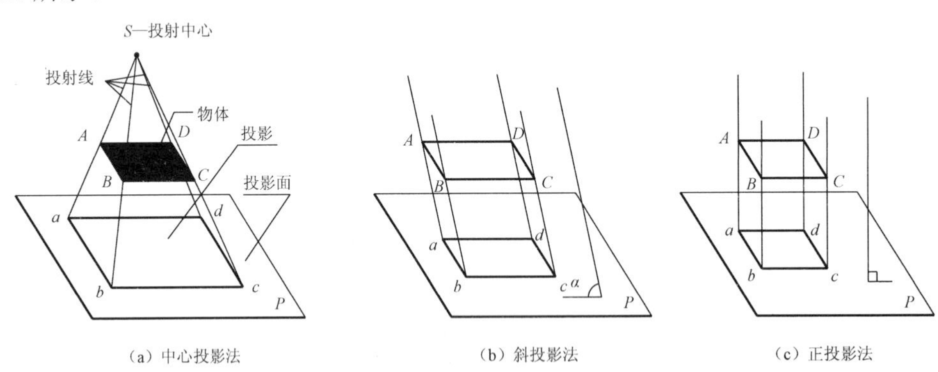

图 2-12　投影法及分类

1）中心投影法

投射线汇交于一点的投影法称为中心投影法，如图 2-12（a）所示。

2）平行投影法

若将图 2-12(a)中所示的投射中心移至无穷远处，则投射线互相平行，如图 2-12(b)，(c) 所示，这种投射线互相平行的投影法称为平行投影法。

根据投射线与投影面是否垂直，平行投影法又分为斜投影法和正投影法。

（1）斜投影法

投射线与投影面相倾斜的平行投影法，如图 2-12（b）所示。根据斜投影法所得到的图形称为斜投影图，简称斜投影。

（2）正投影法

投射线垂直于投影面的平行投影法，如图 2-12（c）所示。根据正投影法所得到的图形称为正投影图，简称正投影。

由于正投影法的投射线互相平行且垂直于投影面，正投影图能准确表达空间物体的形状和大小，且作图简便，因此，国家标准《图样画法》（GB/T 17451—2000）规定，技术图样应采用正投影法绘制，并优先采用第一角画法。本课程主要研究正投影法，如未加说明，所述投影均指正投影。

2. 正投影的基本特性

（1）真实性

当直线或平面与投影面平行时，直线的投影反映空间直线的实长，平面的投影反映空间平面的实形。正投影的这种特性称为真实性，如图 2-13（a）所示。

（2）积聚性

当直线或平面与投影面垂直时，直线的投影积聚成一点，平面的投影积聚成一条直线。正投影的这种特性称为积聚性，如图 2-13（b）所示。

（3）类似性

当直线或平面与投影面倾斜时，直线的投影长度小于空间直线的实长，平面的投影为小于空间实形的类似形。正投影的这种特性称为类似性，如图 2-13（c）所示。

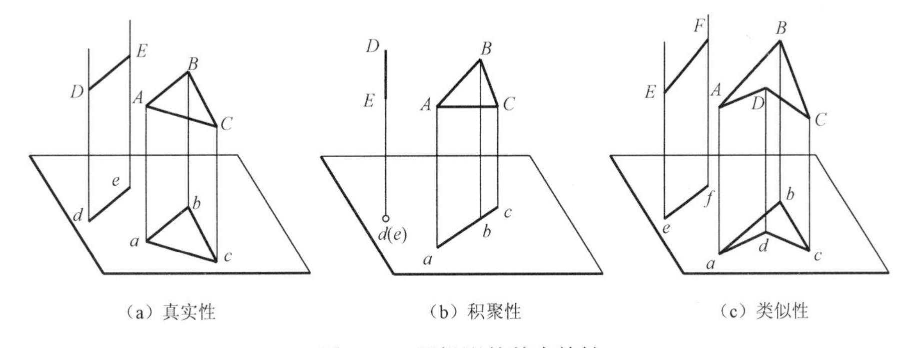

图 2-13 正投影的基本特性

3. 三面投影体系

由正投影法的原理可知，空间点在指定的单一平面上的投影是一个点，且是唯一的；反之，若已知点的投影，则不能唯一确定点的空间位置，如图 2-14（a）所示。同样，仅有物体的单面投影也无法确定空间物体的真实形状，如图 2-14（b）所示。因此，要想唯一确定空间点的空间位置或空间物体的真实形状，就必须增加投影面的数量。

在工程图中，为了清楚地反映物体的形状，常采用物体在三投影面体系中的三面投影来表示。

如图 2-15（a）所示，三个互相垂直的投影面构成三投影面体系：正立投影面 V（简称正面）、水平投影面 H（简称水平面）和侧立投影面 W（简称侧面）组成了三投影面体系；

其投影面之间的交线称为投影轴——V 面与 H 面的交线称为 OX 轴，V 面与 W 面的交线称为 OZ 轴，H 面与 W 面的交线称为 OY 轴，三投影轴 OX、OY、OZ 必定互相垂直且相交，其交点 O 称为原点。$\angle XOZ=90°$，$\angle XOY=\angle YOZ=135°$。

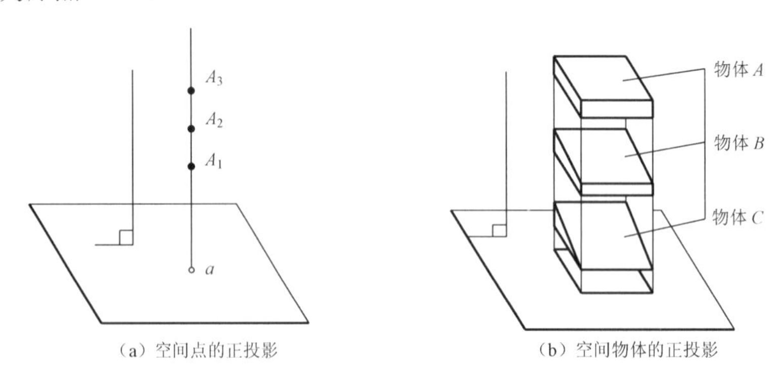

（a）空间点的正投影　（b）空间物体的正投影

图 2-14　单面投影

三投影面体系将空间分为八个区域，分别称为第一分角、第二分角、第三分角……国家标准《图样画法》（GB/T 17451—2000）规定，技术制图优先采用第一分角画法，所以我们主要讨论第一分角的投影，如图 2-15（a），（b）所示。

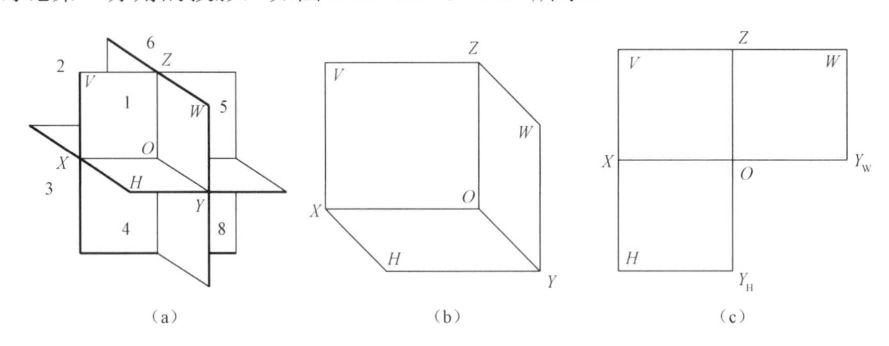

（a）　（b）　（c）

图 2-15　三面投影体系的建立

为了把物体的三面投影画在同一平面内，国家标准规定 V 面保持不动，H 面绕 OX 轴向下旋转 90° 与 V 面重合，W 面绕 OZ 轴向后旋转 90° 与 V 面重合，如图 2-15(c)所示。这样 V—H—W 面就展开、摊平在一个平面上，其中 OY 轴随 H 面旋转时以 OY_H 表示，随 W 面旋转时以 OY_W 表示。

4. 三视图的形成（GB/T 17451—2000）

物体向投影面投影所得的图形，称为视图。物体在三投影面（V、H、W）体系中的投影，通常称为物体的三视图，如图 2-16 所示。其中：

主视图——物体在正立投影面（V 面）上投影，也就是从前向后投射所得的图形；

俯视图——物体在水平投影面（H 面）上投影，也就是从上向下投射所得的图形；

左视图——物体在侧立投影面（V 面）上投影，也就是从左向右投射所得的图形。

为了便于画图和看图，通常将物体正放（与投影面平行或垂直），尽量使物体的表面、对称面或回转轴线相对于投影面处于特殊位置（正放），如图 2-16（a）所示，并将 OX、OY 和 OZ 轴的方向分别设为物体的长度方向、宽度方向和高度方向。

投影面展开后，如图 2-16（b）所示，三视图的配置关系：以主视图为准，俯视图在主视图的正下方，左视图在主视图的正右方。

由于物体的三视图是按正投影绘制的，三视图的大小与物体相对于投影面的距离无关，即改变物体与投影面的相对距离，并不会引起视图的变化。因此，在作三视图时，不画出投影轴和投影面的边框线，如图 2-16（c）所示。

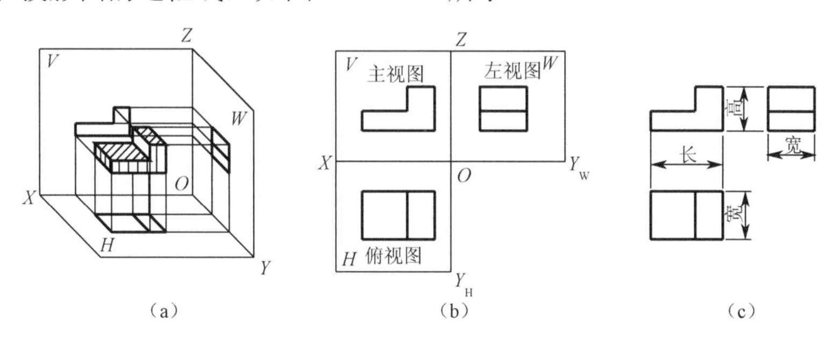

图 2-16　三视图的形成

5. 三视图的投影规律

三视图的投影规律与三面投影的规律相同。

（1）三视图反映物体大小的投影规律

如图 2-16 所示，从三视图的形成过程中可以看出，每个视图只能反映物体两个方向的尺寸，即主视图反映物体的长度（X）和高度（Z）方向的尺寸；俯视图反映物体的长度（X）和宽度（Y）方向的尺寸；左视图反映物体的宽度（Y）和高度（Z）方向的尺寸。

由此可以归纳出三视图之间的“三等”投影规律：主视图和俯视图之间——长对正；主视图和左视图之间——高平齐；俯视图和左视图之间——宽相等。

在画和读物体的三视图时，无论是整个物体，还是物体的局部，其三面投影必须符合“长对正、高平齐、宽相等”的“三等”投影规律。

（2）三视图反映物体方位的投影规律

物体在三投影面体系内的位置确定后，它的前后、左右和上下的位置关系也就在三视图上明确地反映出来了，并且每个视图反映物体的空间四个范围。如图 2-17 所示，主视图——反映物体的上、下和左、右；俯视图——反映物体的前、后和左、右；左视图——反映物体的上、下和前、后。

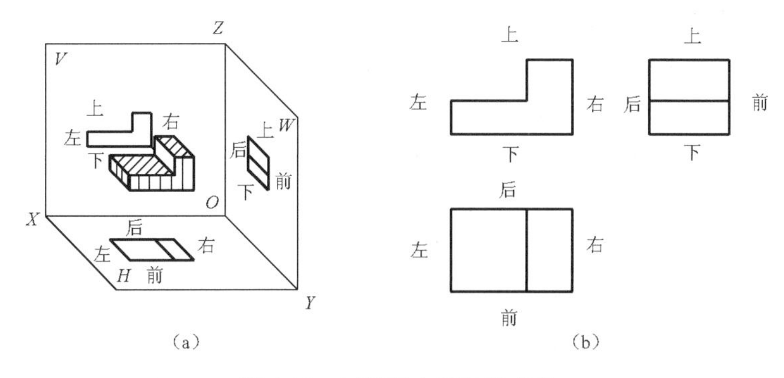

图 2-17　三视图中物体的方位

俯、左视图上靠近主视图的一边（内侧），均表示物体的后面；其远离主视图的一边（外侧），均表示物体的前面。

（3）三视图反映物体形状的投影规律

一般情况下，物体有六个面的外形（上、下、左、右、前、后）和三个方向（主视——含长和高，俯视——含长和宽，左视——含宽和高）上的内形，而每个视图只能反映物体两面外形（投射方向的迎、背两面）和一个方向上的内形。即主视图——反映物体的前、后外形和主视方向上的内形；俯视图——反映物体的上、下外形和俯视方向上的内形；左视图——反映物体的左、右外形和左视方向上的内形。

物体的内形和背面的外形都是不可见的。在三视图上，它们的轮廓线应以虚线表示。

6. V形压块的三视图

画V形压块三视图的方法和步骤如下（如图2-18所示）：

① 用细点画线画出基准线。

② 按机件大小,采取合适的比例画V形压块的主视图。

③ 按三视图的投影规律“长对正、高平齐、宽相等”画俯视图和左视图,不可见的轮廓用虚线画出,如图2-18（a）所示。

④ 最后加粗可见的轮廓线，如图2-18（b）所示。

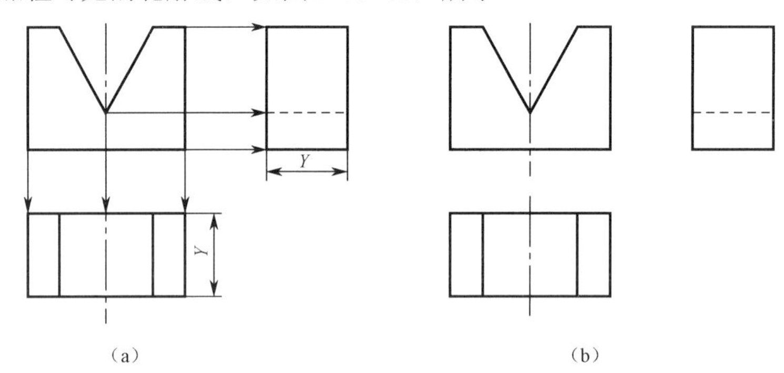

图2-18　V形压块的三视图

（三）知识链接与巩固

1. 点的投影

点是最基本的几何元素，如图2-19（a）所示，求点S的三面投影，就是由点S分别向三个投影面作垂线，则其垂足s、s'、s''即分别为点S的三面投影。如果移去空间点S，将投影面按图2-19（b）箭头所示方向摊平在一个平面上，便得到点S的三面投影图，如图2-19（c）所示。图中s_X、s_Y、（s_{YH}、s_{YW}）、s_Z分别为点的投影连线与投影轴X、Y、Z的交点。

通过上述点的三面投影图的形成过程，可总结出点的投影有如下规律：

① 点的V面投影与H面投影的连线垂直于OX轴，即$s's \perp OX$；

② 点的V面投影与W面投影的连线垂直于OZ轴，即$s's'' \perp OZ$；

③ 点的H面投影至OX轴的距离等于其W面投影至OZ轴的距离，即$ss_X=s''s_Z$。

2. 直线的投影

一般直线在三面投影体系中的投影的画法如表2-10所示。

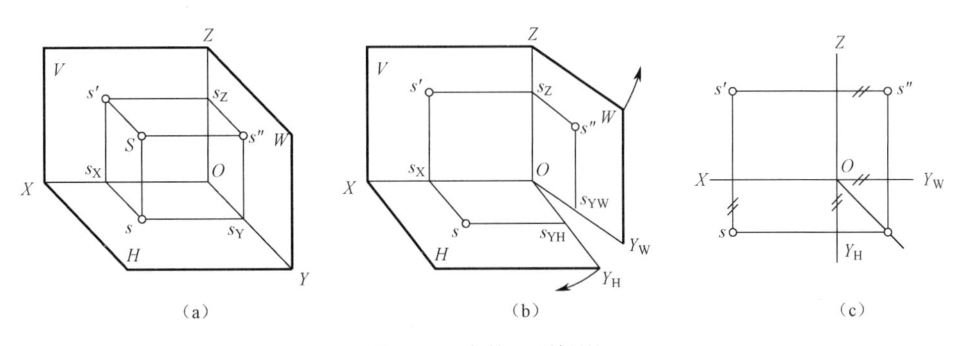

图 2-19　点的三面投影

表 2-10　点和直线的三面投影的画法

已知条件	直线上的点 A（x_A，y_A，z_A）、点 B（x_B，y_B，z_B） x_A　y_A　z_A x_B　x_B　z_B		
步　　骤	作　　图	步　　骤	作　　图
1．画出投影轴		3．按点的投影规律作出点 B 的三面投影	
2．按点的投影规律作出点 A 的三面投影		4．连接点 A 与点 B 的同面投影，即得直线 AB 的三面投影	

特殊位置的直线：投影面平行线和投影面垂直线。只平行一个投影面、倾斜于另两个投影面的直线称为投影面平行线；垂直于一个投影面的直线称为投影面垂直线。它们的投影如表 2-11、表 2-12 所示。

表 2-11　投影面垂直线的投影特性

名　　称	铅垂线（⊥*H*，// *V* 和 *W*）	正垂线（⊥V，// *H* 和 *W*）	侧垂线（⊥*W*，// *H* 和 *V*）
轴测图	V a′ Z A a″ W b′ B X O b″ H a(b) Y	V Z c′(d′) d″ D W c″ C X O d H c Y	V Z e′ f′ W E F e″(f″) X O H e f Y
投影图	a′ Z a″ b′ b″ X O Y_W a(b) Y_H	Z c′(d′) d″ c″ X O Y_W d c Y_H	Z e′ f′ e″(f″) X O Y_W e f Y_H
投影特性	1．水平投影 *a*（*b*）成一点，有积聚性 2．$a'b'=a''b''=AB$，且 $a'b' \perp OX$，$a''b'' \perp OY_W$	1．正面投影 *c*′（*d*′）成一点，有积聚性 2．$cd=c''d''=CD$，且 $cd \perp OX$，$c''d'' \perp OZ$	1．侧面反影 *e*″（*f*″）成一点，有积聚性 2．$ef=e'f'=EF$，且 $ef \perp OY_H$，$e'f' \perp OZ$

表 2-12　投影面平行线的投影特性

名　　称	水平线 （// *H*，对 *V*，*W* 倾斜）	正平线 （// *V*，对 *H*、*W* 倾斜）	侧平线 （// *W*，对 *H*、*V* 倾斜）
轴测图	Z V a′ b′ a″ W A b″ B X O a H b Y	Z V d′ D d″ W c′ C c″ X O c H d Y	Z V e′ e″ E W f′ X F f″ O e H f Y
投影图	a′ b′ Z a″ b″ X O Y_W a b Y_H	d′ Z d″ c′ c″ X O Y_W c d Y_H	Z e″ e′ f′ f″ X O Y_W e f Y_H
投影特性	1．水平投影 $ab=AB$ 2．正面投影 $a'b' // OX$，侧面投影 $a''b'' // OY_W$，都不反映实长	1．正面投影 $c'd'=CD$ 2．水平投影 $cd // OX$，侧面投影 $a''b'' // OZ$，都不反映实长	1．侧面投影 $e''f''=EF$ 2．水平投影 $ef // OY_H$，正面投影 $e'f' // OZ$，都不反映实长

3. 平面的投影

一般位置平面的三面投影的画法和步骤如表 2-13 所示。

表 2-13　一般位置平面的三面投影的画法和步骤

已知条件	平面上不在同一直线的三点 A（x_A，y_A，z_A）、B（x_B，y_B，z_B）和点 C（x_C，y_C，z_C） x_A　y_A　z_A x_B　y_B　z_B x_C　y_C　z_C		
步　骤	作　图	步　骤	作　图
1. 按点的投影规律，作出 A 点的三面投影	Z　a'　a''　X　O　Y_W　a　Y_H	3. 按点的投影规律作出点 C 的三面投影	Z　b'　b''　a'　a''　c'　c''　X　O　Y_W　c　b　a　Y_H
2. 按点的投影规律作出点 B 的三面投影	Z　b'　b''　a'　a''　X　O　Y_W　b　a　Y_H	4. 分别连接点 A、点 B、点 C 的同面投影，即得平面 ABC 的三面投影	Z　b'　b''　a'　a''　c'　c''　X　O　Y_W　c　b　a　Y_H

特殊位置的平面分投影面垂直面和投影面平行面。

垂直于一个投影面而倾斜于另两个投影面的平面称为投影面垂直面，其投影特性如表 2-14 所示。

表 2-14　投影面垂直面的投影特性

名　称	铅垂面（⊥H）	正垂面（⊥V）	侧垂面（⊥W）
轴测图	Z　V　d'　a'　A　a'　D　d''　W　b'　B　b''　c''　C　X　O　a　(b)　d　H　(c)　Y	Z　V　$c'(d')$　D　d''　(a')　C　c''　$b'A$　W　a''　B　b''　X　a　d　O　c　b　H　Y	Z　V　b'　D　a'　B　$a''(b'')$　A　d'　W　C　D　X　O　(c'')　d''　a　b　c　b　H　Y

续表

名　称	铅垂面（⊥H）	正垂面（⊥V）	侧垂面（⊥W）
投影图	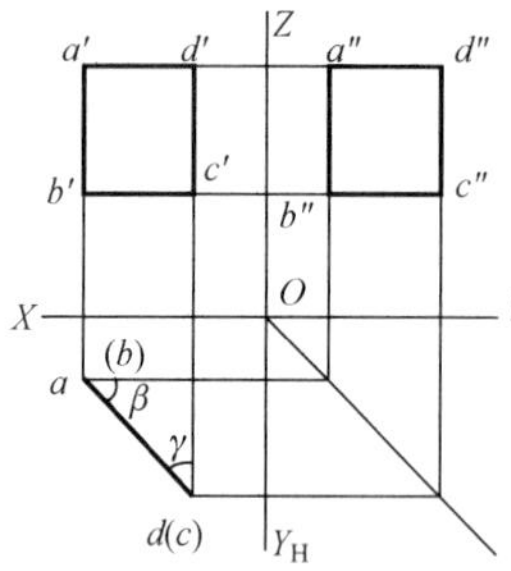	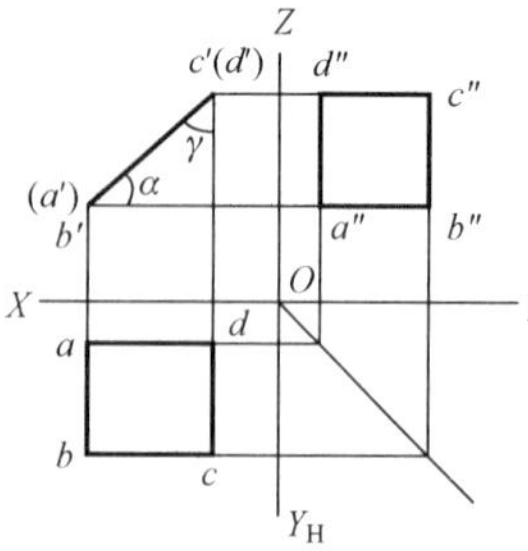	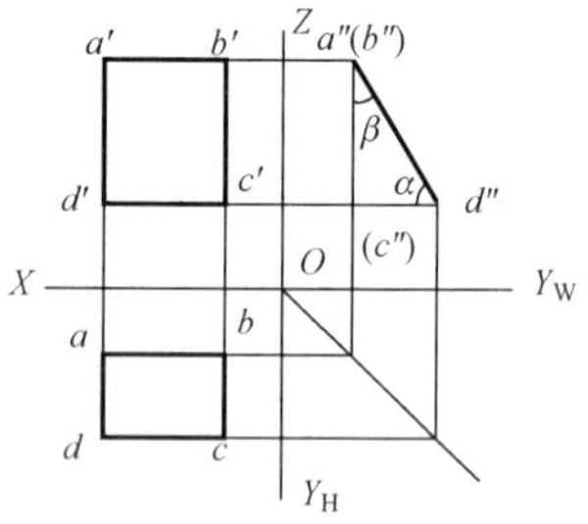
投影特性	1．H面投影积聚为直线，且反映其与V面的夹角β及与W面的夹角γ 2．V面、W面上的投影为类似形	1．V面投影积聚为直线，且反映其与H面的夹角α及与W面的夹角γ 2．H面、W面上的投影为类似形	1．W面投影积聚为直线，且反映其与V面的夹角β及与H面的夹角α 2．V面、H面上的投影为类似形

只平行于一个投影面而垂直于另两个投影面的平面称为投影面平行面，其投影特性如表 2-15 所示。

表 2-15　投影面平行面的投影特性

名　称	水平面（//H）	正平面（//V）	侧平面（//W）
轴测图	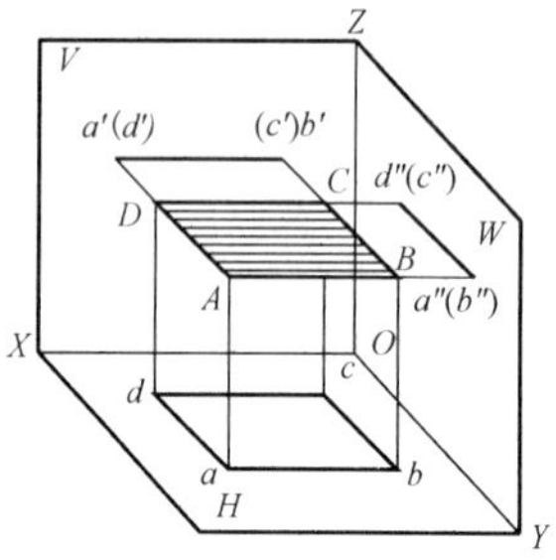	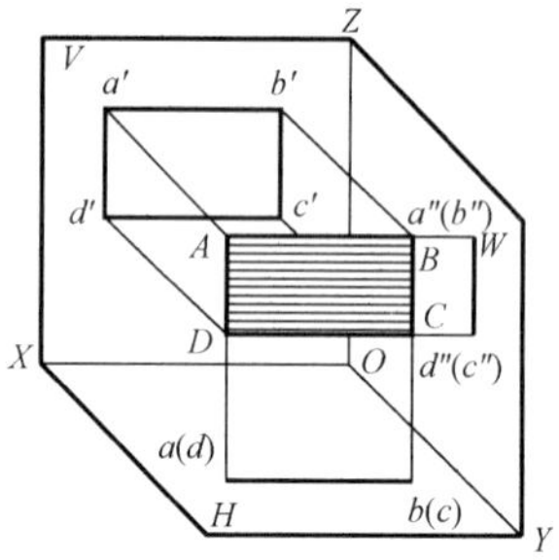	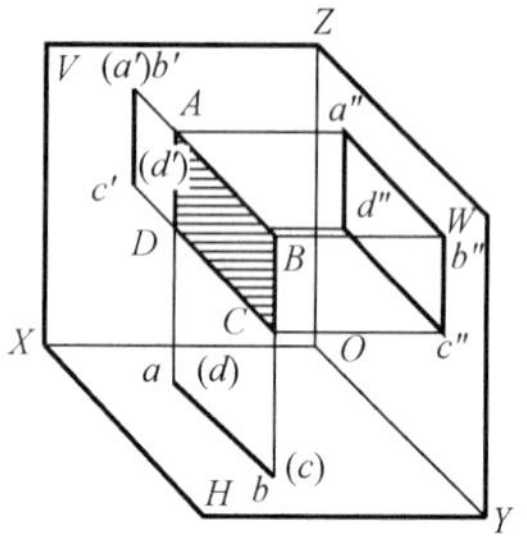
投影图	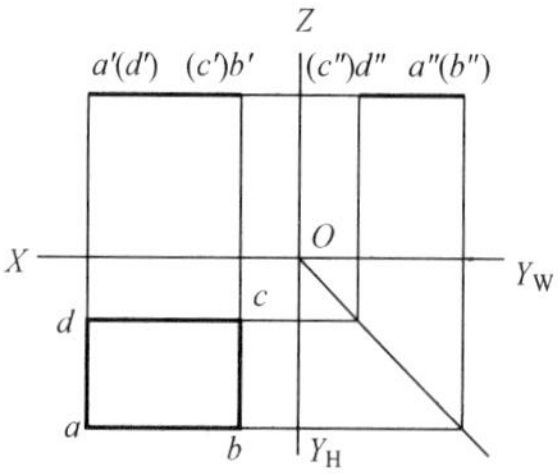	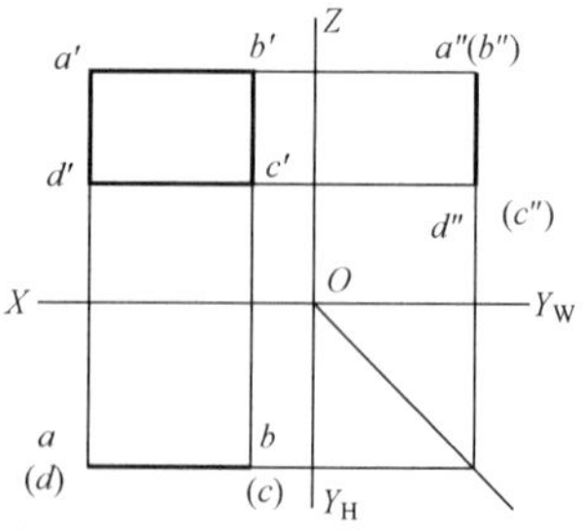	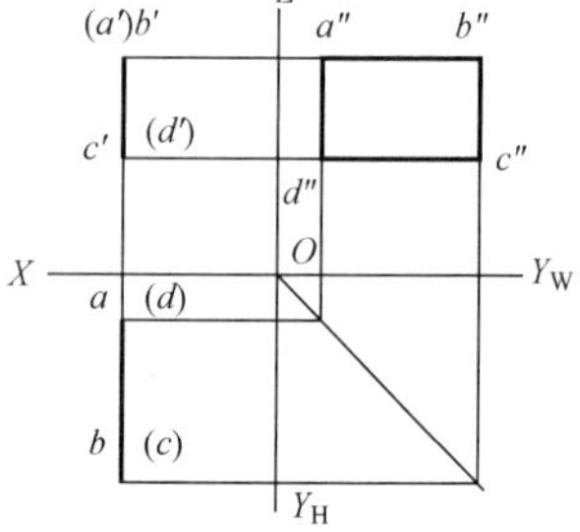
投影特性	1．H面反映实形 2．V面、W面积聚为直线，且V面投影平行于OX轴，W面投影平行于OY_W轴	1．V面反映实形 2．H面、W面积聚为直线，且H面投影平行于OX轴，W面投影平行于OZ轴	1．W面反映实形 2．H面、V面积聚为直线，且H面投影平行于OY_H轴，V面投影平行于OZ轴

课堂思考与练习：

1. 如果将球放在三面投影体系中，其三视图是何图形？若球无限缩小呢？
2. 三视图是怎样形成的？其最重要的投影规律是什么？
3. 举例，画或选三视图。

二、绘制平面立体的三视图

知识点：

* 平面立体的概念及分类；
* 平面立体三视图的画法及尺寸标注。

技能点：

* 能绘制平面立体的三视图及正确标注尺寸。

（一）任务描述

任何机械零件都可以看成是由简单的基本体堆叠或切割穿孔所构成的。基本体有平面体和曲面体两类。表面全部由平面所围成的称为平面体。常见的平面体有棱柱体、棱锥体等。如果表面全部由曲面或由曲面与平面所围成，则称为曲面体。常见的曲面体有圆柱、圆锥、球、圆环等。常见的基本体如图 2-20 所示。

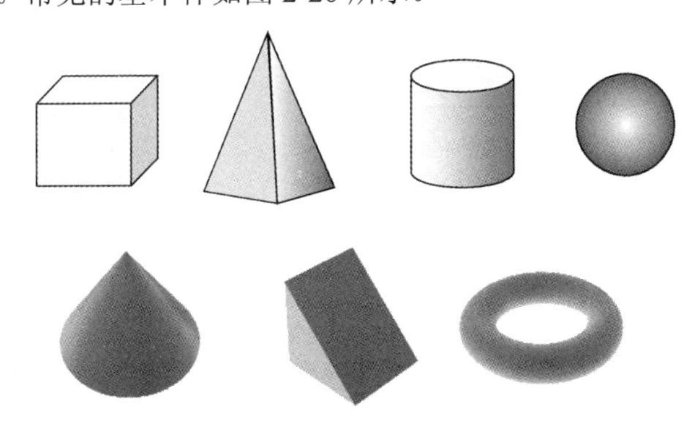

图 2-20 常见的基本体

下面绘制平面基本体：正三棱柱、三棱锥和正六棱柱。它们的表面具有共同的特征，即都是由多边形的平面围成的，其棱线互相平行。因此绘制平面基本体的投影可以归结为绘制多边形表面的投影，也就是绘制多边形顶点和边的投影。

（二）任务执行

1. 正三棱柱

正三棱柱形状如图 2-21（a）所示。下面分析其投影特征和作图方法。

（1）分析

如图 2-21（b）所示，正三棱柱的两端面（顶面和底面）平行于水平面，后棱面平行于正面，另外两个棱面垂直于水平面。在这种位置下，三棱柱的投影特征是：顶面和底面的水平投影重合，并反映实形——正三角形。三个棱面的水平投影积聚为三角形的三条边。

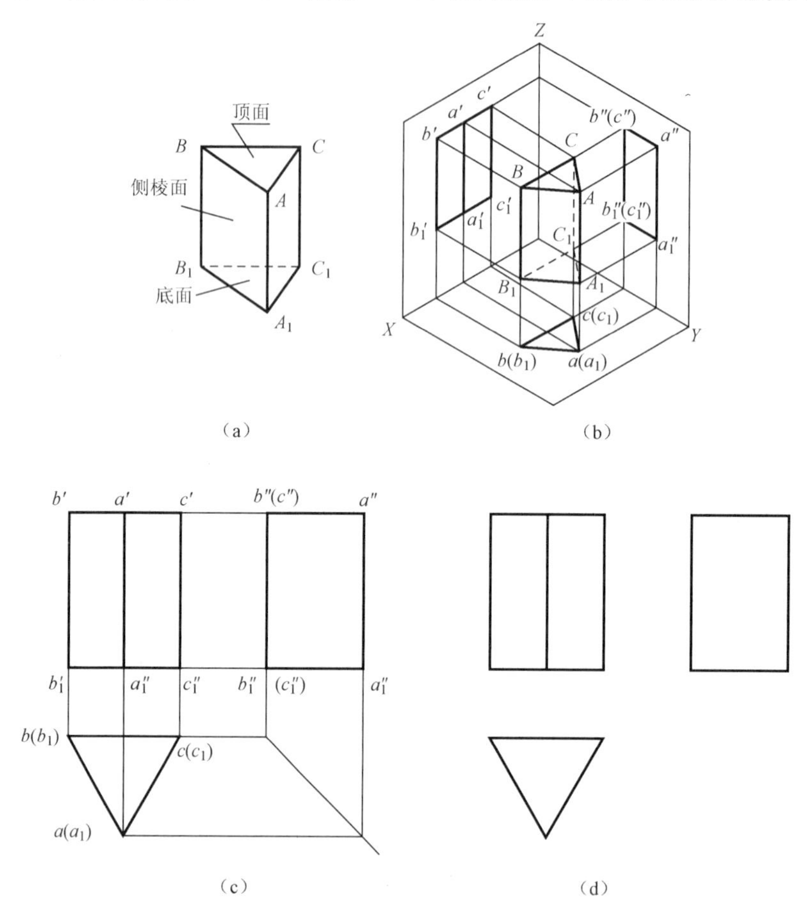

图 2-21　正三棱柱的三视图

（2）作图

① 作三棱柱的对称中心线和底面基线，并画出具有形状特征的视图——俯视图的正三角形。

② 按“长对正”的投影关系并量取三棱柱的高度画出主视图，再按“宽相等”、“高平齐”的投影关系画出左视图，如图 2-21（c）所示。

③ 去掉点的投影标注后如图 2-21（d）所示。

（3）棱柱投影的特点

棱柱在水平投影面上的投影为多边形，反映特征面实形；在另两个面上的投影均为一个或多个、可见与不可见的矩形的组合。

用途：根据棱柱投影的特点，在绘图的过程中，就可以判断三视图的正确性。读图时是判断该图形是否是棱柱的依据。

画棱柱三视图时，一般先画特征面的视图，然后绘制另两个面的视图。对称图形应该画对称中心线。

2. 正三棱锥

常见的棱锥有三棱锥、四棱锥、五棱锥等。棱锥的棱线交于一点,其侧面全部为三角形，并且具有公共的顶点。正三棱锥的形状如图 2-22 所示，根据其形状特点，分析其投影特性和作图方法。

（1）分析

正三棱锥的底面平行于水平面，其水平投影反映实形；后棱面垂直于侧面，其侧面投影积聚成一条直线；左、右两个棱面是一般位置面，投影是类似形，反映类似性。相交于锥顶的三条棱线中 *SB* 是侧平线，*SA*、*SC* 是一般线；底面三条线中 *AC* 是侧垂线，*AB*、*AC* 是水平线。

（2）作图

① 作三棱锥的对称中心线和底面基线，先画出底面俯视图的正三角形。

② 根据三棱锥的高度定出锥顶 *S* 的投影位置，然后在主、俯视图上分别用直线连接锥顶与底面三个顶点的投影，即得到三条棱线的投影。再由主、俯视图作出左视图，如图 2-22 所示。

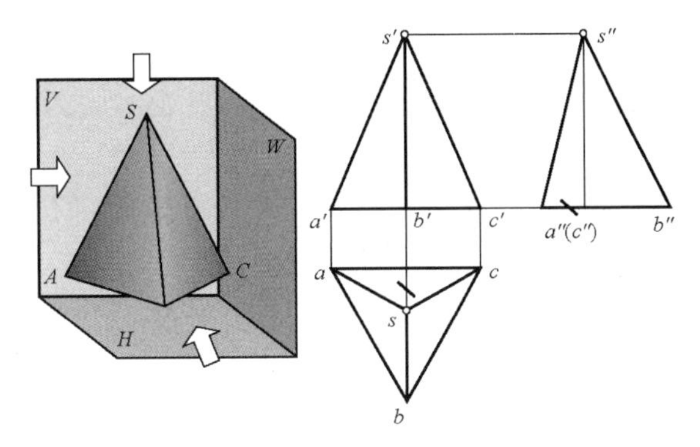

图 2-22 正三棱锥的三视图

（3）棱锥投影的特点

棱锥在与底面平行的投影面上的投影为多边形，反映底面实形，由数个具有公共交点的三角形组合而成；在另两个面上的投影均由一个或多个、可见与不可见的具有公共顶点的三角形组合而成。

用途：根据棱锥投影的特点，在绘图的过程中，就可以判断三视图的正确性。读图时是判断该图形是否是棱锥的依据。

画棱锥三视图时，一般先画出底面的投影，再画出锥顶点各投影，然后连接各棱线并判断可见性。

3. 正六棱柱

（1）分析

如图 2-23 所示，正六棱柱的两端面（顶面和底面）平行于水平面——水平面，前、后侧棱面平行于正面——正平面，另外四个棱面垂直于水平面——铅垂面。在这种位置下，正六棱柱的投影特征是：顶面和底面的水平投影重合，并反映实形——正六边形；其正面投影和侧面投影积聚成直线。六个棱面的水平投影积聚为正六边形的六条边；其正面投影前、后棱面反映实形，另四个侧棱面两两重合反映类似形；其侧面投影前、后棱面积聚成直线，另四个侧棱面两两重合反映类似形。

（2）作图

① 作正六棱柱的对称中心线和底面基线，并画出具有形状特征的视图——俯视图的正六边形。

② 按“长对正”的投影关系并量取正六棱柱的高度画出主视图，再按“宽相等”、“高平齐”的投影关系画出左视图，如图 2-23 所示。

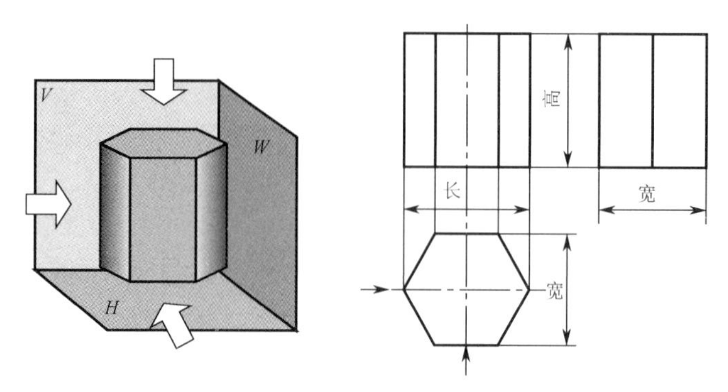

图 2-23　正六棱柱的三视图

（三）知识链接与巩固

1. 棱柱表面取点和取线

如图 2-24 所示，正三棱柱取点 *D*、*E*、*F* 及线 *DE*、*EF*，完成它们的三面投影。

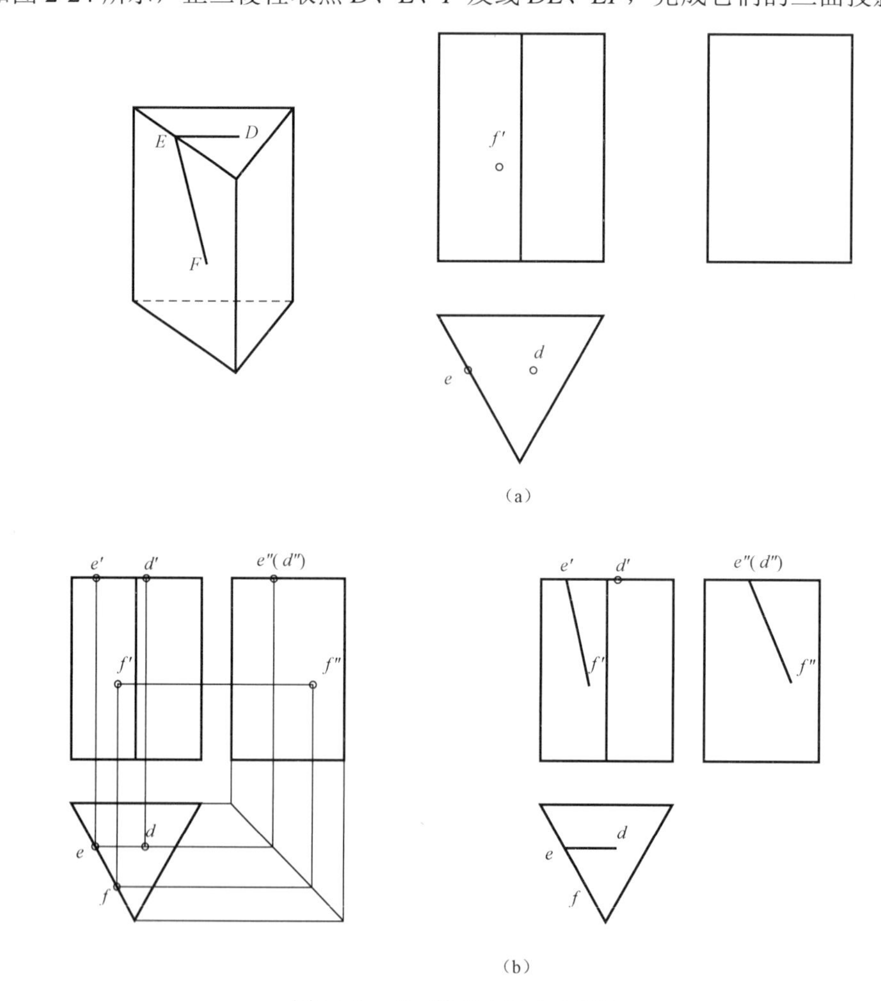

（a）

（b）

图 2-24　正三棱柱上取点和取线

（1）分析

如图 2-24（a）所示，*D* 点在正三棱柱的顶面上，*E* 点在正三棱柱的顶面的边线上，*F* 点在正三棱柱的侧面上。

（2）作图

先根据点的投影规律分别作 *D*、*E*、*F* 点的另两面投影；再连接 *DE*、*EF* 的三面投影并判别可见性，如图 2-24（b）所示。

2. 棱锥表面取点和取线

如图 2-25 所示，在正三棱锥上取点 *M*、*N*、*K* 及线 *MN*、*NK*，完成它们的三面投影。

（1）分析

如图 2-25（a）所示，*N* 点在棱线 *SB* 上，即 $N \in SB$；*M* 点在棱线 *SA* 上，即 $M \in SA$；*K* 点在侧棱面 *SBC* 上，即 $K \in SBC$。

（2）作图

先根据点的投影规律分别作 *M*、*N*、*K* 点的另两面投影；再连接 *MN*、*NK* 的三面投影并判别可见性，如图 2-25（b）所示。

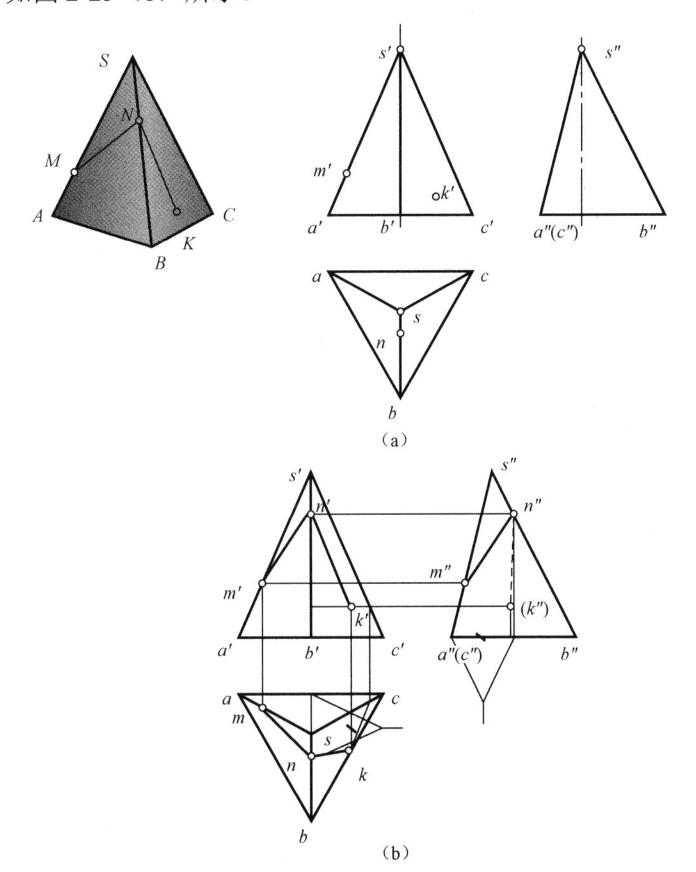

图 2-25 正三棱锥表面取点和取线

3. 常见棱柱、棱锥三视图的尺寸标注

常见棱柱、棱锥的尺寸标注如图 2-26 所示。

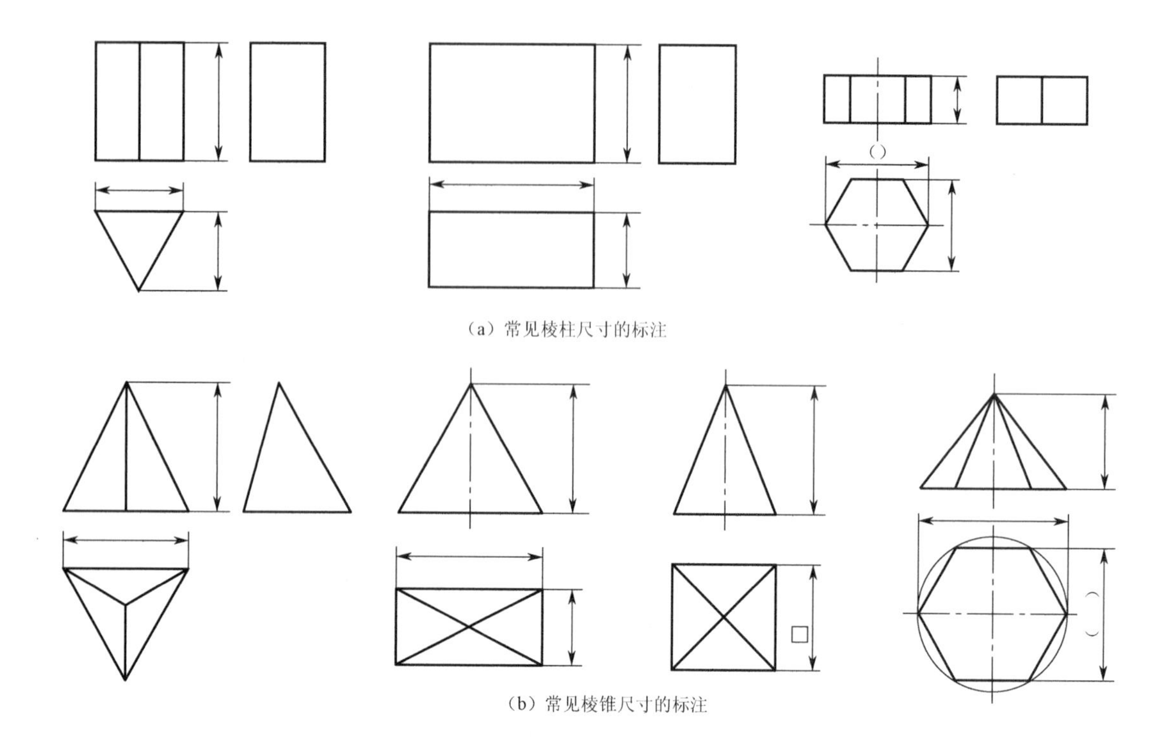

（a）常见棱柱尺寸的标注

（b）常见棱锥尺寸的标注

图 2-26　常见棱柱、棱锥的尺寸标注

课堂思考与练习：

1. 棱柱和棱锥各需标注几个方向的尺寸？
2. 正六棱柱上怎样取点和线？

三、绘制回转体的三视图

知识点：

* 回转体的概念及分类；
* 回转体三视图的画法及尺寸标注。

技能点：

* 能绘制回转体的三视图及正确标注其尺寸。

（一）任务描述

许多机械零件是由回转基本体加工而成的。我们把由曲面或曲面与平面所围成的形体，称为曲面立体。物体中常见的曲面立体是回转体，它由回转面或回转面与平面组成。回转面是由一根动线（曲线或直线）绕一固定轴线旋转一周所形成的曲面，该动线称为母线，母线在回转面上的任意位置称为素线，母线上任一点的轨迹称为纬线圆并垂直于轴线。常见的回转体有圆柱、圆锥、圆球、圆环等，如图 2-20 所示。

下面分别完成圆柱、圆锥、圆球的三视图。

（二）任务执行

1. 圆柱体及其投影画法

（1）圆柱体的形成

圆柱体由上、下底面及圆柱面组成，如图 2-27（a）所示。圆柱面可看成由一条直母线绕与其平行的轴线旋转而成。圆柱面上任意平行于轴线的直线都称为素线。

（2）圆柱体的投影及分析

将图 2-27（a）所示的圆柱体放入三投影面体系中，使轴线垂直于 H 面，如图 2-27（b）所示。圆柱体的俯视图应为一圆，反映上、下底面的实形，并且是圆柱体回转面上所有点的积聚投影；圆柱体的主视图是一矩形线框，其上、下边反映上、下底面的积聚投影，左、右边是圆柱面的最左、最右素线的投影；圆柱体的左视图也是一矩形线框，其各边分别代表上、下底面的积聚投影与圆柱面的最前、最后素线的投影。这四条素线是特殊素线，称为转向轮廓素线，是圆柱面可见部分与不可见部分的分界线。

（3）圆柱体三视图的作图方法

画圆柱体的三视图时，应先画出轴线、中心线，再画出投影为圆的视图，然后画出其他两视图，如图 2-27（c）所示。

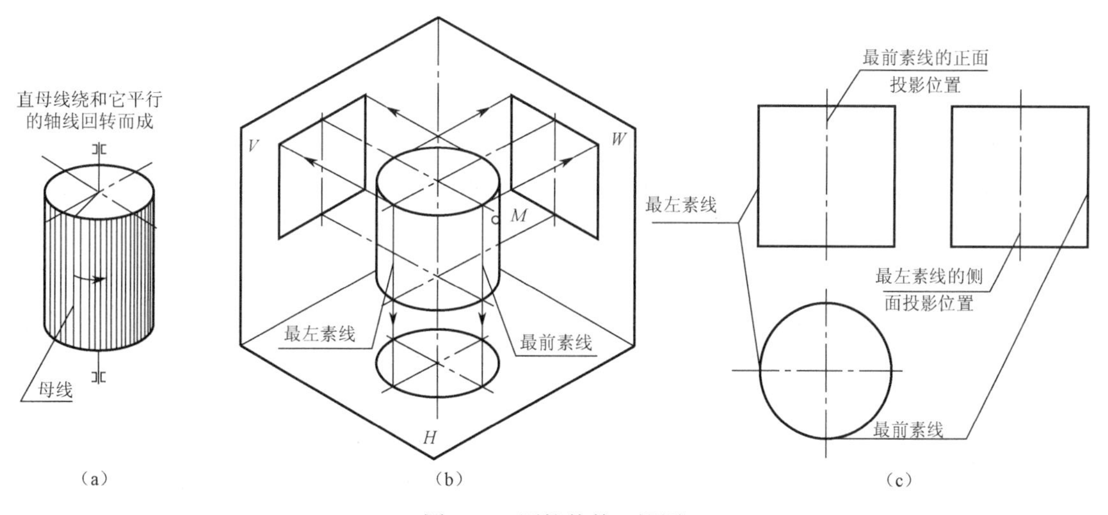

图 2-27　圆柱体的三视图

2. 圆锥体及其投影画法

（1）圆锥体的形成

圆锥体由圆锥面和底面围成。 圆锥面可看做由一条直母线绕与其倾斜相交的轴线回转而成。圆锥面上任意一条与轴线斜交的直母线均为圆锥面的素线，如图 2-28（a）所示。

（2）圆锥体的投影及分析

将圆锥体放入三投影面体系中，如图 2-28（b）所示，使其轴线垂直于水平投影面 H，则其底面为水平面。图 2-28（c）所示是圆锥体的三视图。俯视图是一个圆，它没有积聚性，它既是底平面的真实投影，也是圆锥面的投影。凡是圆锥面上的点、线的水平投影，都在这个圆平面的范围内。圆锥底面的正面和侧面投影积聚成直线。圆锥面的三个投影都没有积聚性，其水平投影与底面的水平投影重合，全部可见。正面投影由前、后两个半圆锥面的投影重合为一等腰三角形，三角形的两腰分别是圆锥面最左、最右素线的投影，也是圆锥面前、后分界的转向轮廓线。侧面投影由左、右两半圆锥面的投影重合为一等腰三角形，三角形的两腰分别是圆锥最前、最后素线的投影，也是圆锥面左、右分界的转向轮廓线。

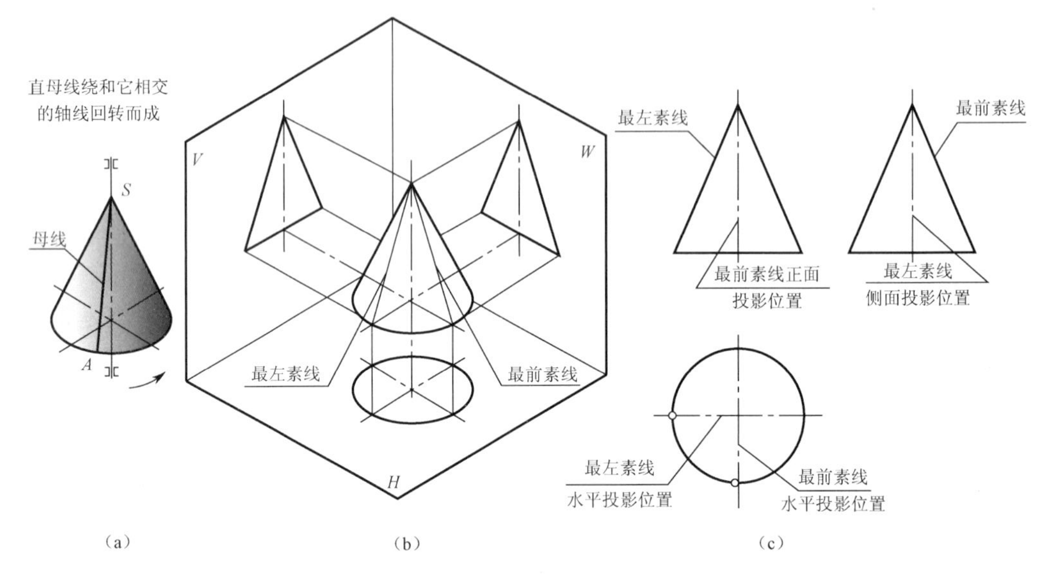

图 2-28　圆锥体的三视图

（3）圆锥体三视图的作图方法

画圆锥体的三视图时，先画各投影的中心线，再画底面圆的各投影，然后画出锥顶的投影和等腰三角形，完成圆锥的三视图，如图 2-28（c）所示。

3. 圆球及其投影画法

（1）圆球的形成

如图 2-29（a）所示，圆球面可以看成是由一个圆母线绕其自身的直径即轴线旋转而成。

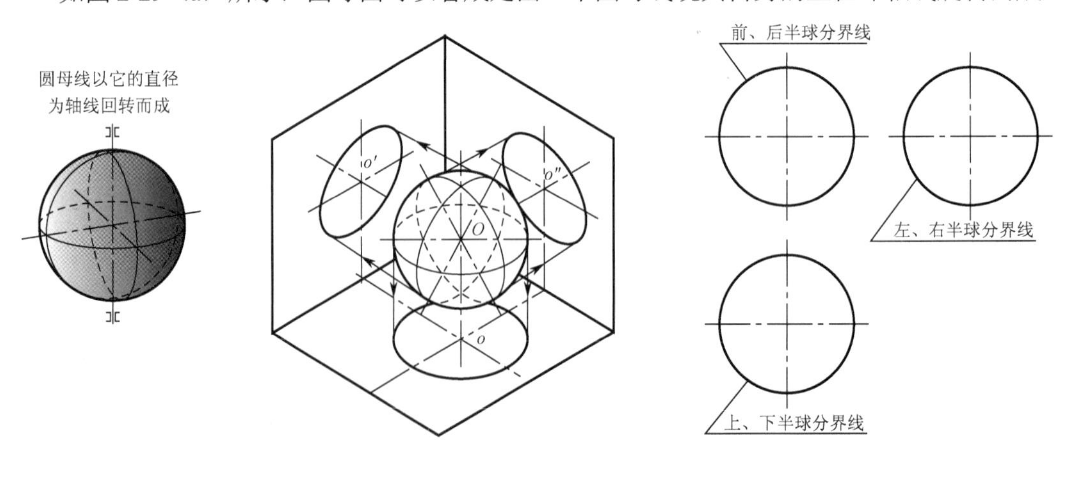

图 2-29　圆球的三视图

（2）圆球的投影及分析

如图 2-29（b），（c）所示，圆球从任意方向去看投影都是圆，因此其三面投影都是直径相同的圆。这三个圆，不能认为是球面上同一个圆的三个投影，而分别是球面在三个投影方向上转向轮廓素线圆的投影。主视图中的投影轮廓圆是前、后半球可见与不可见的分界圆，它在俯视图、左视图中的投影都与球的中心线重合，不必画出。俯视图中的投影轮廓圆是上、下半球可见与不可见的分界圆，它在主视图、左视图中的投影都与球的中心线重合，也不必画出。

左视图的投影轮廓圆与此类似，请自行分析。

（3）圆球三视图的作图方法

首先画出中心线，以确定球心的位置也就是各视图圆心的位置，其次画出三个直径相同的圆。

（三）知识链接与巩固

1. 圆柱体表面上点的投影

如图 2-30 所示，已知圆柱面上 M 点与 N 点的 V 面投影 m' 与 n'，求 M、N 两点的其他两面投影。

因为圆柱面投影有积聚性，可利用积聚性来作图。因 m' 不可见，所以 M 点应在圆柱体的后半部分；又因点 M 在圆柱体的左半部分，所以 m'' 为可见。点 N 在圆柱体的最右素线上，所以 n 在投影圆的最右点，n'' 在左视图的对称中心轴线上，因点 N 在圆柱体的右半部分，所以 n'' 为不可见。

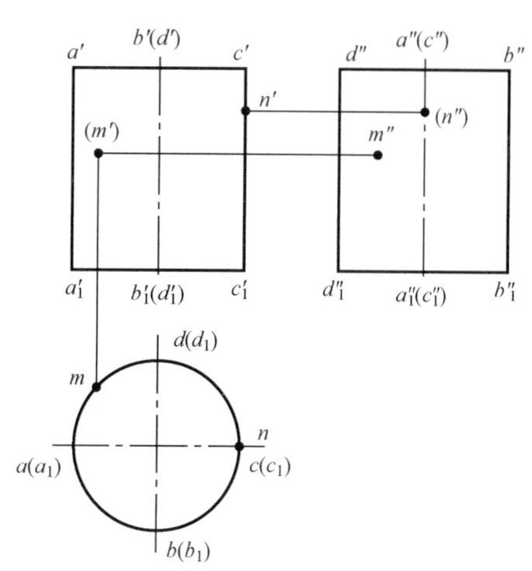

图 2-30　圆柱体表面取点的三视图

2. 圆锥体表面上点的投影

如图 2-31 所示，已知属于圆锥面的点 M 的正面投影 m'，求 m 和 m''。根据 M 的位置和可见性，可判定点 M 在前、左圆锥面上，因此，点 M 的三面投影均为可见。作图可采用如下两种方法：

（1）辅助素线法

如图 2-31（a）所示，过锥顶 S 和点 M 作辅助素线 SI，即在图 2-31（b）中连接 $s'm'$，并延长到与底面的正面投影相交于 1′，求得 $s1$ 和 $s''1''$；再由 m' 根据点属于线的投影规律求出 m 和 m''。

（2）辅助圆法

如图 2-31（a）所示，过点 M 在圆锥面上作垂直于圆锥轴线的水平辅助圆，该圆正面投影积聚为一直线，如图 2-31（c）所示，即过 m' 所作的 2′3′的水平投影为一直径等于 2′3′的圆，圆心为 s，由 m' 作 OX 轴的垂线，与辅助圆的交点即为 m。再根据 m' 和 m 求出 m''。

3. 圆球表面上点的投影

可以用纬线圆法来确定球面上点的投影。当点处于圆球的最大圆上时，可直接求出点的投影。

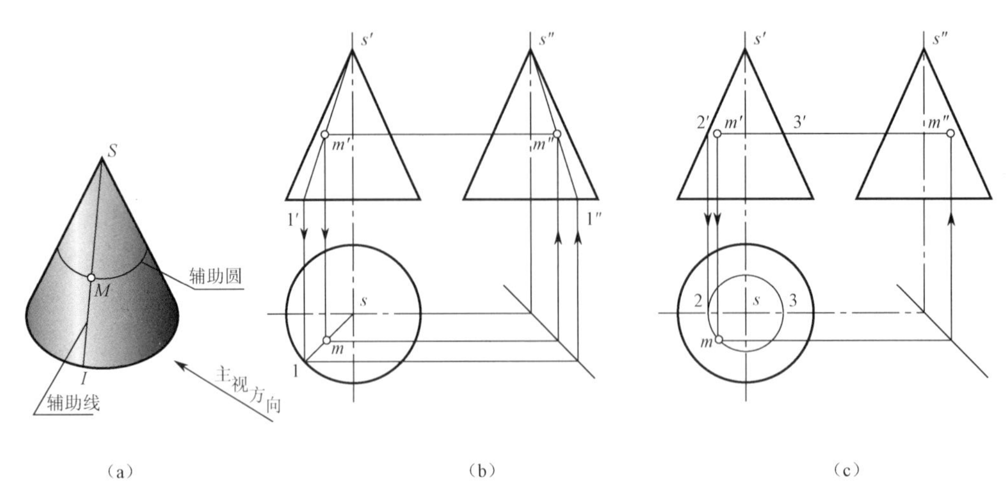

（a）（b）（c）

图 2-31 圆锥体表面取点的三视图

如图2-32所示，已知球面上的点*M*，已知水平投影*m*，求作其侧面投影*m*″与正面投影*m*′。

根据（*m*）的位置和不可见，可知点*M*位于圆球的前、右、下部分，可过点*M*作辅助纬线圆平行于*V*面、*W*面或*H*面，即可在辅助纬线圆的各投影上求得点*M*的相应投影。

如图2-32（a）所示，先在球面的俯视图上过点*m*作正面辅助纬线圆投影12；再在主视图中以12长为直径画圆，即正平辅助纬线圆的正面投影，根据“长对正”由（*m*）求得*m*′；最后根据*m*与*m*′求得（*m*″），*m*″为不可见。如图2-32（b）所示为在球面上过*M*点作水平辅助纬线圆求解，其作图方法与前述相似，请读者自行分析。

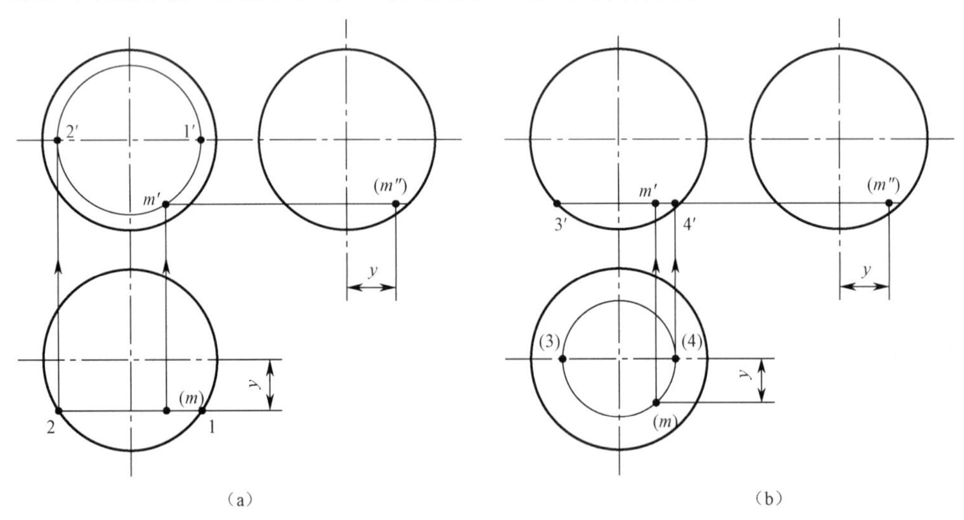

（a）（b）

图 2-32 圆球表面取点的三视图

课堂思考与练习：

1. 常见回转体的尺寸标注有几个？
2. 回转体的三视图一般采用几个？
3. 圆球上取点能用素线法吗?

四、绘制切割体的三视图

知识点：

* 截交线的概念；
* 圆柱、圆锥和球上截交线形状和画法。

技能点：

* 能绘制表面上有截交线零件的三视图。

（一）任务描述

工程上常常遇到许多立体表面有交线的零件，这些由叠加或切割形成的表面交线称为截交线或相贯线，如图 2-33 所示。

这些简单基本体被平面截切，形成不完整的基本体，称为截切体；截切基本体的平面称为截平面；截平面与立体表面的交线称为截交线；截交线所围成的平面图形称为截切面。截交线具有共有性和封闭性，如图 2-33（a），（b），（d），（e），（f）所示。

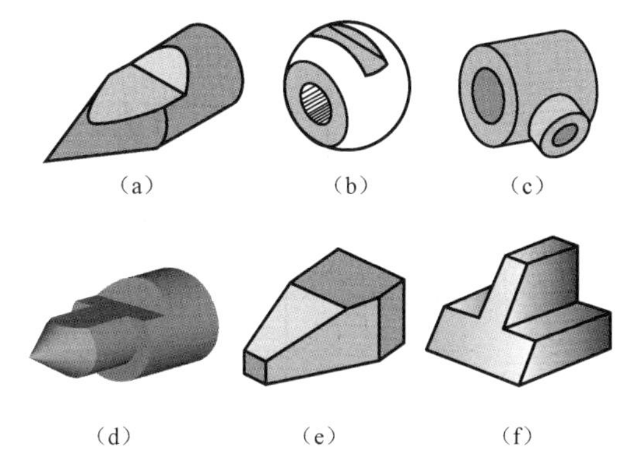

图 2-33 常见的切割体

平面立体的表面是由若干个平面图形所组成的，所以它的截交线是由直线所组成的封闭的平面多边形。这个多边形的各条边就是截平面与平面立体各表面的交线，这个多边形的各顶点就是平面立体的各棱线与截平面的交点。因此，作平面立体的截交线，就是求出截平面与平面立体各棱线的交点，然后依次连接各同名投影，并判别其可见性即得截交线的投影。

曲面立体的表面是由曲面和平面图形所组成的，所以它的截交线是由直线和曲线所组成的封闭的平面图形。这个图形的各条边就是截平面与平面立体各表面的交线。

下面分别画楔块、顶尖和阀芯的三视图。

（二）任务执行

1. 楔块的三视图

如图 2-34 所示，绘制楔块的三视图。

（1）分析

楔块是由四棱柱通过三次切割而形成的。若将四棱柱正放在三面投影体系里，则三次切割分别是：首先，用一正垂面截切四棱柱，切面与四棱柱的四个表面相交，产生截交线，故截交线围成的图形是四边形；接着分别用两铅垂面截切四棱柱，铅垂面与四棱柱的四个表面相交，并与前一个截平面——正垂面相交，故截交线围成的图形是五边形。

（2）作图

① 画出未截切时四棱柱的三视图，如图 2-34（a）所示。

② 画出用正垂面截切四棱柱后形成的新的三视图，如图 2-34（b）所示。

③ 画出四棱柱被两铅垂面切割后的三视图，如图 2-34（c）所示。

④ 整理、加粗后如图 2-34（d）所示。

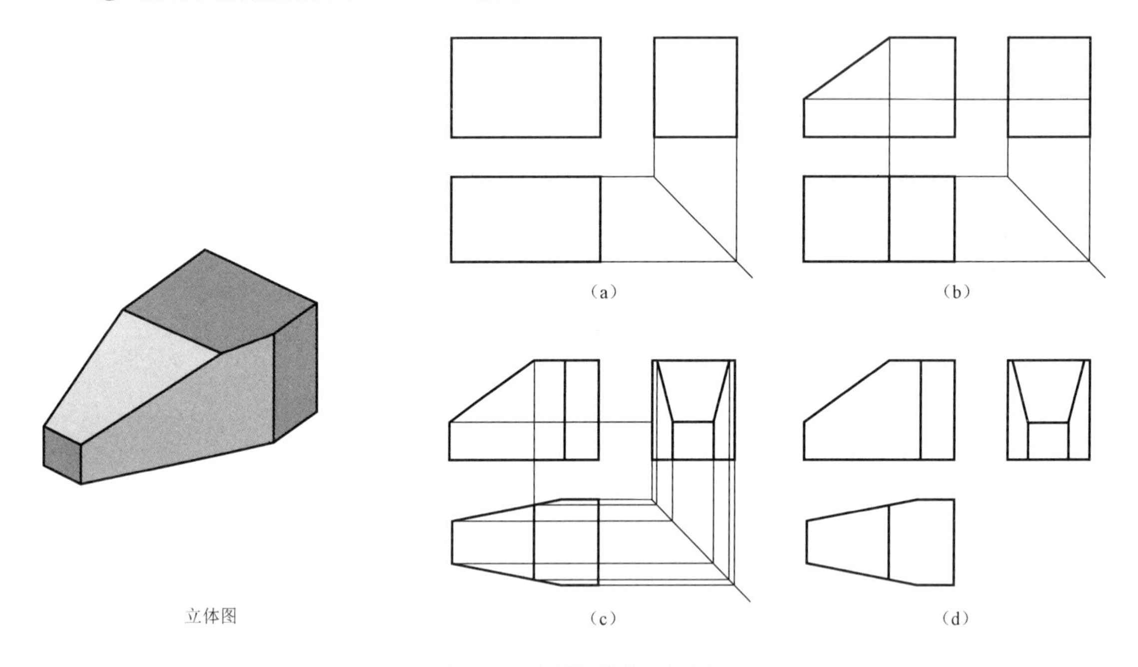

图 2-34　绘制楔块的三视图

2. 阀芯的三视图

如图 2-35 所示，绘制阀芯的三视图。

（1）分析

圆球前后用两正平面 P_2 截切，截交线围成的图形是正平圆，在主视图上反映实形，在俯、左视图上的投影积聚为直线。再截切轴线过球心且是正垂线的圆柱（穿孔），截交线在主视图上反映是实形圆，在俯、左视图上的投影积聚为不可见的直线（内形）。

圆球开槽是由两正平面 P_1 与一水平面 Q 截切而成的。平面 P 与半圆球截切，截交线在主视图上的投影是圆的一部分，在俯、左视图上的投影积聚为直线；平面 Q 与半圆球截切，截交线在俯视图上的投影是圆的一部分，在左视图上的投影积聚为直线；平面 P 与 Q 的交线都是侧垂线，在主视图上有部分为不可见。注意：主视图中半球的轮廓线在开槽处被截掉了，向内收缩。

（2）作图

① 画出未截切时圆球的三视图，如图 2-35（a）所示。

② 画出用两正平面 P_2 截切圆球及穿孔后形成的新的三视图，如图 2-35（b）所示。

③ 画出圆球被两正平面 P_1 与一水平面 Q 开槽后的三视图，如图 2-35（c）所示。

④ 整理、加粗后如图 2-35（d）所示。

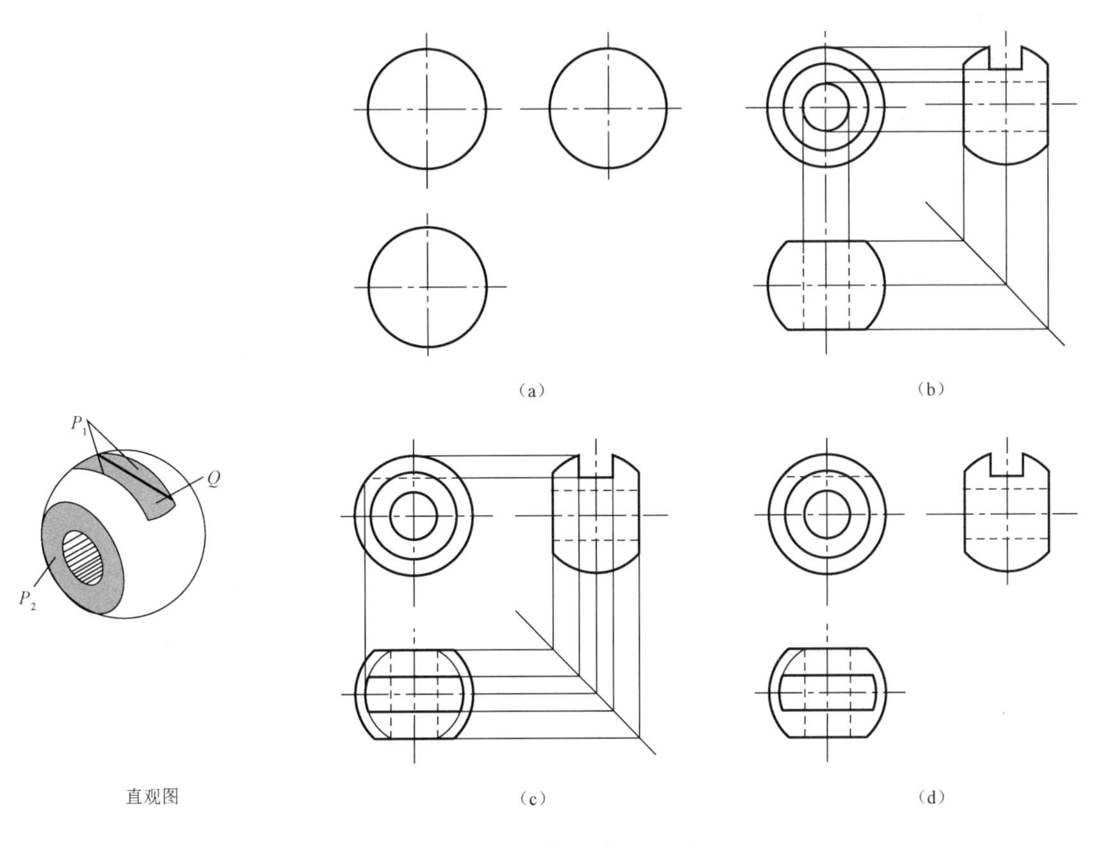

图 2-35 绘制阀芯的三视图

3. 顶尖的三视图

如图 2-36 所示，已知顶尖立体图和主视图，完成顶尖的俯、左视图。

（1）分析

顶尖由同轴的圆锥、小圆柱和大圆柱所组成，如图 2-36（a），（b）所示。它们可看做同时被一水平面截切，大圆柱被一正垂面截切。被水平面截切，截交线围成的图形在圆锥、小圆柱和大圆柱的俯视图上分别是双曲线、小矩形和大矩形；大圆柱被正垂面截切，其截交线在俯视图上是部分椭圆线。

（2）作图

① 画出左视图及未截切时的俯视图，如图 2-36（b）所示。

② 画出用两水平面 P 截切圆锥、小圆柱及大圆柱的截交线，再画出用正垂面 Q 截切大圆柱的截交线，如图 2-36（c）所示。

③ 整理、加粗，注意虚线，如图 2-36（d）所示。

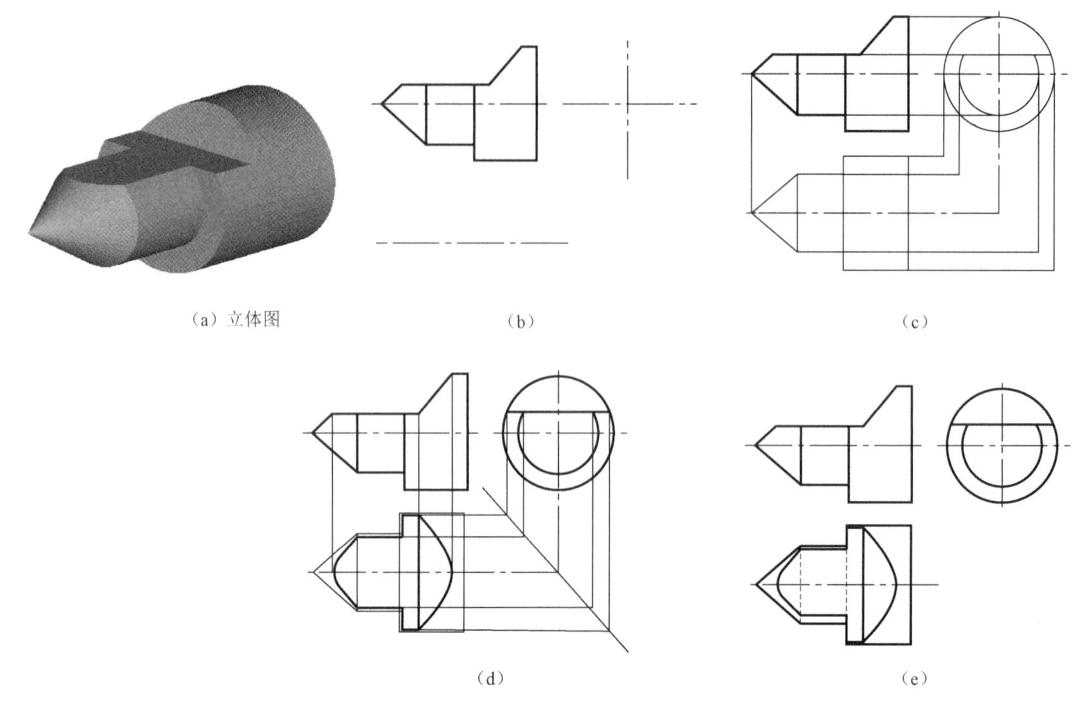

图 2-36　绘制顶尖的三视图

（三）知识链接与巩固

1. 圆柱表面的截交线

圆柱表面可产生截交线的形式如表 2-16 所示。

表 2-16　圆柱表面的截交线

截平面的位置	平行于轴线	垂直于轴线	倾斜于轴线
截交线的形状	两平行直线	圆	椭圆
立体图			
投影图			

2. 圆锥表面的截交线

圆锥表面可产生截交线的形式如表 2-17 所示。

表 2-17 圆锥表面的截交线

截平面位置	过锥顶	不过锥顶			
		$\theta=90°$	$\theta>\alpha$	$\theta=\alpha$	$\theta<\alpha$
截交线形状	相交两直线	圆	椭圆	抛物线	双曲线
立体图	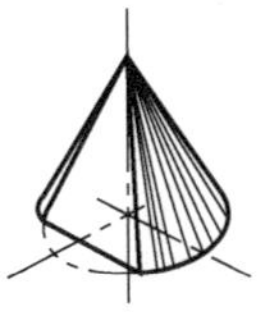	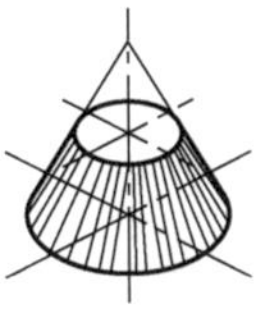	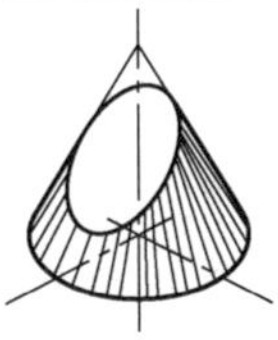	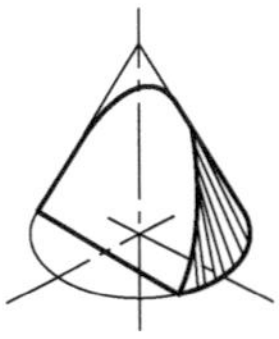	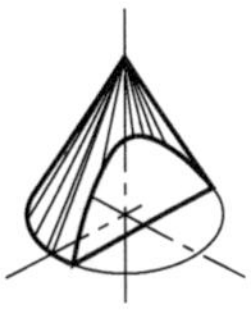
投影图	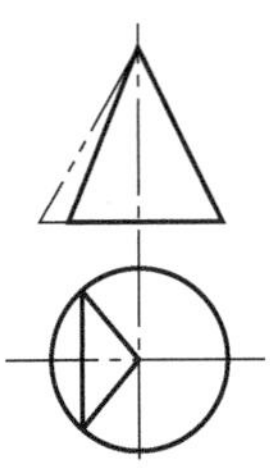	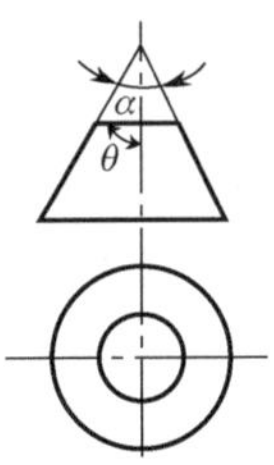	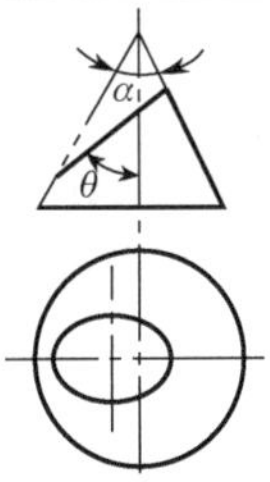	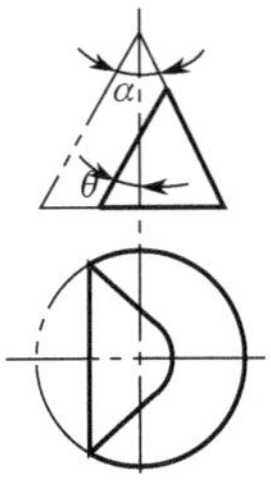	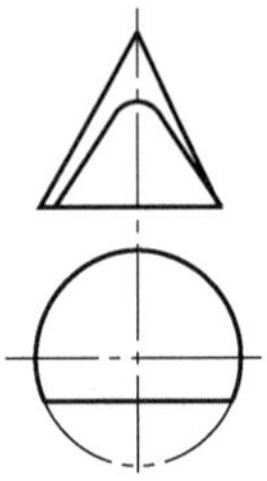

3. 圆球表面的截交线

圆球表面可产生截交线的形式如表 2-18 所示。

表 2-18 圆球表面的截交线

截平面位置	平行于投影面	垂直于投影面
截交线形状	在所平行的投影面上是圆，其他投影积聚为直线	在所垂直的投影面上积聚为直线，其他投影积聚为椭圆
立体图	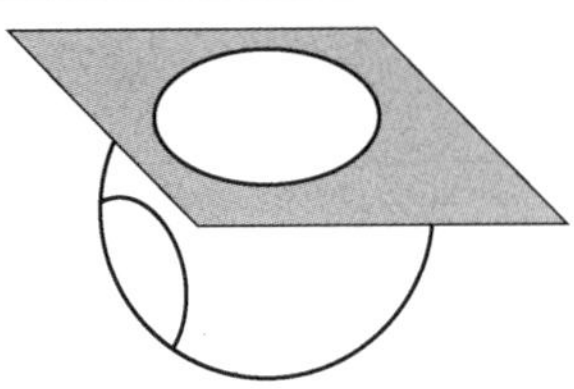	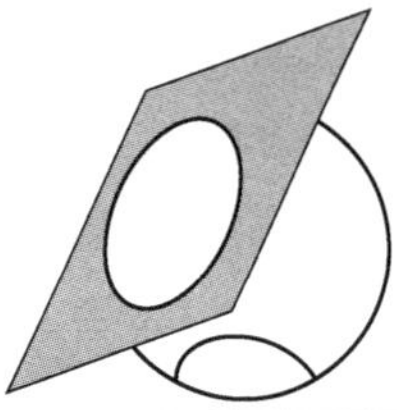
投影图	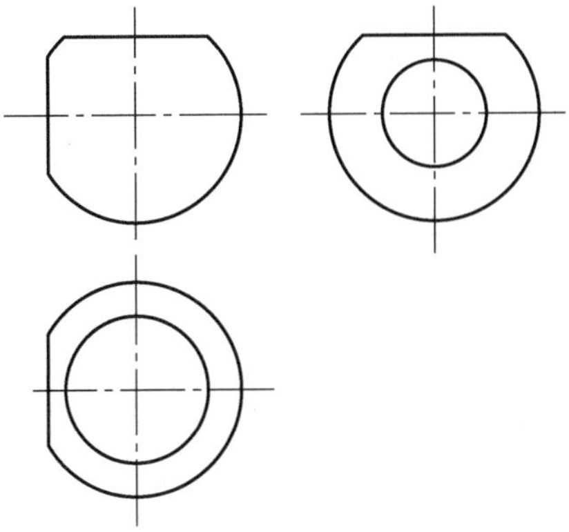	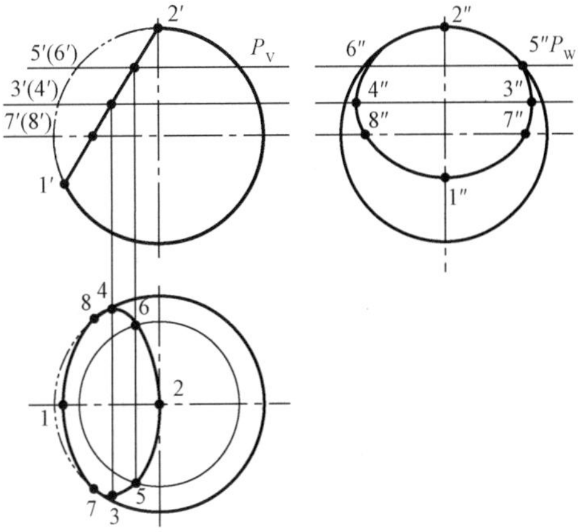

4. 截交线的性质及作图步骤

立体表面上的交线可分为两种：一种是平面与立体表面相交形成的截交线；另一种是两立体表面相交形成的相贯线，一般指两回转体相交。

（1）截交线的基本性质

① 共有性：截交线既在截平面上，又在立体表面上，所以它是截平面与立体表面共有点的集合。

② 封闭性：因为立体表面围成一定的封闭空间，所以截交线总是封闭的平面图形。

（2）截交线的作图步骤

① 画出未截切时立体的三视图。

② 分析立体表面形状及截平面的位置，找出截交线上的特殊点。它们一般是边线、棱线、转向轮廓线、特殊位置的线与截平面的交点。

③ 画出截交线上若干一般位置的点的三面投影。

④ 判别可见性，并顺次光滑地连接同面投影上特殊点和一般点的投影。

⑤ 检查、加深立体上未截切的轮廓线。

课堂思考与练习：

1．截交线的特点是什么?

2．球的截交线是什么形状?

3．举例画出切割体的三视图。

五、绘制螺钉旋具的三视图

知识点：

* 相贯线的概念;
* 常见的相贯线的画法;
* 特殊相贯线的形式。

技能点：

* 能绘制带有正交圆柱相贯线零件的三视图;
* 能绘制带有截交线、相贯线零件的三视图。

（一）任务描述

机械零件很多时候是可以看做由两个或多个简单的基本体通过堆叠或切割穿孔所构成的。因此，机械零件表面有因切割或穿孔而形成的截交线；也有因堆叠而在表面形成的另一种表面交线——相贯线。

狭义上讲，相贯线是指两曲面立体相交所产生的表面交线，如图 2-37 所示。

相贯线的形式依两曲面立体的形状、大小及相应位置不同而呈现不同的形状。

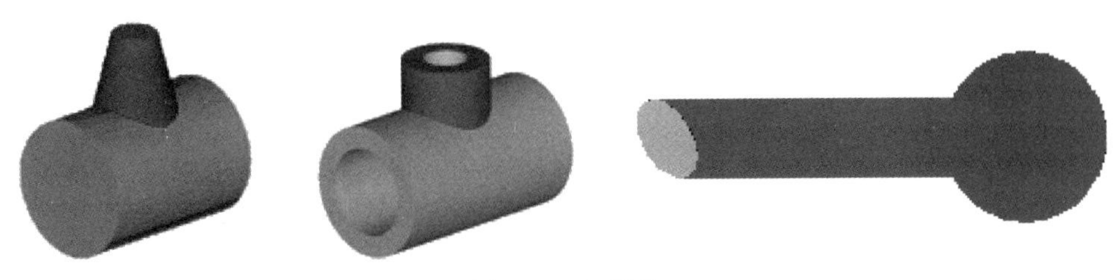

图 2-37 相贯线

1. 相贯线的性质

（1）共有性

相贯线为两表面所共有，既在甲立体表面上，又在乙立体表面上。由共有性可知：

① 相贯线不超界。相贯线的投影不可能超出任一立体的周界轮廓线。相贯线与周界的交点是相贯线的转折点。

② 积聚性。当相贯两立体中有一立体的某个投影积聚为线时，相贯线的投影必在此积聚曲线的投影上，包括圆柱面积聚为圆周等情况，其他回转曲面是没有积聚性的。

（2）封闭性

相贯线通常为首尾相接的封闭空间曲线，因为两表面都是有限的。特殊情况下，相贯线也可能不封闭，如两立体部分相贯。

2. 相贯线的空间形状

两曲面立体相贯，相贯线多数情况下是三维空间的封闭线。特殊情况为平面曲线或直线，也可能不封闭。

3. 相贯线的求法及步骤

求两曲面立体的相贯线，就是要求出两立体曲面的一系列共有点。求简单相贯线的方法一般常用相贯线在某两投影面具有积聚性的特性来求出。

① 作出特殊点（极限位置的点、转向点、可见性分界点）；

② 求出一般位置点；

③ 判别可见性；

④ 按顺序连接各点，并整理轮廓线。

下面绘制专用螺钉旋具的三视图，如图 2-38 所示。

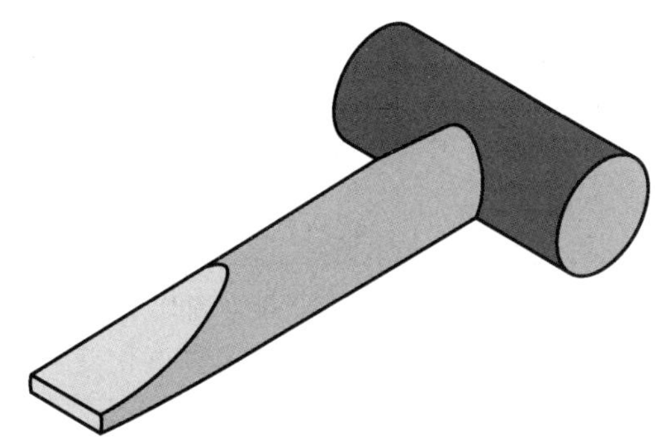

（a）螺钉旋具

图 2-38 绘制螺钉旋具的三视图

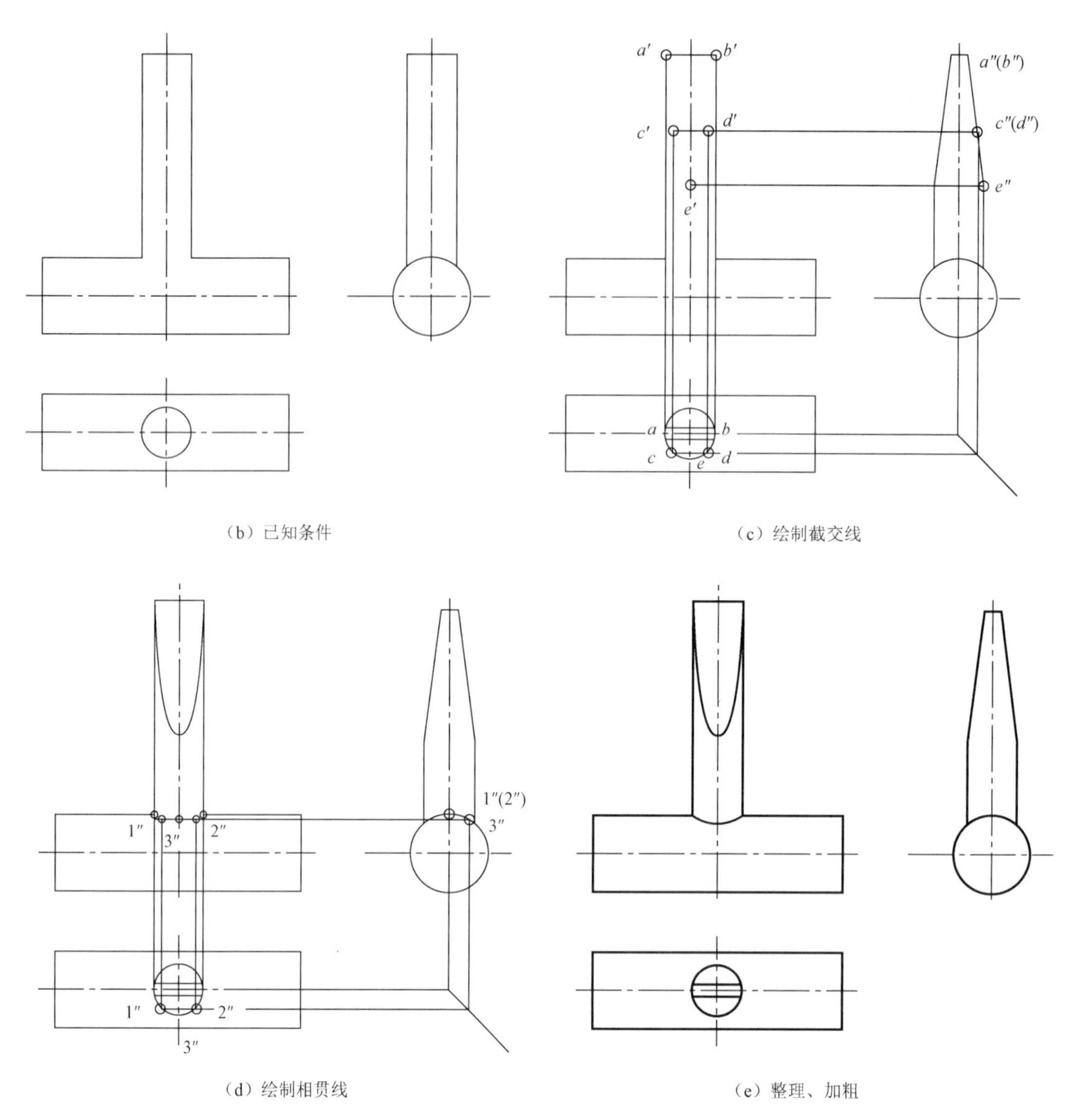

（b）已知条件　　（c）绘制截交线

（d）绘制相贯线　　（e）整理、加粗

图 2-38　绘制螺钉旋具的三视图（续）

（二）任务执行

螺钉旋具可以看做是由两圆柱贯交而形成的。

（1）分析

由图 2-38 可知，绘制螺钉旋具的三视图的关键有两处：一是旋杆工作端的截交线，可以看做截平面与圆柱轴线斜交所形成的，因此它是一部分椭圆线；二是螺钉旋具手柄和旋杆相接合部位的相贯线，可以看做两圆柱正交（轴线垂直相交）所形成的，它是以两轴线确定的平面为对称平面的空间曲线。

（2）作图

① 画出未截切时垂直相交的两圆柱，主视图中两圆柱结合区域空出，如图 2-38（b）所示。

② 利用截交线在俯、左视图的积聚性，求出特殊点和一般点的三面投影并判别可见性，如图 2-38（c）所示。

③ 顺次连接主视图中点 a'、c'、e'、d'、b'，利用相贯线在俯、左视图的积聚性，求出特殊点和一般点的三面投影并判别可见性，如图 2-38（d）所示。

④ 顺次连接主视图中各点的投影，并整理、加粗，如图 2-38（e）所示。

注意：由于螺钉旋具的尺寸及作图比例的关系，a'、b'在主视图上和主视转向轮廓线与顶端平面的积聚线的交点看似重合，实际上，其位置如图 2-39 所示。

（三）知识链接与巩固

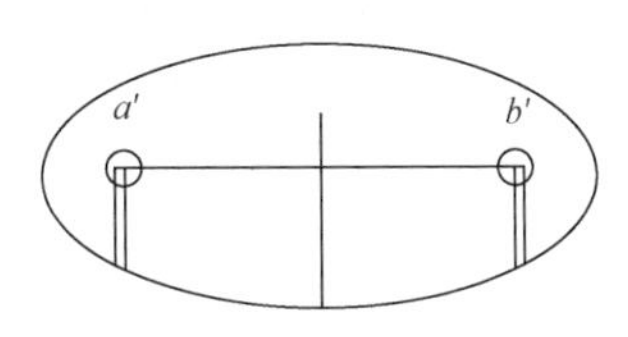

图 2-39　a' 和 b' 的位置

1. 利用积聚性求相贯线

当两相贯立体表面在两个投影面上分别具有积聚性时，常用此方法。如图 2-40 所示为两圆柱正交，求其相贯线。

（1）分析

图 2-40（a）所示两圆柱其轴线在同一平面内，且垂直相交。水平放置圆柱面为侧垂面，在 W 面的投影具有积聚性，即相贯线积聚在该投影面的投影圆周上；竖直圆柱表面为铅垂面，在 H 面的投影具有积聚性，即相贯线积聚在该投影面的投影圆周上，可利用积聚性求相贯线。空间形体如图 2-40（b）所示。

（2）作图

用表面取点法求相贯线。

① 先求特殊点。如图 2-40(c)所示先求出特殊点，再求一般点。由坐标值大小可知：1、2 为最左及最右点，也是最高点。从相贯线的性质分析，相贯线是两立体表面的公有线，相贯线只可能在 1、2 点之间，否则将超出竖放圆柱之外。点 1、2 又是前面半个圆柱与后面半个圆柱的分界点，也是 V 面投影上可见、不可见的分界点，由于前后对称，虚线与实线重合，这里画成粗实线。从 W 面投影可见 3、4 点为最低点，也是最前、最后点，又是 W 面投影上可见、不可见的分界点。以上分析的特殊点均在回转体的转向轮廓线上，可直接求得。

② 由 W 面投影可见，相贯线在竖放圆柱的最前、最后素线间的一段大圆柱 W 面投影圆弧上；由 H 面投影可见，相贯线在竖放圆柱的 H 面投影的圆周上。于是，相贯线的两个投影已知，根据点的投影规律找出一系列点的第三投影。图示根据 a_1、b_1、a_2、b_2 及 a_1''、b_1'、a_2''、b_2'' 点的投影，分别求得一般点 a_1'、b_1' 及 a_2'、b_2' 的投影。

③ 擦去作图辅助线。由于 V 面投影前半个相贯线可见，将求得的各点光滑地用粗实线连接，如图 2-40（d）所示为两圆柱正贯时的相贯线投影。

2. 两正交圆柱相贯线的简化画法

在工程上，经常遇到两圆柱垂直相交的情况，为了简化作图，允许用圆弧代替非圆曲线。如图 2-41（b）所示，轴线垂直相交，且平行于正面的两圆柱相交，交线的正面投影以大圆柱的半径为半径，以其主视转向轮廓线的交点为圆心画弧，在小圆柱的轴线上远离大圆柱轴线处找到圆心 0′，再以圆心 0′为圆心，以大圆柱的半径为半径连接两圆柱主视转向轮廓线的交点即可。

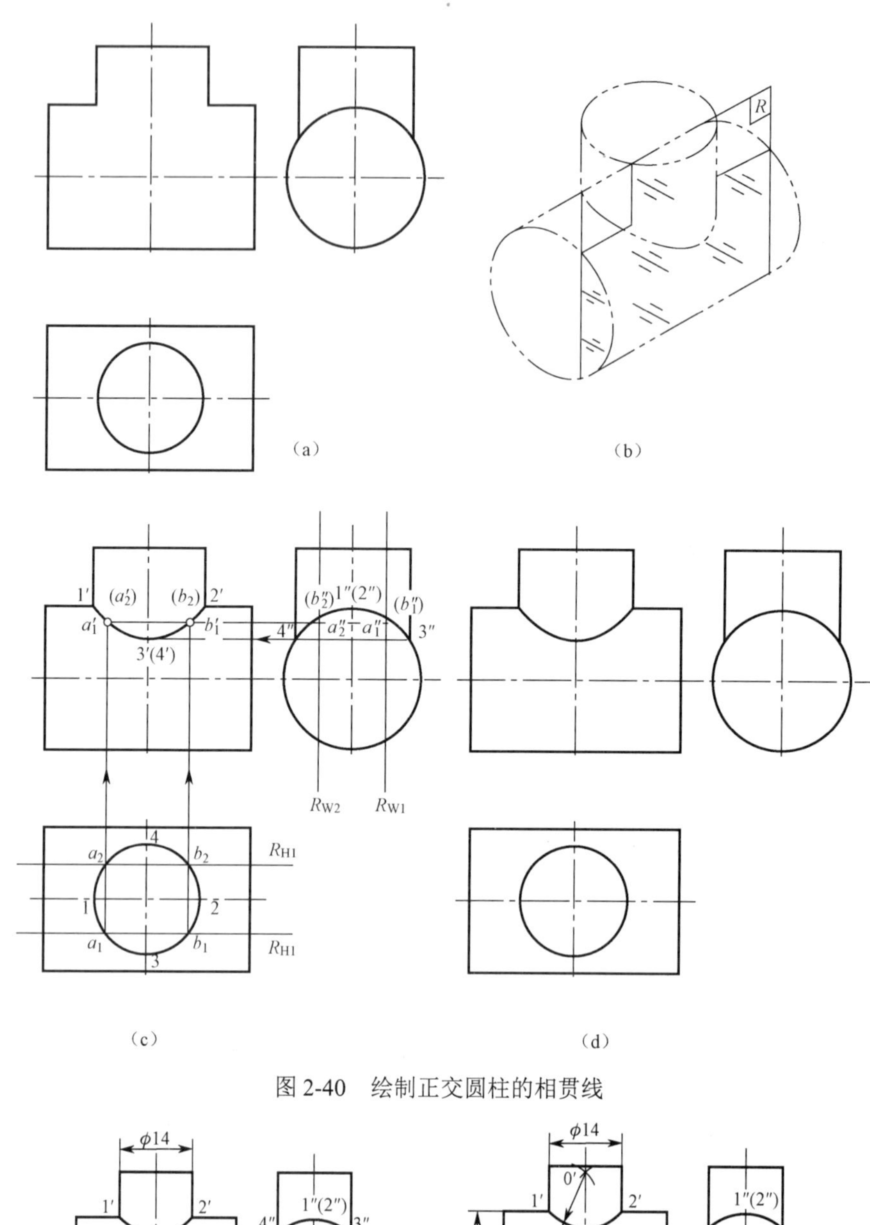

（a） （b）

（c） （d）

图 2-40 绘制正交圆柱的相贯线

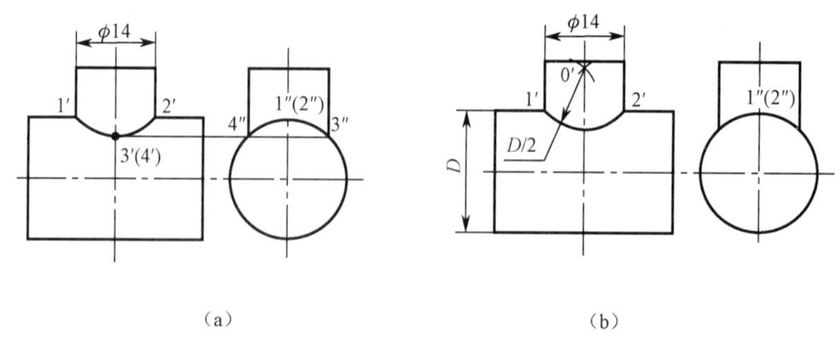

（a） （b）

图 2-41 正交圆柱相贯线的简化画法

相贯线也可以采用国家标准 GB/T 16675.1—1996 推荐的简化画法。

另外，圆柱穿孔的交线画法如图 2-42 所示，圆柱孔与圆柱面相交时，在孔口会形成交线。两圆柱孔相交时，其内表面也会形成交线。内表面交线的形状和作图方法与外表面交线一样。

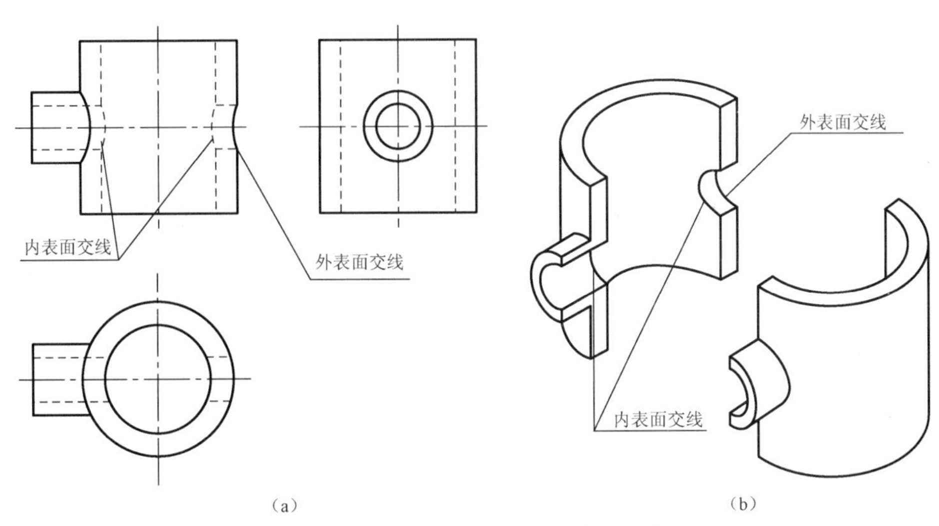

图 2-42　正交穿孔圆柱相贯线的画法

3. 两回转体相贯线的特殊情况

一般情况下，相贯线是一条封闭的空间曲线，但在特殊情况下，也可成为直线或平面曲线。

① 两共顶的锥体或轴线平行的柱体相贯时，其相贯线为两条直线，如图 2-43 所示。

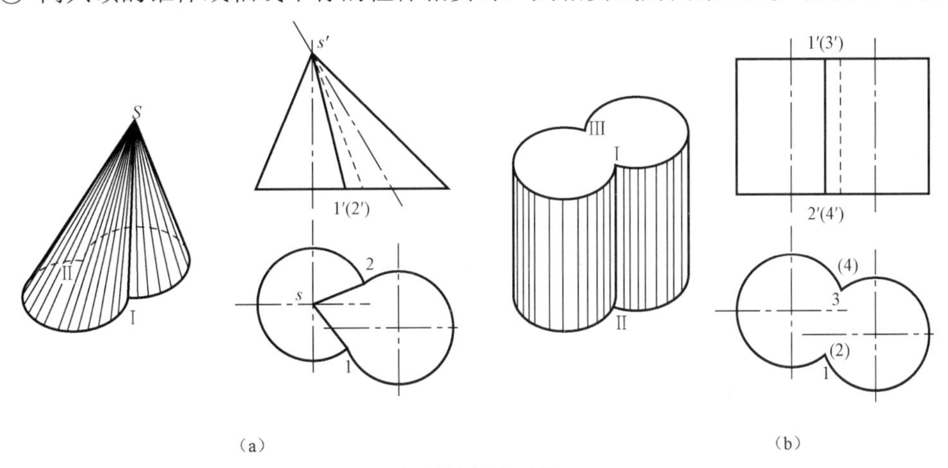

图 2-43　相贯线的特殊情况（一）

② 球与任意回转体表面相交，只要球心位于该回转体的轴线上，其相贯线就是一平面曲线圆，并且该圆所在的平面与回转体轴线垂直。当回转体的轴线平行于某投影面时，相贯线在该投影面上的投影积聚成一直线段，如图 2-44（a），（b），（c）所示。

③ 任意两个回转面相贯，只要它们的轴线相交且有公共的内切球，则相贯线由空间曲线退化为平面曲线——椭圆。当它们的轴线都平行于某投影面时，相贯线在该投影面上的投影积聚成一直线段。如图 2-44（d），（e）所示为两圆柱相贯，它们的轴线相交，同时平行于正面，且有公共的内切球，其相贯线是两个椭圆，椭圆的正面投影积聚为两圆柱轮廓线交点的连线。如图 2-44（f），（g）所示是一圆柱和一圆锥相贯，它们的轴线相交，且都平行于正面，有公共的内切球，其相贯线也是两个椭圆，椭圆的正面投影也积聚为两立体轮廓线交点的连线，但相贯线的俯视图是没有积聚性的，仍为两个椭圆。

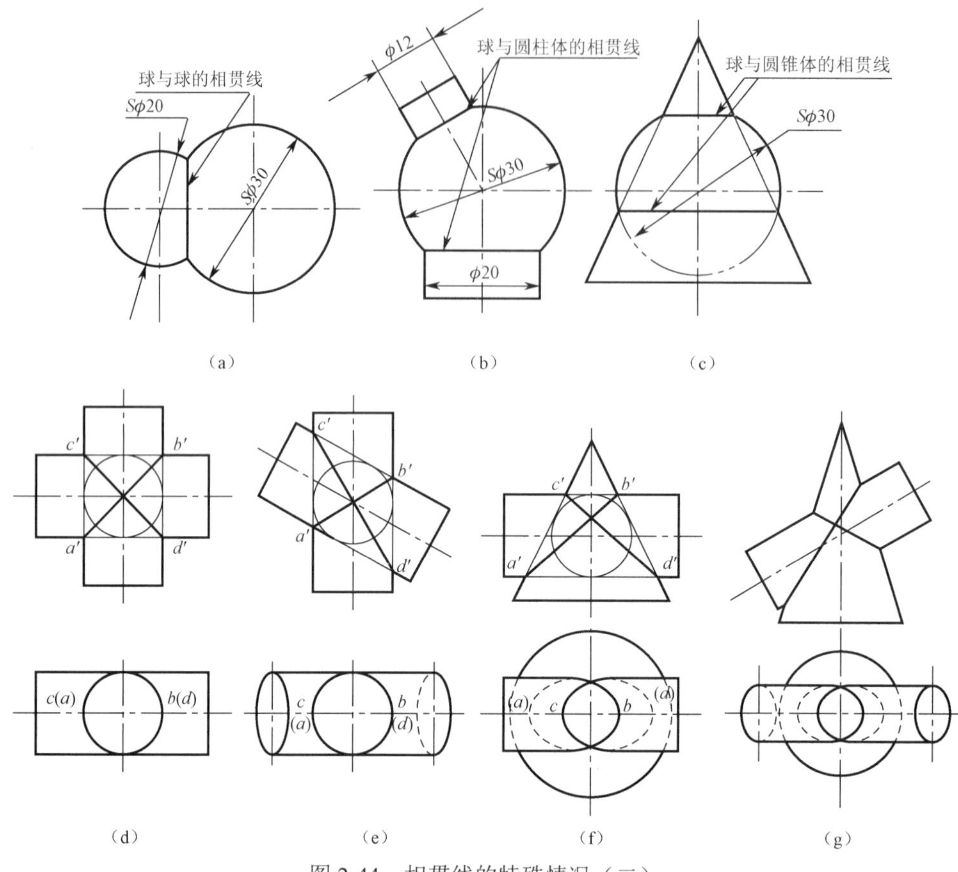

图 2-44 相贯线的特殊情况（二）

4. 过渡线

由于设计、工艺上的需要，在机件的表面相交处，常常用铸造圆角或锻造圆角进行过渡，而使物体表面的交线变得不明显，我们把这种不明显的交线称为过渡线。为了区别相邻表面，需画出过渡线，它与相贯线形状相同，只是在圆角处断开。过渡线应用细实线画出。常见过渡线及其画法如图 2-45 所示。

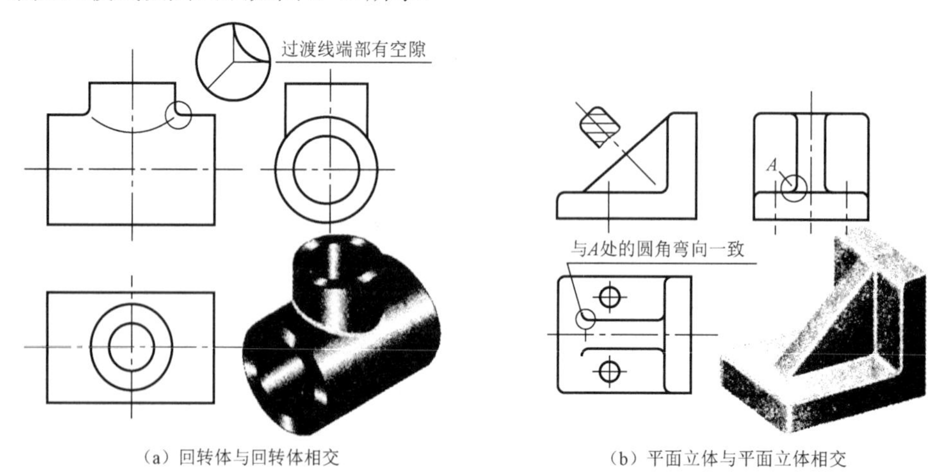

（a）回转体与回转体相交　　（b）平面立体与平面立体相交

图 2-45 常见过渡线及其画法

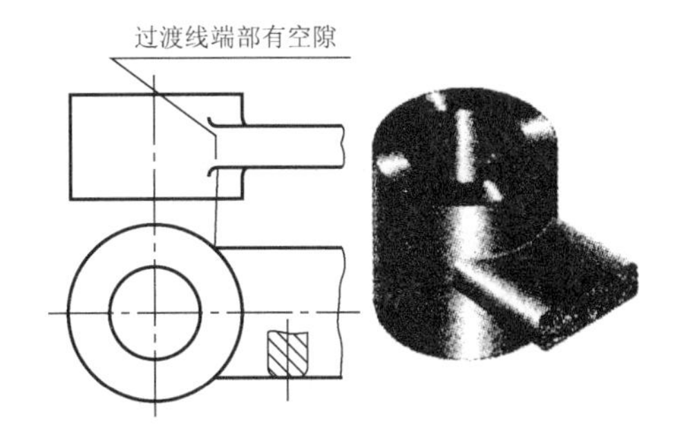

（c）回转体与平面立体相交

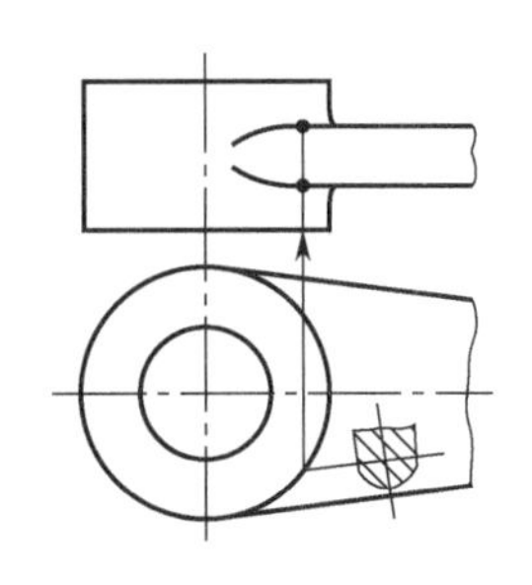

（d）回转体与平面立体相切

图 2-45 常见过渡线及其画法（续）

课堂思考与练习：

1．如果将球放在三面投影体系中，其三视图是何图形？若球无限缩小呢？
2．三视图是怎样形成的？
3．三视图最重要的投影规律是什么？

任务三 绘制零件的轴测图

一、绘制平面立体的轴测图

知识点：

* 正等轴测图的概念；
* 绘制正等轴测图的方法和步骤。

技能点：

* 能绘制简单零件的正等轴测图。

（一）任务描述

正多面投影图能准确表达物件的形状和大小，且作图简便、度量性好，但缺乏立体感，只有具备识图知识的人才能看懂。因此工程上有时采用能同时反映空间物件的长、宽、高三个方向的形状，直观性较强、富有立体感的正等轴测图作为辅助图样来表达物体的形状结构。

掌握轴测图的画法可帮助初学者实现二维平面图与三维立体图之间的转换，以提高空间想象力和识图能力。正等轴测图简称正等测。

下面绘制平面立体的正等轴测图。

1．正等轴测图的形成

当笛卡儿坐标系的三根坐标轴与轴测投影面的倾角都相等时，用正投影法得到的投影图称为正等轴测图，如图 2-46 所示。

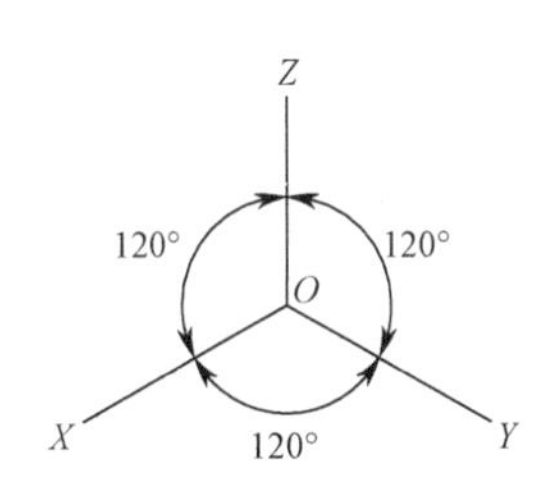

图 2-46 轴测轴和轴间角

2. 正等轴测图的轴间角和轴向伸缩系数

由于三根坐标轴与轴测投影面的倾角相同，因此三个轴间角相等，都是 120°。其中规定 OZ 轴画成铅垂方向，如图 2-46 所示。三根轴的轴向变形系数也相等，根据计算，$p_1=q_1=r_1=\sqrt{2/3}\approx0.82$。即沿坐标轴长度为 100mm 的线段，其轴测投影为 82mm。这样画轴测图不太方便。为了作图方便，常采用简化轴向变形系数，使 $p=q=r=1$。这样画出的图形线性放大 1/0.82≈1.22 倍，但不影响图形的形状。

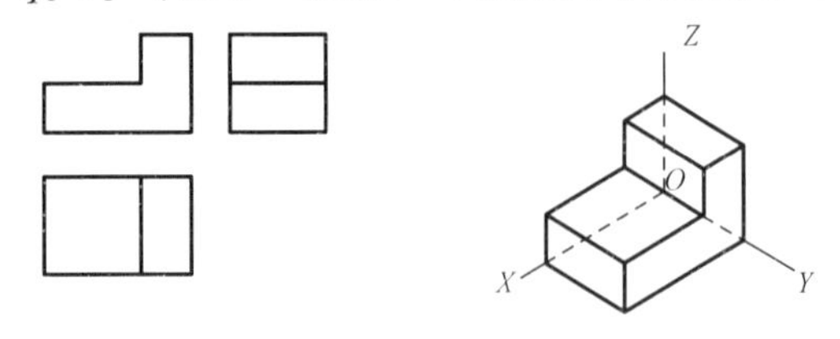

图 2-47　三视图与轴测图

如图 2-47 所示为由一立体的三视图用简化系数 1 画出的轴测图。

（二）任务执行

平面立体正等轴测图可以采用两种画法：一是坐标法；二是切割法。

1. 坐标法

根据立体表面上各顶点的坐标，分别画出它们的轴测投影，依次连成立体表面的轮廓线，从而获得轴测图的方法。这是绘制轴测图最基本的方法。

2. 切割法

切割法适用于切割方式构成的平面立体。它以坐标法为基础，先用坐标法画出未切时完整平面立体的轴测图，然后用一截切的方法逐一画出各切割部分。

作图中可先画与轴平行的线段。与轴不平行的线段不能直接从视图中量取，可用取得其两端点的轴测投影再连线得到。轴测图中一般省去虚线。下面举例说明平面立体正等测的画法。

【例 2-1】 作如图 2-48（a）所示四棱台的正等测图。

① 选坐标原点 O 和坐标轴。根据四棱台的形状特征，左右及前后对称，坐标原点选在底面的对称中心，三坐标轴如图 2-48（a）所示。

② 画轴测轴。按坐标在 XOY 轴测平面内作出 A、B、C、D 四点的轴测投影并连线得到四边形底面轴测投影，如图 2-48（b）所示。

③ 根据 h 尺寸确定上顶面的中心，并用上述方法作出顶面的轴测投影，如图 2-48（c）所示。

④ 连底面和顶面对立顶点，擦除过程线及不可见轮廓线，加粗，即完成四棱台正等轴测图，如图 2-48（d）所示。

【例 2-2】 作如图 2-49（a）所示立体的正等轴测图。

分析视图：该立体为一长方体被平面切割而成。作图步骤如下：

① 选坐标原点和坐标轴，如图 2-49（a）所示，原点选在右后下角处。

② 画轴测轴。先用坐标法画出立方体的正等轴测图。

③ “切去”左上方的三棱柱。其中 AB 及 CD 边不能直接从三视图中量取，只能通过在相应棱线上取得 A、B、C、D 四点的轴测投影，再连线得到。

④ “切去”缺口。其中，作辅助线 EF 及辅助线 EG，再在 EF 上取得 MN 线。缺口中其他线可用相应棱线的平行线得到。

⑤ 擦去多余线，加深即完成立体的正等轴测图，如图 2-49（b）所示。

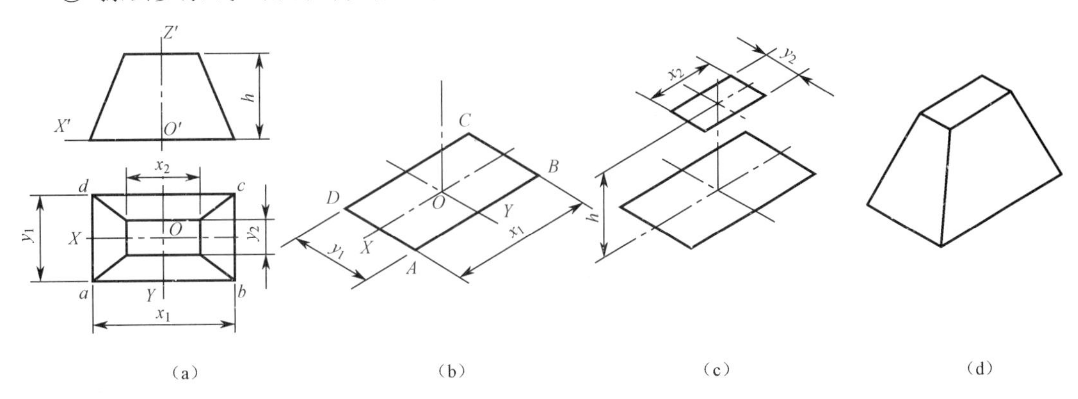

（a）　（b）　（c）　（d）

图 2-48　四棱台的正等轴测图的画法

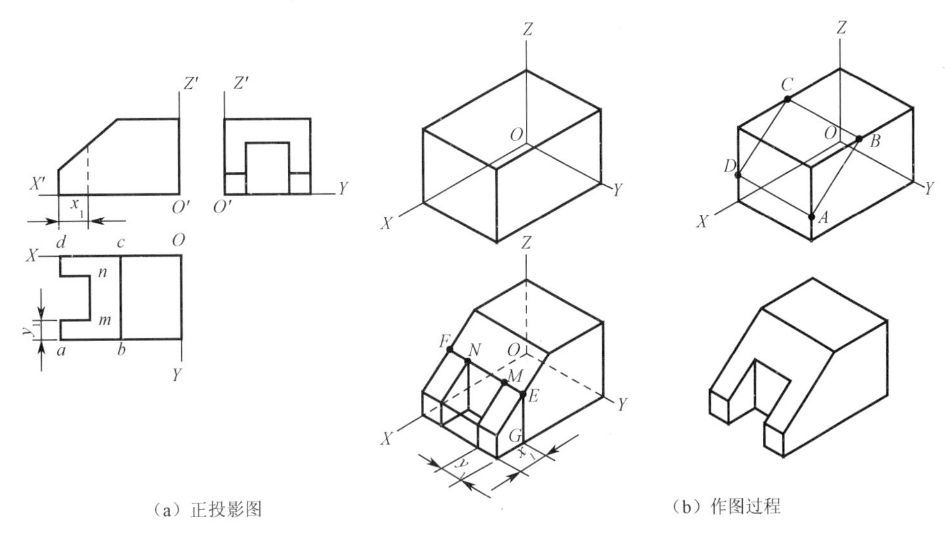

（a）正投影图　（b）作图过程

图 2-49　切割式平面立体的正等轴测图的画法

（三）知识链接与巩固

1. 轴测投影基础

（1）轴测图的形成

轴测投影（轴测图）是将物体连同其笛卡儿坐标系沿不平行于任何坐标平面的方向，用平行投影法将其投射在单一投影面上所得到的图形。

如图 2-50 中的单一投影面 P 称为轴测投影面，S 为投射方向，三根坐标轴 O_1X_1、O_1Y_1、O_1Z_1 的轴测投影 OX、OY、OZ 称为轴测轴。

（2）轴测角与轴向变形系数

① 轴测角：两轴测轴之间的夹角 $\angle XOY$、$\angle XOZ$、$\angle YOZ$。

② 轴向变形系数：空间轴上单位长度的轴测投影与其相应实长之比，称为轴向伸缩系数。X 轴向伸缩系数 $p_1=OX/O_1X_1$；Y 轴向伸缩系数 $q_1=OY/O_1Y_1$；Z 轴向伸缩系数 $r_1=OZ/O_1Z_1$。

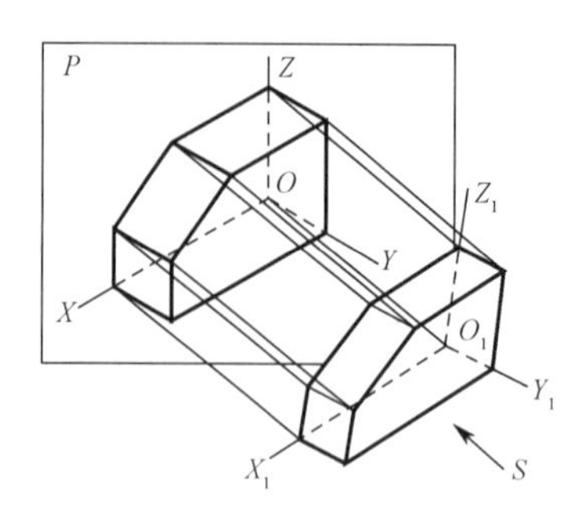

图 2-50 轴测图的形成

（3）轴测图的投影特性

轴测图是用平行投影法得到的，因此轴测图仍然具有平行投影的投影特性。

① 物体上互相平行的线段，在轴测图中仍然互相平行。

② 物体上与坐标轴平行的线段，其轴测投影必平行于相应的轴测轴。

轴测的意思就是沿轴测轴的方向测量画出的图，轴测图由此得名。

2. 轴测图的分类

（1）按照投影方向与轴测投影面的相对位置分类

① 正轴测图：投射方向垂直于轴测投影面。

② 斜轴测图：投射方向倾斜于轴测投影面。

（2）根据轴向伸缩系数不同进行分类

① 等测：三个轴向伸缩系数均相等，即 $p_1=q_1=r_1$。

② 二测：两个轴向伸缩系数相等，即 $p_1=q_1\neq r_1$。

③ 三测：三个轴向伸缩系数均不相等，即 $p_1\neq q_1\neq r_1$。

其中常用的是正等测图（简称正等测）和斜二等轴测图（简称斜二测）。

课堂思考与练习：

1. 比较坐标法和切割法画正等轴测图的优、缺点。
2. 如图 2-51 所示，已知物体的三视图，画出其正等轴测草图。

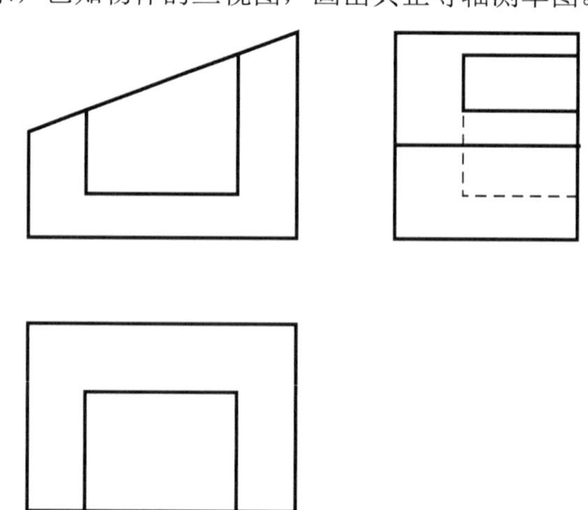

图 2-51 物体的三视图

二、绘制回转体的轴测图

知识点：

* 绘制回转体正等轴测图的方法和步骤。

技能点：

* 能绘制有回转面的简单零件的正等轴测图。

（一）任务描述

画回转体及其切割体的正等测图，主要是圆和圆弧的正等轴测图的画法。只要能画出圆和圆弧的正等测图——椭圆和椭圆弧，然后作出两椭圆或椭圆弧的公切线，最后整理、加粗即可。下面绘制一些回转体的正等轴测图。

（二）任务执行

如图 2-52（a）所示，绘制圆柱体的正等轴测图，其画法和步骤如图 2-52（b）～（d）所示。

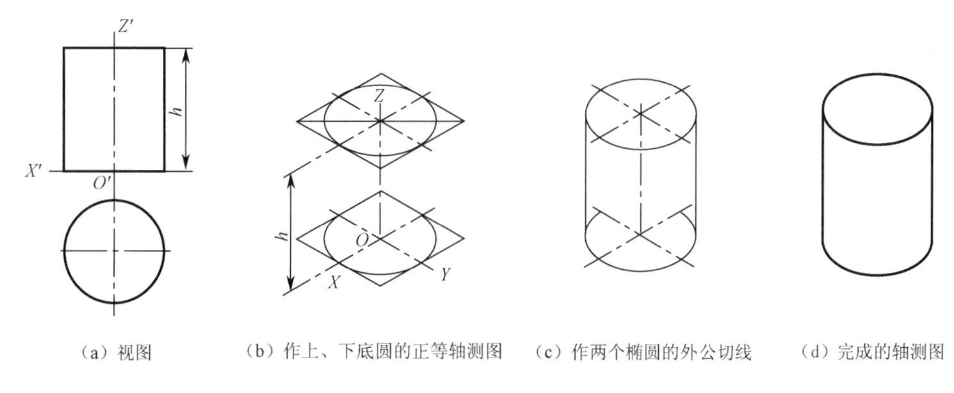

（a）视图　（b）作上、下底圆的正等轴测图　（c）作两个椭圆的外公切线　（d）完成的轴测图

图 2-52　圆柱体的正等轴测图

如图 2-53（a）所示，在上述例子的基础上，将圆柱切割，绘制圆柱切割体的正等轴测图，其画法和步骤如图 2-53（b）～（d）所示。

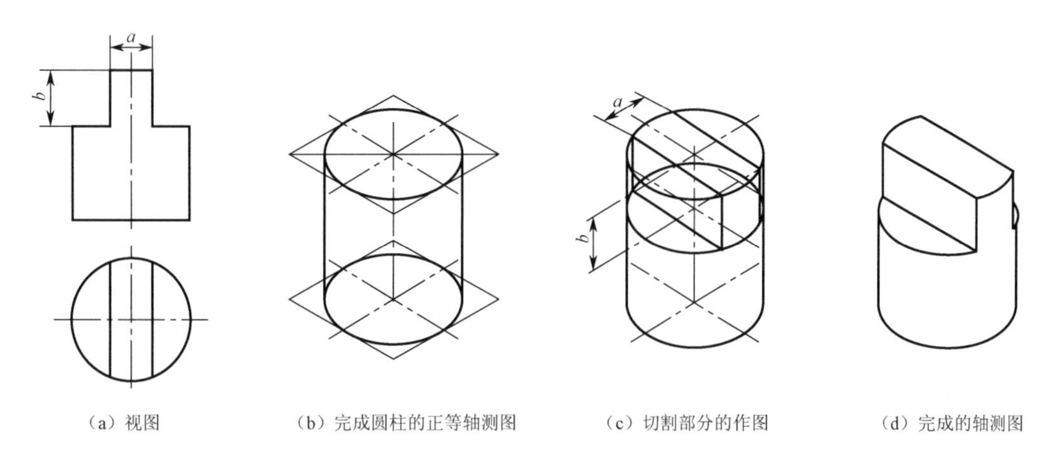

（a）视图　（b）完成圆柱的正等轴测图　（c）切割部分的作图　（d）完成的轴测图

图 2-53　圆柱切割体的正等轴测图

如图 2-54 所示是圆角的正等轴测图的画法。

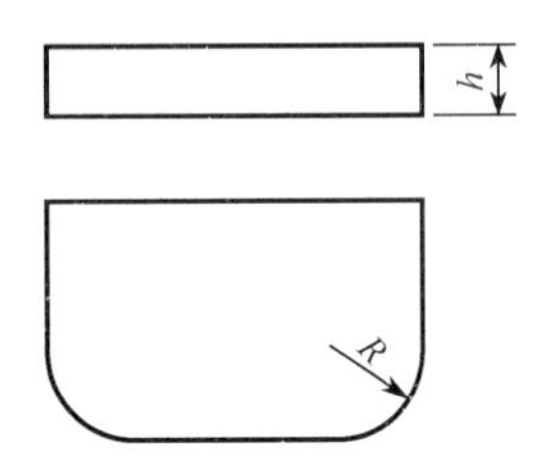

（a）平板的视图

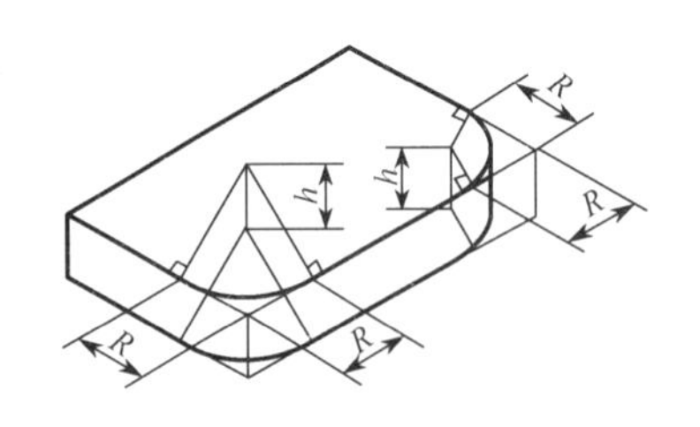

（b）确定切点及圆心，作1/4椭圆弧

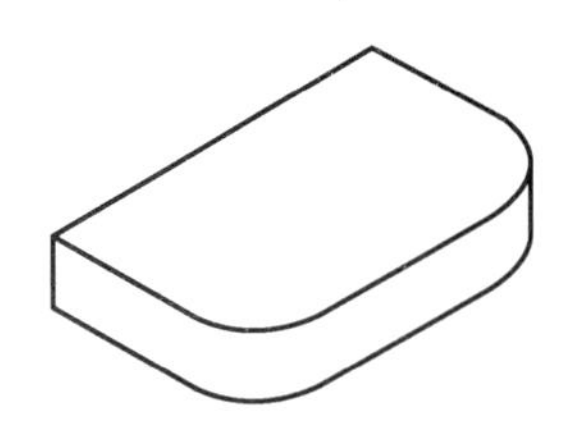

（c）整理、加深，完成轴测图

图 2-54　圆角的正等轴测图

立体上下 1/4 圆角在正等轴测图中是 1/4 椭圆弧，由四心圆弧法可知，四段弧的圆心在菱形相邻两边的垂线的交点处。作图时先根据圆角半径找到切点 *A*、*B*、*C*、*D*，过切点作圆角相邻边的垂线，两垂线的交点即为圆心。以此圆心到切点的距离为半径画圆弧，即得圆角的正等轴测图，底面圆弧可将顶面圆弧下移 *H* 即得。

如图 2-55 所示，已知支架的平面三视图，绘制其正等轴测图。

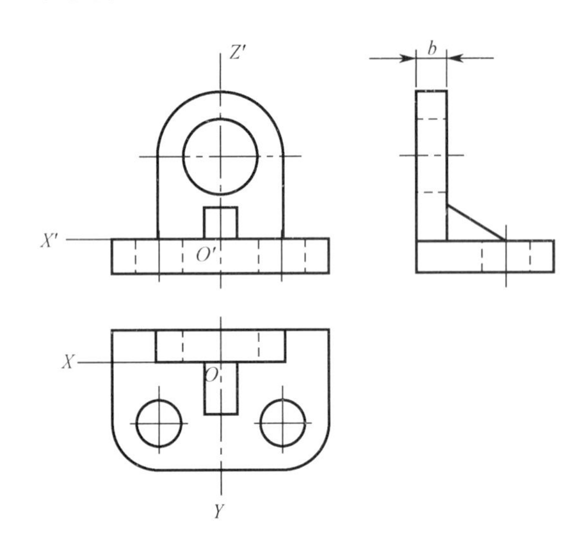

图 2-55　支架的三视图

① 在图 2-55 所示三视图上选定坐标系。

② 作轴测轴，画底板轮廓，确定立板及顶部半圆柱面轴测图，如图 2-56（a）所示。

③ 画底板圆角，立板上圆孔正等轴测图，如图 2-56（b）所示。

④ 画底板圆孔及肋板的正等轴测图，如图 2-56（c）所示。

⑤ 擦去作图线，加深完成整个作图，如图 2-56（d）所示。

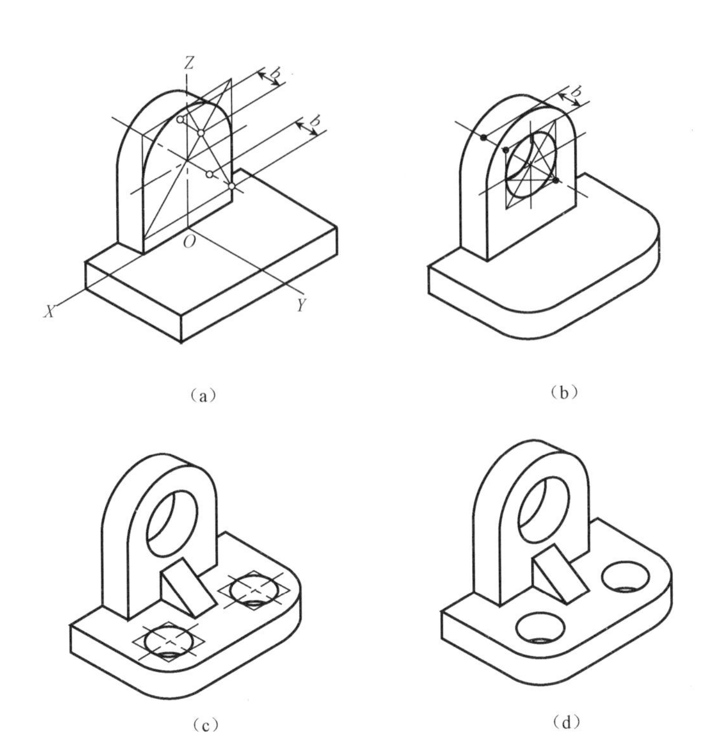

图 2-56　支架的正等轴测图的画法

（三）知识链接与巩固

下面介绍回转体中平行于坐标平面的圆的正等测画法。

平行于坐标面的圆的正等测投影都是椭圆。为了简化作图，可采用菱形四心圆弧法近似作图。

下面以水平圆的正等轴测图为例，说明作图方法。

① 以圆心 O 为原点，作 OX、OY 轴，并作圆的外切正方形，切点为 a、b、c、d，如图 2-57（a）所示。

② 画轴测轴 OX、OY 和切点 A、B、C、D，过切点作轴测轴平行线得圆的外切正方形的轴测图——菱形，再作菱形对角线，如图 2-57（b）所示。

③ 过 A、B、C、D 作对边垂线，得圆心 O_1、O_2、O_3、O_4，如图 2-57（c）所示。

④ 以 O_1、O_2 为圆心，O_1A 为半径画大圆弧 AB、CD；以 O_3、O_4 为圆心，O_3A 为半径画小圆弧 BC、AD，连成近似椭圆，如图 2-56（d）所示。

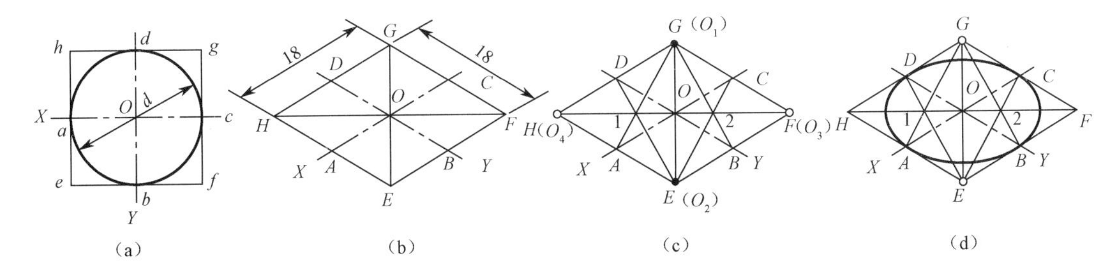

图 2-57　水平圆的正等测近似画法

如图2-58所示，画出了一立方体上水平圆、正平圆及侧平圆的正轴测图。三个椭圆形状一样，只是长短轴方向不同，但作图方法是一样的。

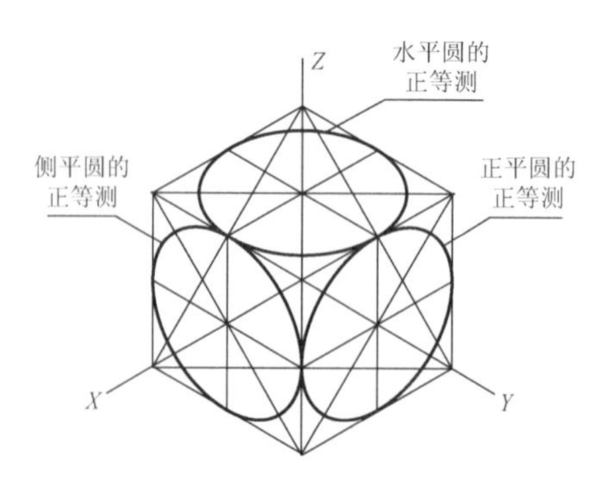

图2-58　平行于三个坐标面的圆的正等轴测图的画法

作水平圆只作 *OX*、*OY* 轴，再作菱形；作正平圆只作 *OX*、*OZ* 轴，再作菱形；作侧平圆只作 *OY*、*OZ* 轴，再作菱形。

课堂思考与练习：

绘制如图2-59、图2-60所示零件的正等轴测图的草图。

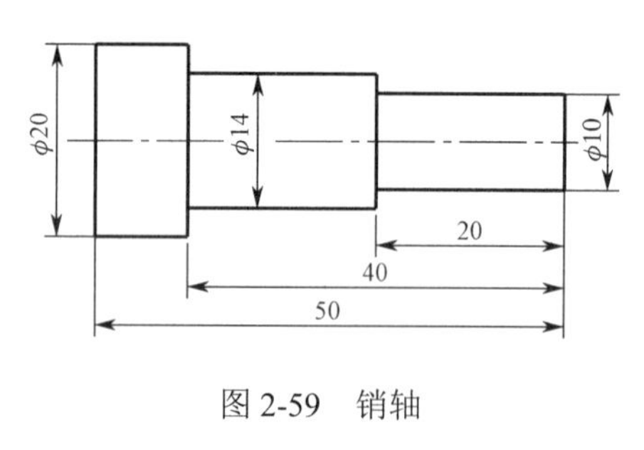

图2-59　销轴

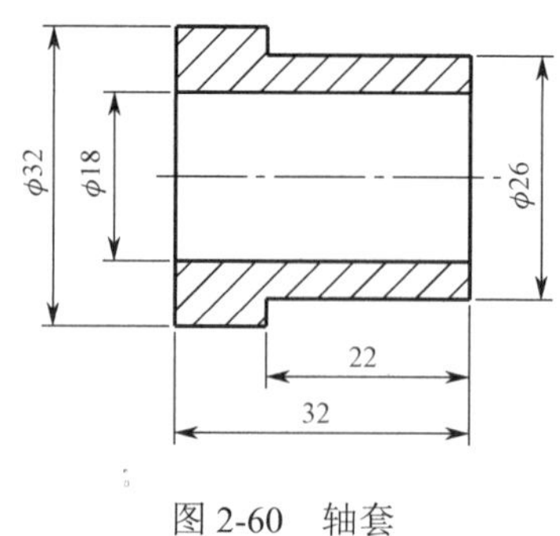

图2-60　轴套

三、绘制端盖的斜二轴测图

知识点：

* 斜二轴测图的概念；

* 绘制斜二轴测图的方法和步骤。

技能点：

* 能绘制简单零件的斜二轴测图。

（一）任务描述

斜二轴测图的特点是：立体上与轴测投影面平行的表面，在轴测图中反映实形。因此斜二轴测图（简称斜二测）特别适合于用来绘制在互相平行的平面内有圆或圆弧的立体。

下面绘制端盖零件的斜二轴测图。

（二）任务执行

由投影圆可知，该零件在一个方向上有相互平行的圆，宜选择圆平面平行于轴测投影面，其作图步骤如下：

① 分析视图选定坐标原点及坐标轴，如图 2-61（a）所示。

② 作斜二轴测轴，先画后面圆柱体底板，再画前面圆筒，最后画四个圆孔的斜二测图。注意圆心的位置，沿 Y 轴方向分别取 $Y/2$ 坐标值。后面的圆的可见部分应画出，如图 2-61（a）～（d）所示。

③ 擦去多余线，加深，完成作图，如图 2-61（e）所示。

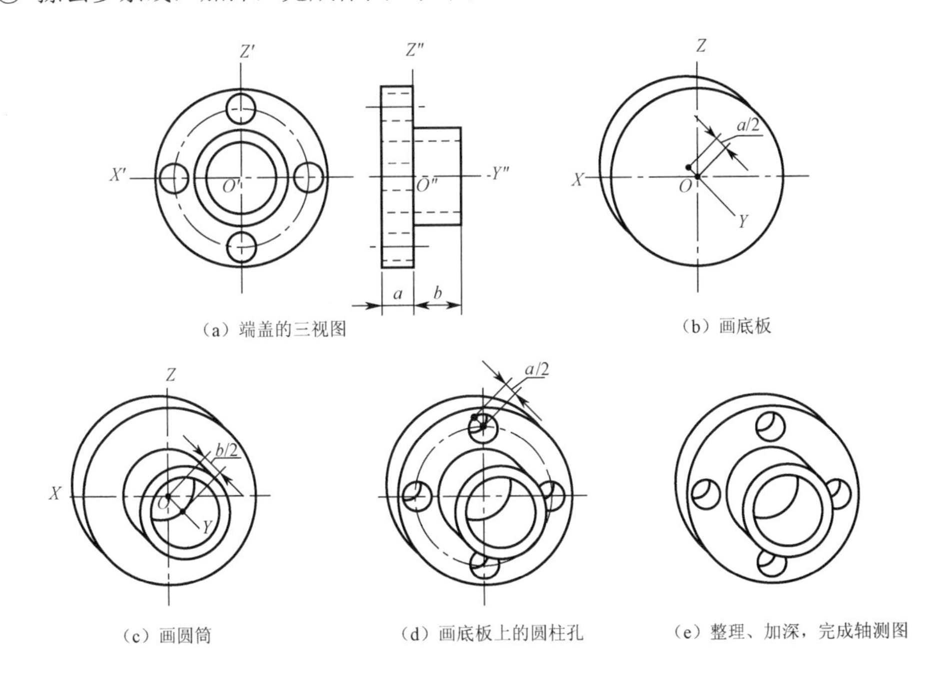

（a）端盖的三视图　（b）画底板

（c）画圆筒　（d）画底板上的圆柱孔　（e）整理、加深，完成轴测图

图 2-61　端盖的斜二轴测图的画法

（三）知识链接与巩固

1. 斜二轴测图的形成

斜二轴测图是轴测投影面平行于一个坐标平面，且平行于坐标平面的那两个轴的轴向伸缩系数相等的斜轴测投影，如图 2-62 所示。一般选择正面 XOZ 面平行于轴测投影面。

2. 斜二轴测图的轴间角和轴向变形系数

国家标准《技术制图 投影法》（GB/T 14692—1993）中规定，斜二轴测图中$\angle XOZ$=90°，$\angle XOY$=$\angle YOZ$=135°，如图 2-63 所示，轴向变形系数 p_1= r_1=1，q_1=0.5。

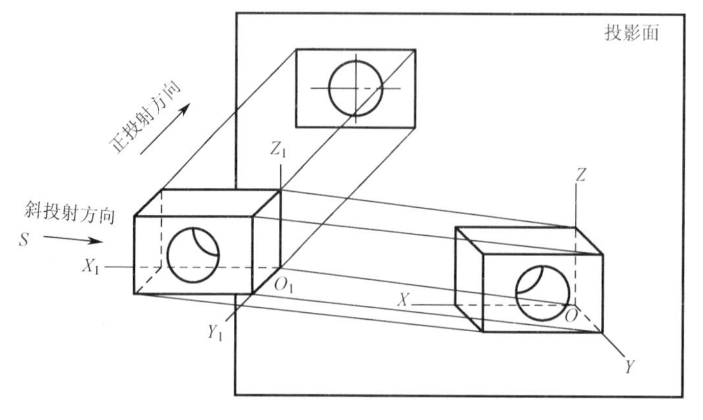

图 2-62 斜二轴测图的形成

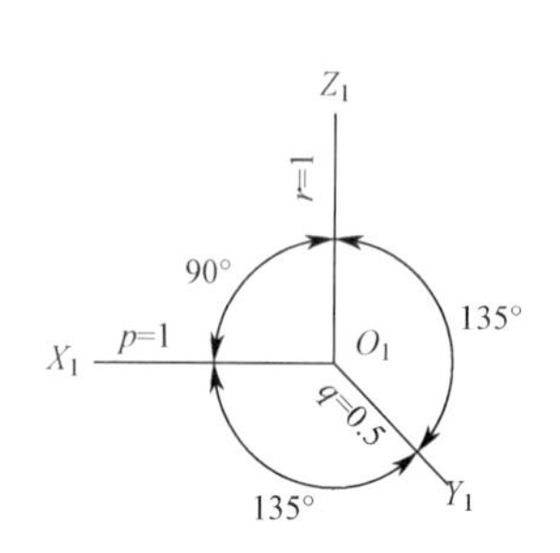

图 2-63 斜二轴测图的轴间角和轴向变形系数

课堂思考与练习：

1．比较正等轴测图与斜二轴测图的优、缺点。

2．绘制如图 2-64 所示顶尖轴的斜二轴测图的草图。

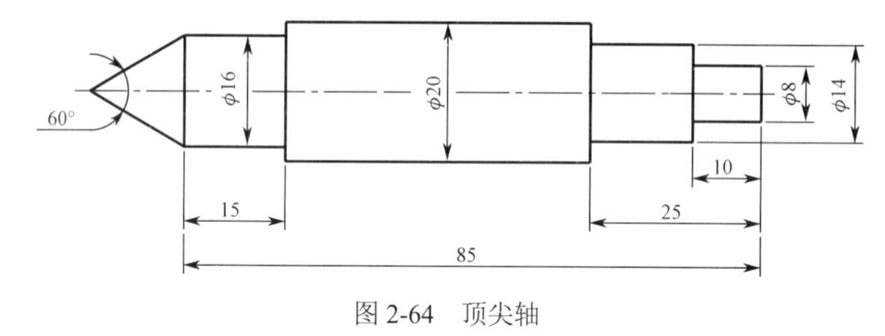

图 2-64 顶尖轴

任务四 绘制和识读零件的三视图

一、绘制轴承座的三视图并标注尺寸

知识点：

* 组合体的概念和组合形式；
* 组合体三视图的画法；
* 组合体三视图的尺寸注法。

技能点：

* 能用形体分析法绘制综合形式的组合体；
* 能正确标注组合体的尺寸。

（一）任务描述

任何机器零件，一般都可以看做由若干个简单形体（简称基本体）经过叠加、挖切等方式而形成的组合体。因此，画、读组合体及标注组合体尺寸是学习机械制图的基础。

为了正确而迅速地绘制和读懂组合体的三视图，通常在画图、标注尺寸和阅读组合体三视图的过程中，假想将组合体分解成若干个基本体，然后弄清楚这些基本体的结构形状、相对位置、组合形式及表面的连接方式，从而形成整个组合体的完整概念，这种方法称为形体分析法。支座的立体图及形体分析如图 2-65 所示。

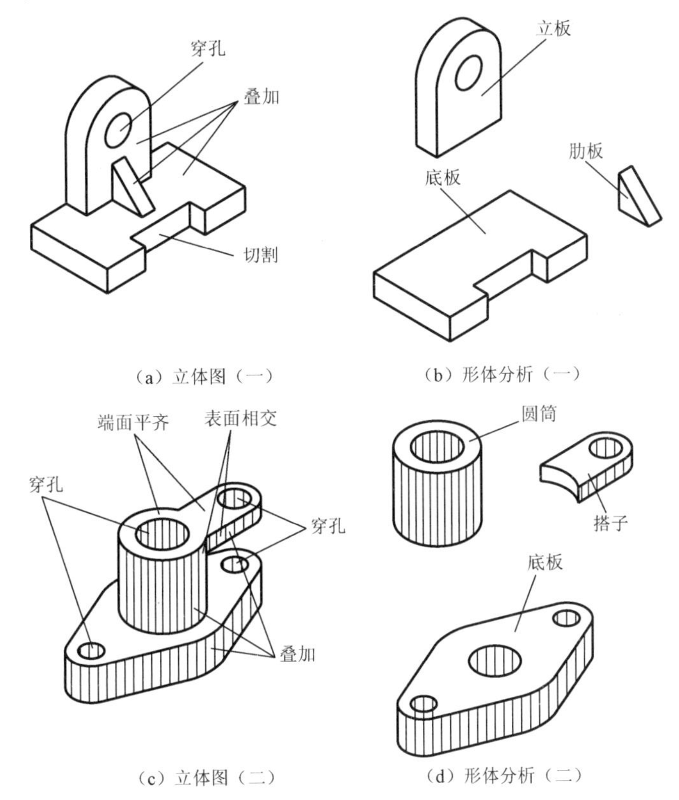

图 2-65　支座的立体图及形体分析

画组合体视图（零件）的基本方法是形体分析法。在画组合体视图之前，应对组合体进行形体分析，了解组合体的基本形状、组合形式、相对位置、表面连接方式及在哪个方向上是否对称，在对称方向上有哪些基本体处于居中位置（所谓居中位置是指在某方向上基本体自身的对称平面或回转轴线处于同一方向上的组合体的对称平面或回转轴线上的位置），以便对组合体的整体形状形成概念，为画它的视图做好准备。

下面结合轴承座实例，简述组合体（零件）视图的画法。

（二）任务执行

1. 绘制轴承座的三视图

（1）形体分析

如图 2-66 所示轴承座，可以将其分成五个部分：注油用的凸台、支撑轴的圆筒、支撑圆筒的支承板和肋板、安装用的底板。

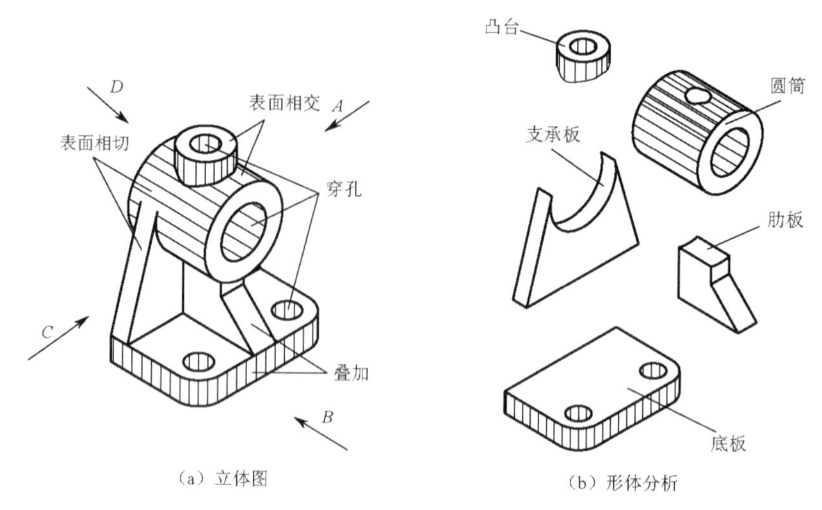

（a）立体图　　（b）形体分析

图 2-66　轴承座

圆筒与凸台的内、外表面都相交，有相贯线；圆筒外表面与支承板、肋板的顶面相接合，与它们的端面、侧面相交或相切；支承板端面与底板的一侧面平齐，支承板的另一端面与底板上表面相交；底板的上表面与支承板、肋板的底面相接。

轴承座在长度方向上具有左右对称面，组成轴承座的五个部分在长度方向上处于居中位置。

（2）选择视图

在三视图中，主视图通常是最主要的视图，它反映了组合体的主要形状特征。选择主视图时，主要考虑的是组合体的投射方向和相对于投影面的安放位置。

组合体投射方向的选择主要考虑的是：

① 将最能反映组合体的形状特征及各形体间相对位置的方向作为主视图的投射方向；

② 尽可能使形体上的主要平面平行于投影面，使其视图反映实形；

③ 尽可能减少其他视图的虚线。

组合体的安放位置一般按自然位置（工作位置）放置，并使其表面、对称平面、回转轴线相对于投影面尽可能地多处于平行或垂直位置。

因此，选择主视图时，应通过多种方案进行比较，选择较优的方案。

根据以上所述，如图 2-66 和图 2-67 所示，将轴承座自然放置，对所示的四个投射方向所得视图进行比较：*D* 向视图出现较多虚线，没有 *B* 向视图清晰；*C* 向视图与 *A* 向视图同等清晰，但以 *C* 向视图作为主视图会造成左视图中虚线较多，所以不如 *A* 向视图好；再将 *A* 向视图和 *B* 向视图进行比较，对反映各部分形状特征及相对位置来说，两者均符合主视图的选择条件，且各有特点，但是 *B* 向视图上轴承座各组成部分的形状特点及相对位置反映得最清楚。因此，选用 *B* 向视图作为主视图比选用 *A* 向视图作为主视图更好。在此选用 *B* 向视图作为轴承座的主视图，主视图一经选定，其他视图也就随之确定了。

（3）选择比例和幅面

主视图确定后，根据组合体（实物）大小和复杂程度，按标准规定选择画图的比例和幅面。在一般情况下，尽量采用 1∶1 的比例。确定幅面大小时，除了要考虑画图面积大小外，还应留足标注尺寸和画标题栏等的位置。

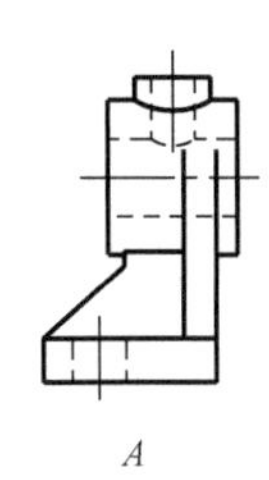

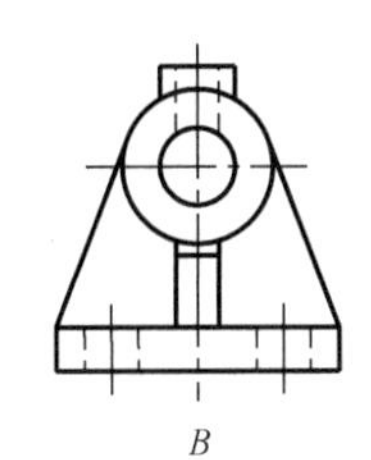

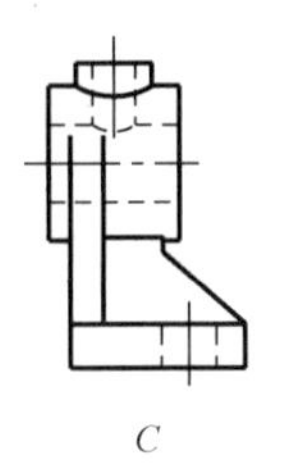

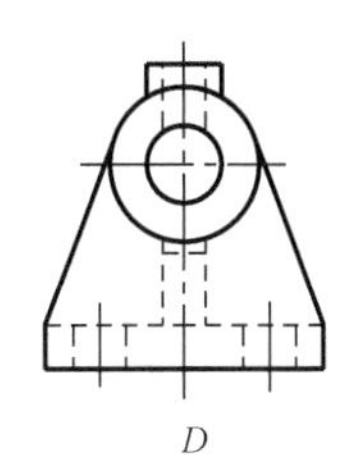

图 2-67　分析轴承座主视图的选择

（4）布图、画底稿

布置图形位置时，应根据各个视图每个方向的最大尺寸，在视图之间留足标注尺寸的空隙，画出各个视图，使视图布置合理，排列均匀。其作图步骤如图 2-68 所示。

① 画出各个视图的作图基准线。一般是轴线、中心线、平行于投影面的底面或端面等，如图 2-68（a）所示。

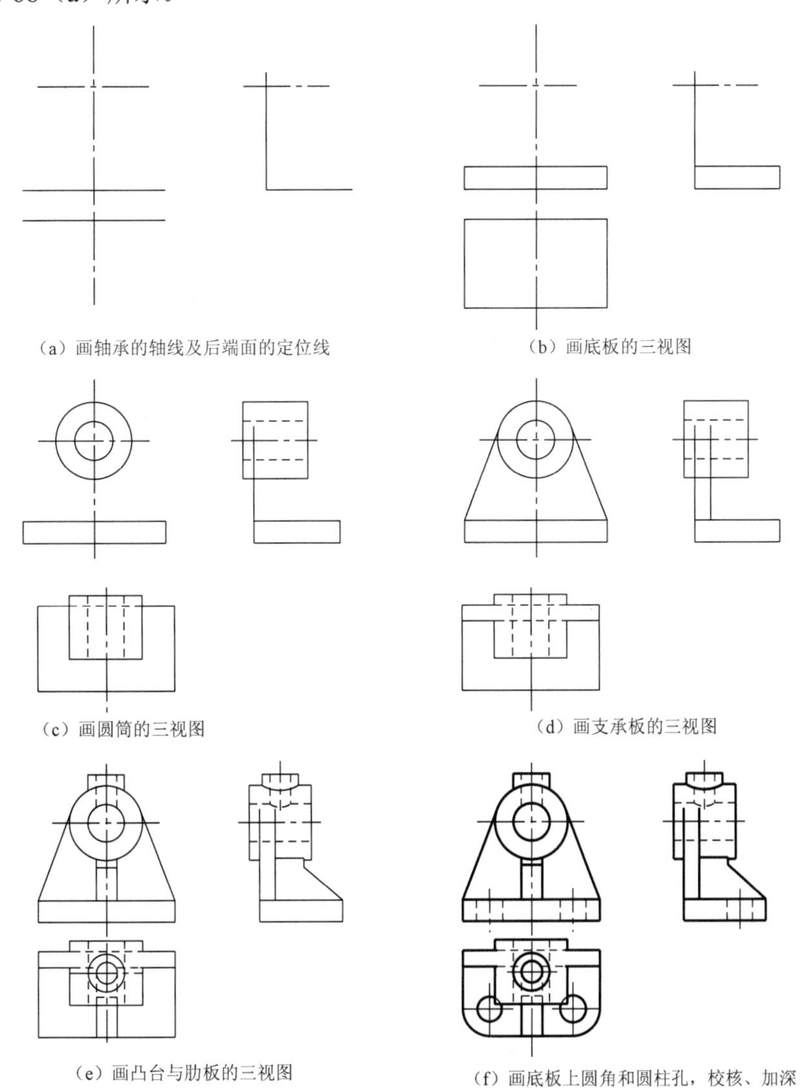

（a）画轴承的轴线及后端面的定位线　（b）画底板的三视图

（c）画圆筒的三视图　（d）画支承板的三视图

（e）画凸台与肋板的三视图　（f）画底板上圆角和圆柱孔，校核、加深

图 2-68　绘制轴承座三视图的步骤

② 按形体分析画出各个基本形体的三视图。先画主要部分，后画次要部分；先画实形，后画积聚投影；先画圆、圆弧，后画直线、非圆线；先画可见部分，后画不可见部分；先画整体，后画切割与穿孔；三视图结合起来同时画，如图 2-68（b）～（f）所示。

（5）检查、描深

完成底稿后，特别注意检查各基本形体表面之间的叠合、相交、相切等处的合理性，看是否符合投影原则，去掉多余的线并补上漏掉的虚线和实线。经过全面的检查、修改，确定无误后方可描深，如图 2-68（f）所示。

2. 标注轴承座的尺寸

如图 2-69 所示，标注轴承座尺寸的方法和步骤如下。

（1）形体分析

将轴承座分解为底板、支承板、加强肋板、圆筒轴承、凸台五个部分，并粗步了解各部分的定形尺寸，如图 2-69（a）所示。

（2）选定尺寸基准

按照组合体的长、宽、高三个方向，依次选定其主要基准。如图 2-69 （b）所示，长度方向的主要基准：轴承座的左右对称面；宽度方向的主要基准：圆筒轴承的后端面；高度方向的主要基准：底板的底面。

（3）分别标注各基本体的定形、定位尺寸

如图 2-69（b），（c）所示，圆筒的定形尺寸为ϕ54、ϕ26、50，高度方向的定位尺寸为 60，长度方向的定位尺寸为 0，宽度方向的定位尺寸为 0；凸台的定形尺寸为ϕ26、ϕ14，高度方向的定位尺寸为 90；底板的定形尺寸为 90、60、14，底板的长度和高度方向的定位尺寸为 0，宽度方向的定位尺寸为 7，底板上的圆柱孔、圆角的定形尺寸分别为 2×ϕ18，R16、58、44；支承板和加强肋板的尺寸，读者可根据图 2-69（c）所示自行分析。

（4）根据需要标注总体尺寸

轴承座的总长和总高都是 90，在图中已标出。总宽尺寸为 67，但不宜标注，因为若标注总宽尺寸，则尺寸 7 或 60 就是不应标出的重复尺寸，而标注 60 和 7 这两个尺寸，有利于明确表达底板与圆筒轴承之间在宽度方向上的定位，如图 2-69（d）所示。

（5）检查、校核

对已标注的尺寸，按正确、完整、清晰的要求进行检查，如有不妥，则作适当的修改或调整。最终结果如图 2-69（d）所示。

（三）知识链接与巩固

1. 组合体的概念

在前面我们学习了基本形体的概念，而组合体就是由两个或两个以上的基本体组合而成的形体，如图 2-70 所示。

从几何学观点来看，大多数机器零件都可以看做由一些基本形体组合而形成的组合体，只是机器零件又增添了工艺结构而已。

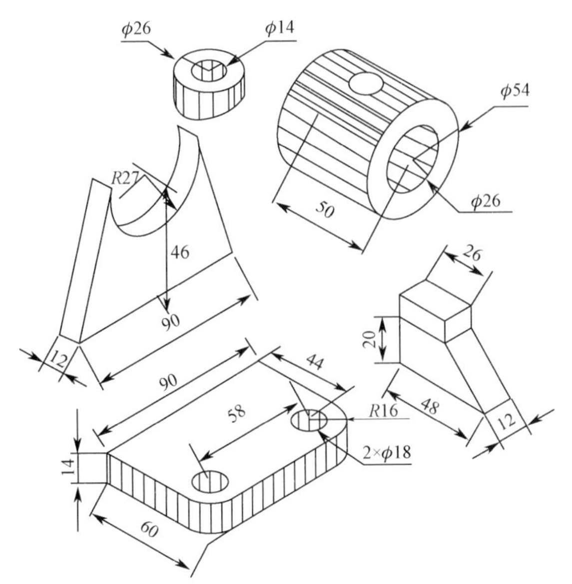

（a）形体分析基本体的定形尺寸

长度方向尺寸基准
高度方向尺寸基准
宽度方向尺寸基准

（b）确定尺寸基准，标注轴承和凸台的尺寸

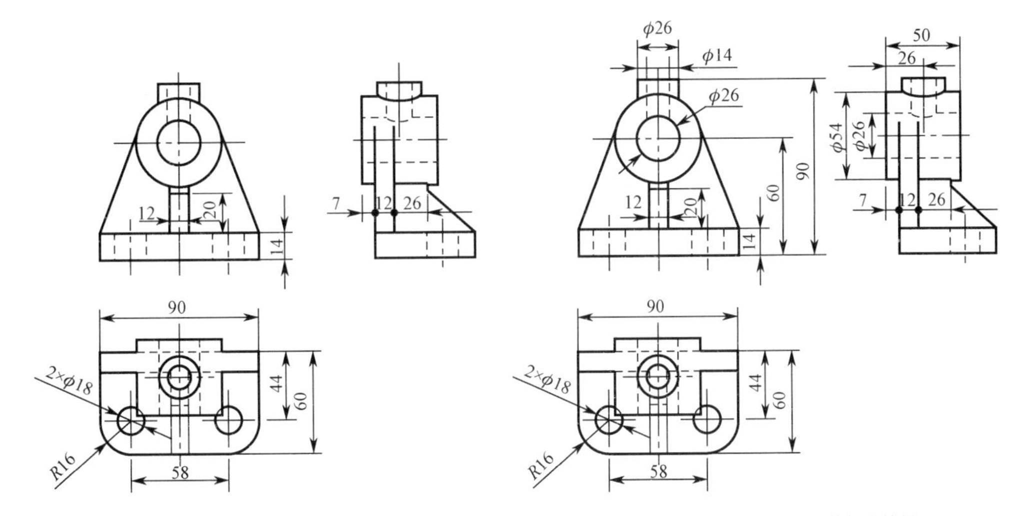

（c）标注底板、支承板、肋板尺寸，并考虑总体尺寸

（d）检查、校核后的标注结果

图 2-69 标注轴承座尺寸的步骤

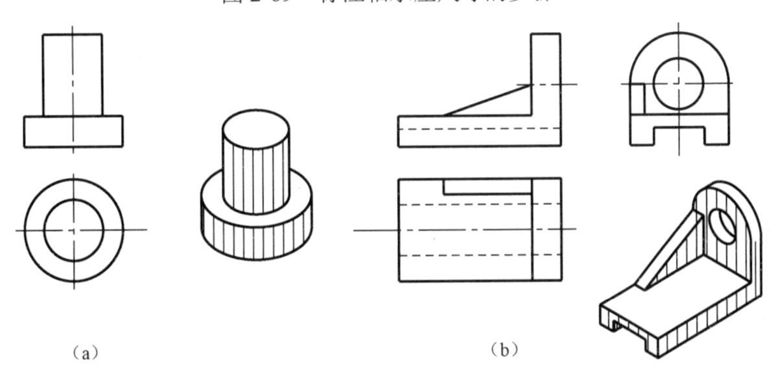

（a）

（b）

图 2-70 组合体

2. 组合体的组合形式

组合体的组合形式可分为叠加、切割与穿孔两种方式。常见的组合形式是这两种基本形式的综合，如图 2-71 所示。

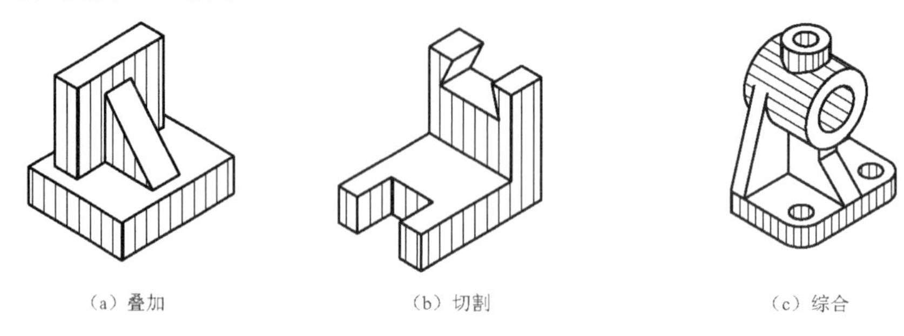

图 2-71 组合体的组合形式

1）叠加

构成组合体的各基本形体之间以堆积、堆叠的形式组合称为叠加。根据叠加的基本形体的表面间连接关系，叠加又可分为叠合、相切和相交。

（1）叠合

叠合是指两个基本形体的表面互相重合。叠合是两个基本形体组合的最简单形式。值得注意的是：两个基本形体除叠合处的表面重合外，其他表面有平齐和不平齐两种连接方式。

不平齐时两个基本形体之间应有分界线，如图 2-72 所示。

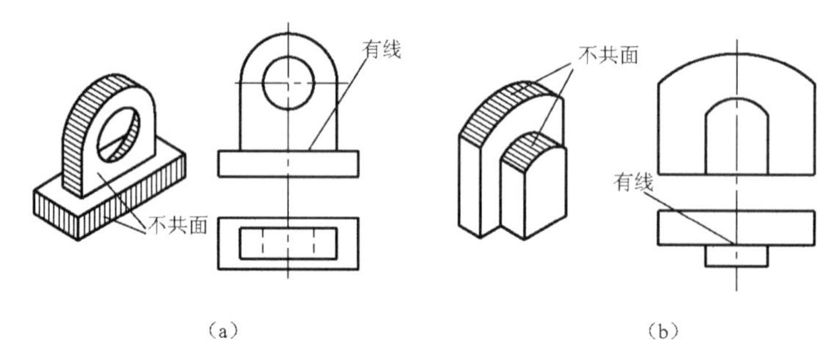

图 2-72 组合体的表面不平齐的画法

当两形体表面连接处平齐，即两形体的表面互相连接构成一个面时，它们之间没有分界线，其连接处的轮廓线消失，在视图上不可画出分界线，如图 2-73 所示。

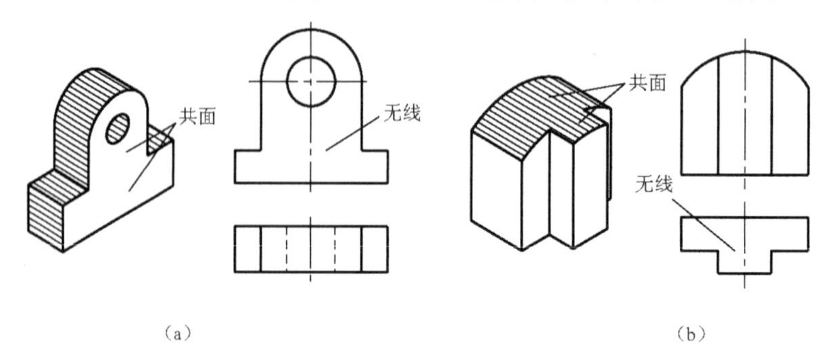

图 2-73 组合体的表面平齐的画法

（2）相切

相切是指两形体的相邻表面（平面与曲面或曲面与曲面）光滑过渡。在视图上，相切处不存在轮廓线，但是否画分界线呢？需要分两种情况来说明：

平面与曲面相切时，在视图中，相切处无线，如图 2-74 所示。

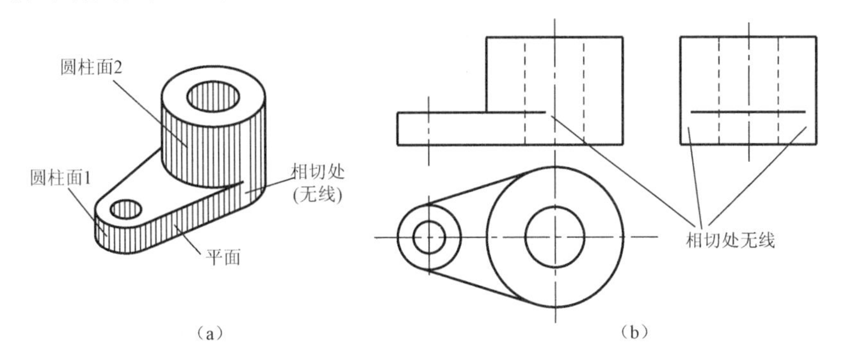

图 2-74　组合体的表面相切的画法（一）

曲面与曲面相切时，在视图中，其相切处什么时候画线（粗实线或虚线），什么时候不画线，具体如图 2-75 所示。

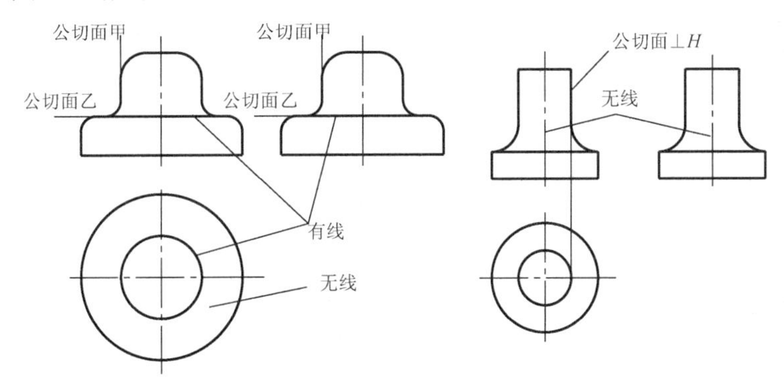

图 2-75　组合体的表面相切的画法（二）

（3）相交

相交是指两基本体的表面相交，在相交处产生交线（截交线和相贯线），它是形体表面的轮廓线，因此，画图时在相应的位置应画出截交线和相贯线，如图 2-76 和图 2-77 所示。

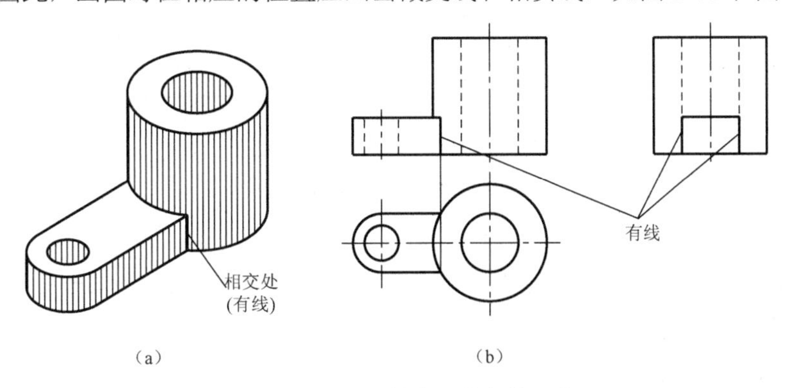

图 2-76　组合体的表面截交的画法

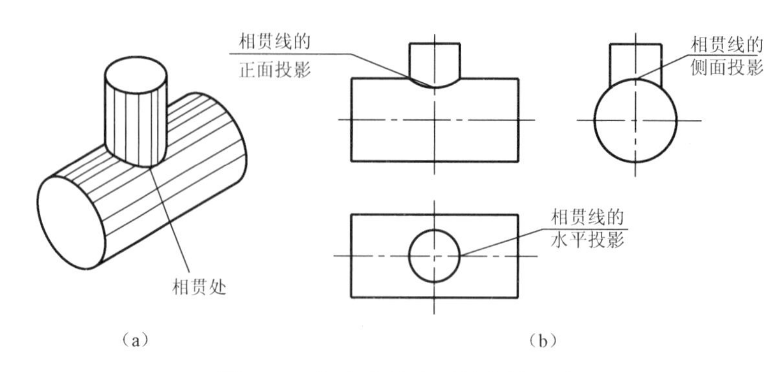

图 2-77　组合体的表面贯交的画法

2）切割与穿孔

（1）切割

基本体被平面或曲面切割后，会产生不同形状的截交线或相贯线，如图 2-78 所示。

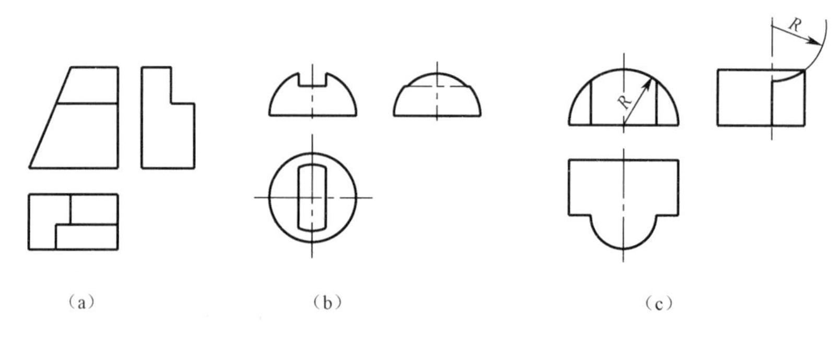

图 2-78　切割的画法

（2）穿孔

当基本体被穿孔后，也会产生不同形状的截交线和相贯线。如图 2-79（a）所示，半圆柱上开一个方孔，在三视图上形成截交线；如图 2-79（b），（c）所示，在空心半圆柱上分别穿通大小不同的圆孔形成相贯线，可用简化画法画出相贯线。

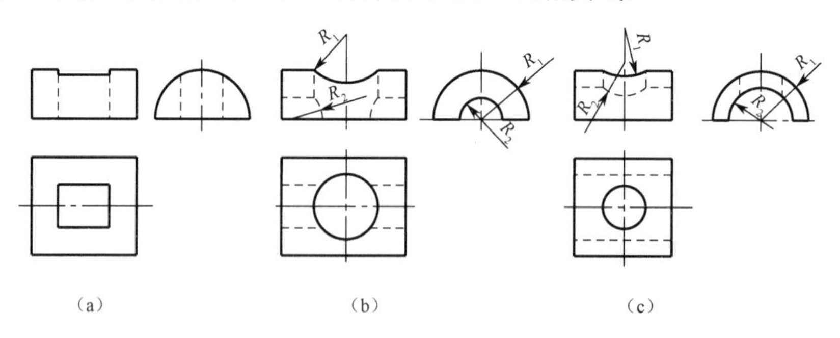

图 2-79　穿孔的画法

3. 组合体三视图的尺寸标注

组合体视图只能表达它的形状和结构，而形体的真实大小及各结构之间的相对位置必须通过图上的尺寸来确定。

1）基本体的尺寸标注

常见基本体有平面立体和回转体。其尺寸标注如下：

平面立体一般要求标注长、宽、高三个方向的尺寸，根据形体特点，有时尺寸重合为两个或一个，如图 2-80 所示。

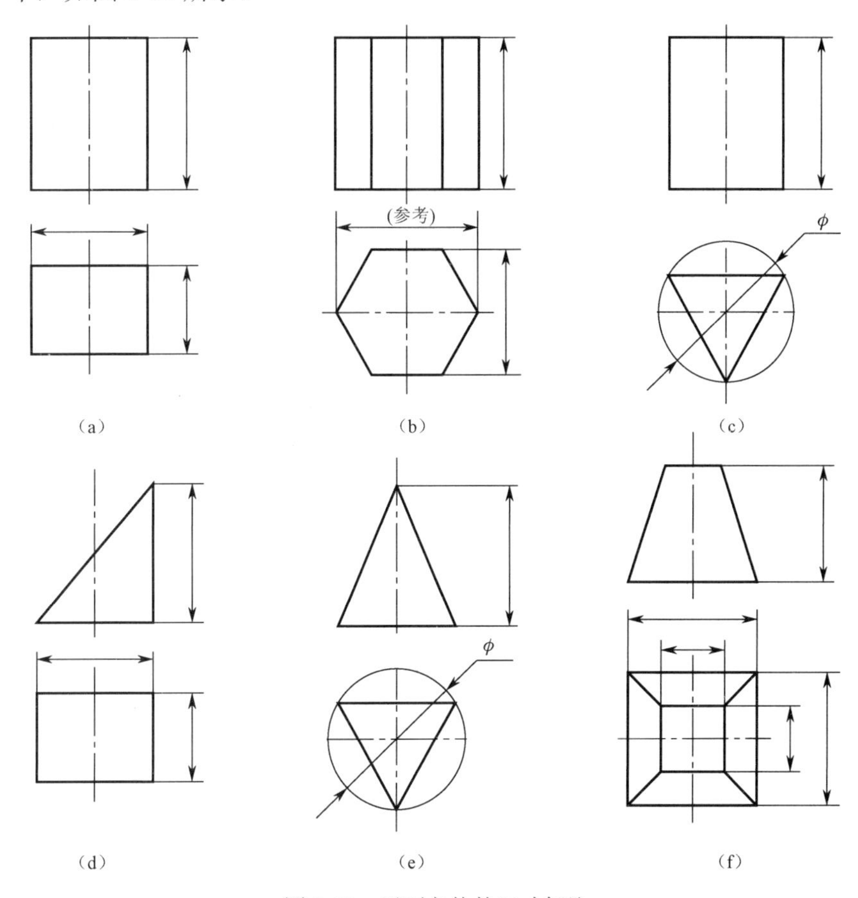

图 2-80　平面立体的尺寸标注

回转体一般只标注径向和轴向两个方向的尺寸。注意有时要加上符号，比如，标注圆的直径要加ϕ，标注圆的半径要加 R，标注球的直径、半径时要加球的直径、半径符号 $S\phi$、SR，这样就可以减少视图的数量，如图 2-81 所示。

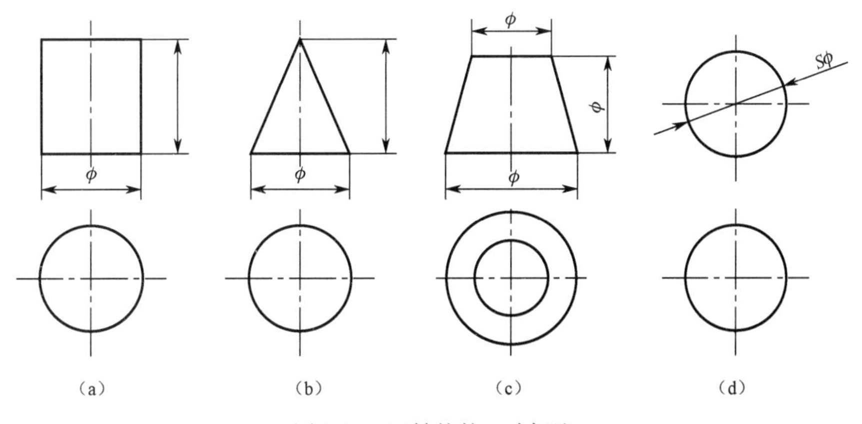

图 2-81　回转体的尺寸标注

2）基本体被截切后有截交线及两基本体相贯后有相贯线的形体的尺寸标注

截交线不应直接标注尺寸，只标注基本形体的尺寸（定形尺寸）及截平面的位置尺寸（定位尺寸），如图 2-82 所示。

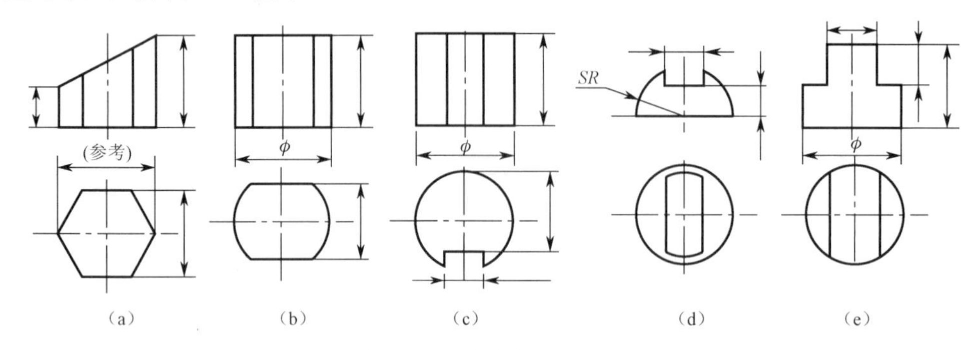

图 2-82　切割体的尺寸标注

相贯线不应直接标注尺寸，只标注基本形体的定形尺寸及相贯位置尺寸的定位尺寸，如图 2-83 所示。

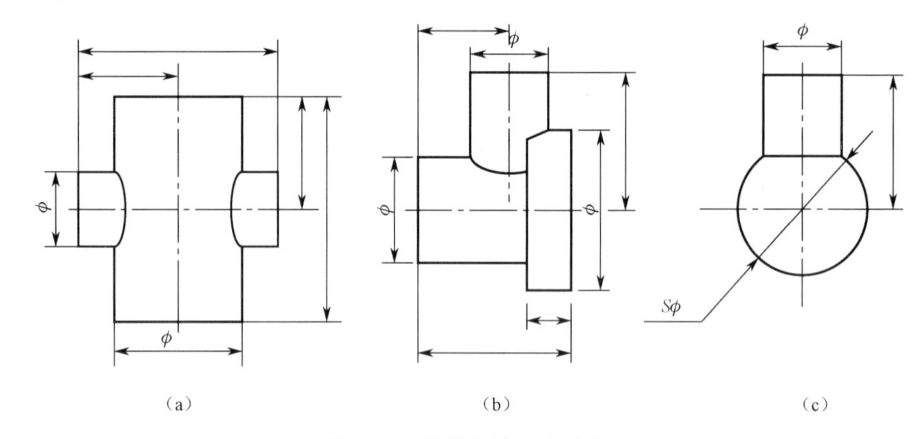

图 2-83　相贯体的尺寸标注

3）常见平板的尺寸标注

常见平板及平板类的简单组合体的尺寸标注如图 2-84 所示。

4）组合体的尺寸标注

（1）标注尺寸要完整

标注尺寸要完整指既不能遗漏，也不能重复，能唯一确定组合体的形状、大小及其相互位置关系。一般采用形体分析法来标注组合体的尺寸，即将组合体分成若干个基本体，先标出其定形尺寸，再确定其各部分之间的相互位置的定位尺寸，最后还必须标出组合体的总体尺寸，如图 2-85（a）所示。

通常在机械图样中必须标注出总体尺寸。这时要对已标注的定形和定位尺寸做适当调整。如图 2-85（c）中主视图上的高度尺寸，若标注总高 27，则应减去一个同方向上的定形尺寸，使尺寸线之间不能闭合，避免封闭尺寸。图中减去了圆柱体的高度尺寸 20。

注意：当组合体一端为有同心孔的回转体时，该方向上一般不标总体尺寸。

标注尺寸的起点称为尺寸基准。通常选取组合体上较大的平面（底面、对称平面或端

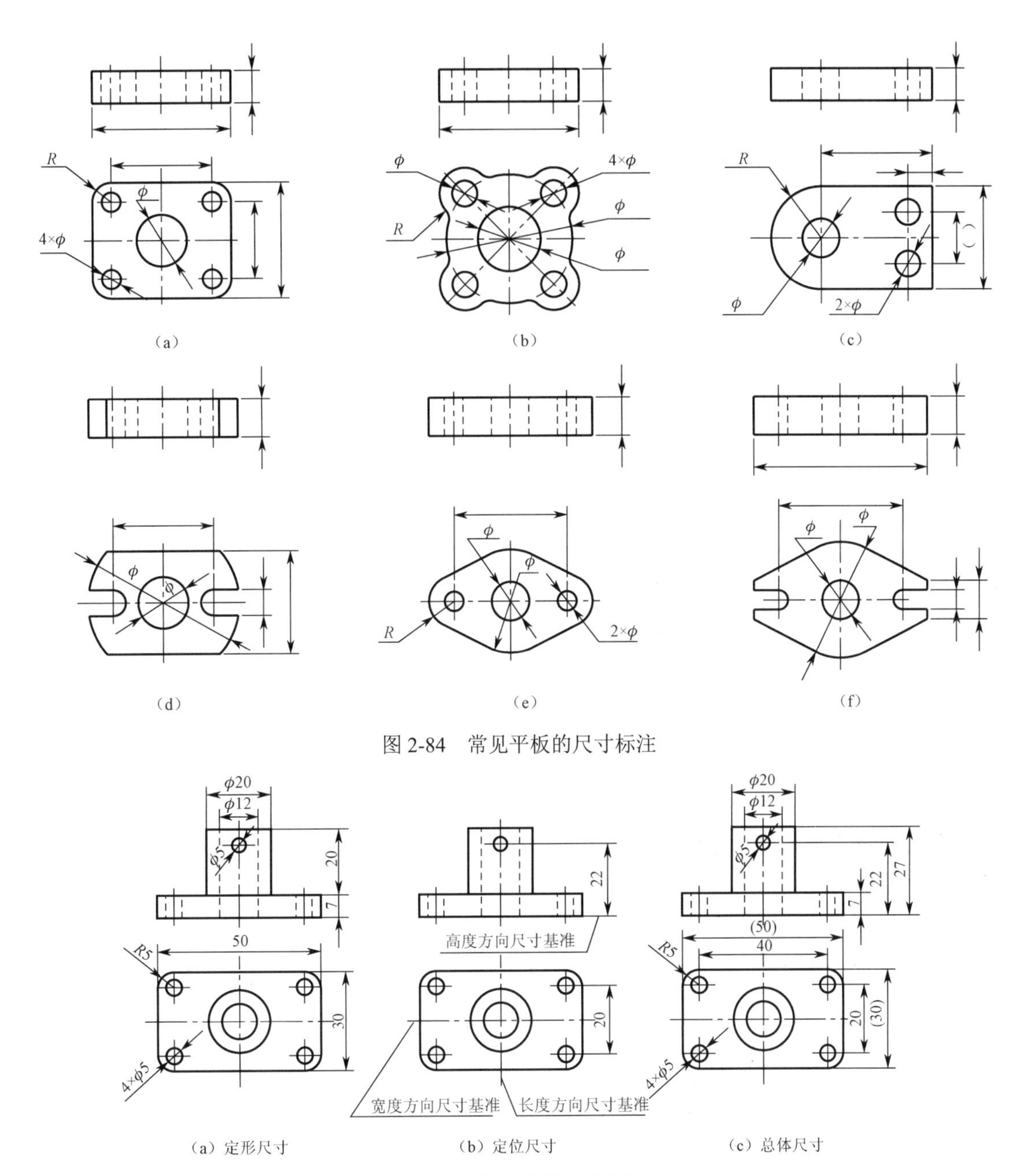

图 2-84　常见平板的尺寸标注

图 2-85　组合体的尺寸标注

面）、直线（回转轴线或中心线）、点（球心）等作为尺寸基准，组合体在长、宽、高三个方向（或径向、轴向两个方向）上都应有尺寸基准，如图 2-85（b）所示。当形体比较复杂时，允许有多个尺寸基准，但是，同一方向上只有一个主要基准（通常有较多尺寸从它注出的基准），其余为辅助基准。主要基准与辅助基准之间有定位尺寸联系。

（2）标注尺寸要清晰

标注尺寸时，除了要完整外，还要求所标注的尺寸布置整齐，清晰醒目。因此，在标注尺寸时应注意：尺寸尽量集中标注在反映形体形状特征较明显、位置特征较清楚的视图上；避免在虚线上标注尺寸；与两视图有关的尺寸，最好标注在两视图之间。如图2-86所示，主视图中矩形槽尺寸10、6、30；直角梯形立板尺寸44、20、36、48；俯视图中底板上两圆柱孔2×ϕ9、9、26、27，都集中标注在形体特征明显、位置特征较清楚的视图上。与主、左视图有关的尺寸36、48及与主、俯视图有关的尺寸44都标注在两视图之间。

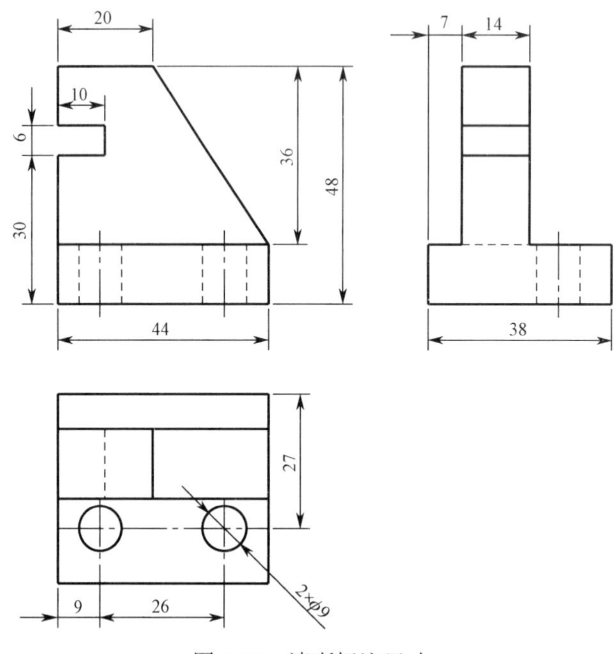

图2-86　清晰标注尺寸

为保持图形清晰，尺寸应尽量标注在视图外面；小尺寸在内（靠近图形），大尺寸在外；排列整齐，间距要相等；不允许尺寸线与尺寸界线相交，如图2-86所示主视图中高度方向的尺寸36、48。

另外，尺寸的起点和终点一般不能是圆弧上的点，如图2-87所示。

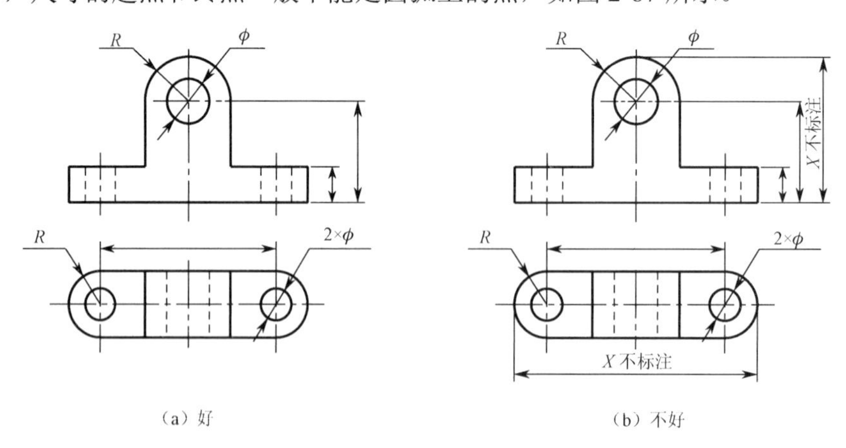

图2-87　不标总体尺寸的情况

标注圆柱、圆锥的直径尺寸应尽量标注在非圆视图上；半圆以及小于半圆的圆弧的半径尺寸一定要标注在反映圆弧形状的视图上。

（3）不能形成封闭的尺寸链

标注尺寸时，不能形成封闭的尺寸链。一般断开不重要的尺寸环。

课堂思考与练习：

1．画综合类的组合体三视图，一般采取什么方法？

2．怎样标注零件的尺寸？标注尺寸时应注意哪些事项？

二、识读支架的三视图

知识点：

* 识读机械图样的基本知识；

* 形体分析法识图。

技能点：

* 能够正确运用形体分析法识读机械图样。

（一）任务描述

读图的基本方法与画图一样，主要也是运用形体分析法。读图通常从反映物体形状特征最明显的主视图着手，将视图分解成若干个线框，依照投影关系及特点对照其他视图，初步分析该物体由哪些基本体组合而成，然后按投影特性逐个找出各基本体在其他视图中的投影，确定各基本体的形状及它们之间的组合形式、相对位置关系，最后综合想象出物体的整体形状。

下面以图 2-88 所示的支架为例，说明形体分析法读图的方法和步骤。

（二）任务执行

1．分线框，对投影

先看主视图，将主视图划分成三个线框 1′、2′、3′，再按“三等”投影规律，找出其在俯视图上对应的线框 1、2、3 及在左视图上对应的线框 1″、2″、3″，想象出该组合体可分成三个部分：立板Ⅰ、凸台Ⅱ、底板Ⅲ，如图 2-88（a）所示。

2．识形体，定位置

根据每一部分的三视图，逐个想象出各部分的形状和位置，如图 2-88（b）～（d）所示。

3．结合起来，想整体

每个部分（基本体或其简单组合）的形状和位置确定后，整个组合体的形状也就确定了，如图 2-88（e）所示。

（三）知识链接与巩固

画图和读图是学习本课程的两个主要环节。画图是将空间的物体用正投影方法表达在平面图纸上；读图则是由视图出发，根据点、线、面、体的正投影特性以及多面正投影规律想象出空间物体的形状和结构。所以，要正确、快速地读懂视图，就必须掌握读图的基本要领和基本方法。读图的基本方法仍然是形体分析法，有时还要运用线面分析法来解决较复杂的局部问题。只有不断地实践，才能培养空间想象能力和构思能力，从而逐步提高读图能力。

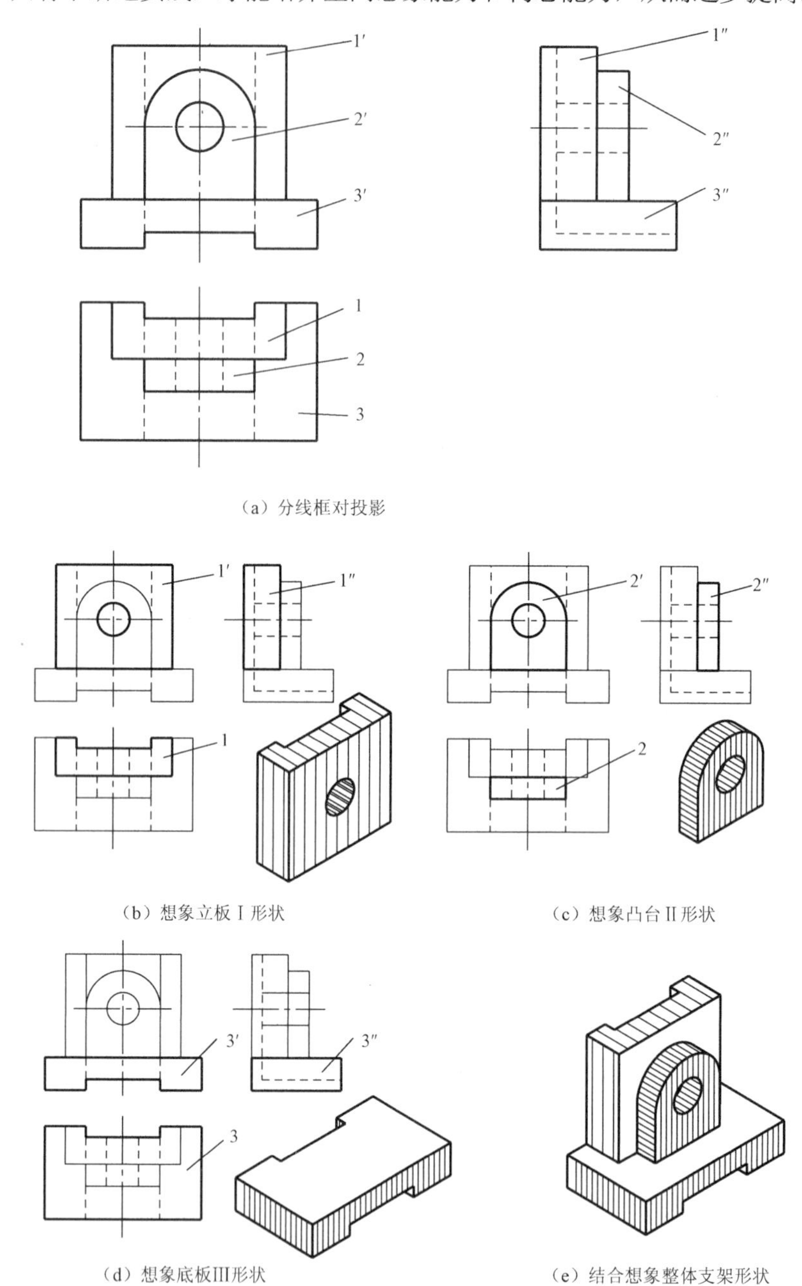

图 2-88 用形体分析法识图的方法和步骤

1. 读图应将各个视图联系起来看，抓住特征视图

在机械图样中，机件的形状是通过一组图形来表达的。每一个视图只能反映机件一个方向的形状。因此，只看一个或两个视图往往不能唯一地确定所表达的机件的形状。读图时，先读最能反映物体形状和位置特征的主视图。但只看主视图还不够，如图 2-89

所示的五组视图，它们的主视图都相同，但从俯视图上可以看出多个截然不同的物体。只有抓住表达这些物体形状特征明显的俯视图，才能完整、确切地想象出物体的形状结构和位置特征。

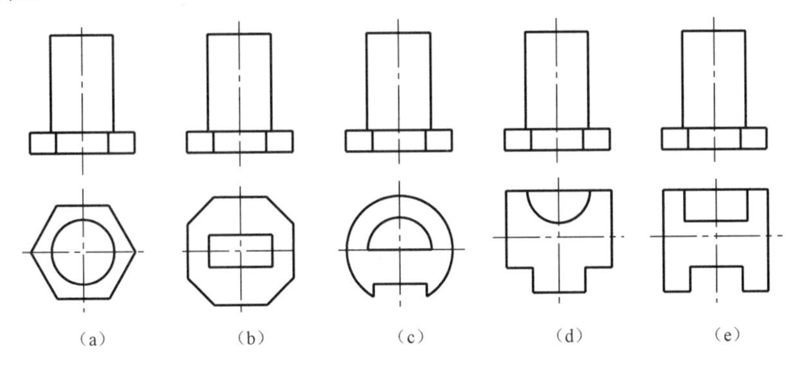

图 2-89　由一个视图可确定不同形状的物体的示例

又如图 2-90（a），（b）所示，它们分别有主、左两个视图相同，但反映物体特征的俯视图不同，就产生不同的物体。

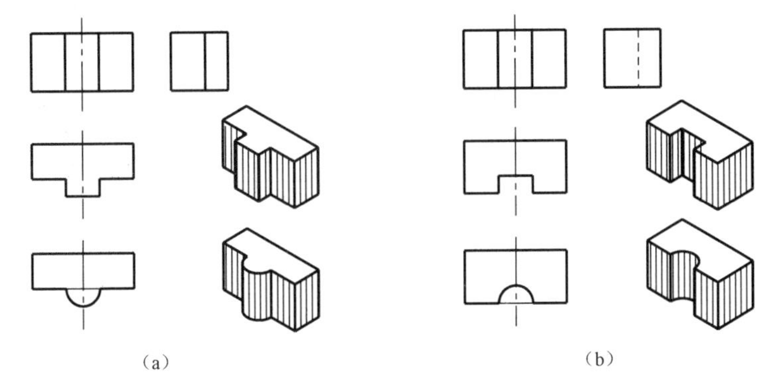

图 2-90　两视图不能确定物体形状的示例

由此可见，组合体各组成部分的特征视图往往在不同的视图上，在读图时，应将各个视图联系起来阅读、分析，抓住每个组成部分的特征视图，只有这样，才能想象出物体的形状。

2. 读图时应明确视图中图线和线框的投影含义

组合体视图是由若干个封闭线框构成的，每个线框又由若干条图线所围成。图线主要有粗实线、虚线和细点画线，因此，读图时，要按照投影对应关系，正确分析图形中每条图线、每个线框的含义。

（1）视图中图线的含义

如图 2-91 所示，视图中图线的含义如下。

① 视图中的粗实线或虚线（包括直线和曲线）可以表示：表面与表面（两平面、两曲面、一平面与一曲面）的交线的投影；曲面转向轮廓线在某个方向上的投影；具有积聚性的面（平面或柱面）的投影。

② 视图中的细点画线可以表示：对称平面的积聚性投影（居中位置）；回转体轴线的投影；圆的对称中心线（确定圆心的位置）。

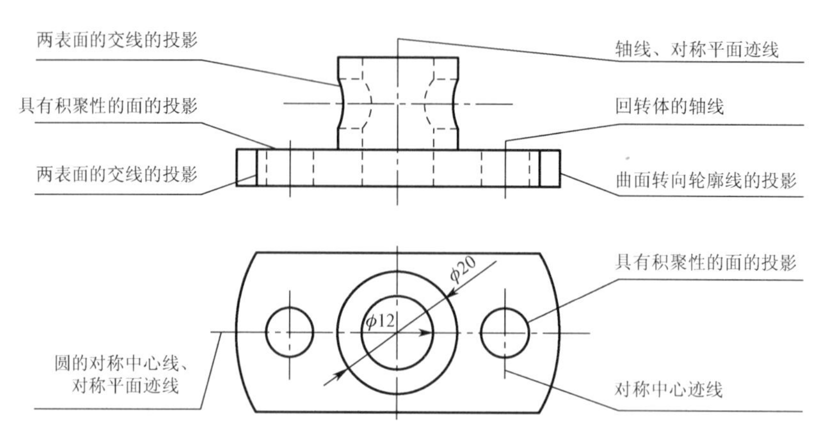

图 2-91　视图中图线的含义

（2）视图中封闭线框的含义

如图 2-92 所示，视图中封闭线框的含义如下。

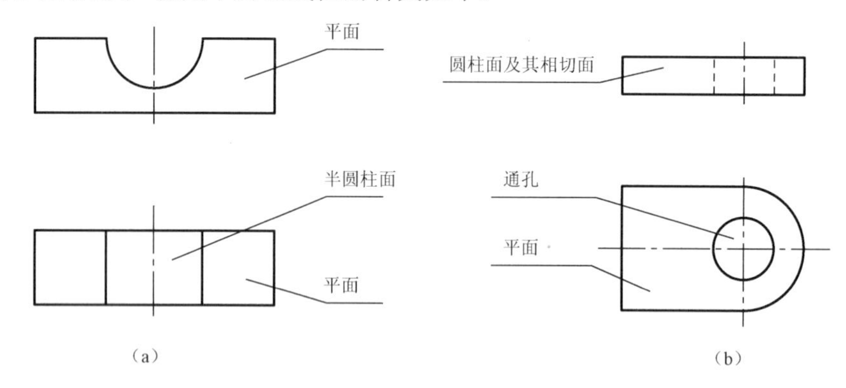

图 2-92　视图中封闭线框的含义

① 视图中单个封闭线框可以表示：一个面(平面或曲面)的投影；曲面及其相切面(平面或曲面）的投影；凹坑或圆柱通孔的积聚投影。

② 视图中相邻线框的位置分析：当相连两线框表示不共面、不相切的两个不同位置表面时，其两线框的分界线可以表示具有积聚性的第三表面（平面或曲面）或两表面（平面与平面、平面与曲面、曲面与曲面）的交线，如图 2-93 所示。

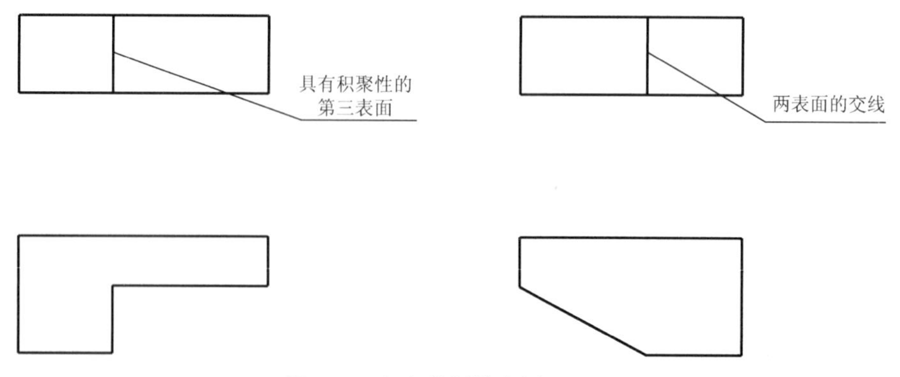

图 2-93　相邻线框的分析（一）

当大封闭线框内套小封闭线框时，表示物体的大表面上有凸起或凹进的小表面物体，如图 2-94 所示。

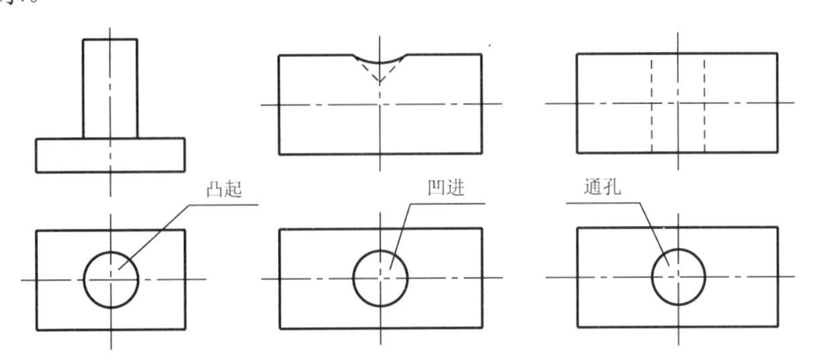

图 2-94　相邻线框的分析（二）

若线框上有开口线框和闭口线框，则其分别表示不通槽（盲槽）和通槽，如图 2-95 所示。

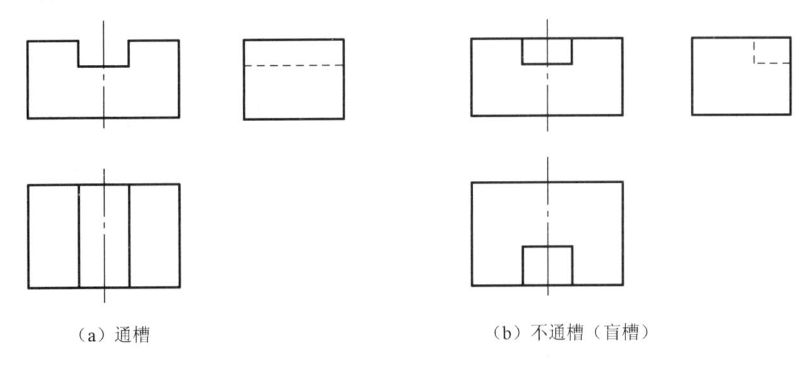

图 2-95　相邻线框的分析（三）

3. 读图要记基本体视图

由于组合体是由若干个基本体组成的，所以读组合体的视图时，要时刻记住基本体的投影图形的特征。

如图 2-96（a）所示物体的三视图，单从主视图看，会误认为是拱形柱体，如图 2-96（b）所示；将主、俯视图联系起来看，可以看成是球形柱体，如图 2-96（c）所示；将三视图联系起来看，通过分析，最后确定的物体形状如图 2-96（d）所示。

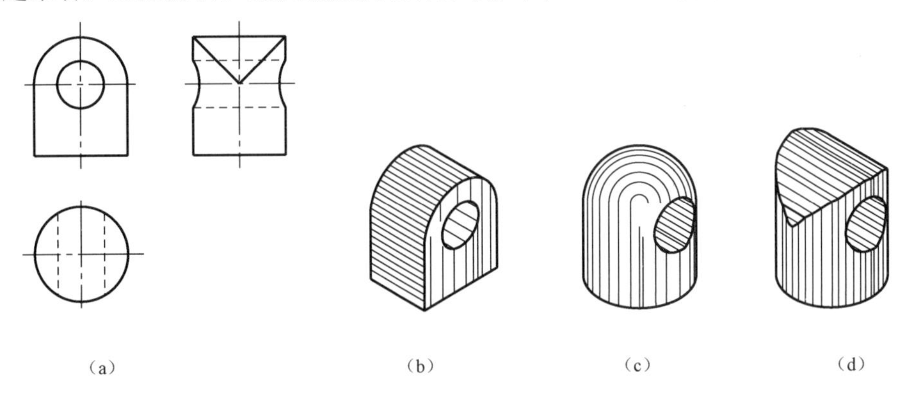

图 2-96　由基本体的特征投影识图

课堂思考与练习：

1．形体分析法适合哪些组合体？
2．简述形体分析法的步骤。

三、识读压块的三视图

知识点：

* 线面分析法识图。

技能点：

* 能够正确运用线面分析法识读机械图样。

（一）任务描述

在读图时，比较复杂的组合体，在形体分析法的基础上，对局部不易读懂的部分，还常使用线面分析法来帮助想象和读懂这些局部的形状。所谓线面分析法，就是运用投影规律和特性把组合体分解为由若干个面、线围成，再逐个分析这些线、面的空间形状和相对位置，并借助立体的概念来想象出组合体的形状，以达到读懂视图的目的。线面分析法特别适用于一些切割（穿孔）型组合体的交线、切口的分析。

下面用线面分析法识读压块的三视图，如图 2-97 所示。

（二）任务执行

如图 2-97（a）所示，由压块的三视图的基本轮廓呈长方形可知，压块是由一个四棱柱（长方体）的基本形体切割而成的。具体分析如下：

1．分线框，识面形

① 如图 2-97（b）所示，对压块的俯视图中的梯形线框 P 进行分析，由“长对正”在主视图中找到其对应投影为斜线 p'，因此 P 面为正垂面，由“高平齐，宽相等”得到它的侧面投影 p''，p 和 p'' 都是 P 面的类似形。

② 如图 2-97（c）所示，对主视图中的七边形 q' 进行分析，在俯视图中没有等长的七边形与之对应，其水平投影只可能对应斜线 q，因此 Q 面是铅垂面，其侧面投影是两个类似的七边形 q''（朝向相同的在主视图中可见，朝向相反的在主视图中不可见）。

③ 如图 2-97（d）所示，对主视图中的长方形 r' 进行分析，在俯视图中找不到对应的类似形，其水平投影只可能是虚线 r，因此 R 面是正平面，其侧面投影是直线 r''。

④ 如图 2-97（e）所示，对主视图中的长方形 t' 进行分析，其水平投影只可能是直线 t，其侧面投影是直线 t''，故平面 T 是正平面。

同理，分线框，识面形。注意，压块前后对称。其余的表面请读者自行分析。

2．识交线，想形位

如图 2-97（f）所示，以 Q 面（七边形）的轮廓线 AB、AD、CD、CE、EF、FG、BG 为例，进行分析：直线 AB、CD 是铅垂面 Q 与正平面 R 和正平面 T 的交线，必定是铅垂线；EF是铅垂面Q与正垂面P的交线，必定是一般位置直线；同理，可分析出AD、CE、BG是水平线，FG是铅垂线。

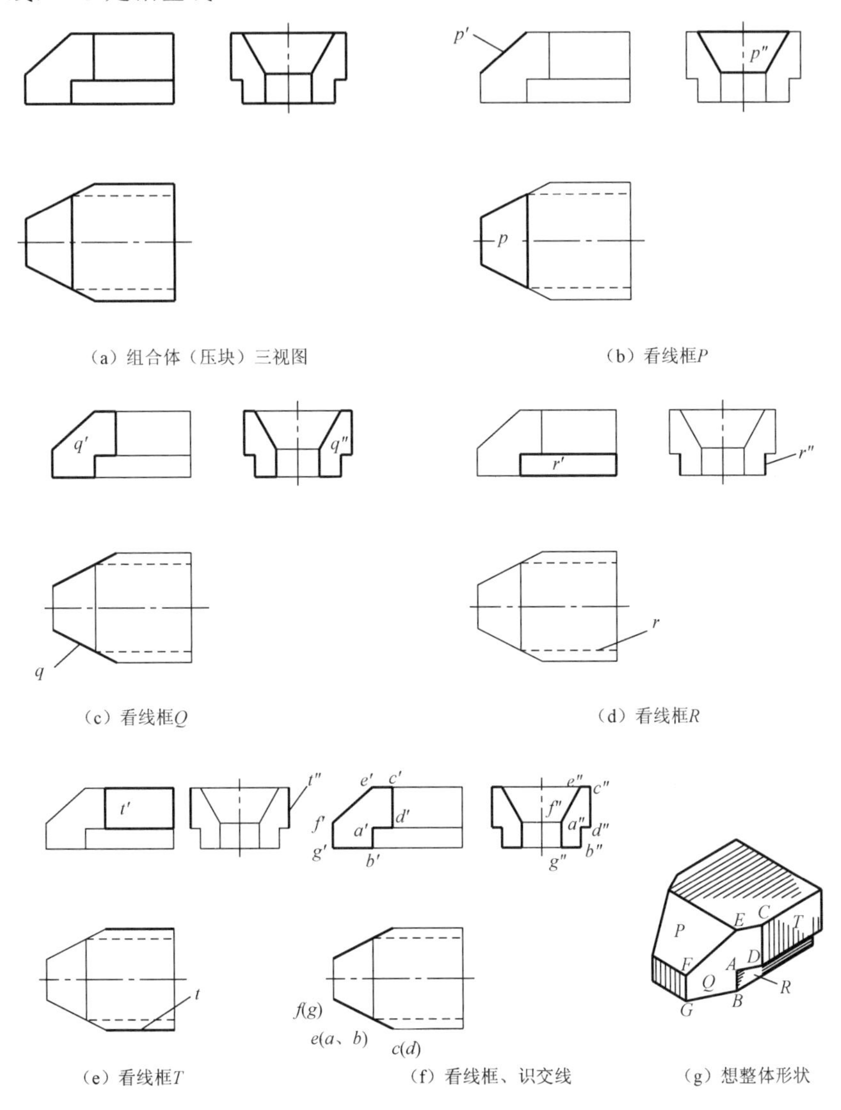

图 2-97 用线面分析法识读压块的三视图

3. 形位明，想整体

通过上面的分析，现在我们对压块各表面的结构形状与空间位置就都弄清楚了，综合起来构思，便可以想出压块的整体形状，如图 2-97（g）所示。

（三）知识链接与巩固

1. 线面分析法读图的基本知识

要善于利用面及其交线投影的性质（真实性、积聚性、类似性）。

（1）分线框，识面形

从面的角度分线框，对投影是为了识别面的形状及其对投影面的相对位置。读图时，先从三个视图中找类似形。所谓类似形是指对应的两线框边数相等、朝向相同（均可见或不可见时）或相反（一为可见、一为不可见时）的图形。没有类似形，就找其对应的线（包括直线和曲线）。

由直线和平面的投影知识可知以下投影规律：

若在三视图中出现“一框对两线”，则表示该面是投影面的平行面，其中线框反映了面的真实性，线反映了面的积聚性；出现“两框对一线”，则表示该面是投影面的垂直面，其中线框反映了面的类似性，线反映了面的积聚性；出现“三框相对应”，则表示该面是投影面的一般位置的面，线框反映了面的类似性。

如图 2-98（a）所示，物体为一切割型的组合体，其线框分析如下：

线框Ⅰ在主视图中的线框 1′，在俯、左视图上找不到与其对应的类似形线框，就改找直线 1、直线 1″与其对应，这样就表明线框Ⅰ是“一框对两线”，故为正平面。线框Ⅱ在俯视图中的线框 2，在主视图上找不到与其对应的类似形线框，就改找直线 2′与其对应，在左视图上找到与其对应的边数相等、朝向相同的类似形线框 2″（线框 2、2″均可见），这样就表明线框Ⅱ是“两框对一线”，故为正垂面。同样，可以分析出线框Ⅲ（3、3′、3″）为侧平面，线框Ⅳ（4、4′、4″）为侧垂面。其余各面由读者自行分析。

（2）识交线，想形位

分析完组合体的各面后，再从面与面的交线着手分析，进一步识别各个面的空间形状和空间相对位置。

（3）形位明，想整体

将以上对各面及其交线的空间形状和相对位置的分析结果综合起来，便可以想象出切割型的组合体的整体形状，如图 2-98（b）所示。

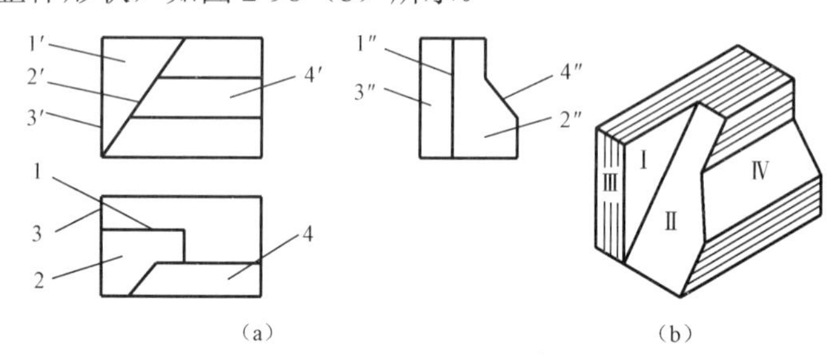

图 2-98 用线面分析法识读切割体的三视图

2. 读图的辅助方法

补图、补线是训练读图的一种辅助方法，是画图和读图的综合练习。它是建立在形体分析法和线面分析法看组合体视图的基础上的，体现了工程技术人员的综合审图能力。其一般方法和步骤为：按形体分析法或线面分析法来分析给定的视图，再在看懂已知视图的基础上，进一步分析各组成部分的结构形状和相对位置，然后确定出视图所表达的组合体的形状结构，最后根据投影关系补画出所缺的视图或视图中的缺线。

【例 2-3】 如图 2-99（a）所示，由架体的主、俯视图，想象出架体的整体形状，并补画出左视图。

解： 架体是由一个四棱柱切割而成的。可用线面分析法进行读图、画图。

① 看懂架体的主、俯视图，想象出其整体形状，如图 2-99（a）所示。

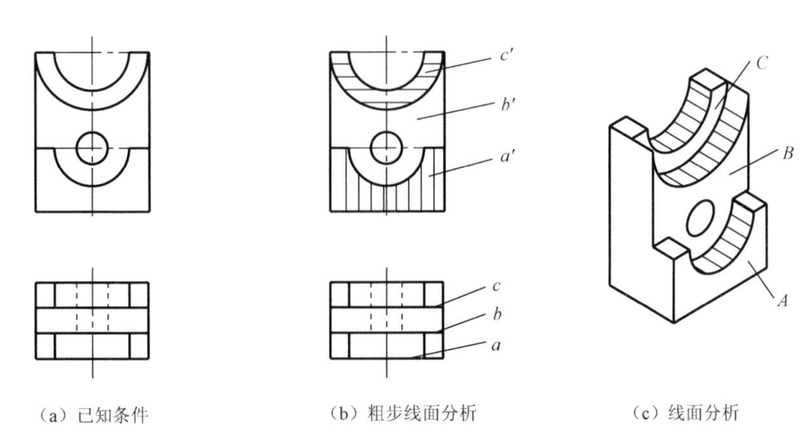

（a）已知条件　（b）粗步线面分析　（c）线面分析

图 2-99 由架体的主、俯视图想象其形状

先将主视图中的三个线框标识为 a'、b'、c'，并对照俯视图找出其对应的投影，它们分别是 a、b、c 三条水平线（没有类似形，都是直线）。按照它们的投影位置，对照主、俯视图，从而可将架体分成宽度相等的前、中、后三层：前层被切割成一个直径较小的半圆柱槽；中层被切割成一个直径较大的半圆柱槽；后层被切割成一个直径最小的圆柱形通孔。同时，架体在高度方向上又可分为上、中、下三层，并且由前至后，逐层变高。

经过上述分析，便可以想象出架体的形状，如图 2-99（c）所示。

② 补画左视图。其作图过程如图 2-100 所示。

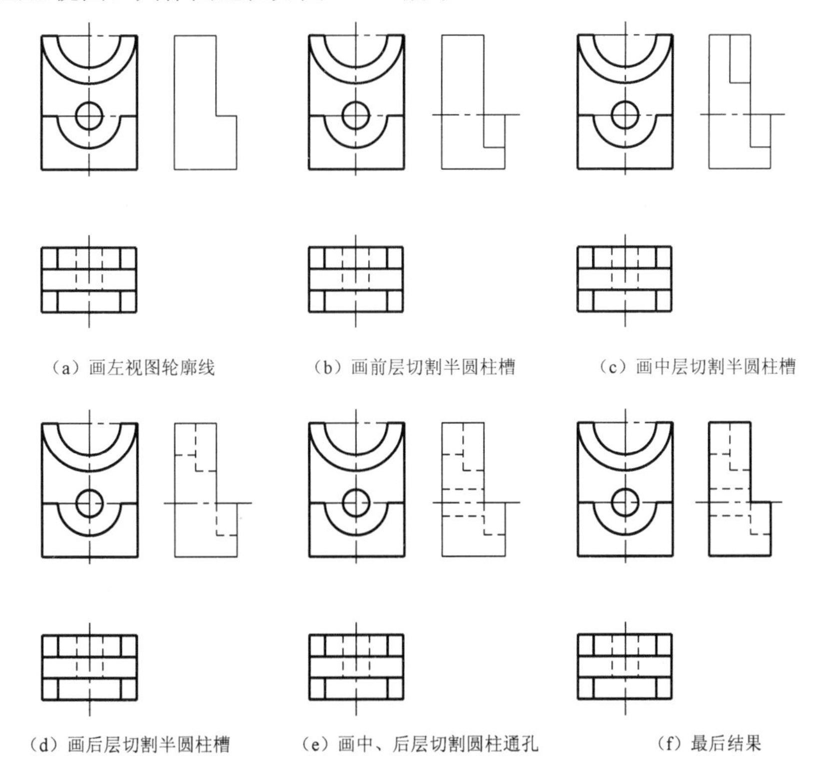

（a）画左视图轮廓线　（b）画前层切割半圆柱槽　（c）画中层切割半圆柱槽

（d）画后层切割半圆柱槽　（e）画中、后层切割圆柱通孔　（f）最后结果

图 2-100 补画架体左视图的过程

【例 2-4】 如图 2-101（a）所示，由支座的主、左视图，想象出支座的整体形状，并补画俯视图。

解： 由已知条件可知，支座是一个叠合及切割穿孔都有的综合式的组合体，可用形体分析法来读图、补图。其步骤如下。

① 看懂支座的主、左视图，想象出其基本形体及整体形状。

如图 2-101（a）所示，支座可分为直立圆柱筒、水平圆柱筒、肋板、底板四个部分。直立圆柱筒与水平圆柱筒垂直相贯，且它们的内孔也相贯通；直立圆柱筒外圆柱面与底板的顶面截交，与肋板的前后两侧面也截交，与底板的前、后端面相切；直立圆柱筒的底面与底板的底面平齐；肋板的底面与底板的顶面相接。

注意： 底板的前、后端面的形状可以如图 2-101 所示，是平面；也可能是一曲面，它与底板的左端圆柱面及直立圆柱筒外圆柱面都相切。

经过上述分析，就可以想象出支座的整体形状，如图 2-101（b）所示。

② 补画俯视图。其作图过程如图 2-101（c）～（g）所示。

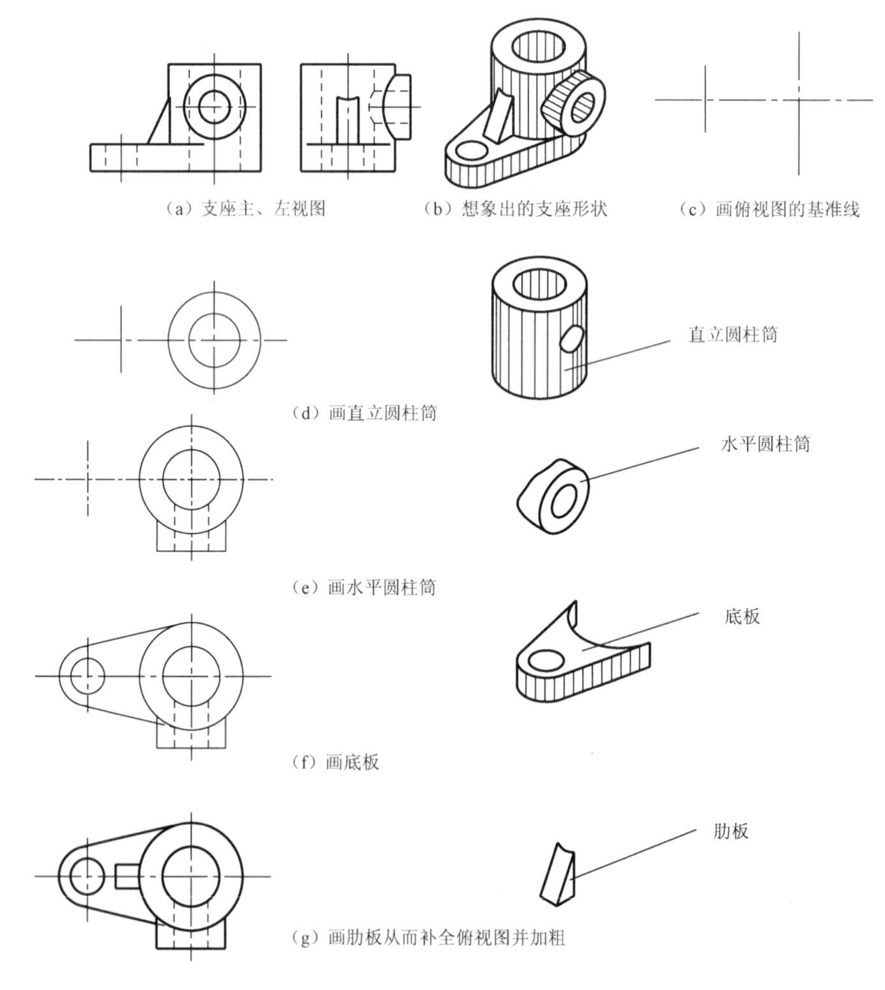

（a）支座主、左视图　（b）想象出的支座形状　（c）画俯视图的基准线

（d）画直立圆柱筒

（e）画水平圆柱筒

（f）画底板

（g）画肋板从而补全俯视图并加粗

图 2-101　补画支座俯视图的作图过程

【例 2-5】 如图 2-102（a）所示，已知组合体的主、左视图，补画其俯视图。

解：由已知条件可知，组合体是一个基本体为四棱柱（长方体），通过切割而形成的形体。其作图步骤如下。

① 看懂组合体的主、左视图，通过线面分析法想象其整体形状。

对图 2-102（a）分析可知：两侧垂面 P 对应主视图中封闭的十二边形线框 p'，与左视图中两直线 p'' 相对应，其俯视图必定是前后对称的两类似形 p；两正垂面 Q 对应左视图中的梯形线框 q''、主视图中两直线 q'，其俯视图必定是前后对称的两类似形 q；水平面 A、B、C、D，其俯视图是反映实形的线框 a、b、c、d，主、左视图积聚成直线 a'、b'、c'、d' 和 a''、b''、c''、d''，其大小由“长对正、宽相等”来确定。

综上分析，可以想象出组合体的形状，如图 2-102（b）所示。

② 补画俯视图。其作图过程如图 2-102（c）～（f）所示。

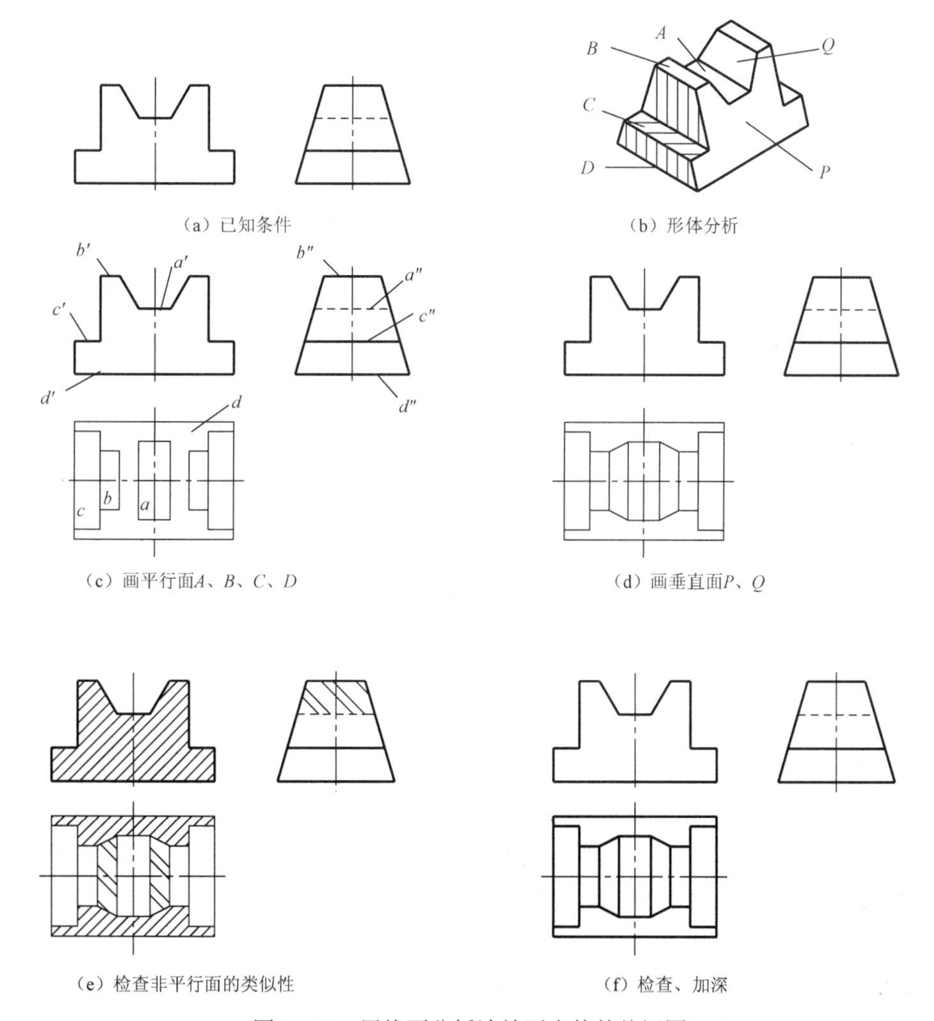

（a）已知条件　（b）形体分析　（c）画平行面 A、B、C、D　（d）画垂直面 P、Q　（e）检查非平行面的类似性　（f）检查、加深

图 2-102　用线面分析法补画座体的俯视图

课堂思考与练习：

1. 简述线面分析法的步骤及适用什么样的形体。
2. 比较形体分析法和线面分析法。

任务五　绘制和识读表达机件的视图

一、绘制机件的视图

知识点：

* 机件的基本视图表达方式；
* 机件的向视图表达方式；
* 机件的局部视图表达方式；
* 机件的斜视图表达方式。

技能点：

* 能够正确地识读机件的视图表达方式；
* 会选择正确、合理的视图表达方案进行机件结构的表达。

（一）任务描述

在绘制外部结构相对比较复杂机件的图样时，能根据机件的结构特点，选用适当的基本视图和向视图将机件的主要结构表达清楚；同时对于未表达清楚的局部结构和倾斜结构，能够采用局部视图和斜视图完整、清晰地表示出来。

任务示例：选择合理的视图表达方式将图 2-103（a）所示的机件结构表达清楚。

（二）任务执行

1. 分析机件的结构特点

机件的主体结构是一中空的棱柱体，其上有一 U 形凸台和一倾斜的侧板。

2. 选择视图表达方案

主体结构的表达一般考虑采用基本视图或向视图；U 形凸台考虑采用只表达局部结构的局部视图；对于倾斜的侧板，为了表达其真实形状考虑选用斜视图。

（1）选择基本视图

主视图是三个视图中最主要的视图，因此首先要选定主视图。从最能反映结构特点和相对位置的角度出发，考虑选择主视方向如图 2-103（a）所示，同时选择基本视图中的主视图和俯视图表达机件的主体结构，如图 2-103（b）所示。

（2）选择其他表达方式

机件左边 U 形凸台的形状并没有表达清楚，但又没有必要画出整个机件的左视图，此时选择沿箭头 *A* 向的局部视图只表达 U 形凸台的形状即可。

机件的右侧板是一倾斜结构，采用俯视图或左视图都不能反映其真实形状，因此图中不必画左视图，俯视图也考虑将此板折断。而采用斜视图沿箭头 *C* 所指的方向向与箭头垂直的斜投影面进行投射表达右侧板的真实形状。

综合考虑之后，机件的表达方案如图 2-103（b）所示。

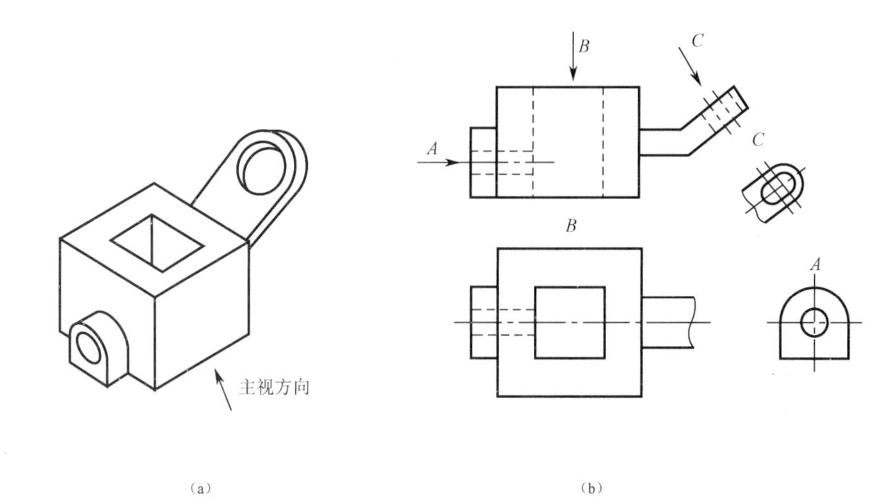

图 2-103 箱体的视图表达

（三）知识链接

1. 基本视图

（1）基本视图的形成

机件向基本投影面投射所得的视图称为基本视图。基本视图包括主视图、俯视图和左视图，仰视图、右视图和后视图，其形成过程如图 2-104 所示。

六个基本视图的形成过程如下。

主视图：从前向后投射。

俯视图：从上向下投射。

左视图：从左向右投射。

右视图：从右向左投射。

仰视图：从下向上投射。

后视图：从后向前投射。

六个基本视图的配置如图 2-105 所示。

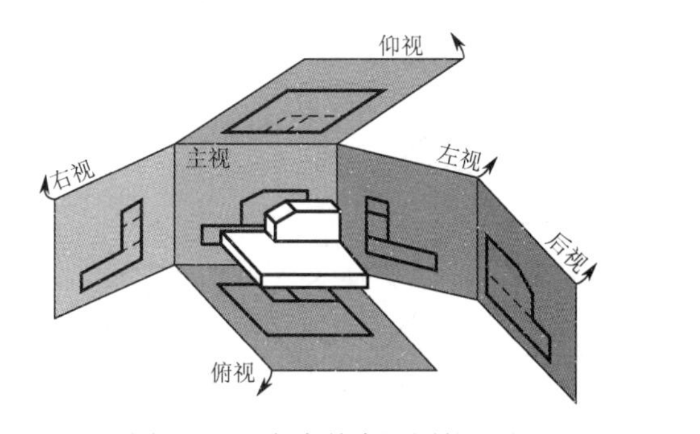

图 2-104 六个基本视图的形成

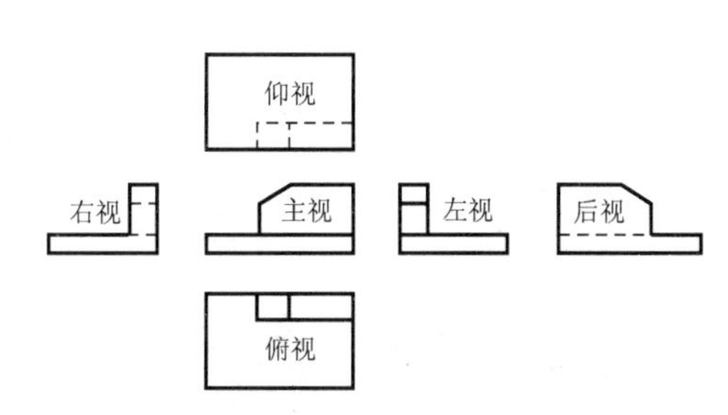

图 2-105 六个基本视图的配置

（2）基本视图间的投影关系

主、俯、仰、后视图保持“长对正”关系；主、左、右、后视图保持“高平齐”关系；左、右、俯、仰视图保持“宽相等”关系，如图 2-106 所示。

2. 向视图

（1）向视图是可以自由配置的视图

向视图除了按基本位置配置外，还可以自由配置，如图 2-107 所示为自由配置的示例。

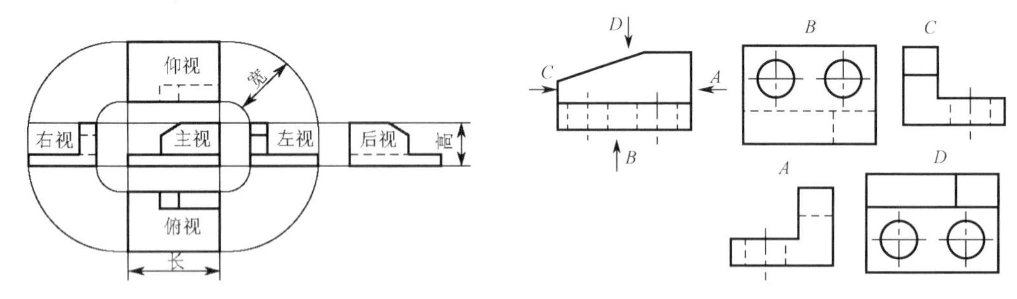

图 2-106　六个基本视图的投影和方位关系　　图 2-107　自由配置各视图

（2）向视图的标注方法

① 在向视图的上方标注字母，在相应视图附近用箭头指明投射方向，并标注相同的字母。

② 表示投射方向的箭头尽可能配置在主视图上，只有表示后视投射方向的箭头才配置在其他视图上。

3. 局部视图

只将机件的某一部分向基本投影面投射，所得视图称为局部视图，如图 2-108 中的 *A* 向和 *B* 向视图。

画局部视图时应注意：

① 用带字母的箭头指明要表达的部位和投射方向，并在所画的局部视图上注明名称。

② 局部视图的断裂边界用波浪线表示。当表示的局部结构是完整的且外轮廓封闭时，波浪线可省略。

③ 局部视图可按基本视图的配置形式配置，也可按向视图的配置形式配置。

4. 斜视图

斜视图是机件向不平行于基本投影面的平面（辅助投影面）投射所得的视图。斜视图主要用于表示机件上倾斜结构表面的真实形状，如图 2-109 所示。

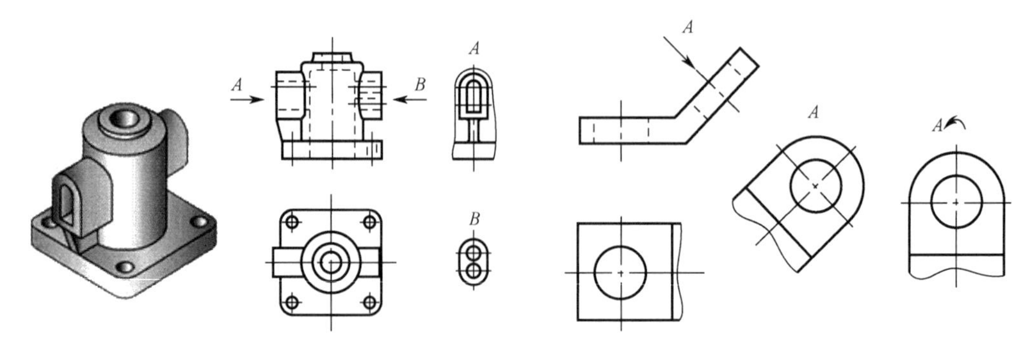

图 2-108　局部视图的配置和标注　　图 2-109　斜视图的形成

斜视图的配置及其标注方法如下。

① 斜视图通常按向视图的形式配置与标注。

② 不管斜视图中的图形如何斜置，但其用于表示名称的拉丁字母必须水平书写。

③ 必要时，允许将斜视图旋转配置，其标注方法如图 2-109 所示，箭头指向旋转的方向。

课堂思考与练习：

1. 基本视图有几个？怎样配置？相应的视图名称是什么？
2. 简述向视图、局部视图、斜视图的画法和标注。

二、绘制机件的剖视图

知识点：

* 机件的剖视图基础;
* 机件的全剖视图表达方式;
* 机件的半剖视图表达方式;
* 机件的局部剖视图表达方式。

技能点：

* 能够正确地识读机件的视图表达方式;
* 会选择正确、合理的剖视图表达方案进行机件结构的表达。

（一）任务描述

在绘制内部结构相对比较复杂机件的图样时，能根据机件的结构特点，选用适当的剖视图将机件的结构形状完整、清晰地表达出来。

任务示例：选择合理的剖视图表达方式将如图 2-110（a）所示的机件结构表达清楚。

（二）任务执行

1. 分析机件的结构特点

① 与外部结构相比，内部结构更复杂一些，为了表达清楚结构特点应采用剖视图。

② 机件前后对称，左右不对称。

2. 选择表达方式

① 机件左右不对称，而且内部有很多虚线，考虑采用全剖的主视图将内部的孔以及孔与孔的相对位置表达清楚。

② 机件前后对称，考虑俯视图采用半剖，一半画剖视表达左边蝶形板与机件主结构的内部连接关系，一半画外形表达蝶形板、连接板与机件主结构的相对位置关系。

③ 另外，还得保留 *A* 向局部视图，表达左边侧板的真实形状。

综合考虑之后，机件的合理表达方案如图 2-110（b）所示。

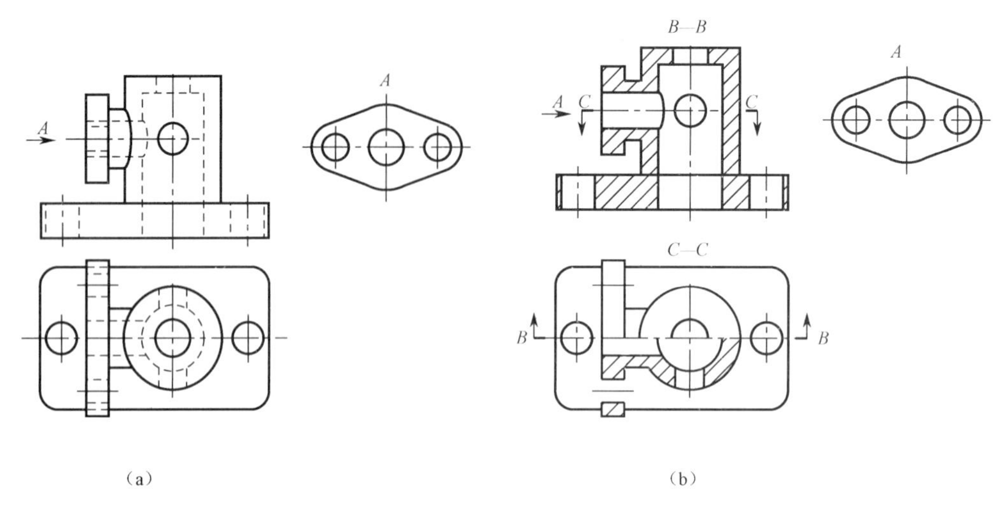

（a）　　（b）

图 2-110　壳体的表达

（三）知识链接

1. 剖视图的基础知识

剖视图是指假想用剖切平面剖开机件，将处在观察者和剖切平面之间的部分移去，而将其余部分向投影面投射所得的图形，剖视图简称为剖视。

（1）剖视图的形成

如图 2-111（a）所示，用过机件前后对称平面的剖切平面剖开机件，将其前半部分移去，其后半部分向 V 面投射，即将其主视图画成剖视图，表达方案如图 2-111（b）所示。

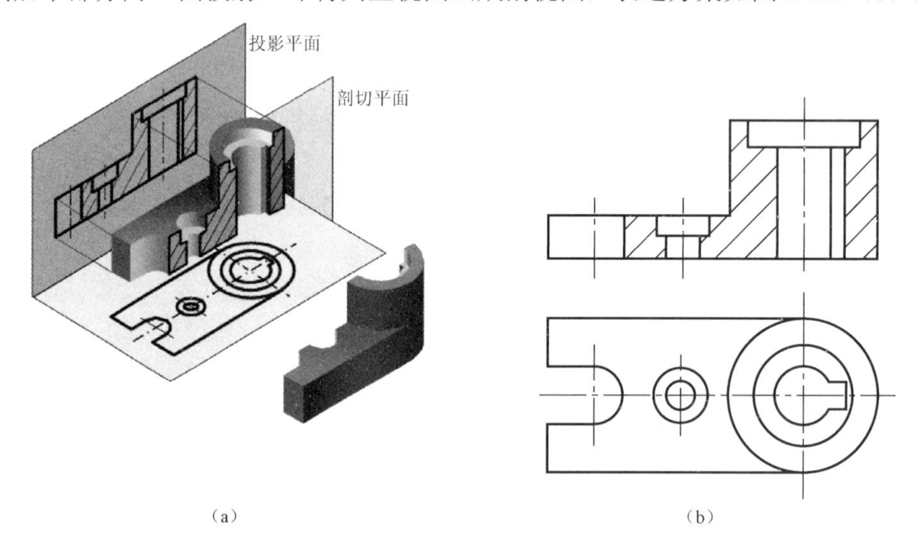

（a）　　（b）

图 2-111　剖视图的形成过程

（2）剖面区域的表示方法

假想用剖切平面剖开机件后，剖切平面与机件的接触部分，称为剖面区域，即被剖切到的实体区域。为了表示机件被剖切的情况，剖面区域内应画剖面符号，不同类别材料的剖面符号表示法见表 2-19。

表 2-19 常用剖面符号（摘自 GB/T 17453—1998）

材料名称	剖面符号	材料名称	剖面符号
金属材料（已有规定剖面符号者除外）		砖	
线圈绕组元件		玻璃及供观察用的其他透明材料	
转子、电枢、变压器和电抗器等的叠钢片		液体	
型砂、填砂、粉末冶金、砂轮、陶瓷刀片、硬质合金刀片		非金属材料（已有规定剖面符号者除外）	

一般地，对于同一机件的各个视图，其剖面符号的间隔和倾斜方向应相同。

金属材料的剖面符号用一组间隔均匀的平行细实线表示，也称为剖面线。剖面线一般画成与水平方向成 45° 角的倾斜细实线。

如图 2-112 所示，当图形的主要轮廓线与水平方向成 45° 角或接近 45° 角时，该图剖面线应画成与水平方向成 30° 或 60° 角，其倾斜方向仍应与其他视图的剖面线一致。

（3）画剖视图应注意的问题

① 为清楚表达机件内形，应使剖切平面尽量通过机件较多的内部结构（孔、槽等）的轴线、对称面。

② 剖切平面是假想的，因此当机件的某一个视图画成剖视图后，其他视图仍应完整地画出，图 2-113 中的俯视图只画出一半是错误的。

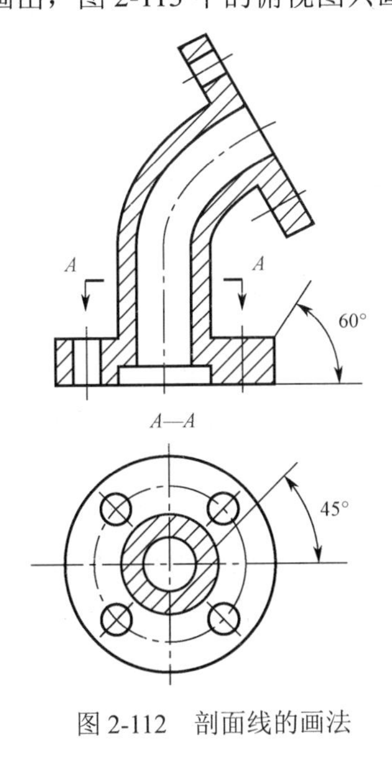

图 2-112 剖面线的画法

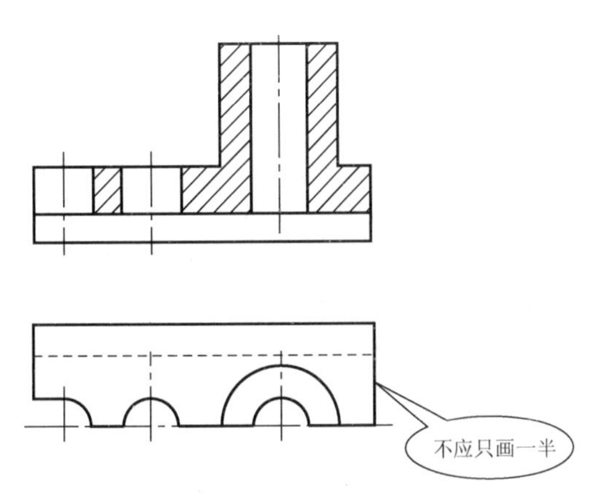

图 2-113 剖视图的错误画法（一）

③ 剖切平面后方的可见轮廓线应全部画出，图 2-114 中的主视图漏画了可见轮廓线。

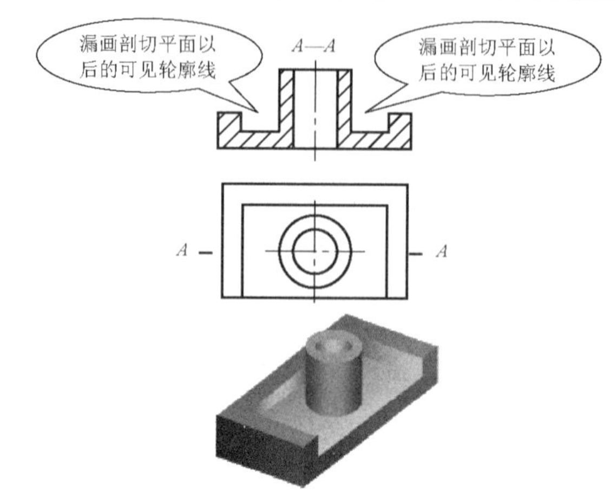

图 2-114 剖视图的错误画法（二）

④ 在剖视图中，一般应省略虚线。只有当不足以表达清楚机件的形状时，为了节省一个视图，才在剖视图上画出虚线。

（4）剖视图的标注

① 一般应在剖视图的上方标注剖视图的名称“×—×”（×为大写的拉丁字母），在相应的视图上用剖切符号（粗短画）表示剖切位置，在起始、终止处剖切符号的外侧画上与剖切符号垂直的箭头表示投影方向，并标出相同的字母，如图 2-110 中 *B—B*、*C—C* 剖视。剖切符号尽量不与图形的轮廓线相交，字母一律水平书写。

② 剖视图按投影关系配置，中间没有其他图形隔开时，可省略箭头，图 2-110 中的箭头即可省略。

③ 当单一剖切平面通过机件的对称面或基本对称面，且剖视图按投影关系配置，中间没有其他图形隔开时，不必标注，如图 2-111（b）所示。

2. 剖视图的种类

（1）全剖视图

用剖切平面完全地剖开机件所得的剖视图，称为全剖视图，如图 2-110 中的主视图和图 2-111 中的主视图。其标注的原则同前所述。

全剖视图主要用来表达外形简单、内形结构较复杂的不对称机件。

（2）半剖视图

当机件具有对称平面时，用剖切平面剖开机件的一半，以对称中心线为界，一半画成剖视图，另一半画成视图，这种剖视图称为半剖视图，如图 2-115 所示。半剖视图既可表达机件的内部结构形状，又可兼顾表达机件的外部结构形状。

如图 2-115 所示机件的内外形具有前后、左右都对称的特点，如果主视图采用全剖视图，则凸台不能表达。如果俯视图采用全剖视图，则顶板的形状及四个小孔的位置也不能表达。为了同时表达机件的内外结构，采用图 2-115 所示的剖切方法，将主视图和俯视图都画成半剖视图。

半剖视图的标注规则与全剖视图相同。

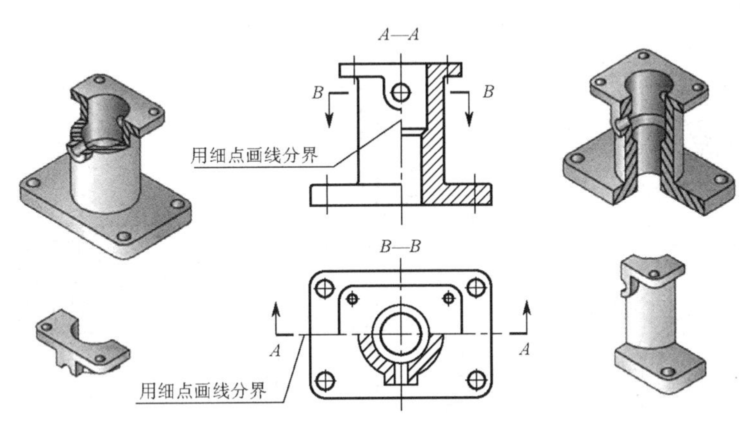

图 2-115 半剖视图的画法

画半剖视图时要注意：

① 半个视图和半个剖视图的分界线是细点画线，不是粗实线。

② 因为图形对称，机件的内部结构形状已在半个剖视图中表达清楚，故在半个视图中可省略虚线。

③ 半剖视图主要用来表达内形结构复杂的完全对称机件，当机件的结构形状接近于对称，且不对称的部分已在其他图形中表达清楚时，也可采用半剖视图。

④ 当对称机件的轮廓线与中心线重合时，不宜采用半剖视图，如图 2-118 所示。

（3）局部剖视图

用剖切平面局部地剖开机件所得到的剖视图称为局部剖视图，如图 2-116 所示。

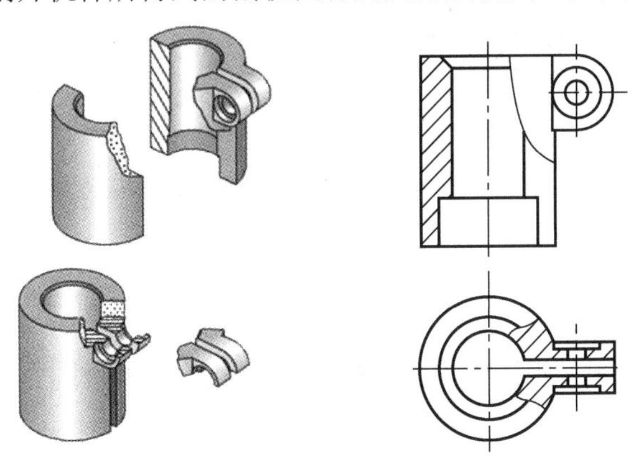

图 2-116 局部剖视图的画法

局部剖视图一般省略标注。

局部剖视图是一种内外形状兼顾的剖视图，且不受机件是否对称的限制，其剖切位置和剖切范围可根据表达需要来确定，是一种比较灵活的表达方法，适用范围较广。

画局部剖视图时要注意：

① 局部剖视图要用波浪线与视图分界。

② 波浪线不允许与其他图线重合，如图 2-117 所示。

③ 波浪线不能穿过中空处，也不能超出视图的轮廓线，如图 2-117 所示。

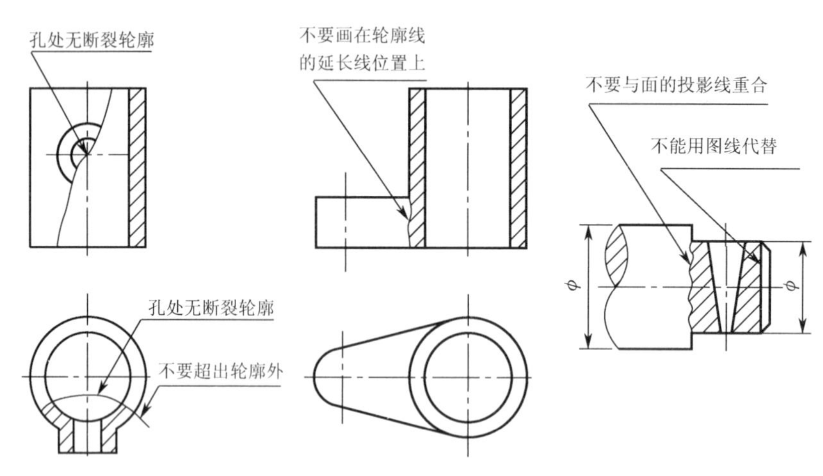

图 2-117 局部剖视图的画法错误

④ 机件的对称面上有粗实线时不能使用半剖视图，而应采用局部剖视图，如图 2-118 所示。

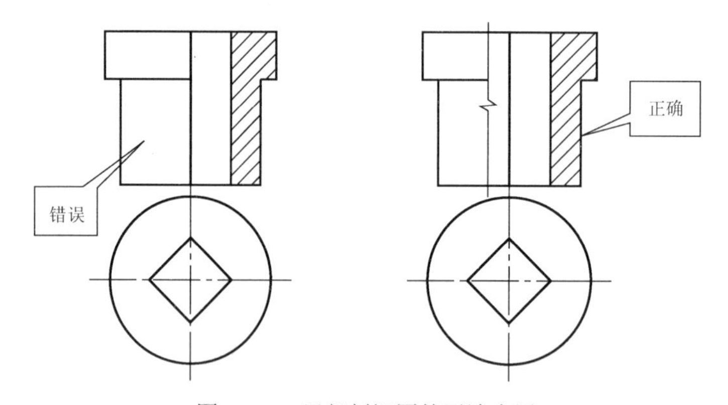

图 2-118 局部剖视图的画法应用

课堂思考与练习：

1. 剖视图分几种？怎样选用？
2. 选择零件练习剖视图中的波浪线的画法及剖视图标注。

三、识读法兰盘的视图

知识点：

* 机件的单一剖表达方式；
* 机件的阶梯剖表达方式；
* 机件的旋转剖表达方式。

技能点：

* 能够正确地识读机件的剖视表达方式；
* 会选择正确、合理的剖切平面表达方案进行机件结构的表达。

（一）任务描述

在识读内部结构相对比较复杂机件的图样时，能根据机件的表达方案正确地进行机件结构的分析；也能根据机件的结构特点，选用合理的剖切平面将机件的结构形状完整、清晰地表达出来。

任务示例：识读图 2-119（a）所示的法兰盘的剖视图表达方案，并分析其结构形状。

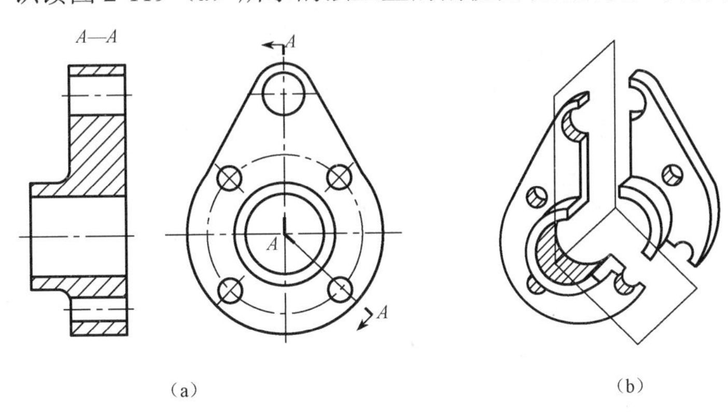

图 2-119　法兰盘

（二）任务执行

1. 分析法兰盘的视图表达方案

通过分析图 2-119（a）可知，法兰盘的表达方案中采用了两个视图：主视图采用 *A*—*A* 旋转剖，两相交剖切平面的交线与下部大孔的中心线重合，左视图采用基本视图。

2. 分析法兰盘的结构形状

根据已知的视图来分析机件的结构形状时，应首先从最能反映其结构特征和相对位置的视图入手。在本任务中左视图更能反映机件结构特征和相对位置，因此从左视图入手。

（1）分析左视图

① 结构特点：通过分析左视图可以看出，法兰盘的主体结构是一盘形结构，其内部共有三种孔，即最顶部有一小孔，下部中心处有一大孔，下部还均布四个小孔。

② 各部分结构的位置关系：由左视图可以确定法兰盘上四个均布小孔的位置和各大孔的相对位置。

存在问题：各孔的深度和外部结构的长度尚未得知。

（2）分析主视图

结合存在的问题，观察分析主视图，各孔的深度和外部结构的长度结构就一目了然。通过综合分析可得，法兰盘的结构形状和剖切方法如图 2-119（a）所示。

（三）知识链接

根据机件的结构特点，可选择以下剖切平面剖开机件：

① 单一剖切平面。

② 几个平行的剖切平面。

③ 几个相交的剖切平面（交线垂直于某一投影面）。

1. 单一剖切平面

① 平行于某一基本投影面的剖切平面，上一单元所介绍的全剖、半剖、局部剖视图都属于单一剖切平面的剖切。

② 不平行于任何基本投影面的剖切平面（斜剖切平面），如图 2-120 所示。

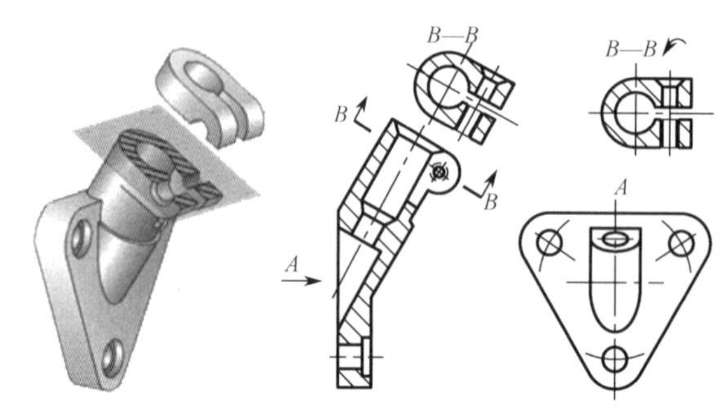

图 2-120 斜剖视图的画法

采用斜剖切平面所画的视图称为斜剖视，其配置和标注方法如图 2-120 所示。必要时，允许将斜剖视旋转配置，但必须在剖视图上方标出旋转符号，剖视图名称应靠近旋转符号的箭头端。

2. 几个平行的剖切平面

几个平行的剖切平面是指两个或两个以上互相平行的平面，它们可以是投影面的平行面，也可以是投影面的垂直面。用几个平行的投影面的平行面剖开机件的方法，通常被简称为“阶梯剖”，如图 2-121 所示。

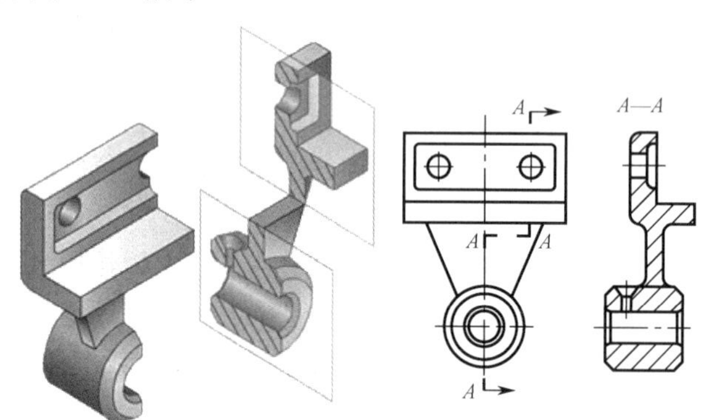

图 2-121 阶梯剖视图的画法

如图 2-121 所示的机件有两种不同形状、大小的孔和槽，它们的中心又不在同一平面内，采用一个剖切平面不能同时将这些孔和槽剖开。在这种情况下，考虑按图 2-121 所示，采用两个互相平行的剖切平面，分别通过孔的中心线剖开机件然后投射到投影面上，便得到图 2-121 所示的 *A—A* 阶梯剖视图。

阶梯剖的标注，必须在剖切平面的起、迄和转折处，用相同的字母及剖切符号表示剖切位置，用箭头表示投影方向，并在相应的剖视图上方标出 “×—×”，如图 2-121 所示。

阶梯剖视图主要应用于内部的孔、槽及空腔等结构不在同一平面内，但它们的中心线相互平行的机件中。

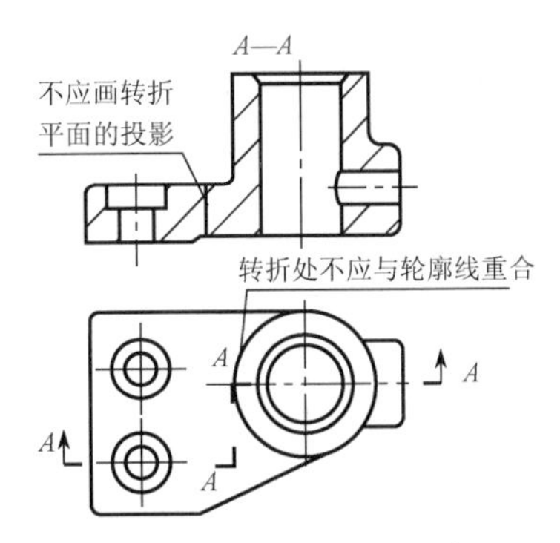

图 2-122　阶梯剖的错误画法（一）

采用阶梯剖画剖视图时应注意：

① 两剖切平面的转折处不应与图上的轮廓线重合，如图 2-122 所示。

② 两个剖切平面转折处的转折平面投影不应画出，如图 2-122 所示。

③ 在剖视图内不能出现不完整要素，如采用图 2-123 所示的阶梯剖则导致剖视图中出现了不完整的要素。

④ 当两个要素在图形上有公共对称中心线或轴线时，可以对称中心线或轴线为界各画一半，如图 2-124 所示。

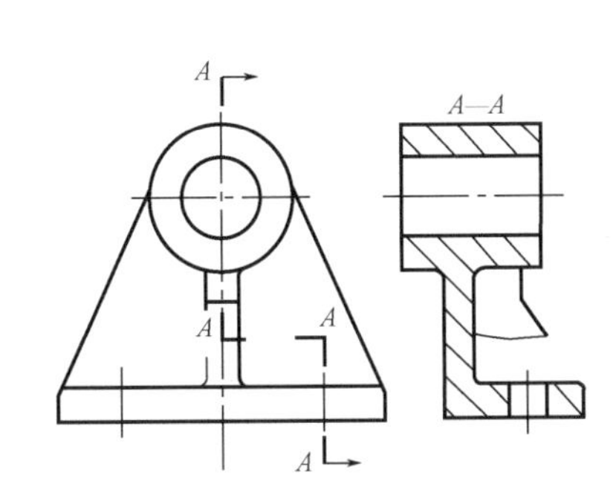

图 2-123　阶梯剖的错误画法（二）

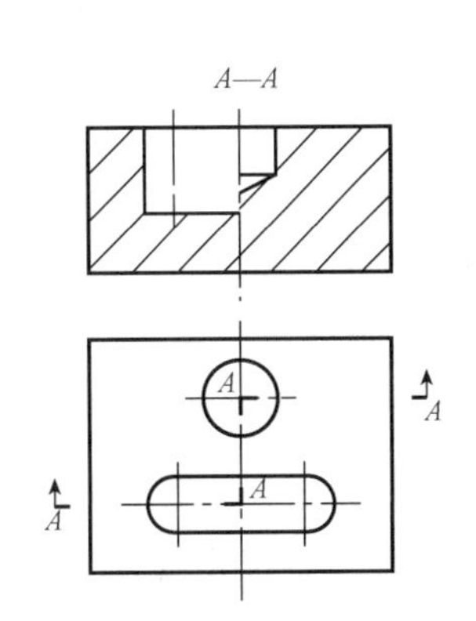

图 2-124　各剖一半的阶梯剖

3. 两个相交的剖切平面

假想用两个相交的剖切平面剖开机件的方法称为旋转剖，如图 2-125 所示。

旋转剖的标注规则与阶梯剖相同。

旋转剖主要用于表达孔、槽等内部结构形状不在同一剖切平面内，但又具有公共回转轴线的机件。

采用旋转剖画剖视图时应注意：

① 两剖切平面的交线一般应与机件的轴线重合，如图 2-125 所示。

② 被倾斜的剖切平面剖开的结构，应绕交线旋转到与选定的投影面平行后再进行投影，即“先剖切后旋转再投影”的画法。但是位于剖切平面后的其他结构，仍按原来位置投射，如图 2-125 所示机件下部的小圆孔，其在 *A—A* 旋转剖中仍按原来位置投射画出。

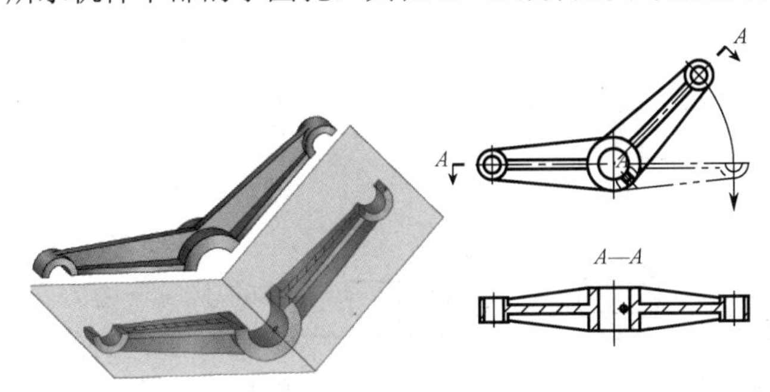

图 2-125　旋转剖视图的画法

4. 多个相交或平行的剖切平面

假想用多个相交的剖切平面剖开机件的方法称为复合剖，如图 2-126 所示。

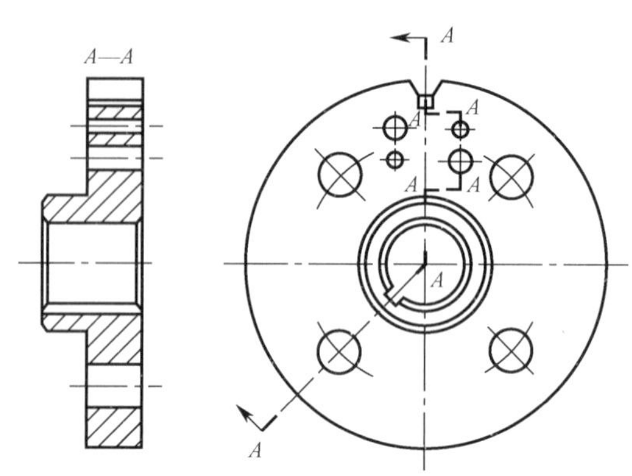

图 2-126　复合剖视图的画法

课堂思考与练习：

1. 简述阶梯剖、旋转剖和复合剖的概念及其应用条件。
2. 简述采用阶梯剖、旋转剖绘图时应注意的事项。

四、识读键轴的视图

知识点：

* 机件的断面图表达方式；
* 机件的局部放大表达方式。

技能点：

* 能够正确地识读机件的断面图和局部放大表达方式；
* 会选择正确、合理的断面图和局部放大进行机件结构的表达。

（一）任务描述

在识读主要由共轴线的回转体构成的机件的图样时，能根据机件的表达方案正确地进行机件上中心孔、螺纹、键槽、销孔、倒角、退刀槽等结构的分析；也能根据机件的结构特点，选用合理的视图、断面图、局部放大，将机件的结构形状完整、清晰地表达出来。

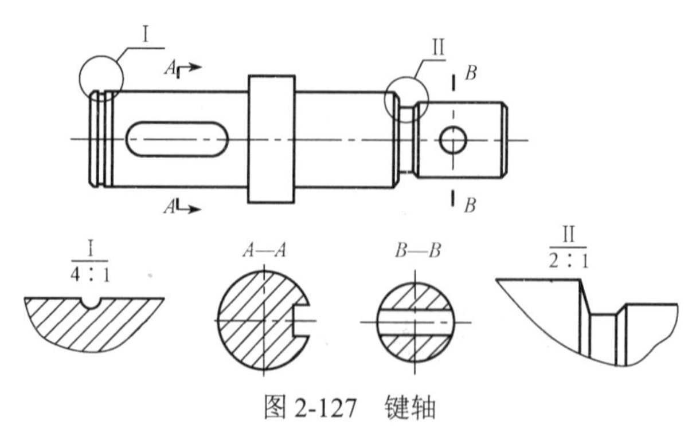

图 2-127　键轴

任务示例：识读图 2-127 所示键轴的视图表达方案，尤其要弄清楚对轴上键槽、销孔、退刀槽、局部狭小结构的表达方式及其结构特点。

（二）任务执行

1. 分析键轴的视图表达方案

通过分析图 2-127 可知，键轴的表达方案中采用了三种表达方式：主视图采用基本视图，*A*—*A* 和 *B*—*B* 采用移出断面图，Ⅰ和Ⅱ两处采用局部放大。

2. 分析键轴的结构

1）分析主视图

（1）结构特点

通过分析主视图可以看出，键轴主要由共轴的回转体构成，其上有键槽、销孔、退刀槽、倒角等结构。

（2）各部分结构的位置关系

由主视图可以确定键轴上各轴段和各键槽、销孔、退刀槽、倒角等结构的相对位置。

存在问题：

① 键槽、孔结构的深度尚未得知；

② 狭小结构（如退刀槽）的表达不太清楚。

2）分析其他表达方式

结合存在的问题，观察分析机件的其他表达方式：键槽的深度可从 *A*—*A* 移出断面图中清楚地得知；销孔结构的深度可由 *B*—*B* 移出断面图得知；对表达不太清楚的狭小结构图中采用了两处局部放大。各部分的结构特点和相对位置都一一解决。

通过综合分析可得，键轴的结构形状和剖切方法如图 2-128 所示。

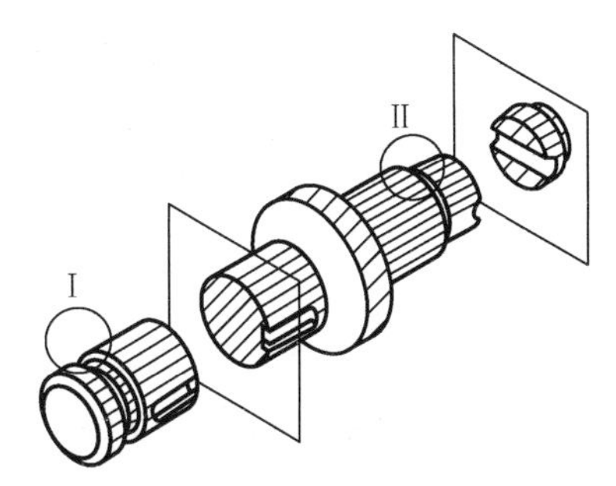

图 2-128 键轴的剖切面

（三）知识链接

1. 断面图

断面图是指假想用剖切平面将机件的某处切断，仅画出该剖切平面与机件接触部分的图形。断面图也可简称为断面，如图 2-129 所示。

断面图与剖视图的区别：

断面图只画出剖切平面和机件相交部分的断面形状；剖视图必须把断面和断面后可见的轮廓线都画出来，如图 2-129（b）所示。

根据断面图配置的位置，断面图可分为两类：重合断面图和移出断面图。

1）移出断面图

（1）移出断面图的画法

① 移出断面图的图形应画在机件切断处视图之外，轮廓线用粗实线绘制，如图 2-130 所示。

② 剖切平面通过回转面形成的孔或凹坑的轴线时应按剖视画，如图 2-130 中的 *A*—*A* 和 *B*—*B* 移出断面图。

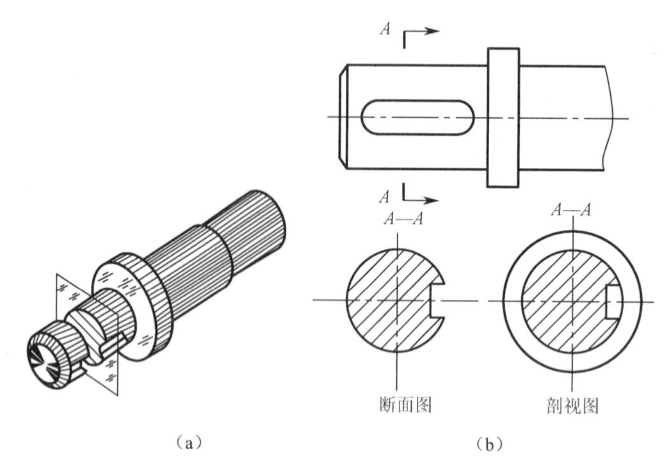

图 2-129　断面图的画法

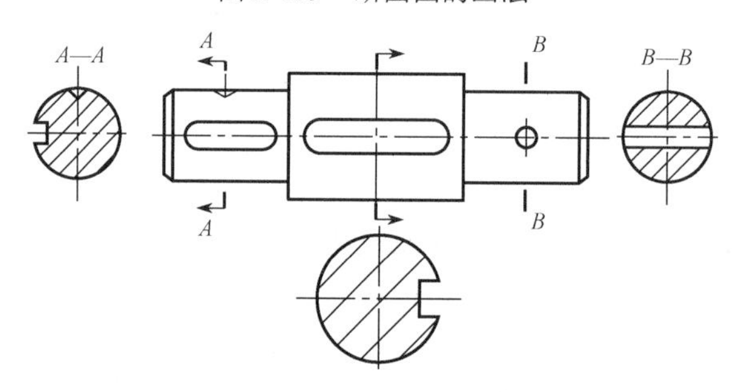

图 2-130　移出断面图

③ 当剖切平面通过非圆孔，会导致出现完全分离的两个断面时，这些结构也应按剖视画，如图 2-131 所示。

④ 两个或多个相交的剖切平面剖开机件后，所得的移出断面图一般应断开，如图 2-132 所示。

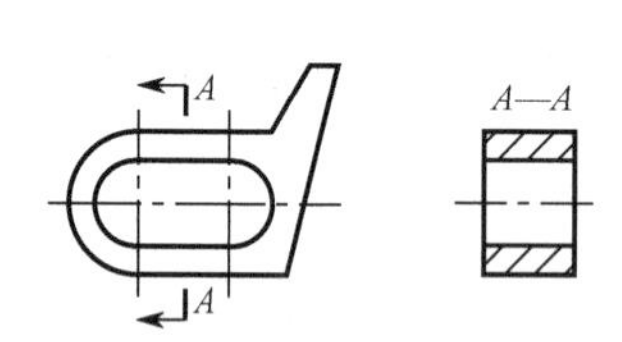

图 2-131　按剖视画出的断面图

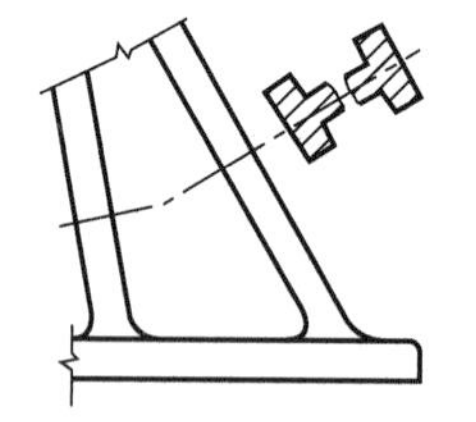

图 2-132　应与轮廓线垂直剖切画断面

⑤ 当剖切平面通过非圆孔，会导致出现完全分离的两个断面时，这些结构也应按剖视绘制，画成封闭的。在不致引起误解时，允许将断面图旋转，如图 2-133 中的“⤵*A*—*A*”。

（2）移出断面图的标注

① 一般应在断面图的上方标注断面图的名称“×—×”（×为大写的拉丁字母），在相应的视图上用剖切符号表示剖切的位置和投影方向，并标出相同的字母，如图 2-130 中的 *A*—*A* 断面。

② 配置在剖切符号延长线上的移出断面图，可省略字母，如图 2-130 所示。

③ 按投影关系配置的不对称移出断面图，可省略箭头，图 2-130 中的 *A—A* 断面标注时可省略箭头。

④ 对称图形的移出断面图，可省略箭头，如图 2-130 中的 *B—B* 断面图。

⑤ 配置在剖切线延长线上的对称移出断面图，可省略全部标注，如图 2-134 所示。

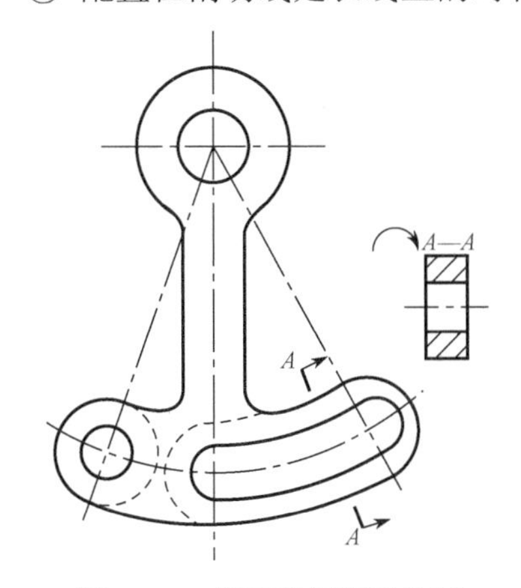

图 2-133　断面按剖视图绘制

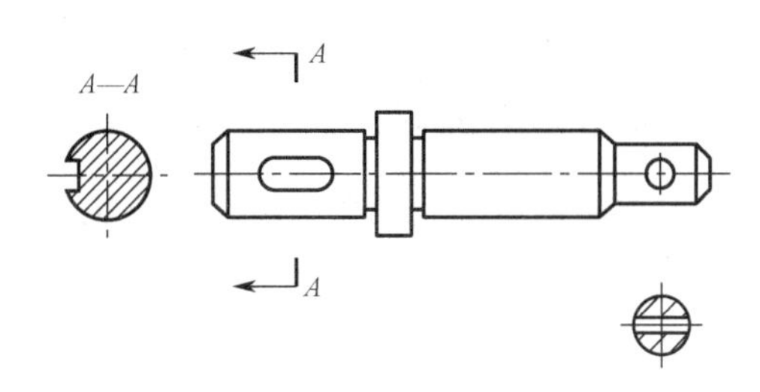

图 2-134　省略全部标注的断面

2）重合断面图的画法

重合断面图的图形画在机件切断处视图之内，断面图轮廓用细实线绘制。

当视图中的轮廓线与断面图的图线重合时，视图中的轮廓线仍应连续画出，如图 2-135 所示。当重合断面与视图中轮廓线重合时，视图的轮廓线应连续画出，不得间断。

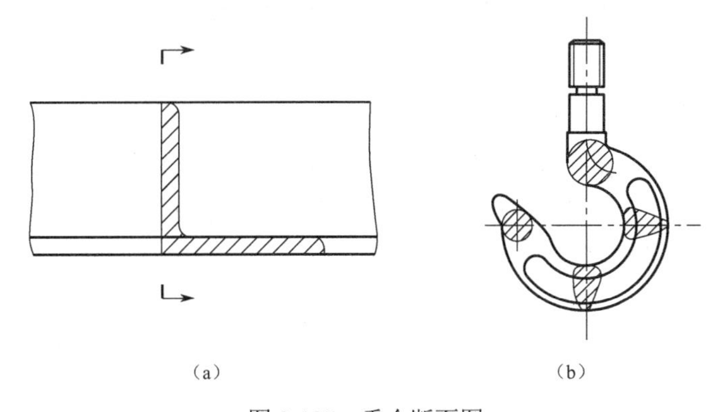

（a）　　（b）

图 2-135　重合断面图

2. 局部放大图

当机件上一些细小的结构在视图中表达不够清晰，又不便标注尺寸时，可用大于原图形的比例单独画出这些结构的图形，称为局部放大图。局部放大图可画成视图、剖视图或断面图，如图 2-136 所示。

局部放大图应尽量配置在被放大部分的附近，用细实线圈出被放大的部位。当同一机件上有几处被放大的部位时，必须用罗马数字依次标明被放大的部位，并在局部放大图的上方标注出相应的罗马数字和采用的比例；此几处放大可以采用不同的放大比例。当机件上只有一处被放大的部位时，在局部放大图的上方只需注明所采用的比例即可。

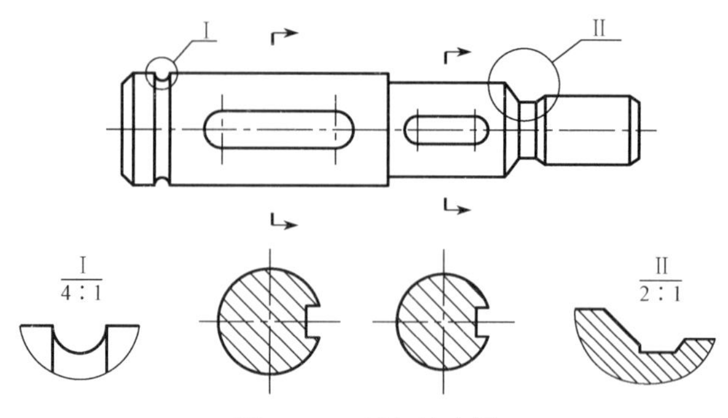

图 2-136　局部放大图

课堂思考与练习：

1．轴类机件一般采用何种表达方法？
2．简述断面的作用、应用场合及其配置。

五、识读轴的视图

知识点：

* 机件的简化画法表达方式。

技能点：

* 能够正确地识读机件的各种简化画法表达方式；
* 会选择正确、合理的简化画法进行机件结构的表达。

（一）任务描述

在识读主要由共轴线的回转体构成的机件的图样时，能根据机件的表达方案正确地进行轴上各部分结构的分析；也能根据机件的结构特点，选用合理的视图和简化表达方式将轴的结构形状完整、清晰地表达出来。

任务示例：识读图 2-137 所示轴的视图表达方案，尤其要弄清楚对轴上结构表达时所采用的简化画法。

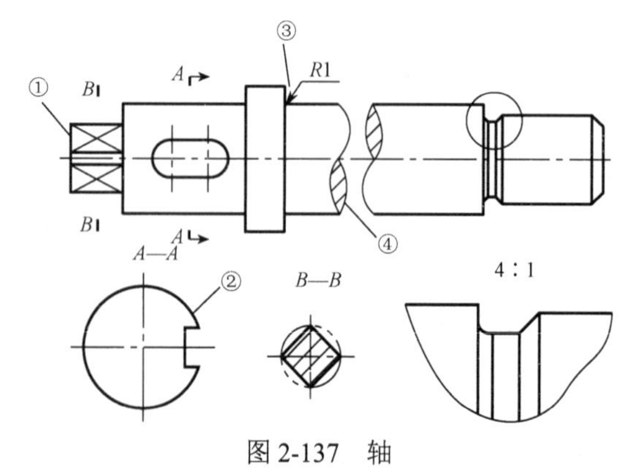

图 2-137　轴

（二）任务执行

1. 分析轴的视图表达方案

通过分析图 2-137 可知，轴的表达方案中采用了四种表达方式：主视图采用基本视图，*A*—*A* 和 *B*—*B* 采用移出断面图，一处采用局部放大，四处采用简化画法（图中①、②、③、④所示）。

2. 轴的结构

（1）分析主视图

通过分析主视图可以看出，轴主要由共轴的回转体构成，其上有键槽、扁形轴段、退刀槽、倒角等结构，以及各部分结构的位置关系。

主视图中采用了简化画法①来表达扁形轴段的结构；采用简化画法③来表达较小的倒角结构；采用了简化画法④来表达较长且有规律变化轴段的断裂画法。

存在问题：

① 键槽结构的深度尚未得知；

② 狭小结构（如退刀槽）的表达不太清楚；

③ 扁形轴段的截面结构也没有表达出来。

（2）分析其他表达方式

结合存在的问题，观察分析轴的其他表达方式：在 *A*—*A* 移出断面图中清楚地表达了键槽的深度，同时 *A*—*A* 采用了省略剖面符号的简化画法；图中采用了一处放大比例为4∶1的局部放大来表达主视图未表达清楚的退刀槽结构；由 *B*—*B* 移出断面图可知扁形轴段的截面结构为四边形。至此，轴及其各部分的结构特点和相对位置都一一解决。

（三）知识链接

1. 断裂画法

对于较长的机件（如轴、连杆、筒、管、型材等），若沿长度方向的形状一致或按一定规律变化，为节省图纸和画图方便，可将其断开后缩短绘制，但要标注机件的实际尺寸。断裂处一般用波浪线或双折线表示，如图 2-138（a），（b）所示；对于实心轴可按图 2-138（c）绘制。

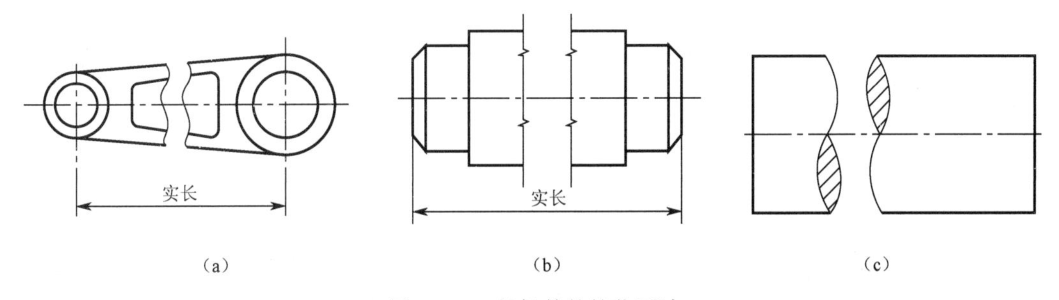

图 2-138 长机件的简化画法

2. 肋板、轮辐及薄壁的规定画法

对于机件的肋板、轮辐及薄壁等，如按纵向剖切，这些结构均按不剖画，而用粗实线将剖切部分与其邻接部分分开；如横向剖切，应按剖视画出，如图 2-139 所示。

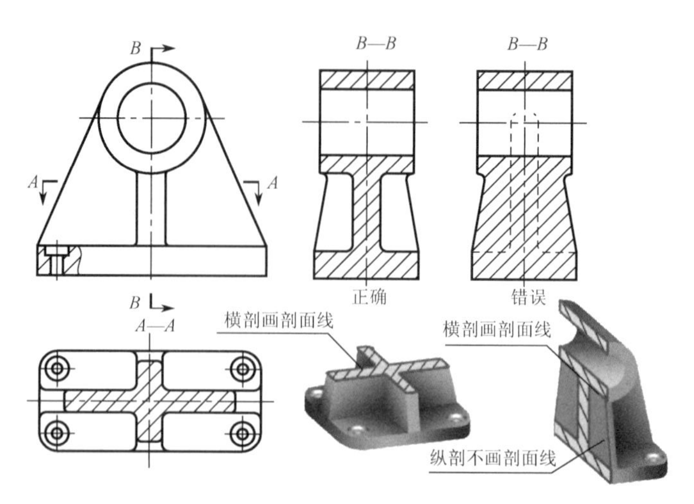

图 2-139　肋板剖切的画法

3. 回转体上均布的肋板及孔的画法

当回转体上均匀分布的肋、轮辐、孔等结构不处于剖切平面上时，可将这些结构旋转到剖切平面上，按剖到画出，且不加任何标注，如图 2-140 所示。圆柱形法兰上均匀分布孔的画法如图 2-141 所示。

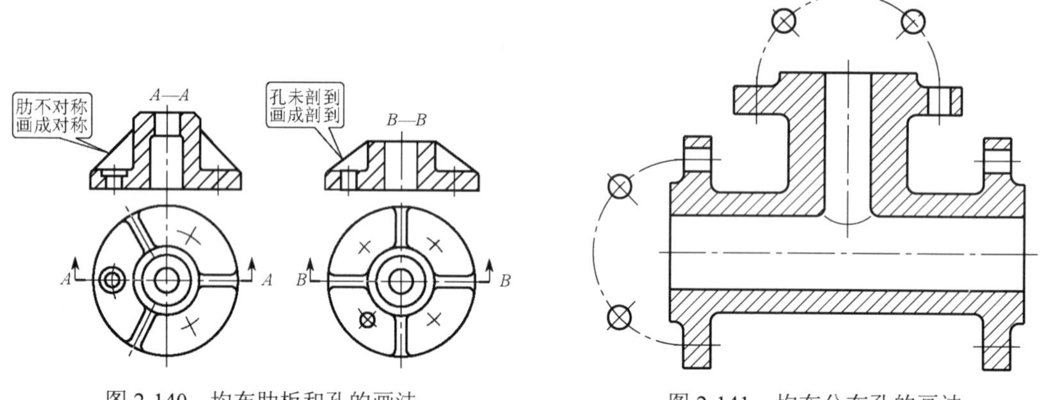

图 2-140　均布肋板和孔的画法

图 2-141　均布分布孔的画法

4. 对称图形的画法

在不致引起误解时，可只画一半或四分之一，并在对称中心线的两端画出两条与其垂直的平行细实线，如图 2-142 所示。

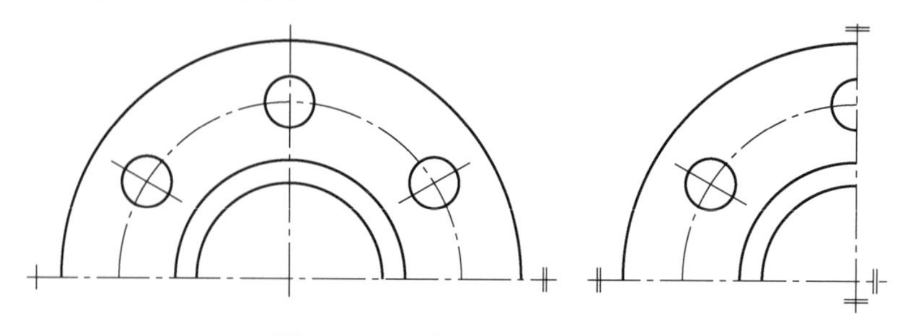

图 2-142　对称图形的简化画法

5. 相同结构要素的画法

机件上具有若干直径相同且成规律分部的孔，可仅画出一个或几个孔，其余用点画线表示其中心位置，并在图中注明孔的总数即可，如图 2-143 所示。

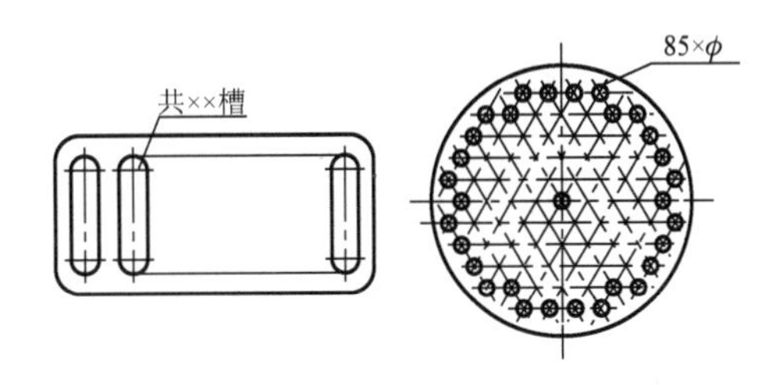

图 2-143 相同要素的简化画法及标注

6. 较小结构的画法

① 机件上较小的结构，如在一个图形中已表示清楚时，在其他图形中可以简化或省略。在不致引起误解时，图形中的相贯线允许简化，例如用圆弧或直线代替非圆曲线，如图 2-144（a）所示。

② 与投影面倾斜角度小于或等于 30° 的圆或圆弧，其投影可用圆或圆弧代替，如图 2-144（b）所示。

③ 在不致引起误解时，零件图中的小圆角、小倒角、小倒圆均可省略不画，但必须注明尺寸或在技术要求中加以说明，如图 2-144（c）所示。

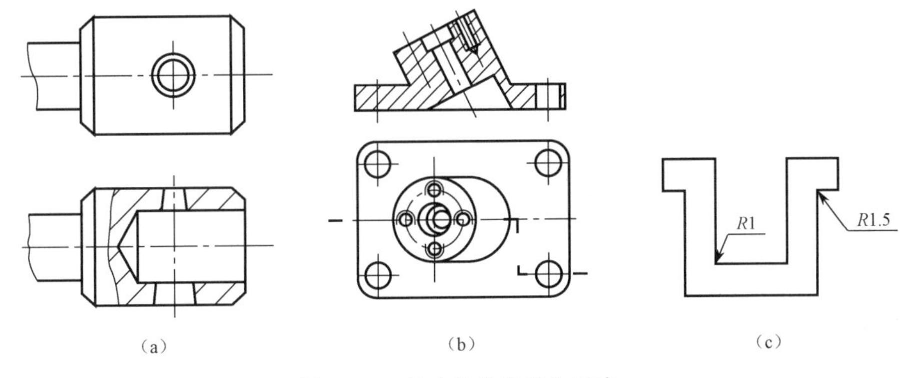

图 2-144 较小结构的简化画法

7. 其他简化画法

① 在不致引起误解时，零件图中的移出断面允许省略剖面符号，但剖切位置和断面图的标注必须按规定的方法标出，如图 2-145 所示。

② 网状物、编织物或机件上的滚花部分，可在轮廓线附近用粗实线示意画出，并标明其具体要求，如图 2-146 所示。

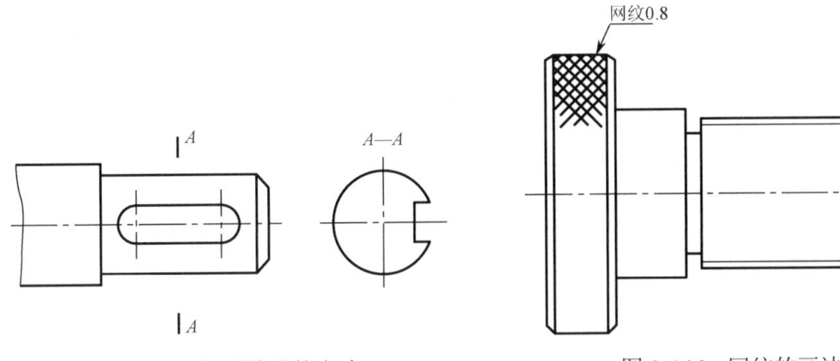

图 2-145 剖面符号的省略

图 2-146 网纹的画法

③ 当回转体机件上的平面在图形中不能充分表达时，可用相交的两条细实线表示，如图 2-147 所示。

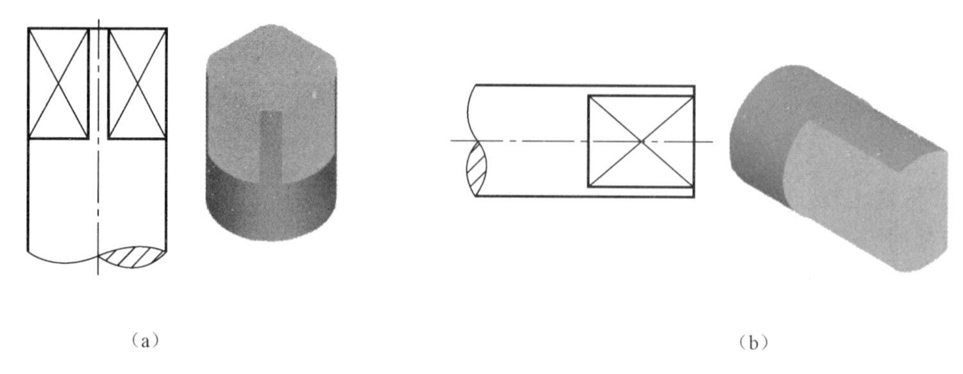

（a）　　（b）

图 2-147　回转体上小平面的简化画法

课堂思考与练习：

1. 长机件的简化画法有几种形式？
2. 肋板剖视时，何时需要画剖面线？
3. 画表示平面和网纹的线是粗实线吗？

六、绘制机件的第三角视图

知识点：

* 机件的第三角画法表达方式。

技能点：

* 能够正确地识读机件的第三角画法；
* 会正确地采用第三角画法进行机件结构的表达。

（一）任务描述

在识读机件的图样时，能够正确地识读机件的第三角画法；也能根据机件的结构特点，正确地采用第三角画法将机件的结构形状完整、清晰地表达出来。

任务示例：绘制如图 2-148（a）所示异型块第三角投影的三视图。

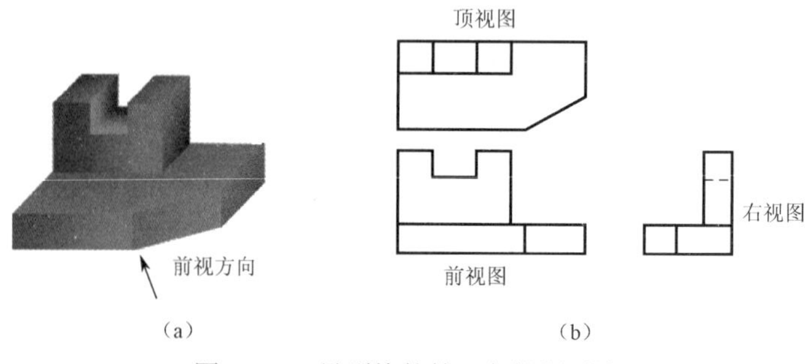

（a）　　（b）

图 2-148　异型块的第三角投影画法

（二）任务执行

1. 分析异型块的结构特点

通过分析图 2-148（a）可知，异型块属于一切割型的机件。在绘制其第三角画法的三视图时可以参考第一角画法的画图思想，假想在长方体的基础上进行挖切的思路逐一挖去若干立体而形成。

2. 绘制异型块的第三角投影三视图

（1）选择前视图的方向

在第三角画法中前视图是三个视图中最主要的视图（相当于第三角画法中的主视图），因此首先要确定前视图。参照第三角画法中主视图的选择原则，考虑选择前视方向如图 2-148（a）所示，前视图确定了，其他两个视图也就确定下来了。

（2）绘制异型块的第三角投影三视图

异型块的第三角投影三视图如图 2-148（b）所示。

（三）知识链接

1. 第三角画法

在前面已经讲解过，三个互相垂直的投影面 *V*、*H*、*W*，将 *W* 面左侧空间划分为四个区域，按顺序分别称为第一角、第二角、第三角、第四角。

采用第三角画法时，是将物体放在第三角，使投影面处在观察者与物体之间进行投射，沿着投射方向看是“观察者—投影面—物体”的关系。投影时就好像隔着“玻璃”看物体，将物体的轮廓形状印在“玻璃”（投影面）上，如图 2-149（a）所示。

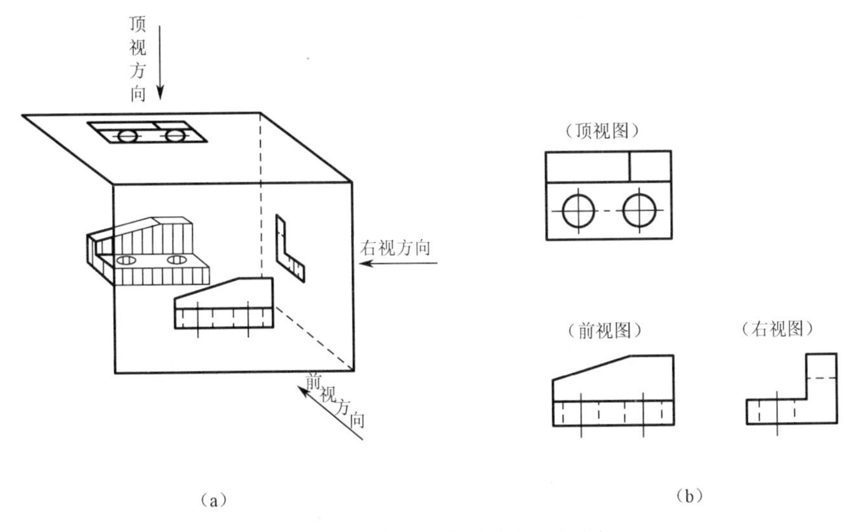

图 2-149　第三角投影法的三视图

（1）三视图的形成

前视图：从前向后投射，在正平面（*V* 面）上所得的视图。

顶视图：从上向下投射，在水平面（*H* 面）上所得的视图。

右视图：从右向左投射，在侧平面（*W* 面）上所得的视图。

（2）三视图的展开

采用第三角画法时，从前面观察机件在 *V* 面上得到的视图称为前视图；从上面观察机件在 *H* 面上得到的视图称为顶视图；从右面观察机件在 *W* 面上得到的视图称为右视图。各投影面的展开方法是：*V* 面不动，*H* 面向上旋转 90°，*W* 面向右旋转 90°，使三投影面处于同一平面内，如图 2-149（b）所示。

2. 第三角画法中六个基本视图的配置

采用第三角画法时也可以将机件放在正六面体中，分别从机件的六个方向向各投影面进行投影，得到六个基本视图，即在三视图的基础上增加了后视图（从后往前看）、左视图（从左往右看）、底视图（从下往上看），如图 2-150 所示。

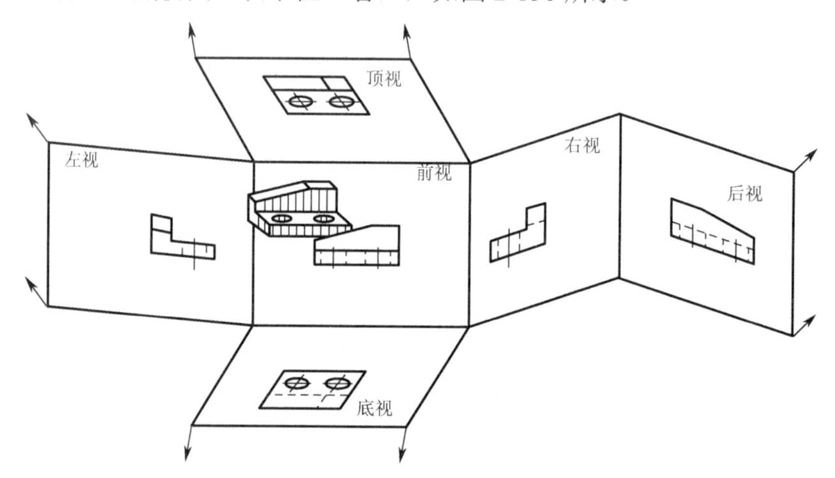

图 2-150　第三角画法中六个基本视图的展开

第三角画法中六个基本视图的配置如图 2-151 所示。

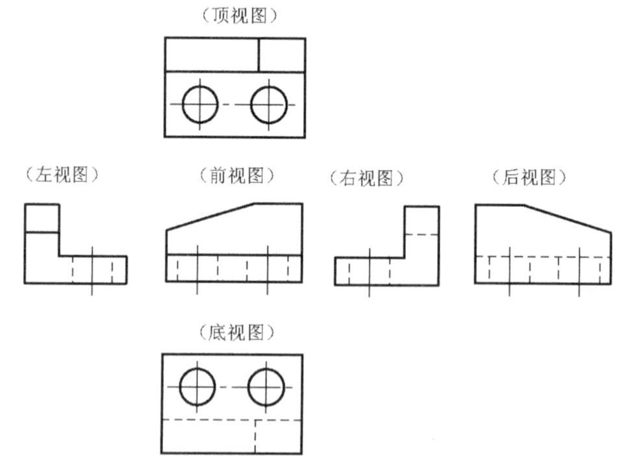

图 2-151　第三角画法中六个基本视图的配置

3. 第一角画法与第三角画法的关系

采用第一角画法时，是将物体放在第一角，使物体处在观察者与投影面之间进行投射，沿着投射方向看是“观察者—物体—投影面”的关系。

采用第三角画法时，是将物体放在第三角，使投影面处在观察者与物体之间进行投射，沿着投射方向看是“观察者—投影面—物体”的关系。

下面以压块为例，说明第一角画法的视图与第三角画法的视图之间的对应关系。如图 2-152 所示是压块按第一角画法的三视图，图 2-153 所示是压块按第三角画法的三视图。

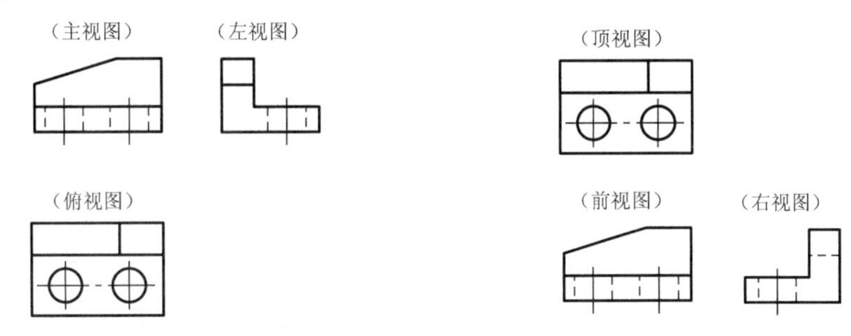

图 2-152　第一角画法三视图　　图 2-153　第三角画法三视图

由图 2-152 和图 2-153 比较可知，第一角画法中的主视图与第三角画法中的前视图相同，第一角画法中的俯视图与第三角画法中的顶视图相同，只是相互位置进行了变换。

4. 第三角画法的识别符号

在国际标准中规定，可以采用第一角画法，也可以采用第三角画法。

为了区别这两种画法，规定在标题栏中专设的格内用规定的识别符号表示，如图 2-154（a），（b）所示。

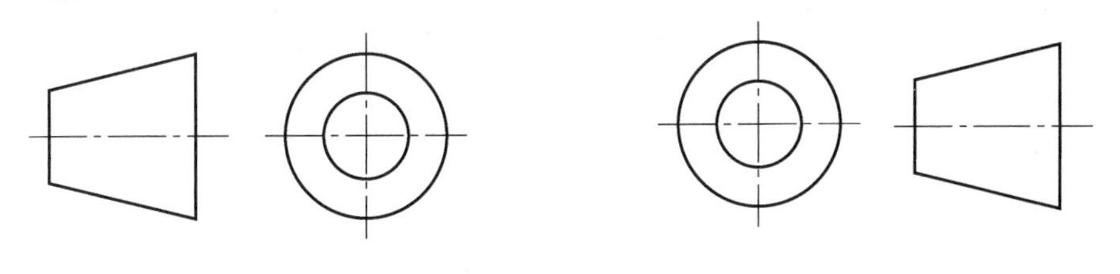

（a）第一角投影符号　　（b）第三角投影符号

图 2-154　两种投影法的标志符号

课堂思考与练习：

如图 2-155 所示，用第三角投影法完成机件的三视图。

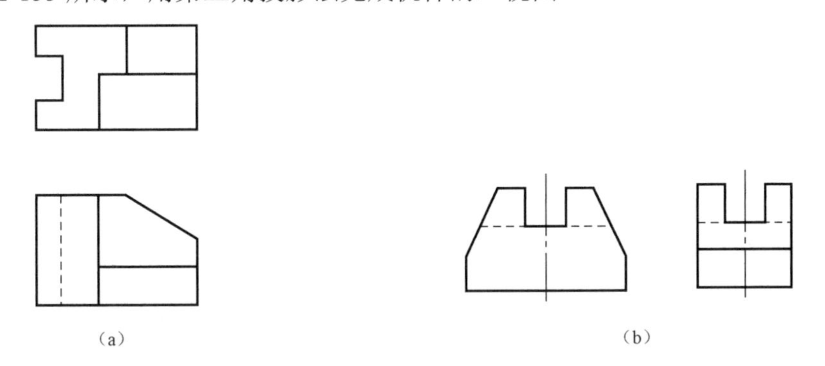

（a）　　（b）

图 2-155　第三角投影练习

「学习情境三」

绘制常用件的图样

【提要】任何机器或部件都是由零件装配而成的。除一般零件外，还广泛采用螺纹紧固件、键、销、齿轮、滚动轴承、弹簧等常用零件。这类零件中，其结构和尺寸已完全由国家有关部门进行了标准化和系列化的零件，称为标准件，如螺栓、螺钉、螺母、垫圈、键、销、滚动轴承等。零件部分结构和参数标准化了的常用件有齿轮、弹簧等。

为了设计和绘图的简便，在国家标准《机械制图》中对这些常用件的画法和标记等做了相应的规定。

本学习情境主要介绍机械零件中常用件的识读方法、画法规定和标注方法，并按国家标准《技术制图》和《机械制图》的最新规定绘制常用件的机械图样。

任务一　绘制和标注螺纹及螺纹紧固件的图样

一、螺纹的规定画法和标注

知识点：

* 螺纹的形成及基本要素；
* 内、外螺纹的规定画法和标记。

技能点：

* 能正确绘制内、外螺纹及连接；
* 能熟练查阅螺纹的图表等资料。

（一）任务描述

了解螺纹的形成、加工、结构及基本要素，掌握内、外螺纹的画法、标注及相互配合后装配视图的画法。

（二）任务执行

1. 螺纹的形成及基本要素

1）螺纹的形成

一平面图形（如三角形、梯形、矩形等）沿圆柱（或圆锥）表面上的螺旋线运动形成的具有相同轴向断面的连续凸起和沟槽，称为螺纹。在圆柱（或圆锥）内表面上形成的螺纹称为内螺纹。在圆柱（或圆锥）外表面上形成的螺纹称为外螺纹。

螺纹一般在车床、钻床上加工。螺纹的加工方法有很多，最常见的加工方法如图 3-1（a），（b）所示，分别表示在车床上加工外螺纹及内螺纹。若加工直径较小的螺孔，可先用钻头钻孔，再用丝锥、板牙攻丝得到，如图 3-2 所示。

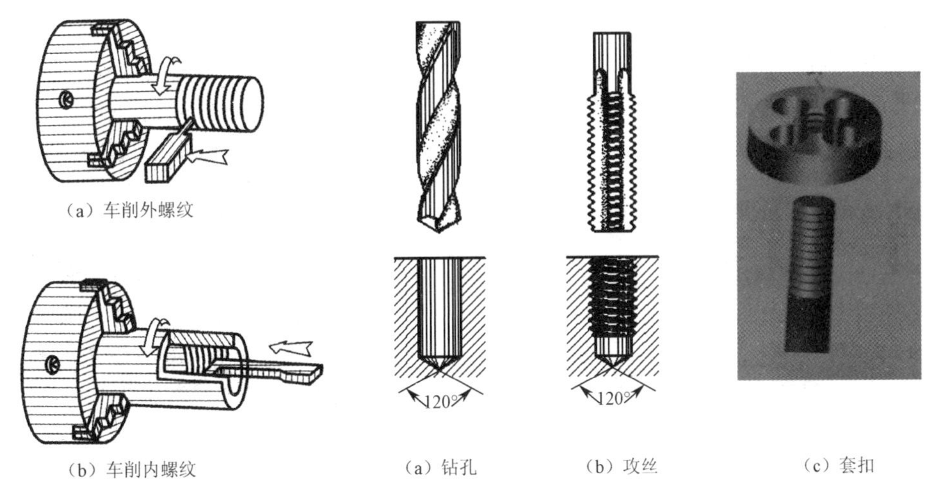

（a）车削外螺纹　（b）车削内螺纹

图 3-1　螺纹的加工方法

（a）钻孔　（b）攻丝　（c）套扣

图 3-2　加工内外螺纹

2）螺纹的基本要素

（1）牙型

通过螺纹轴线断面上螺纹的轮廓形状称为螺纹牙型。常见的螺纹牙型有三角形、梯形、锯齿形、矩形等。标准螺纹规定了牙型的特征代号，不同的螺纹牙型有不同的用途。

（2）直径

螺纹的直径有大径、小径和中径（见图 3-3）。

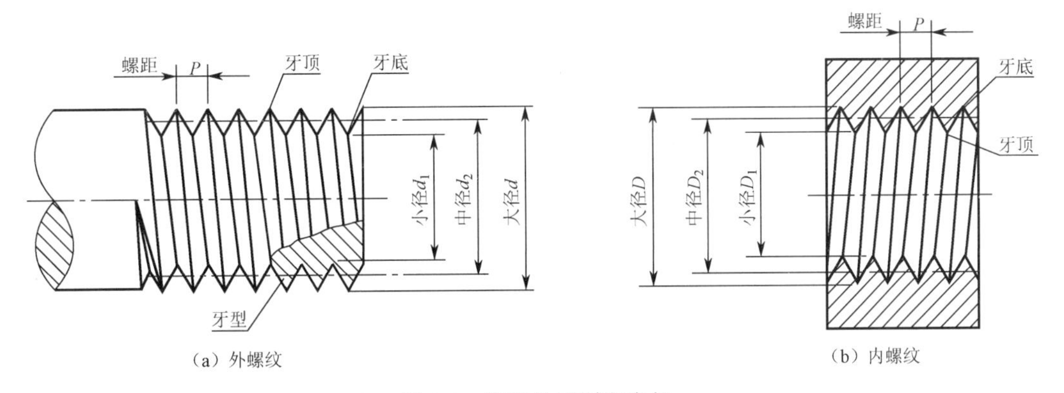

（a）外螺纹　（b）内螺纹

图 3-3　螺纹的牙型和直径

大径：与外螺纹牙顶或内螺纹牙底相重合的假想圆柱的直径。内、外螺纹的大径分别用 D、d 表示，又称螺纹的“公称直径”。

小径：与外螺纹牙底或内螺纹牙顶相重合的假想圆柱的直径。内、外螺纹的小径分别用 D_1、d_1 表示。

中径：通过牙型凸起和沟槽宽度相等处的假想圆柱的直径。内、外螺纹的中径分别用

D_2、d_2表示。

（3）线数 n

螺纹有单线和多线之分。沿一条螺旋线形成的螺纹为单线螺纹；沿两条或两条以上螺旋线形成的螺纹为双线或多线螺纹。线数又称头数，用 n 表示。

（4）螺距 P 和导程 P_n

螺距 P：螺纹上相邻两牙在中径线上对应两点间的轴向距离，用 P 表示。

导程 P_n：沿一条螺旋形成的螺纹相邻两牙在中径线上对应两点间的轴向距离。

导程等于线数乘以螺距，即 $P_n=nP$，单线 $n=1$ 时，导程等于螺距，如图 3-4 所示。

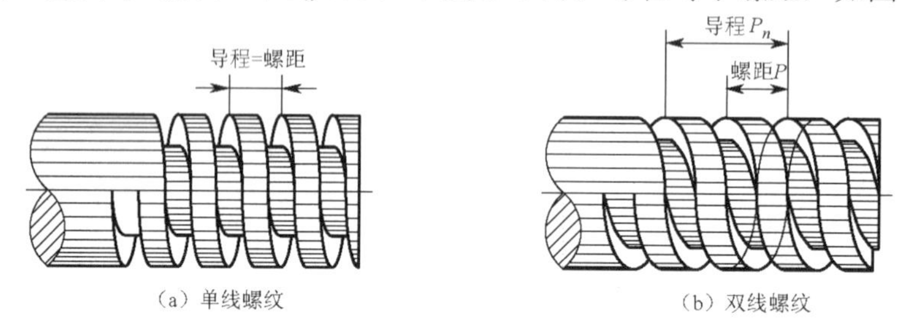

图 3-4　螺纹的线数、螺距与导程

（5）旋向

螺纹有右旋和左旋之分。顺时针旋入的螺纹是右旋螺纹，逆时针旋入的螺纹是左旋螺纹。工程中常用右旋螺纹，但在某些特殊场合要用左旋螺纹。为了防止松动，砂轮机左边紧固螺纹、汽车左轮胎紧固螺纹、自行车左脚踏板用的螺纹必须用左旋螺纹。还有考虑人们的习惯思维，为了防止误操作，在丝杆只转动、螺母移动的传动螺纹，如车床的中拖板、车床尾座的传动螺纹中，某些手动阀门用传动螺纹就是左旋螺纹。左旋用 LH（LeftHand）表示，如图 3-5 所示。

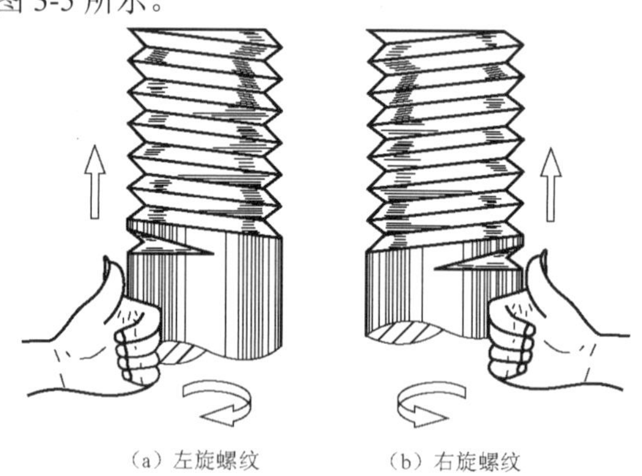

图 3-5　螺纹的旋向

只有以上五要素都相同的外螺纹和内螺纹才能相旋合。

2. 螺纹的规定画法和标注

1）螺纹的规定画法

螺纹的真实投影比较复杂，为了便于设计简化作图，国家标准《机械制图》GB/T 4459.1—1995 规定了螺纹的画法。

（1）外螺纹的画法（见图 3-6）

① 外螺纹的牙顶圆（大径）用粗实线表示。

② 外螺纹的牙底圆（小径）用细实线表示（$d_1≈0.85d$）。在螺杆的倒角或倒圆处也应画出，在垂直于轴线的视图中表示牙底圆（小径）只画出 3/4 圈（空出约 1/4 圈的位置不做规定），此时螺杆上的倒角圆省略不画。

③ 螺纹终止线用粗实线表示；在剖视图或断面图中，剖面线应画到粗实线（大径）处。

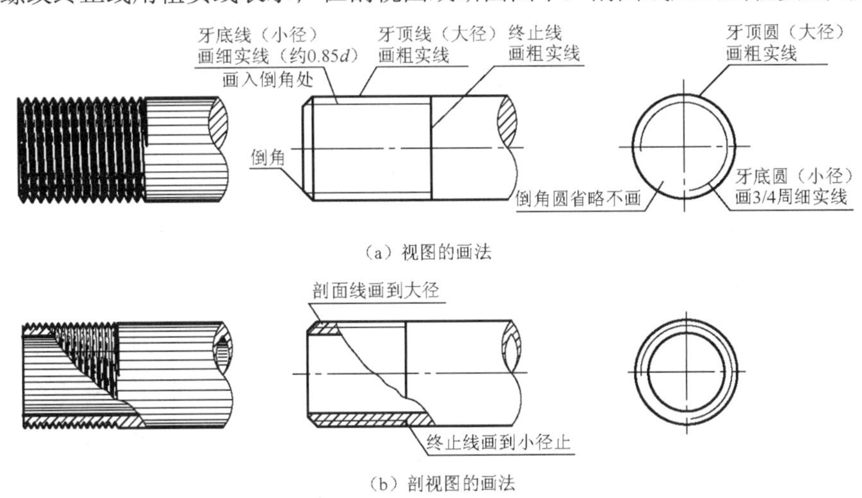

图 3-6 外螺纹的规定画法

（2）内螺纹的画法（见图 3-7）

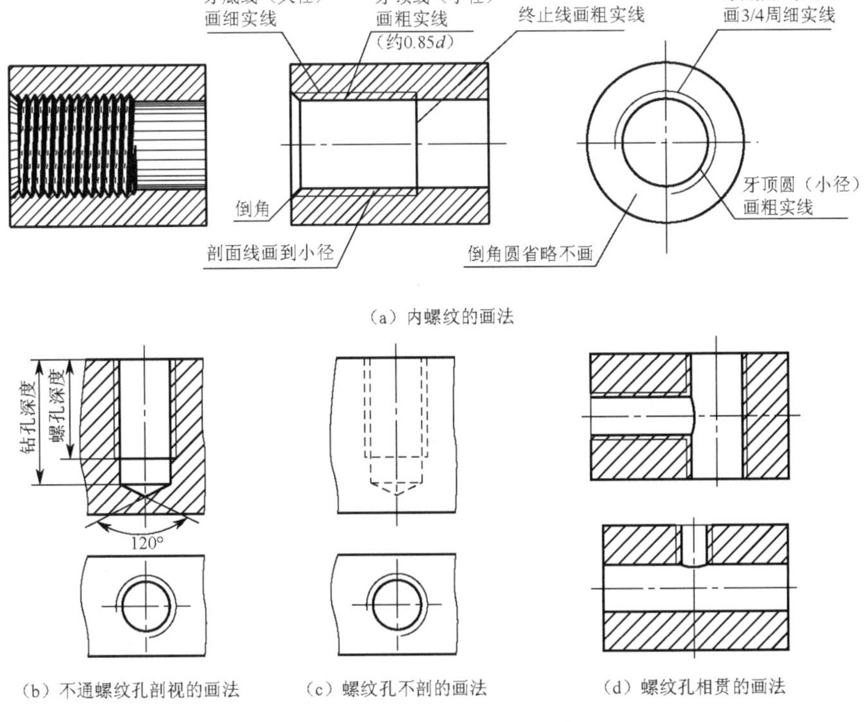

图 3-7 内螺纹的规定画法

① 内螺纹的牙顶圆（小径）用粗实线表示（d_1≈0.85d）。

② 内螺纹的牙底圆（大径）用细实线表示，在端面视图中，表示牙底圆（大径）的细实线只画约 3/4 圈（空出的约 1/4 圈的位置不做规定），且倒角圆省略不画。

③ 内螺纹的终止线用粗实线表示。

④ 在剖视图或断面图中，剖面线应画到粗实线（小径）处。

⑤ 绘制不穿通螺纹时，应将钻孔深度和螺距深度分别画出。底孔下部锥坑部分应画成 120°，而不是 90°。

⑥ 不可见螺纹的所有图线用虚线绘制。

（3）内、外螺纹连接画法

以剖视图表示内、外螺纹连接时，其旋合部分应按外螺纹的画法绘制，其余部分仍按各自的画法表示，如图 3-8 所示。

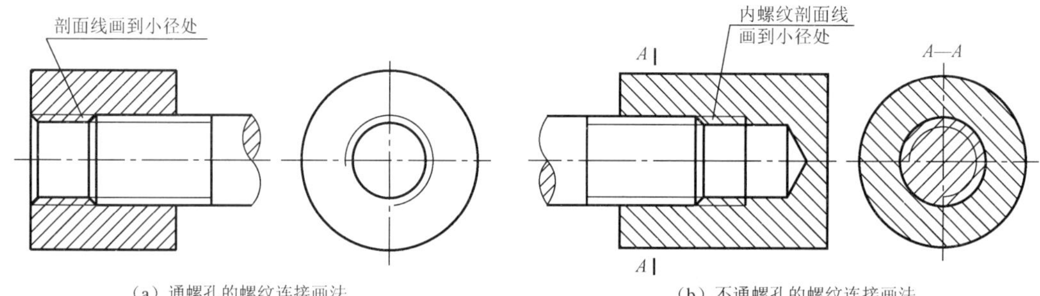

（a）通螺孔的螺纹连接画法　　（b）不通螺孔的螺纹连接画法

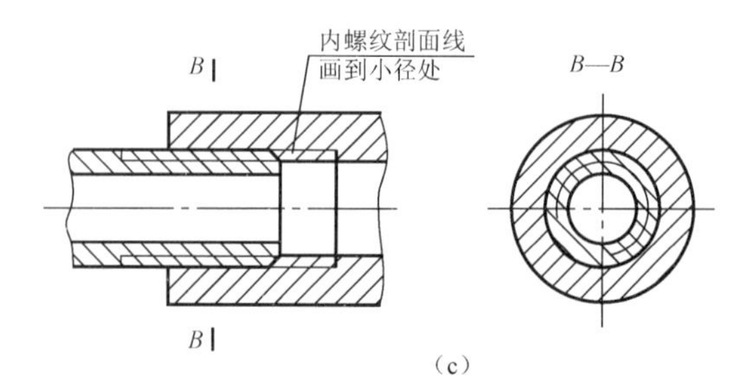

（c）

图 3-8　内、外螺纹连接画法

画内、外螺纹及连接应注意以下几点：

① 内、外螺纹大、小经线应对齐；

② 实心螺杆沿轴线剖切按不剖处理，螺杆横向要剖；

③ 剖面线应画到内螺纹小径处。

④ 同一零件在各个剖视图中剖面线的方向间隔应一致；

⑤ 在同一剖视图中相邻零件剖面线方向或间隔不同。

（4）螺纹牙型的表示法

当需要在图中表示螺纹牙型时，可按图 3-9 所示的画法画出。

2）螺纹的标注

由于螺纹采用统一规定画法，为了表达螺纹五要素、螺纹尺寸公差及旋合状态，必须对螺纹进行正确标注。

（1）普通螺纹、梯形螺纹、锯齿形螺纹的标记

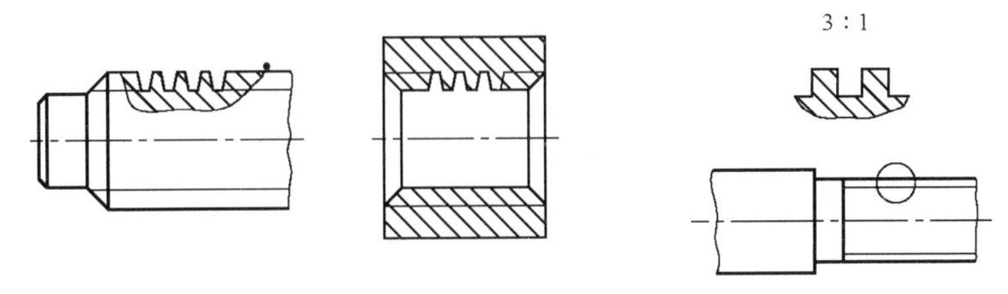

图 3-9　螺纹牙型的画法

这三种螺纹的标记由螺纹代号－公差带代号－旋合长度代号组成，螺纹代号要表示出螺纹的五要素。

单线 n=1，螺纹标记如图 3-10 所示。

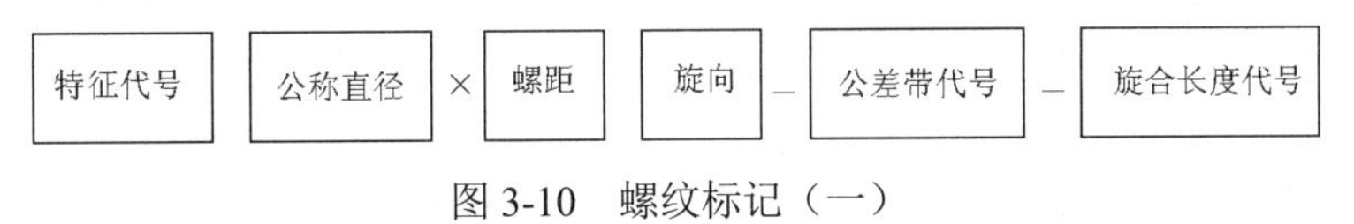

图 3-10　螺纹标记（一）

多线，螺纹标记如图 3-11 所示。

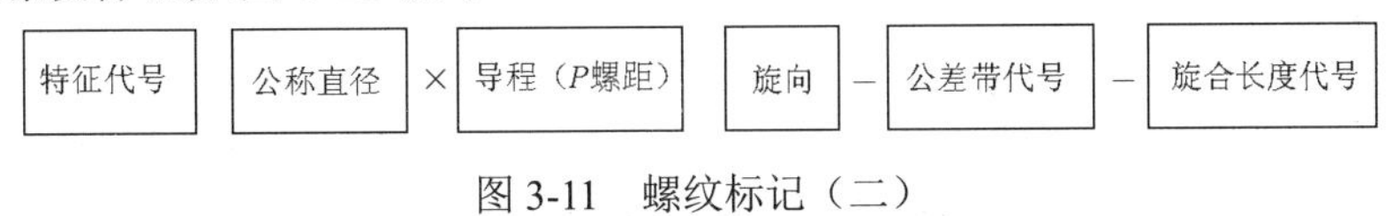

图 3-11　螺纹标记（二）

说明：

① 特征代号用字母表示螺纹牙型。

② 螺距：普通螺纹粗牙省螺距，细牙要标螺距，n=1 省略。

③ 梯形螺纹单线 n=1 省略，多线 n 由导程（P 螺距）确定。

④ 旋向：右旋省略，左旋用 LH（Left Hand）表示。

⑤ 公差带代号：普通螺纹标中径、顶径公差带代号。如两者相同只标一个代号。梯形螺纹、锯齿形螺纹只有中径公差带代号。

⑥ 旋合长度代号：普通螺纹有 S（短）、N（中）、L（长）三种；梯形螺纹、锯齿形螺纹只有 N（中）、L（长）两种。N（中）省略不标。

⑦ 标注方法：标记应直接注在大径的尺寸线上或其引出线上。

（2）管螺纹的标记

管螺纹的标记如图 3-12 所示。

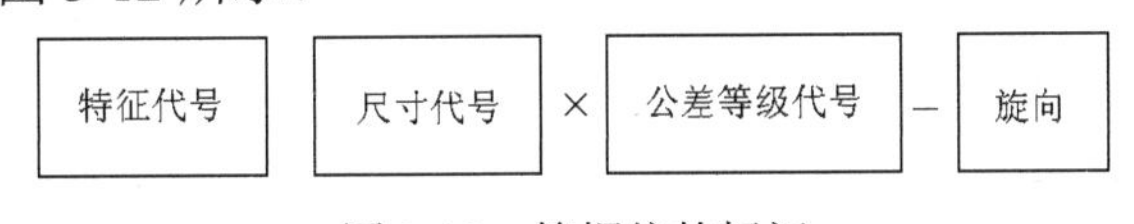

图 3-12　管螺纹的标记

说明：

① 特征代号用字母表示。G—55° 非螺纹密封管螺纹；Rp—55° 密封管螺纹圆柱内螺纹；Rc—55° 密封管螺纹圆锥内螺纹；R_1—与 Rp 配合的圆锥外螺纹；R_2—与 Rc 配合的圆锥外螺纹。

② 尺寸代号无单位，此代号与管子口径英寸数一致。

③ 55°非密封管螺纹内螺纹和 55°密封管螺纹圆柱内、外螺纹只有一种公差等级，省略不标。55°非密封管螺纹外螺纹有A、B两种公差等级。公差等级代号标在尺寸代号之后。

④ 旋向：右旋省略；左旋用 LH 表示，用“—”隔开标在后面。

⑤ 标注方法：用指引线从大径处引出标注。

（三）知识链接与巩固

1. 螺纹的种类

螺纹按用途分为连接螺纹（普通螺纹、管螺纹）和传动螺纹（梯形螺纹、锯齿形螺纹）两类。

螺纹按其牙型、大径和螺距三个要素是否符合标准，可分为标准螺纹、特殊螺纹和非标准螺纹三大类。这三个要素搭配符合标准时，称为标准螺纹。若牙型符合标准，而大径和螺距不符合标准，则称为特殊螺纹。凡牙型不符合标准的螺纹，称为非标准螺纹。标准螺纹包括普通螺纹、梯形螺纹、管螺纹和锯齿螺纹等。

普通螺纹又有粗牙和细牙之分。粗牙和细牙的区别就是螺纹大径相同而螺距不同。螺距最大的一种称为粗牙普通螺纹，其余的都称为细牙普通螺纹。

2. 常用螺纹的种类及标注

常用螺纹的种类及标注示例如表 3-1 所示。

表 3-1 常用螺纹的种类及标注示例

螺纹类别		特征代号		牙型图	标注示例	说明
连接螺纹	普通螺纹	M	粗牙	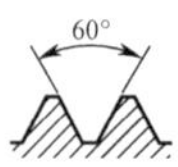 60°	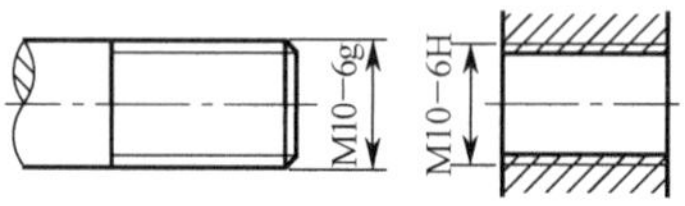 M10−6g M10−6H	普通粗牙螺纹，大径10，螺距1.5(省、查表)，右旋(省)；外螺纹中、顶径公差带代号均为 6g；内螺纹中、顶径公差带代号均为 6H；中等旋合长度N（省）
			细牙		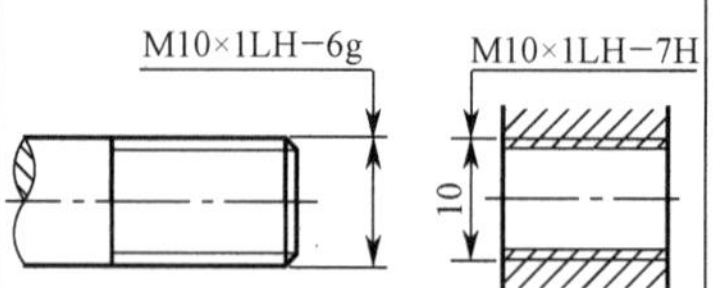 M10×1LH−6g M10×1LH−7H 10	普通细牙螺纹，大径 10，螺距 1，左旋；外螺纹中、顶径公差带代号均为6g；内螺纹中、顶径公差带代号均为 7H；中等旋合长度N（省）
	管螺纹	G	55°非密封管螺纹	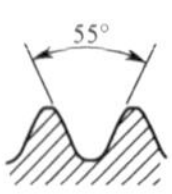 55°	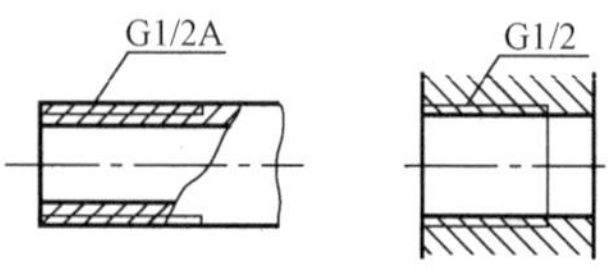 G1/2A G1/2	55°非密封管螺纹，外螺纹尺寸代号 1/2（管子口径 1/2″），公差等级 A；内螺纹尺寸代号1/2，公差等级只一种（省）

续表

螺纹类别		特征代号		牙型图	标注示例	说明
		Rc Rp R_1 R_2	55°密封管螺纹		$R_2$3/4-LH Rc3/4-LH	55°密封管螺纹，特征代号 R_2 为圆锥外螺纹，尺寸代号3/4（管子口径3/4″）与Rc圆锥内螺纹尺寸代号3/4配合，左旋；公差等级(省)。（R_1 为圆锥外螺纹，与Rp圆锥内螺纹相配合）
传动螺纹	梯形螺纹	Tr		30°	Tr40×7-7e	梯形外螺纹，公称直径40，螺距7，单线（省），右旋（省）；中径公差带代号7e；中等旋合长度N（省）
					Tr40×14（P7）LH-7e	梯形外螺纹，公称直径40，导程14，螺距7，双线（n=2），左旋；中径公差带代号7e；中等旋合长度N（省）
	锯齿形螺纹	B		3° 30°	B36×6-7e	锯齿形外螺纹，公称直径36，单线（省），右旋（省）；中径公差带代号7e；中等旋合长度N(省)

课堂思考与练习：

1．螺纹有哪五要素？

2．内、外螺纹连接的条件是什么？

3．简述螺纹的种类和用途。

二、螺纹紧固件及其连接画法

知识点：

* 螺纹紧固件的标记；
* 螺纹紧固件的连接画法。

技能点：

* 能正确绘制各种紧固件连接的装配图；
* 能根据实际情况设计螺纹标准件并能熟练查阅螺纹紧固件的相关表图等资料。

（一）任务描述

螺纹紧固件的种类很多，常用的有螺栓、螺钉、双头螺柱、螺母和垫圈等。每一种螺纹紧固件的规格更多。螺纹紧固件都是标准件，因此很少单独绘制零件图。在机械设计时，根据设计需要按相应的国家标准选取合适的螺纹紧固件。

通过本节的学习，必须熟练掌握常见的螺纹紧固件的规定画法及其连接画法，并能识读和标记。

（二）任务执行

1. 螺纹紧固件的画法

螺纹紧固件有两种画法：一是比例画法，二是查表画法。绘图时通常采用比例画法及其简化画法。

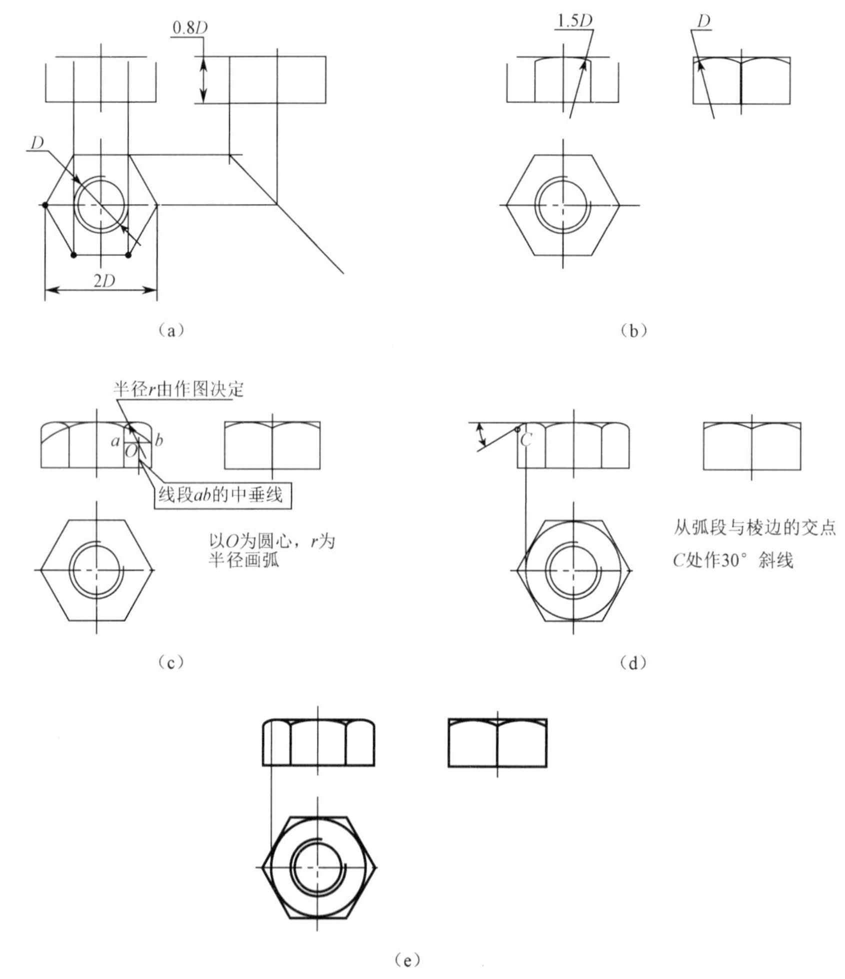

图 3-13　螺母的比例画法

1）常用紧固件的比例画法

比例画法是根据螺纹的公称直径（D、d），按与其近似的比例关系计算出各部分尺寸后作图。图中的截交线用圆弧线近似代替。如图3-13所示为螺母的比例画法，图3-14所示为螺栓、平垫片的比例画法。

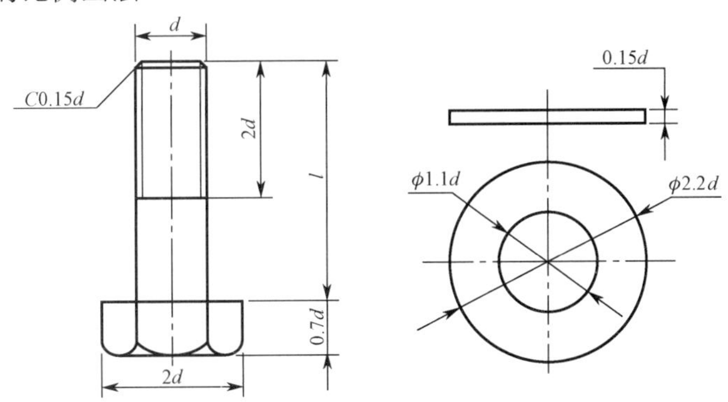

图 3-14　螺栓、平垫片的比例画法

2）常用紧固件的查表画法

根据已知紧固件的标记，查阅相应的图表，然后用图表中的标准值来画图。

2. 螺纹紧固件及其连接的画法

螺纹紧固件的基本连接形式有螺栓连接、双头螺柱连接和螺钉连接三种。

螺纹紧固件都是标准件，根据它们的标记，可在有关标准中查到它们的结构形式和全部尺寸。为了简化作图，一般不按实际尺寸作图，而是采用比例画法。各部分尺寸按与螺纹大径（d 或 D）成一定比例确定。

1）螺栓连接

螺栓连接是用螺纹紧固件六角头螺栓、垫圈和螺母连接两个不太厚的，并能钻成通孔的零件。为了使装配方便，通孔直径略大于螺纹大径。通孔直径的大小可根据不同装配精度查有关标准（GB/T 5277—1985）确定。作图时可按 1.1d 比例画出。垫圈的作用是用来增加支撑面和防止损伤被连接零件的表面。螺栓连接如图 3-15（a）所示。

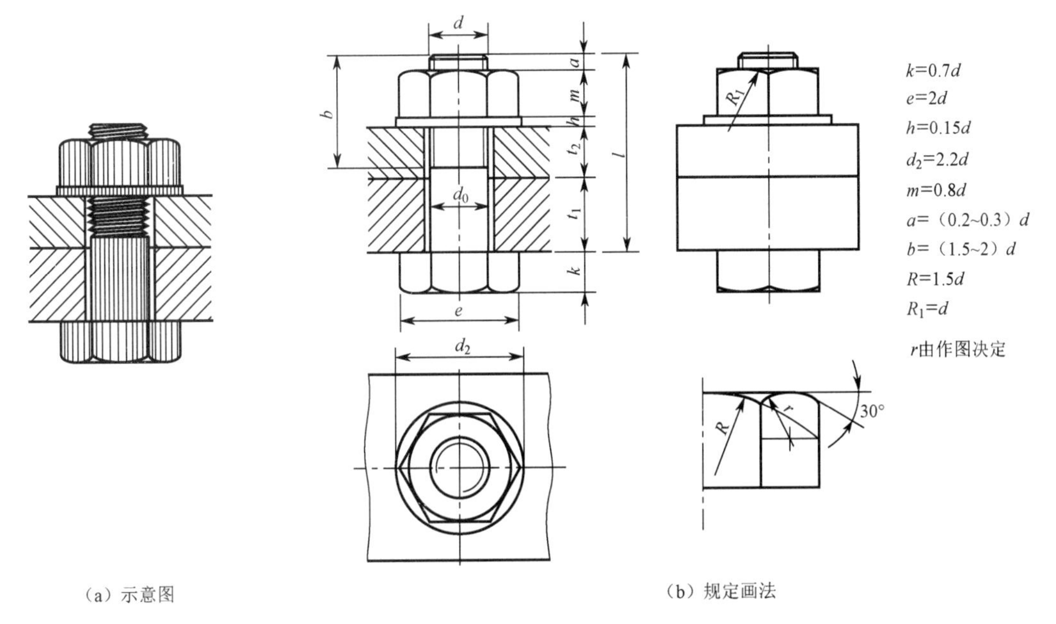

（a）示意图　　（b）规定画法

图 3-15　螺栓连接的画法

画螺栓连接图时，先要根据螺栓的直径和被连接件的厚度、螺母和垫圈厚度等计算螺栓的公称长度 l，$l=t_1+t_2+h+m+a$。式中，t_1、t_2 为被连接零件厚度，h 为垫圈厚度（查阅标准），m 为螺母厚度（查阅标准），a 为螺纹超出螺母部分的高度，一般取 $a=$（0.2～0.3）d，根据计算值选用螺栓长度系列标准值，为螺栓标记及外购提供依据。

一般情况下，螺栓连接图都采用比例画法来画，如图 3-15（b）所示。

2）双头螺柱连接

双头螺柱连接是用双头螺柱、垫圈、螺母来紧固被连接零件的，如图 3-16（a）所示。双头螺柱连接用于被连接件之一太厚不便使用螺栓连接或因拆卸频繁不宜使用螺钉连接的场合。较厚零件加工出一个不穿通螺孔，较薄零件加工出一个略大于螺柱大径的通孔。图中选用弹簧垫圈以防止螺母松动。

双头螺柱两端都有螺纹，螺纹较短的一端必须全部旋入机体螺孔内，称为旋入端（b_m）；螺纹较长的一端用以拧紧螺母，称为紧固端（b）。旋入端长度 l_1 与机体材料有关。钢或青铜，取 $b_m=d$（GB/T 897—1988）；铸铁取 $b_m=1.5d$（GB/T 900—1988）；铝取 $b_m=2d$（GB/T 900—1988）。

画双头螺柱连接图，也应先计算出双头螺柱的公称长度 l，$l=t+h+m+a$，并取标准值，为双头螺柱标记和外购提供依据。双头螺柱比例画法如图 3-16（b）所示。应注意的是，旋入端的螺纹终止线要画成与螺孔上表面平齐，表示双头螺柱不能再向螺孔内旋入了。

图中未注出比例值的尺寸都与螺栓连接图对应处相同。

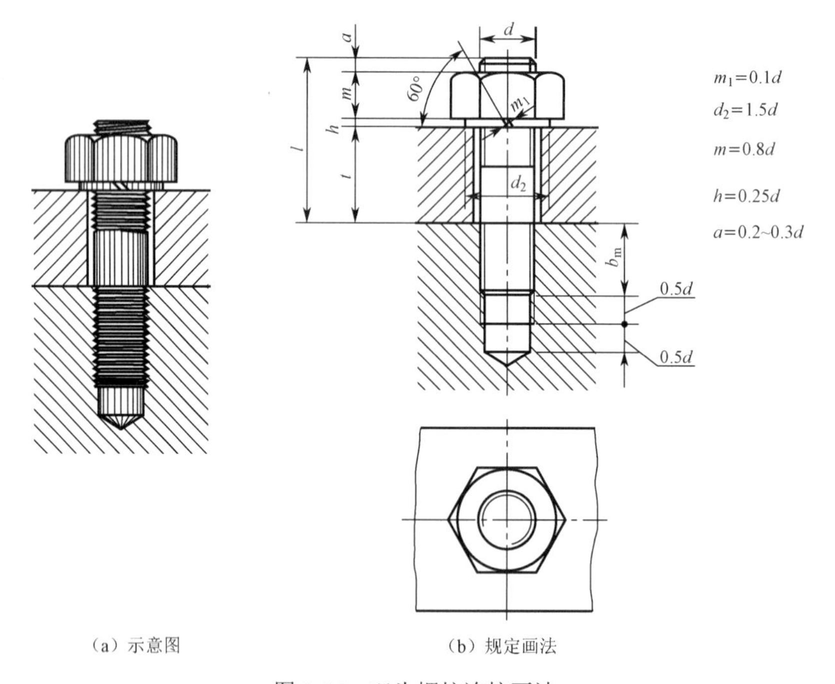

（a）示意图　　（b）规定画法

图 3-16　双头螺柱连接画法

3）螺钉连接

螺钉连接用于受力不大而又不需要经常拆装的地方，被连接零件中的一个加工成螺孔，另一零件加工出通孔，如图 3-17 所示。

画螺钉连接图时，也要先计算出螺钉的公称长度 l，$l=t+b_m$，并取标准值。b_m 的确定同螺柱连接。螺钉的头部有多种形式，当为开槽沉头螺钉和内六角螺钉时，上面的零件还要加工出 90° V 形沉孔（尺寸见 GB/T 152.3—1988）。

常用两种螺钉连接的比例画法如图 3-17 所示。

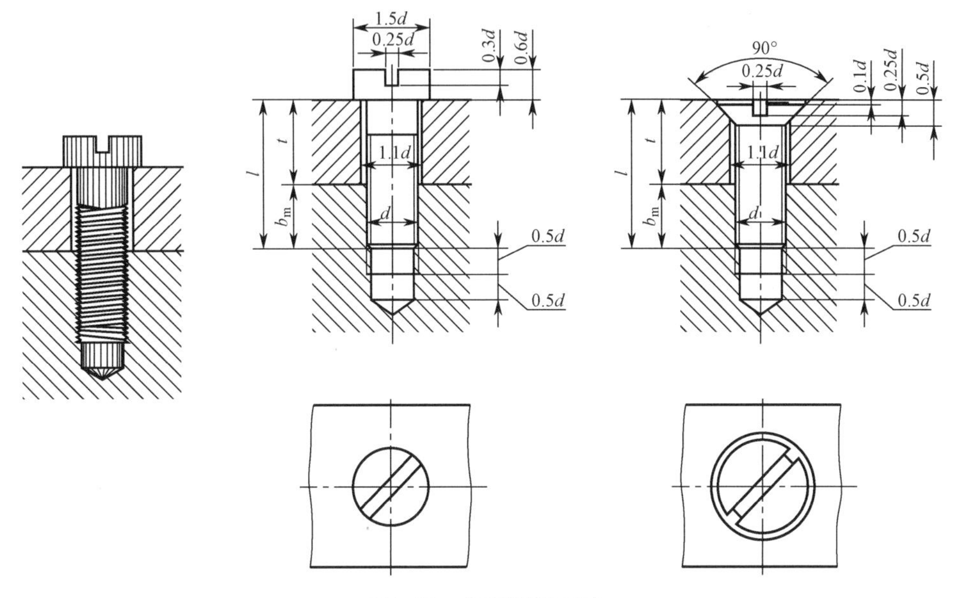

图 3-17　螺钉连接画法

螺钉连接的螺纹终止线要超出螺孔的上表面，而双头螺柱连接的旋入端的螺纹终止线与螺孔的上表面平齐。螺钉头部起子槽要画成 45° 倾斜。

紧定螺钉用来固定两个零件的相对位置。图 3-18（d）所示为紧定螺钉连接装配图的画法。

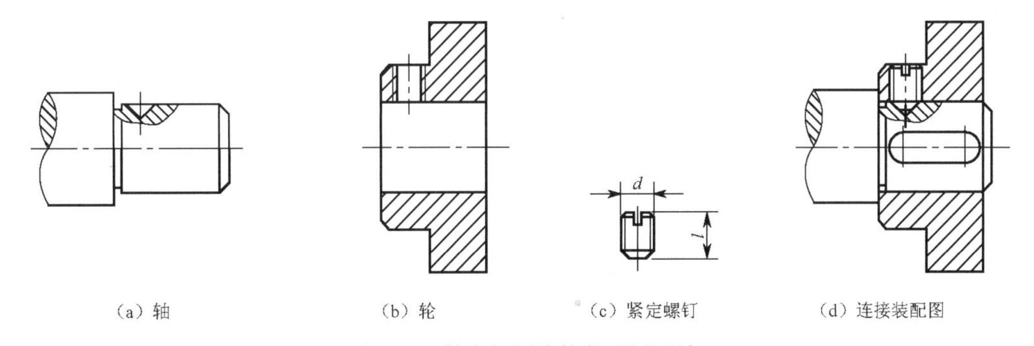

（a）轴　（b）轮　（c）紧定螺钉　（d）连接装配图

图 3-18　紧定螺钉连接装配图画法

绘制螺纹紧固件连接装配图时应注意：两零件接触面只画一条线，不接触面应画两条线；相邻两零件的剖面线方向应相反，或相同但间隔不等；在装配图中，当剖切平面通过螺杆的轴线时，对于螺栓、螺柱、螺钉、螺母及垫圈等均按未剖绘制。

3. 螺纹紧固件及其连接的简化画法

螺栓连接按 GB/T 4459．1—1995 规定，在画螺纹连接装配图时，可以采用简化画法，如图 3-19 所示：省去零件上的倒角、截交线；对于不穿通螺孔可不画钻孔深度，仅按螺纹部分的深度画出；螺钉头部的一字槽可用加粗的粗实线表示。

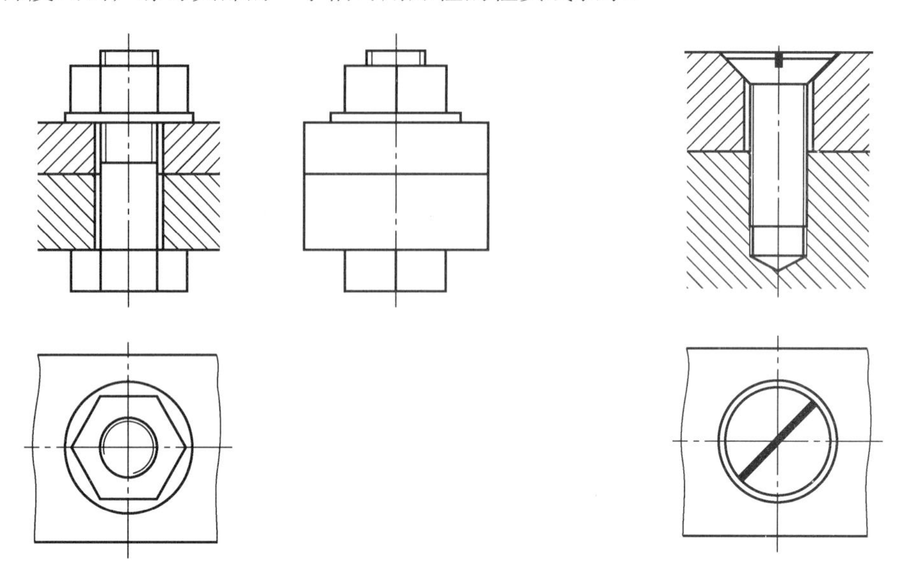

图 3-19　螺栓、螺钉连接装配图的简化画法

（三）知识链接与巩固

常用的螺纹紧固件有螺栓、螺柱、螺钉、螺母和垫圈等，如图 3-20 所示。螺纹紧固件的结构、形状和尺寸都已标准化，使用时可按规定标记直接外购即可。表 3-2 中列出了常用螺纹紧固件的结构形式和标记。

图 3-20　螺纹紧固件

表 3-2 螺纹紧固件的标注

名称及图例	规定标记示例	名称及图例	规定标记示例
六角头螺栓 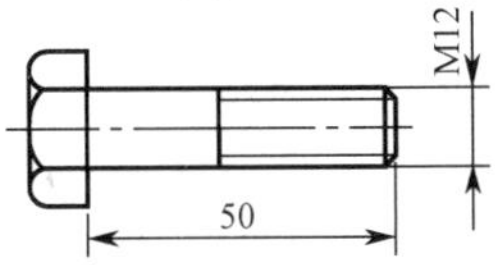	螺栓 GB/T 5780—2000 M12×50	内六角圆柱头螺钉 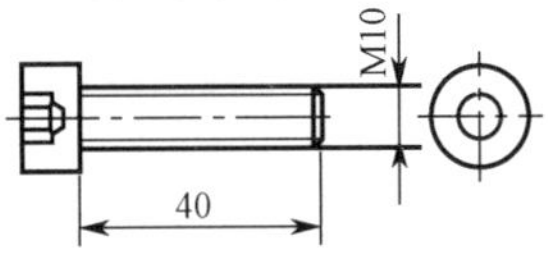	螺钉 GB/T 70.1—2000 M12×50
双头螺柱 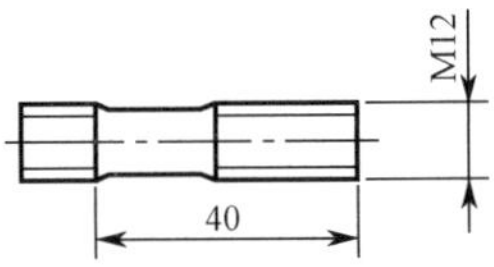	螺柱 GB/T 897—1998 AM12×50	1 型六角螺丝母—C 级 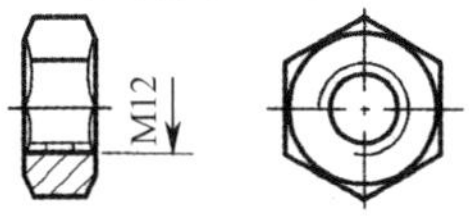	螺母 GB/T 5170—2000 M16
开槽盘头螺钉 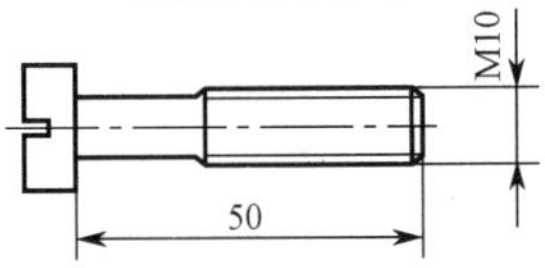	螺钉 GB/T 67—2000 M12×50	1 型六角开槽螺母 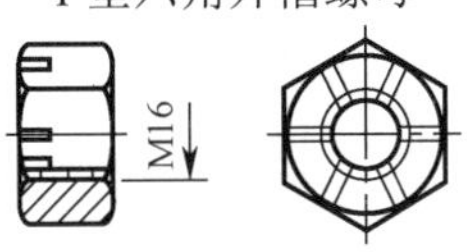	螺母 GB/T 6178—1986 M16
开槽沉头螺钉 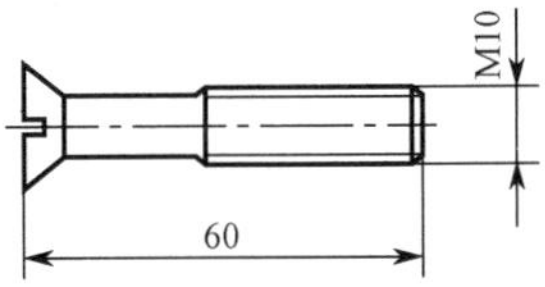	螺钉 GB/T 68—2000 M12×50	垫圈 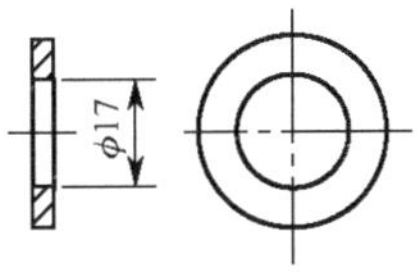	垫圈 GB/T 97.1—2002 16
开槽锥端紧定螺钉 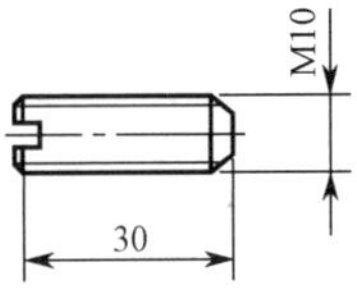	螺钉 GB/T 71—2000 M12×50-14H	标准型弹簧垫 	垫圈 GB/T 93—1987 16

课堂思考与练习：

紧固件的连接有几种形式？各用在什么场合？

任务二 绘制和标注键、销、滚动轴承的图样

一、绘制键、销及其连接视图

知识点：

* 键与销的分类和用途；
* 键与销的连接画法。

技能点：

* 能正确绘制和识读键与销的连接图。

（一）任务描述

键和销都是标准件。键用来连接轴与安装在轴上的皮带轮、齿轮、链轮等，用以传递扭矩。键连接是先将键嵌入轴上的键槽内，再对准轮毂上的键槽，把轴和键同时插入孔和槽中，从而达到连接的目的，使轴和轮一起转动。销通常用于零件的连接和定位。

通过学习，掌握键与销的连接图的正确画法。

（二）任务执行

1. 常用键及其标记

普通平键的连接如图 3-21 所示。

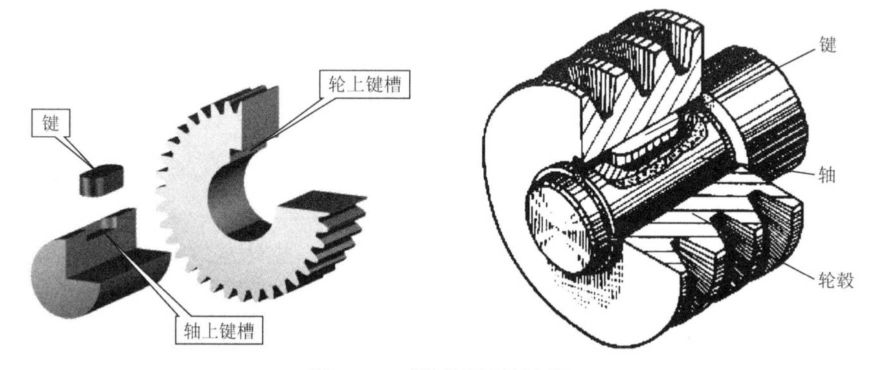

图 3-21　普通平键的连接

常用的键有普通平键、半圆键和钩头楔键三种。它们的简图和标记如表 3-3 所示。

表 3-3　常用键及其标记示例

名称及标准代号	图　　例	标记及说明
普通平键 GB/T 1096—2003		b=10，h=8，L=25 普通平键（A 型） 键 10×25 GB/T 1096—2003
半圆键 GB/T 1099—2003		b=6，h=11，d_1=28 的半圆键 键 6×11×28 GB/T 1099—2003
钩头楔键 GB/T 1565—2003		b=8，h=8，L=50 的钩头楔键 键 8×50 GB/T 1565—2003

2. 常用键连接的画法及尺寸标注

1）普通平键的连接画法

画轴槽和毂槽，先要根据轴径和孔径的大小选择键的宽度 b、高度 h，查表确定槽宽和槽深。键长和轴上键槽长根据轮毂宽取标准值。图 3-22 所示是平键键槽图示及尺寸标注。图中轴上槽深 t_1，轮毂槽深 t_2，轴上确定键槽深标注 $d-t_1$ 尺寸，轮毂上确定键槽深标注尺寸 $D+t_2$。

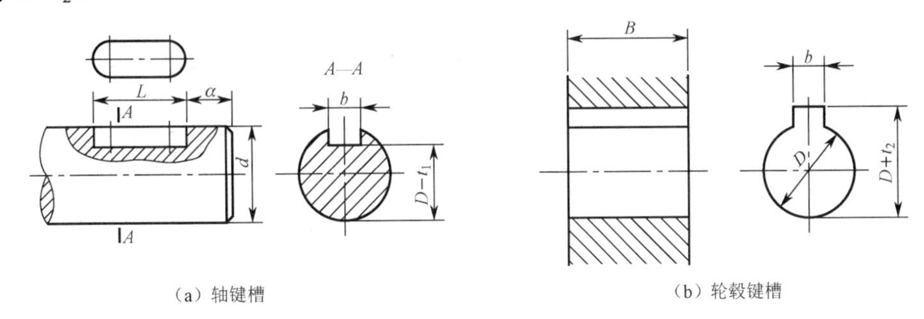

图 3-22　平键键槽图示及尺寸标注

用普通平键连接时，键的两侧面是工作面。平键连接装配图中，键的两侧面和下底面都应与轴上、轮上的键槽的相应表面接触，画一条线，而键的上底面和轮上的键槽底面应有间隙（间隙量为 t_2+t_1-h），要画两条线。此外，在剖视图中，键沿纵向按不剖绘制，而横向剖切要画剖面线。图 3-23 所示是普通平键连接装配图的画法。

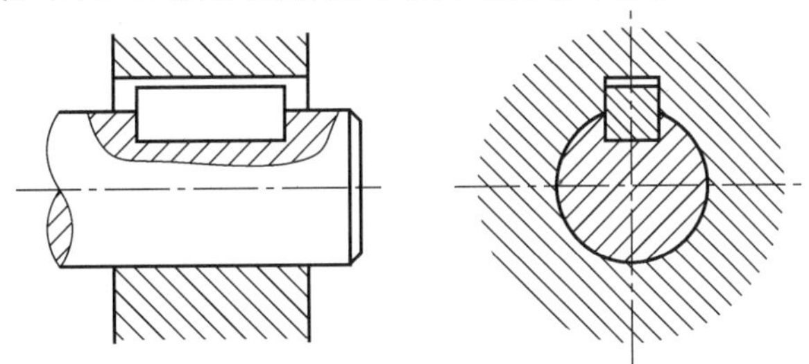

图 3-23　普通平键连接装配图画法

2）半圆键和钩头楔键连接装配图的画法

半圆键连接的装配图和普通平键连接的装配图类似，如图 3-24 所示。

在钩头楔键连接中，键的上下底面为工作面，键的斜面与轮上键槽的斜面必须紧密接触。图上不能有间隔，键宽与键槽宽基本尺寸一致，但是间隔配合，也只能画一条线，如图 3-25 所示。

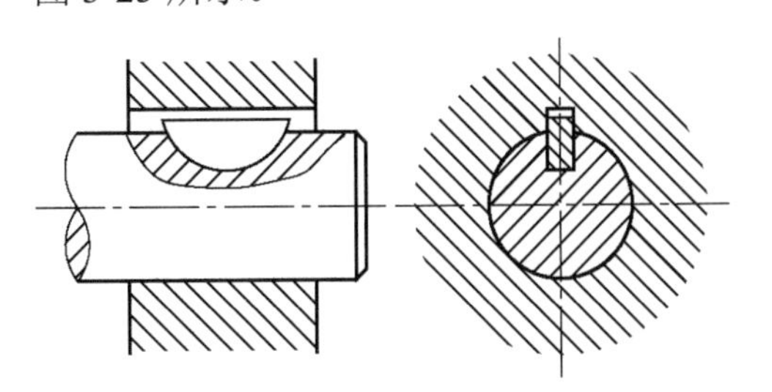

图 3-24　半圆键连接装配图画法

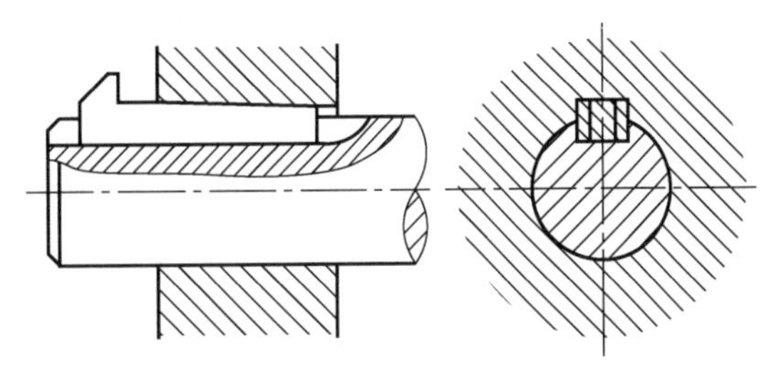

图 3-25　钩头楔键连接装配图画法

3. 销连接画法

1）销的种类

常用的销有圆柱销、圆锥销和开口销，如图 3-26 所示。其中圆柱销又分为 A、B、C、D 四种形式，备有不同的公差带代号，以满足使用时不同的配合要求。圆锥销又分为 A、B 两种形式。圆锥销有 1∶50 锥度，公称直径为小端直径。

图 3-26　销

2）销的标记

公称直径 10mm，长 50 mm 的 B 型圆柱销 标记：销 GB 119—2000 B10×50。

3）销连接的画法

销连接的画法如图 3-27～图 3-29 所示。

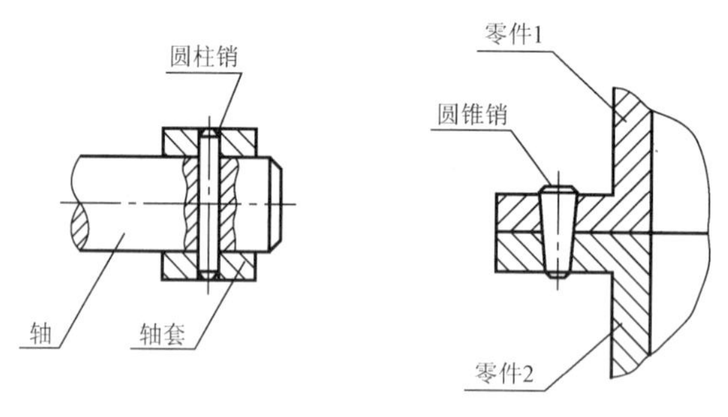

图 3-27　销的连接

剖视图中，当剖切平面通过销的轴线时，销按不剖绘制，但横向剖时要画剖面线。

圆柱销和圆锥销用于连接固定时，有较高的装配要求，所以在加工销孔时，一般将两个零件一起加工。这要在零件图上说明，如图 3-29（b）所示。

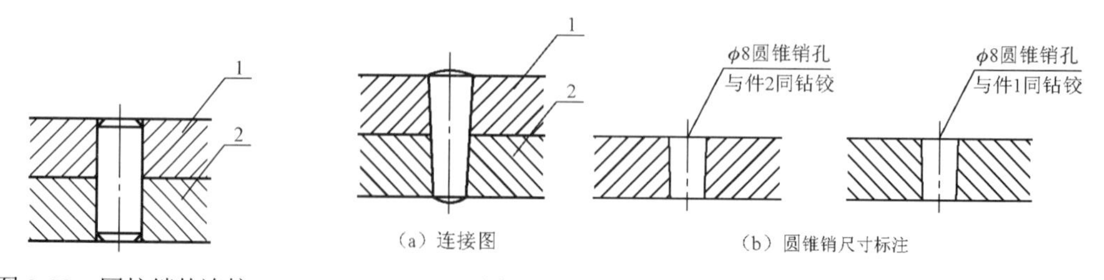

图 3-28　圆柱销的连接

图 3-29　圆锥销连接及圆锥销孔尺寸标注

（三）知识链接与巩固

如图 3-30 所示为开口销的连接图。

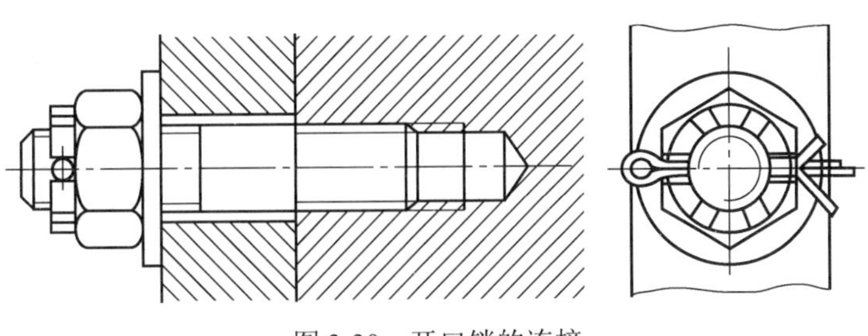

图 3-30 开口销的连接

表 3-4 中列举了三种销的简图和标记。

表 3-4 销的简图和标记

种　类	圆 柱 销	圆 锥 销	开 口 销
结构和规格尺寸			
简化标记示例	公称直径 d=8，公差 m6，公称长度 l=30，材料为钢，不经淬火，不经表面处理的圆柱销 销 GB/T 119.1 8m6×30	公称直径 d=10，公称长度 l=30，材料为 35 钢，热处理硬度 28～38HRC，表面氧化处理的圆 A 型圆锥销 销 GB/T 117 10×30	公称直径 d=5，公称长度 l=50，材料为 Q215 或 Q235，不经表面处理的开口销 销 GB/T 91 5×50

课堂思考与练习：

查表绘制一普通平键的连接图，轴的直径 d=30mm，轮毂宽度 B=40mm。

二、绘制滚动轴承的视图

知识点：

* 滚动轴承的分类和用途；
* 滚动轴承的规定画法。

技能点：

* 能正确绘制滚动轴承的视图。

（一）任务描述

滚动轴承是机器中广泛用来支撑传动轴的标准件，具有结构紧凑、摩擦阻力小、旋转精度高、维修方便等优点，由专业厂家批量制造。可根据使用要求，查阅有关标准进行选用。下面就常用滚动轴承进行任务示例。

（二）任务执行

1. 滚动轴承的结构、类型及代号

1）结构

滚动轴承由内圈、外圈、滚动体和保持架组成，如图 3-31 所示。

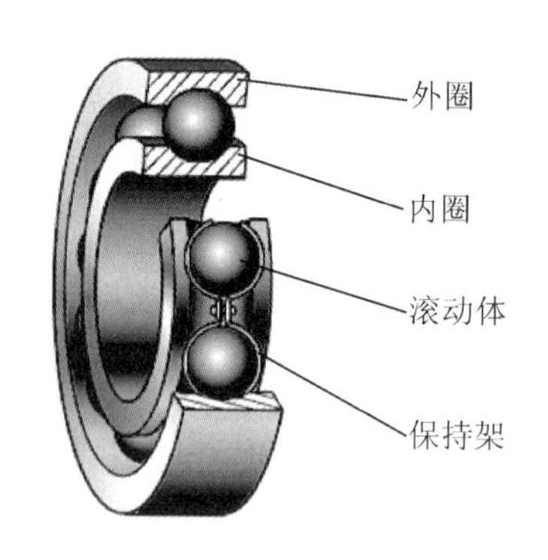

图 3-31 滚动轴承的基本结构

内圈：套在轴上，随轴一起转动。

外圈：装在机座孔中，一般固定不动或偶作少许转动。

滚动体：装在内、外圈之间的滚道中。

保持架：用以均匀隔开滚动体，故又称隔离圈。

2）类型

滚动轴承按受力方向分为三类：

向心轴承：主要承受径向力，如深沟球轴承。

推力轴承：主要承受轴向力，如推力球轴承。

向心推力轴承：既承受径向力又承受轴向力，如圆锥滚子轴承。

3）代号

滚动轴承代号标注格式：

前置代号+基本代号+后置代号

常用基本代号标注：基本代号表示轴承的基本类型、结构和尺寸，是轴承代号的基础。基本代号由轴承类型代号、尺寸系列代号和内径代号构成。基本代号通常用四位数字表示，从左往右依次为：

第一位数字是轴承类型代号，如表 3-5 所示。

表 3-5 常见轴承类型代号

代　　号	3	5	6	N
轴承类型	圆锥滚子轴承	推力球轴承	深沟球轴承	圆柱滚子轴承

第二、三位数字是尺寸系列代号。尺寸系列代号由轴承的宽（高）度系列代号（一位数字）和直径系列代号（一位数字）左右排列组成。尺寸系列代号有时可以省略。

右边的两位数字是内径代号。当内径尺寸在 20～480 mm 范围内，即内径代号在 03 以上时，内径尺寸=内径代号×5，如表 3-6 所示。

表 3-6 滚动轴承的内径代号

内 径 代 号	00	01	02	03	04 以上
轴承的公称直径（mm）	10	13	15	17	内径代号×5

例如：轴承代号 6204，其中，6 为类型代号（深沟球轴承），2 为尺寸系列（02）代号，04 为内径代号（内径尺寸=04×5=20mm）。

2. 滚动轴承的画法

国家标准 GB/T 4459. 7—1998 中规定可采用简化画法和规定画法来绘制滚动轴承。滚动轴承在装配图中通常采用规定画法（比例画法）。主要参数：*d* （内径）、*D*（外径）、

B（宽度）根据轴承代号在画图前查标准确定。

在同一图样中，一般只采用其中一种画法。通用画法的尺寸比例示例如图 3-32 所示。

如需要较形象地表示滚动轴承的结构特征，则可采用特征画法。必要时还可以采用规定画法绘制。在轴的一侧用剖视图画出，内、外圈的剖面线方向、间隔应一致，滚动体上不画剖面线；在轴的另一侧则按通用画法绘制。

三种常见滚动轴承的特征画法和规定画法如表 3-7 所示。

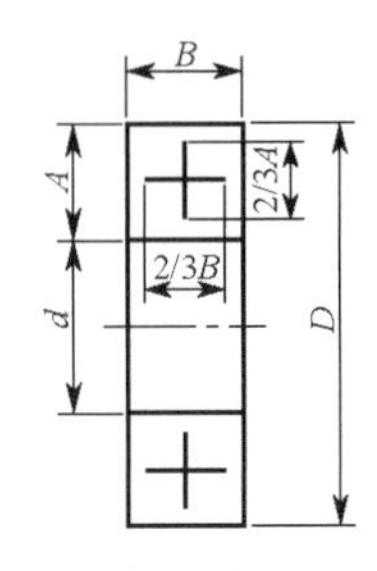

图 3-32　滚动轴承通用画法

表 3-7　常见滚动轴承的特征画法和规定画法

轴承名称	结构类型	应用	规定画法	特征画法
深沟球轴承 GB/T 276—1994 6000 型	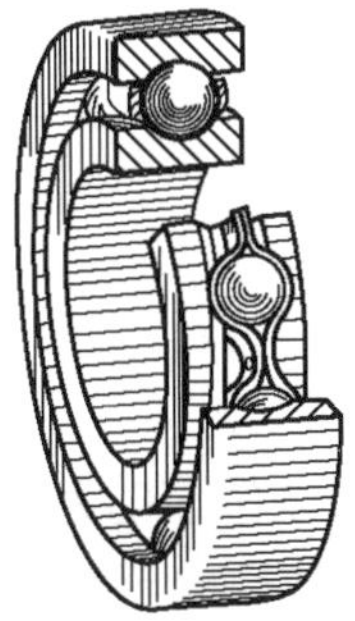	主要承受径向力	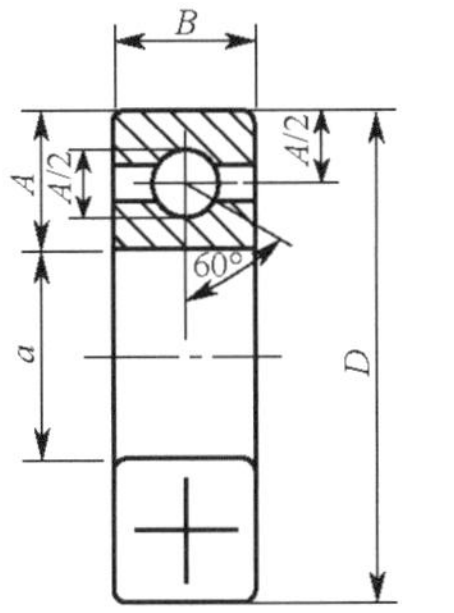	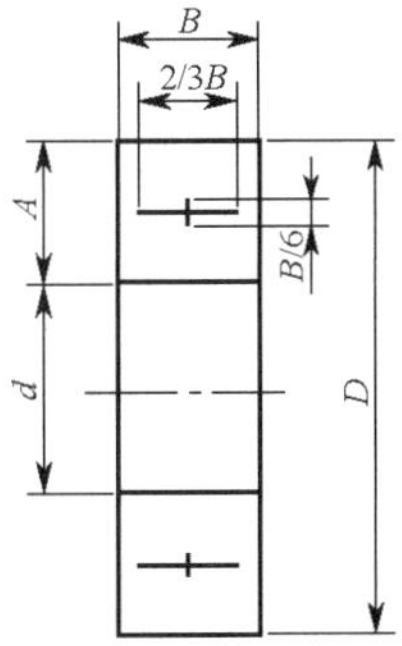
圆锥滚子轴承 GB/T 297—1994 30000 型	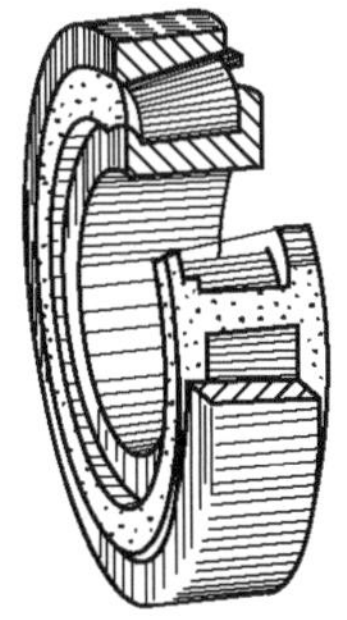	可同时承受径向力和轴向力	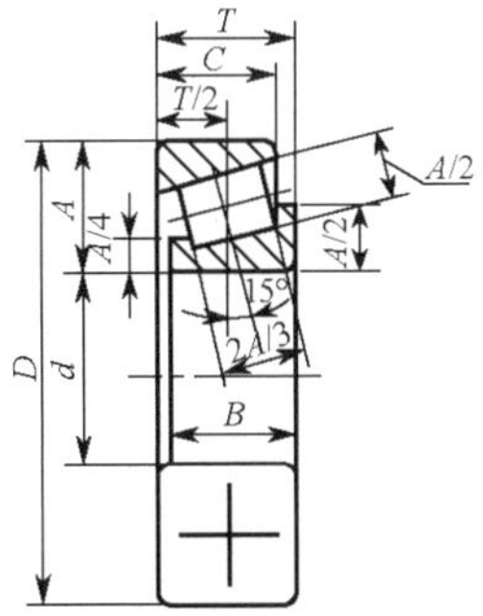	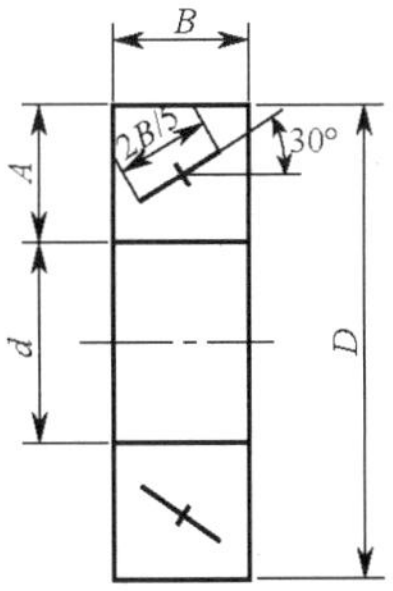
推力球轴承 GB/T 301—1995 51000 型	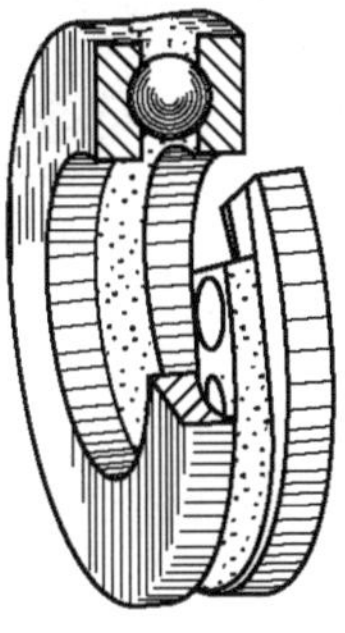	承受单方向的轴向力	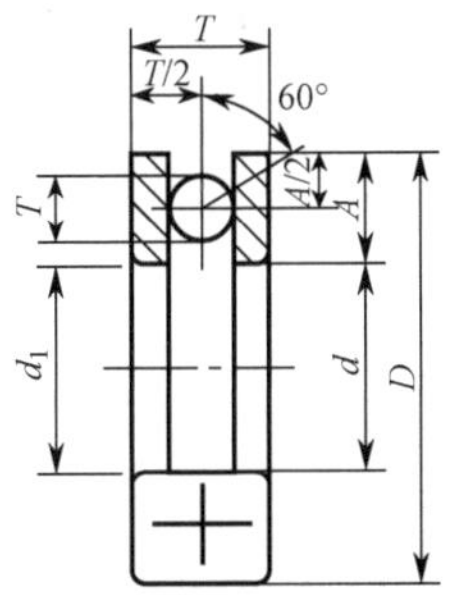	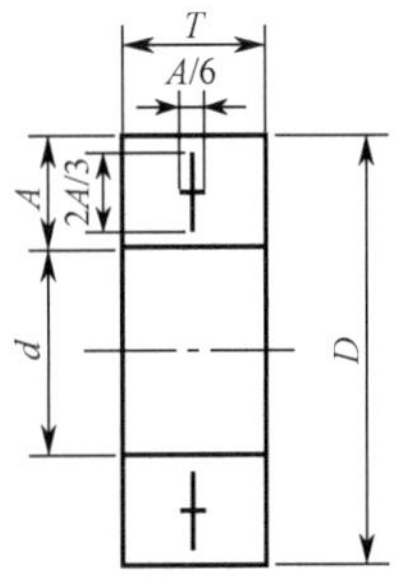

课堂思考与练习：

判断滚动轴承 6206、30212 的类型，计算出公称内径，并用规定画法画出滚动轴承 6206 的视图。

任务三　绘制齿轮的图样

知识点：

* 齿轮各部分基本尺寸的计算；
* 齿轮的规定画法和啮合画法。

技能点：

* 能计算齿轮各部分的基本尺寸；
* 能绘制齿轮的零件图和齿轮啮合视图。

（一）任务描述

齿轮是广泛应用于各种机械传动中的一种常用件，用以传递动力和运动。它可以将一个轴的转动传递给另一个轴，从而实现减速、增速、变向和换向等行动。

下面进行齿轮零件图的绘制及齿轮啮合视图的绘制。

（二）任务执行

1. 齿轮的类型

齿轮是机械传动中广泛应用的零件。它的主要作用是传递力，改变运动的速度和方向。根据传动轴的相对位置，齿轮可分为以下三类，如图 3-33 所示。

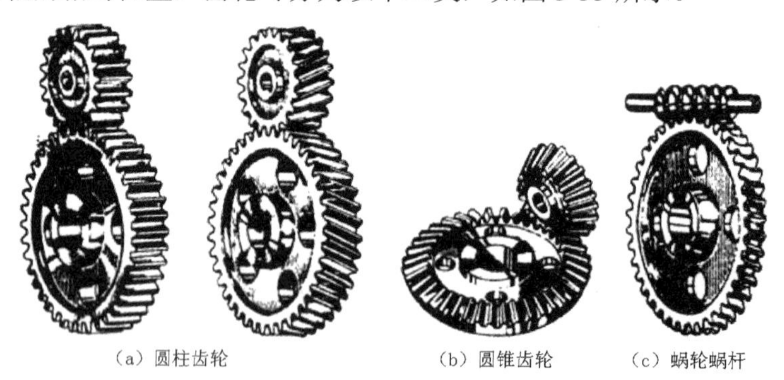

（a）圆柱齿轮　（b）圆锥齿轮　（c）蜗轮蜗杆

图 3-33　齿轮传动

圆柱齿轮：用于两平行轴之间的传动。

圆锥齿轮：用于两相交轴之间的传动。

蜗轮蜗杆：用于两垂直交叉轴之间的传动。

齿轮传动的另一种形式为齿轮齿条传动，如图 3-34 所示，用于转动和移动之间的运动转换。

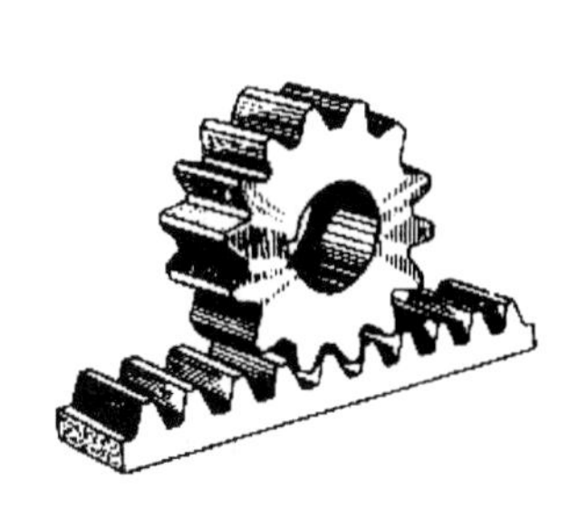

图 3-34 齿轮齿条传动

2. 直齿圆柱齿轮

1）直齿圆柱齿轮的参数（如图 3-35 所示）

齿数（z）：齿轮的齿数，由设计的传动比确定，传动比 $i_{12}=n_1/n_2=z_2/z_1$。

齿顶圆（直径 d_a）：通过轮齿顶面的圆。

齿根圆（直径 d_f）：通过轮齿根部的圆。

分度圆（直径 d）：作为计算齿轮各部分尺寸的基准圆。

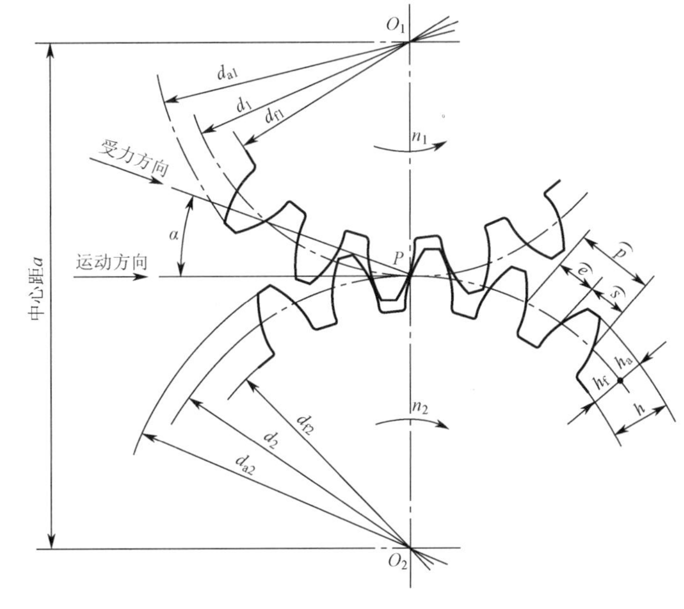

图 3-35 直齿圆柱齿轮轮齿各部分名称及代号

节圆：当两齿轮转动时，其齿廓（轮齿在齿顶圆和齿根圆之间的曲线段）在连心线 O_1O_2 上的接触点 P 处，两齿轮的圆周速度相等，以 O_1P 和 O_2P 为半径的两个圆称为相应齿轮的节圆。由此可见，两个节圆相切于 P 点（称为节点）。节圆直径只有在装配后才能确定。一对装配准确的标准齿轮，其节圆和分度圆重合。

齿顶高（h_a）：分度圆到齿顶圆的径向距离。

齿根高（h_f）：分度圆到齿根圆的径向距离。

齿高（h）：齿顶圆与齿根圆之间的径向距离。

齿距（p）：在分度圆上相邻两齿对应点的弧长。

齿厚（s）：在分度圆上每一齿的弧长。

齿宽（b）：齿轮的由齿部位沿分度圆柱面的直母线方向量度的宽度。

压力角、齿形角（α）：在节点 P 处齿轮的受力方向（齿廓曲线的公法线）与运动方向（两节圆的内公切线）之间所夹的锐角，称为压力角；而加工齿轮用的基本齿条的法向压力角称为齿形角。压力角、齿形角均以 α 表示。我国规定标准齿轮的压力角为 20°。

模数（m）：当齿轮齿数为 z 时，分度圆周长 $\pi d=pz$，则

$$d=(p/\pi)\times z$$

其中，π 为无理数，为设计、计算方便，令

$$p/\pi=m$$

$$\therefore \quad d = mz$$

比值 p/π 称为齿轮的模数。

由于 π 是常数，所以 m 的大小取决于 p，而 p 决定了齿轮的大小，所以 m 的大小即反映齿轮的大小。两啮合齿轮的模数 m 和压力角 α 必须相等。模数 m 是计算齿轮主要尺寸的一个基本依据。为了方便设计和加工，模数已标准化，单位为mm，如表 3-8 所示。

表 3-8　齿轮模数标准系列摘录（GB 1357—1987）　（mm）

第一系列	1　1.25　1.5　2　2.5　3　4　5　6　8　10　12　16　20　25　32　40　50
第二系列	1.75　2.25　2.75　（3.25）3.5　（3.75）4.5　5.5　（6.5）7　9　（11）14　18　22　28　36　45

注：在选用模数时，应优先采用第一系列，其次是第二系列，括号内的模数尽可能不用。

标准齿轮轮齿各部分的尺寸都根据模数来确定，标准直齿圆柱齿轮轮齿（正常齿）各部分尺寸与模数的关系见表 3-9。

表 3-9　标准直齿圆柱齿轮（正常齿）各部分的尺寸关系

名　称	尺 寸 关 系
齿顶高	$h_a=m$
齿根高	$h_f=1.25m$
齿高	$h=h_a+h_f=2.25m$
分度圆直径	$d=mz$
齿顶圆直径	$d_a=d+2h_a=m(z+2)$
齿根圆直径	$d_f=d-2h_f=m(z-2.5)$
两啮合齿轮中心距离	$a=(d_1+d_2)/2=m(z_1+z_2)/2$

2）直齿圆柱齿轮的画法

（1）单个直齿圆柱齿轮的画法

根据 GB 4459.2—2003 中的规定，直齿圆柱齿轮的画法如下。

轮齿部分按下列规定绘制：齿顶圆和齿顶线用粗实线绘制；分度圆和分度线用细点画线绘制（分度线应超出齿轮两端 2～3mm）；齿根圆和齿根线用细实线绘制，也可省略不画，在剖视图中，齿根线用粗实线绘制（如图 3-36 所示）。如需表明齿形，可在图形中用粗实线画出一个或两个齿，或用适当比例的局部放大图表示。

单个直齿圆柱齿轮的齿轮部分按上述规定绘制，其余部分按真实投影绘制。在剖视图中，当剖视图平面通过齿轮的轴线时，轮齿一律按不剖绘制，如图 3-36 所示。

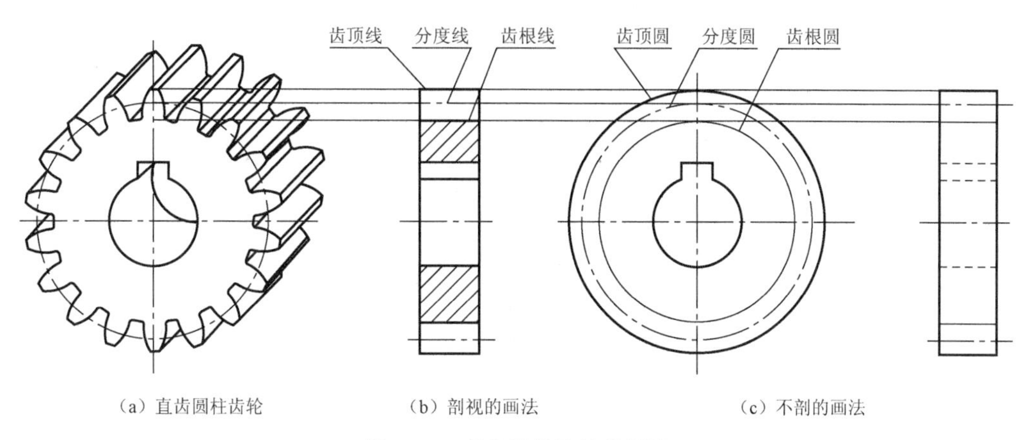

图 3-36 直齿圆柱齿轮的画法

(2) 直齿圆柱齿轮的啮合画法

图 3-37 所示是一对啮合直齿圆柱齿轮，其啮合区的画法如下：

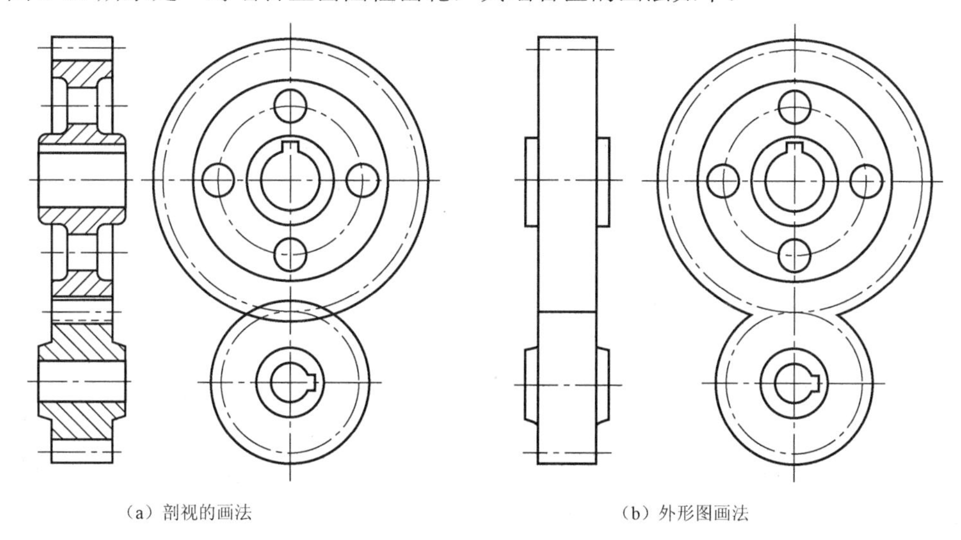

图 3-37 直齿圆柱齿轮的啮合画法

① 在垂直于圆柱齿轮轴线的投影面的视图中，两节圆应相切。在啮合区内的齿顶圆均用粗实线绘制，如图 3-37（a）所示；也可省略不画，如图 3-37（b）所示。齿根圆全部不画。

② 在平行于圆柱齿轮轴线的投影面的视图中，啮合区内的齿顶线不需画出，节线用粗实线绘制，如图 3-37（b）所示。当画成剖视图且剖切平面通过两啮合齿轮的轴线时，在啮合区内将一个齿轮的轮齿用粗实线绘制，另一个齿轮的轮齿被遮挡的部分用虚线绘制，如图 3-37（a）所示（这条虚线也可省略不画）。两啮合齿轮的齿顶与齿根之间应有 0.25m 的间隙。在剖视图中，当剖切平面通过啮合齿轮的轴线时，齿轮一律按不剖绘制。

如图 3-38 所示是一直齿圆柱齿轮的零件图。

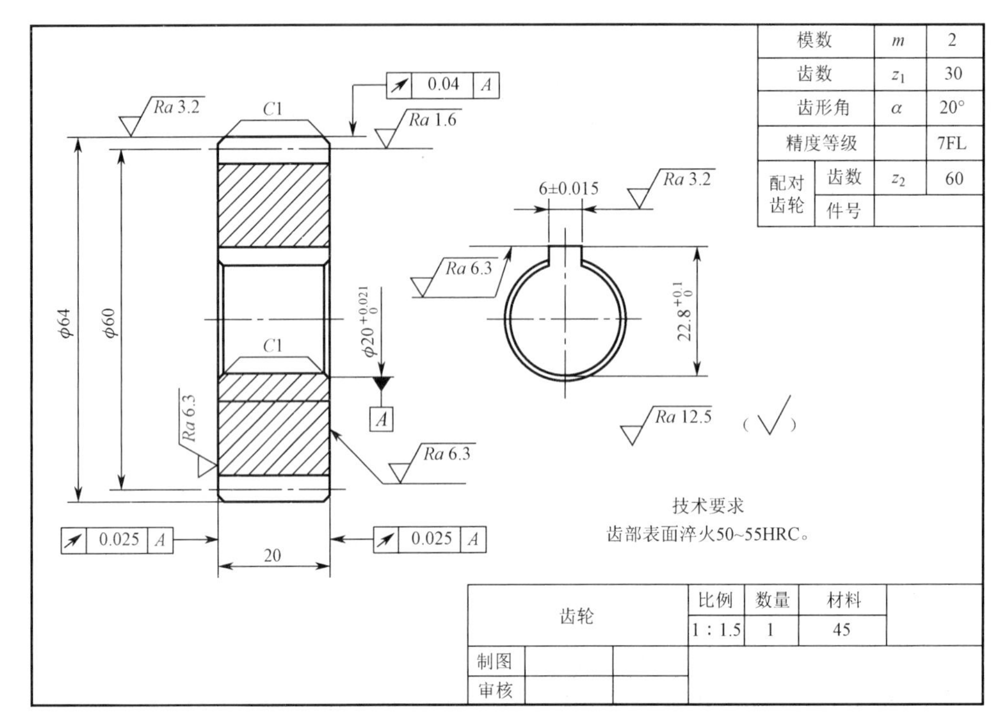

图 3-38　直齿圆柱齿轮的零件图

（三）知识链接与巩固

下面介绍其他类型齿轮的规定画法。

1. 锥齿轮

锥齿轮通常用于垂直相交的两轴间的传动。由于齿轮位于圆锥面上，所以锥齿轮的轮齿一端大、另一端小，齿厚是逐渐变化的，直径和模数也随着齿厚的变化而变化。规定以大端的模数为准，用它决定齿轮的有关尺寸。一对锥齿轮啮合，也必须有相同的模数。锥齿轮各部分几何要素的名称如图 3-39 所示。

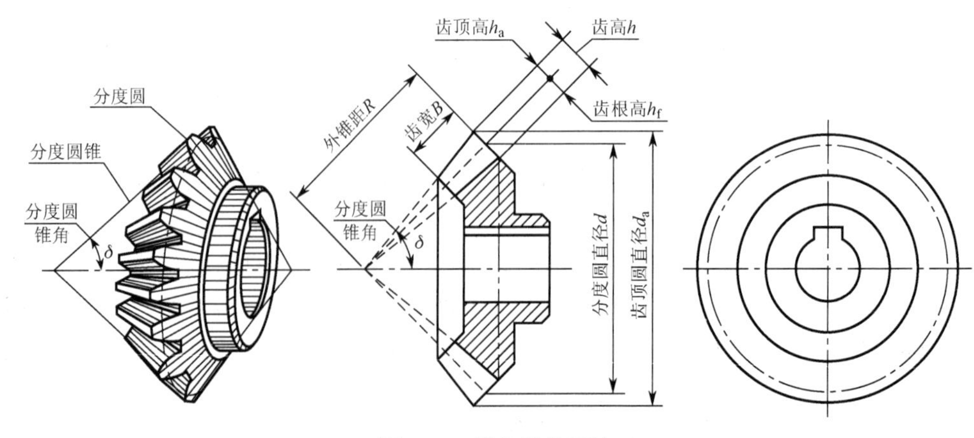

图 3-39　锥齿轮的画法

锥齿轮各部分几何要素的尺寸也都与模数 m、齿数 z 及分度圆锥角 δ 有关。其计算公式：齿顶高 h_a=m，齿根高 h_f=1.2m，齿高 h=2.2m，分度圆直径 $d = m(z+2\cos\delta)$，齿根圆直径 $d_f=m(z-2.4\cos\delta)$。

锥齿轮的规定画法与圆柱齿轮基本相同。单个锥齿轮的画法如图 3-37 所示。一般用主、左两视图表示，主视图画成全剖视图，左视图中，用粗实线表示齿轮大端和小端的齿顶圆，用点画线表示大端的分度圆，齿根圆省略不画。

锥齿轮的啮合画法如图 3-40 所示。主视图画成剖视图，由于两齿轮的节圆周面相切，因此其节线重合，画成点线面。在啮合区内应将其中一个齿轮的齿顶线画成粗实线，而另一个齿轮的齿顶线画成虚线或省略不画。左视图画成外形视图。

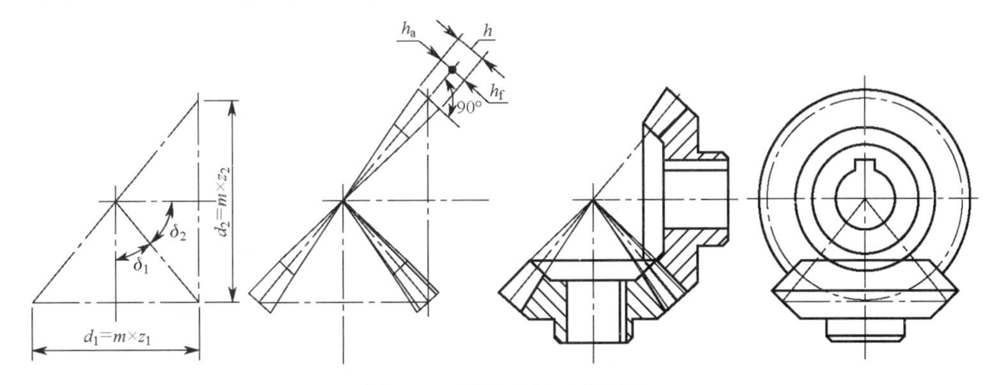

图 3-40　锥齿轮的啮合画法

2. 蜗轮和蜗杆

蜗轮与蜗杆用于垂直交叉两轴之间的传动，通常蜗杆是主动的，蜗轮是从动的。蜗轮、蜗杆的传动比大，结构紧凑，但效率低。蜗杆的齿数 z_1 相当于螺杆上的螺纹线数，蜗杆常用单头或双头，在传动时蜗杆旋转一圈，则蜗轮只转一个齿或两个齿，因此可得到传动比 $i_{12}=z_2/z_1$（z_2 为蜗轮齿数）。

蜗杆和蜗轮各部分几何要素的代号和规定画法如图 3-41、图 3-42 所示。其画法与圆柱齿轮基本相同，但是在蜗轮投影为圆的视图中，只画出分度圆的最外圆，不画出齿顶圆与齿根圆；在外形视图中，蜗杆的齿根圆和齿根线用细实线绘制或省略不画。图中，P_x 是蜗杆的轴向齿距；d_{e2} 是蜗轮齿顶的最外圆直径，即齿顶圆柱面的直径，d_{a2} 是蜗轮的齿顶圆环面齿顶圆的直径。

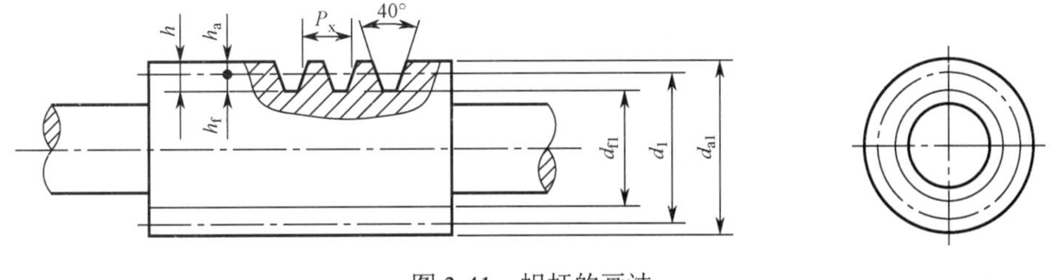

图 3-41　蜗杆的画法

蜗杆和蜗轮啮合的画法如图 3-43 所示。在主视图中，蜗轮被蜗杆遮住的部分不画出；在左视图中，蜗轮的分度圆与蜗杆的分度线相切，其余如图 3-43 所示。

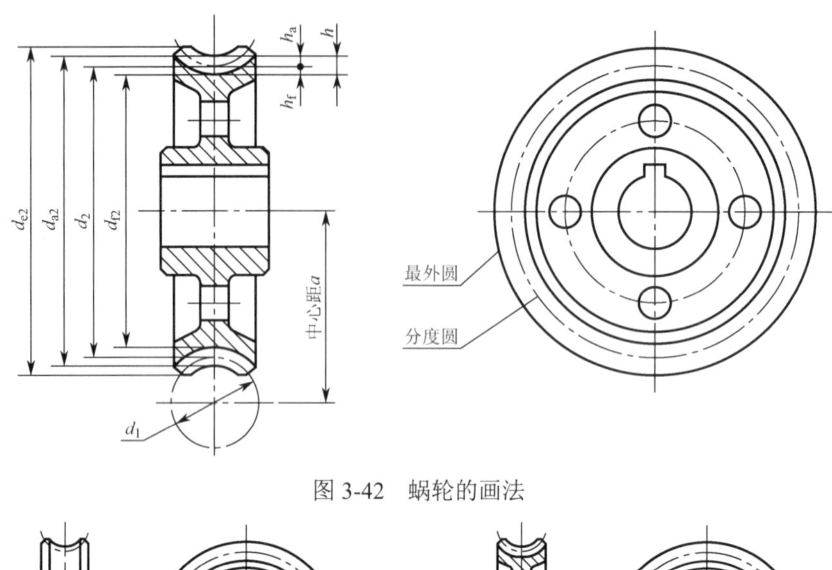

图 3-42　蜗轮的画法

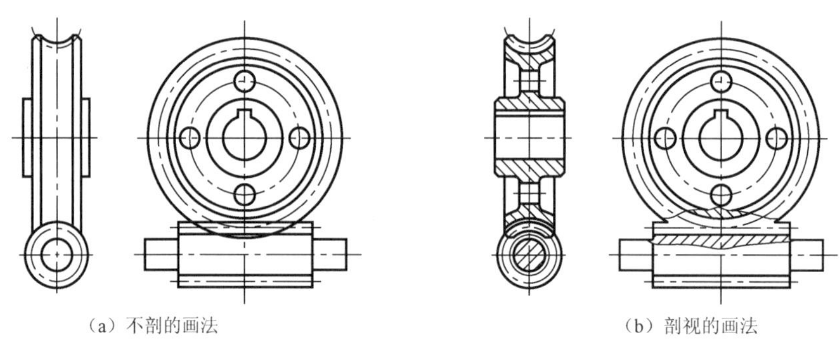

（a）不剖的画法　　（b）剖视的画法

图 3-43　蜗杆和蜗轮啮合的画法

课堂思考与练习：

已知 z=16，m=3，计算直齿圆柱齿轮各部分的尺寸并画出齿轮的视图。

任务四　绘制弹簧的图样

知识点：

* 圆柱螺旋压缩弹簧尺寸的计算公式；
* 圆柱螺旋压缩弹簧的规定画法。

技能点：

* 能计算圆柱螺旋压缩弹簧各部分的尺寸；
* 能绘制圆柱螺旋压缩弹簧的视图。

（一）任务描述

弹簧也是广泛应用于各种机械传动中的一种常用件，可用于减振、储能、测力、压紧和复位等。其特点是除去外力后能立即恢复原形。

下面进行常见圆柱螺旋压缩弹簧视图的绘制。

（二）任务执行

绘制圆柱螺旋压缩弹簧，一般采用剖视图画法。下面结合实例来说明弹簧的画图步骤。

已知圆柱螺旋压缩弹簧的簧丝直径 d=6，弹簧中径 D=35，节距 t=11，有效圈数 n=8，右旋，作图步骤如图 3-44 所示。

① 算出弹簧自由高度 H_0，根据弹簧中径 D、自由高度 H_0 和簧丝直径 d 等参数，画出两端支承圈的小圆。

② 根据节距 t 作有效圈部分的簧丝剖面。

③ 最后按右旋作相应小圆的外公切线，画出簧丝的剖面线，即完成弹簧的剖视图。

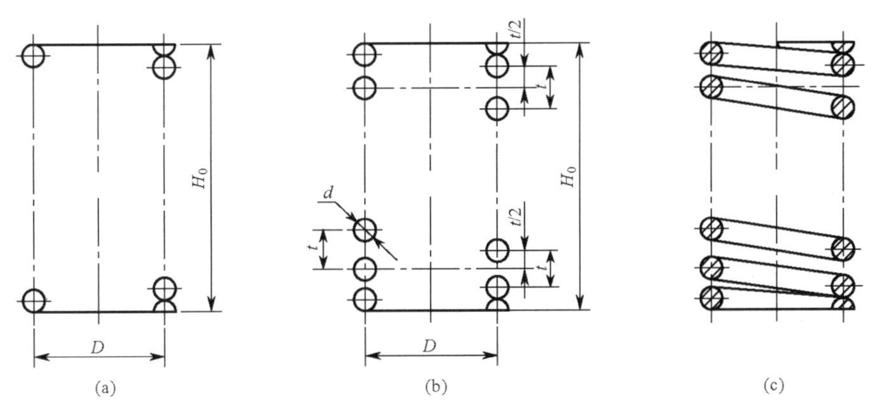

图 3-44 圆柱螺旋压缩弹簧的画图步骤

（三）知识链接与巩固

1. 弹簧的分类

弹簧的种类和形式很多，最常用的有螺旋弹簧和涡卷弹簧。根据受力的不同，螺旋弹簧又可分为压缩弹簧、拉伸弹簧和扭转弹簧，如图 3-45 所示。

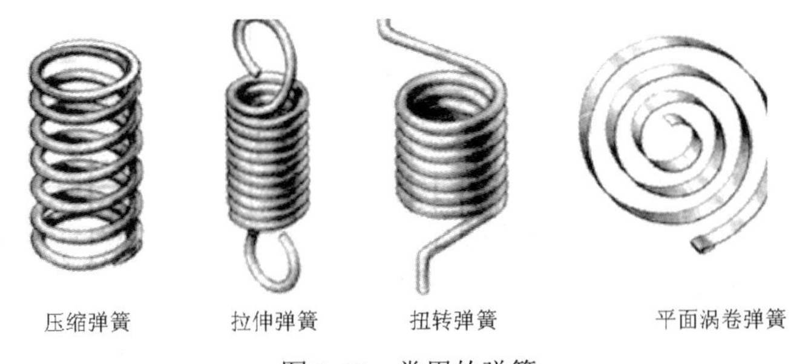

图 3-45 常用的弹簧

其中，圆柱螺旋弹簧是最为常见的，也是使用最多的弹簧。

2. 圆柱螺旋压缩弹簧各部分的名称及尺寸关系

为使弹簧各圈受力均匀，多数弹簧的两端都并紧磨平，在工作时起支承作用，称支承圈。除支承圈外，其余保持节距相等参加工作的圈称为有效圈。有效圈数与支承圈数之和称为总圈数。下面介绍弹簧的有关参数（见图 3-46）。

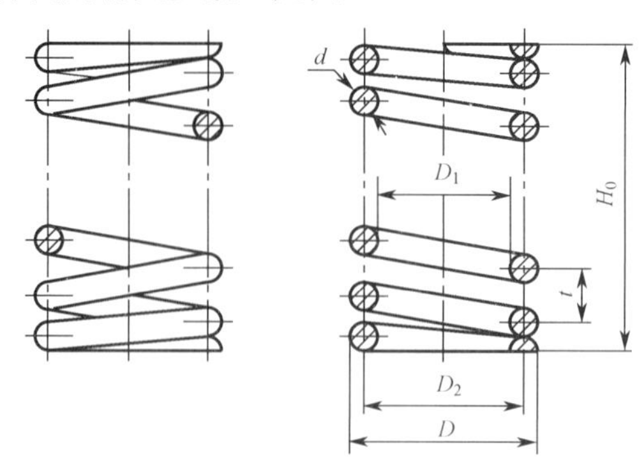

图 3-46 圆柱螺旋压缩弹簧

① 簧丝直径 d：制造弹簧钢丝的直径。

② 弹簧中径 D：弹簧的平均直径，按标准选取。

弹簧内径 D_1：弹簧内圈的直径，$D_1=D-d$。

弹簧外径 D_2：弹簧外圈的直径，$D_2=D+d$。

③ 有效圈数 n、支承圈数 n_2 和总圈数 n_1：

$$n_1=n+n_2$$

有效圈数按标准选取。

④ 节距 t：相邻两有效圈截面中心线的轴向距离，按标准选取。

⑤ 自由高度 H_0：弹簧在不受外力时的高度。

$$H_0=nt+2d$$

计算后按相近值选取。

国家标准 GB/T 2089—1994 规定了圆柱螺旋压缩弹簧的尺寸及参数，可供设计绘图时参考。

3. 圆柱螺旋压缩弹簧的画法规定

根据国家标准 GB/T 4459.4—2003 的规定：

① 在平行于螺旋弹簧轴线的投影面的视图中，弹簧各圈的轮廓应画为直线。

② 螺旋弹簧均可画为右旋。若是左旋弹簧，只需在图中标出旋向“左”字即可。

③ 螺旋压缩弹簧如要求两端并紧且磨平，则不论支承圈数多少和末端贴紧情况如何，均按支承圈为 2.5 圈的形式绘制，必要时才按实际结构绘制。

④ 有效圈在 4 圈以上的螺旋弹簧，无论是否采用剖视画法，都只需画出两端的 1～2 圈（支承圈除外），中间部分可省略不画，而用通过弹簧丝中心的两条细点画线表示。圆柱螺旋弹簧中间部分省略后，允许适当缩短图形的长度。

⑤ 在装配图中，螺旋弹簧被剖开后不论中间各圈是否省略，被弹簧挡住的结构一般不画，其可见部分应从弹簧的外轮廓线或从弹簧钢丝剖面的中心线画起，如图 3-47(a)所示。

⑥ 在装配图中，当弹簧型材直径或厚度在图样上等于或小于 2mm 时，其簧丝断面可用涂黑表示；若簧丝直径不足 1mm，则允许用示意图绘制，如图 3-47（b），(c）所示。

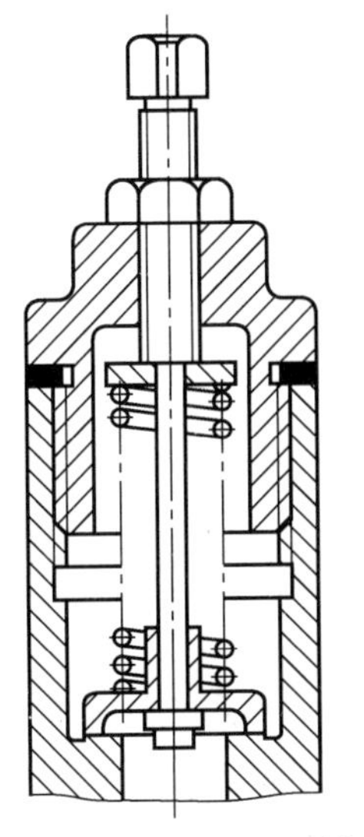

(a) 不画挡住部分的零件轮廓

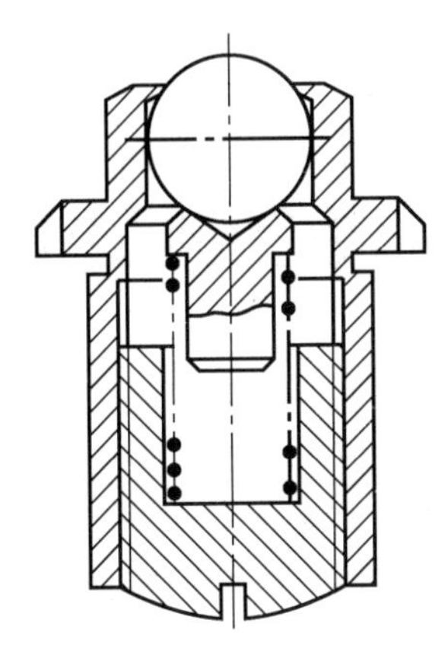

(b) 簧丝剖面涂黑

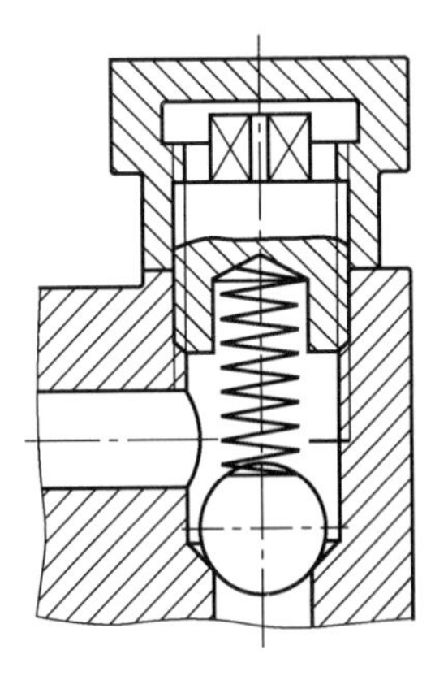

(c) 簧丝示意画法

图 3-47　装配图中弹簧的画法

在弹簧的零件图中，除标注簧丝直径 d、弹簧外径 D、节距 t 和自由高度 H_0 等尺寸外，还要在主视图上方用斜线表示出外力与弹簧变形之间的关系；在技术要求中除填写旋向、有效圈数、总圈数外，还要填写工作极限应力、热处理要求、各项检验等内容。

课堂思考与练习：

怎样计算圆柱螺旋压缩弹簧的自由高度？绘制圆柱螺旋压缩弹簧的视图至少需要哪些尺寸？

「学习情境四」

识读和绘制典型零件图

【提要】任何一台机器（或部件）都是由若干个零件按一定的装配关系及技术要求装配而成的。零件的结构是千变万化的，但可以根据零件的几何特征分为四大典型零件，分别是轴套类零件、轮盘类零件、叉架类零件和箱体类零件。制造机器或部件必须先依照零件图制造零件。表达零件结构、大小及技术要求的图样称为零件图。

学习情境四主要介绍零件图的内容、识读和绘制典型零件图的方法，培养工程意识。

任务一　识读零件图

知识点：

* 零件图的作用及内容；
* 零件图的尺寸标注；
* 零件表达方案的选择步骤；
* 零件的工艺结构。

技能点：

* 能合理标注零件图的尺寸；
* 能合理设计零件的工艺结构；
* 能识读零件图的内容。

（一）任务描述

如图 4-1 所示是齿轮泵的轴测装配图。通过齿轮泵的轴测装配图可以看出齿轮泵是由 14 种零件组装起来的。每种零件都有其结构特点、尺寸要求、制造技术要求及其他箱盖零件信息，而这些内容可以通过仔细分析它们的零件图获悉。

（二）任务执行

1. 零件图的作用及内容

1）零件图的作用

零件图是设计和生产部门的重要技术文件，它不仅反映了设计者的意图，而且表达了机器或部件对零件的技术要求，如尺寸精度、形位公差和表面粗糙度。零件图也是制造和检测零件的依据，如工艺部门根据零件图进行工艺规程、工艺装备等的设计和制订。

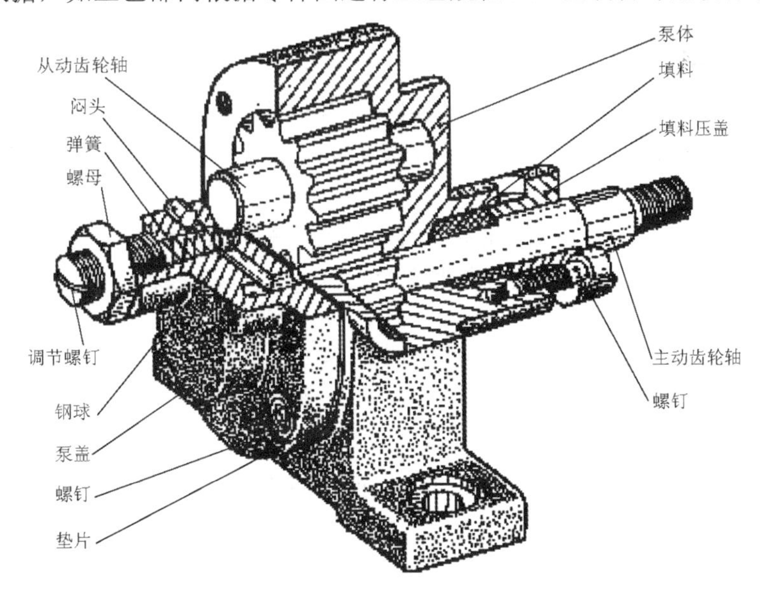

图 4-1　齿轮泵的轴测装配图

2）零件图的内容

图 4-2 所示是齿轮泵中主动齿轮轴的零件图，从图中可知，一张完整的零件图应包括以下四个方面的内容：

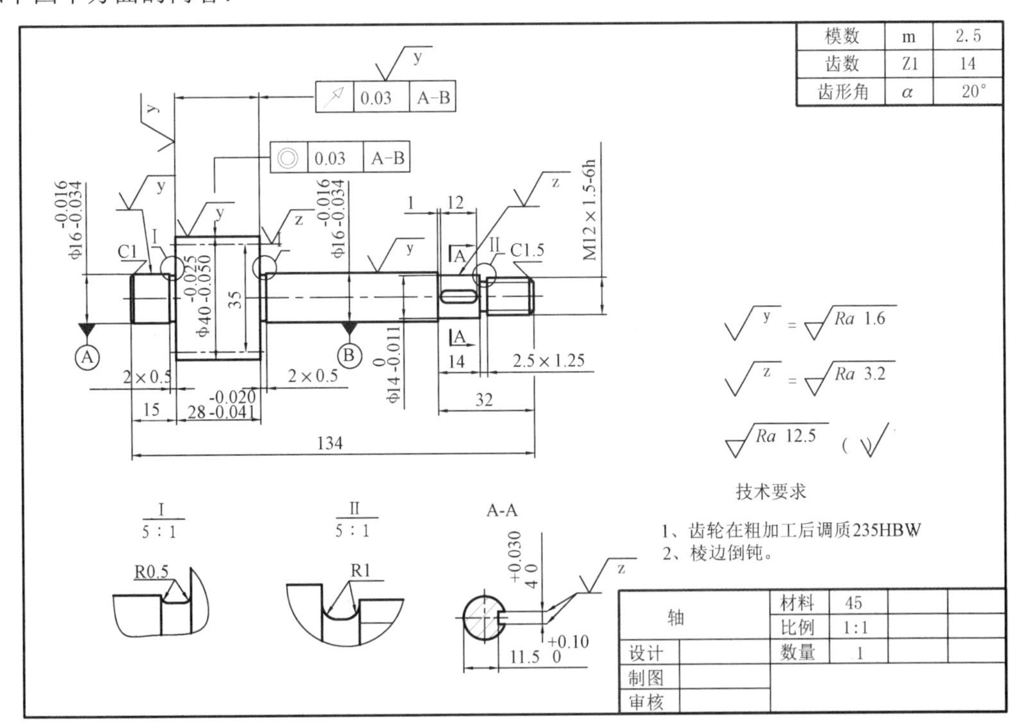

图 4-2　主动齿轮轴的零件图

（1）一组视图

在零件图中须用一组视图来正确、完整、清晰地表达零件各部分的形状和结构。这一组视图可以是视图、剖视、断面和其他表达方法。

（2）完整的尺寸

正确、完整、清晰、合理地标注出组成零件各形体的大小及其相对位置尺寸。尺寸标注得合理不仅能够满足设计者的意图，而且更有利于加工制造和检测。

（3）技术要求

用规定的代号和文字标注或阐述零件所需要的技术要求，包括尺寸公差与配合、形位公差、表面粗糙度、热处理及其他特殊要求等。

（4）标题栏

零件图标题栏一般包括零件的名称、材料、数量、比例、图的编号、日期，以及设计及有关人员的签名等内容。

2. 零件表达方案的选择

零件的视图选择首先应考虑看图方便。根据零件的结构特点，确定一组图形把零件的结构形状完整、清晰地表达出来，并力求绘图简便明了。这一组视图主要以主视图为主，然后根据结构关系和复杂程度恰当地选择其他视图。

1）主视图的选择

主视图是零件图中的核心，主视图的选择直接影响到其他视图的选择及读图的方便等。选择主视图主要包括确定主视图的投射方向和确定零件的安放位置，应从以下几个方面考虑。

（1）零件形状的选择

零件属于组合体，主视图能将组成零件的各形体之间的相互位置和主要形体的形状、结构表达清晰和完整。

（2）加工位置的选择

加工位置是指零件在机床上加工的装夹位置。主视图与零件主要加工工序中的加工位置相一致，便于看图加工和检测尺寸。如轴套零件主要在车床上进行加工，故其主视图尽量应按轴线水平位置绘制。

（3）工作位置的选择

工作位置是指零件在机器或部件中的工作位置。主视图与零件的工作位置相一致，有利于把零件图和装配图对照起来，以便于加工时看图。

2）其他视图的选择

主视图确定后，应根据零件结构形状的复杂程度，分析主视图是否表达完整、清晰，从而确定是否需要其他视图来表达零件的结构和形状。在选择其他视图时其数量应尽可能少。具体选择表达方法时应注意以下几点：

① 所选的表达方法要恰当。每个视图都要有明确的表达重点，各个视图互相配合、互相补充，表达内容尽量不重复。

② 所选的视图数量要恰当。应尽量减少虚线或恰当运用少量虚线以减少视图个数。

③ 根据零件的内部结构恰当应用剖视图或断面图，使其发挥更大作用。

④ 对尚未表达清楚的局部形状和细小结构，可以用局部视图或局部放大图来表示。

⑤ 视图表达力求简练，不出现多余视图，避免表达重复、烦琐。

3. 零件的工艺结构

零件的结构形状除了满足零件工作要求、设计要求外，还必须考虑制造过程中提出的一系列工艺结构要求，如加工、测量、装配等，否则将使制造工艺复杂化甚至无法制造。因此，应了解零件上常见的工艺结构。

1）机械加工工艺结构

（1）倒圆和倒角

为避免在轴肩、孔肩等转折处由于应力集中而产生裂纹，常以圆角过渡。轴或孔的端面上加工成45°或其他度数的倒角，其目的是为了便于安装和操作安全。轴、孔的标准倒角和圆角的尺寸可查国标，其尺寸标注方法如图4-3所示。其中倒角45°时，用代号C表示，与轴向尺寸n连注成Cn。若零件上的倒角尺寸全部相同，则可在图样右上角注明“全部倒角Cn”。当零件倒角尺寸无一定要求时，则可在技术要求中注明“锐角倒钝”。

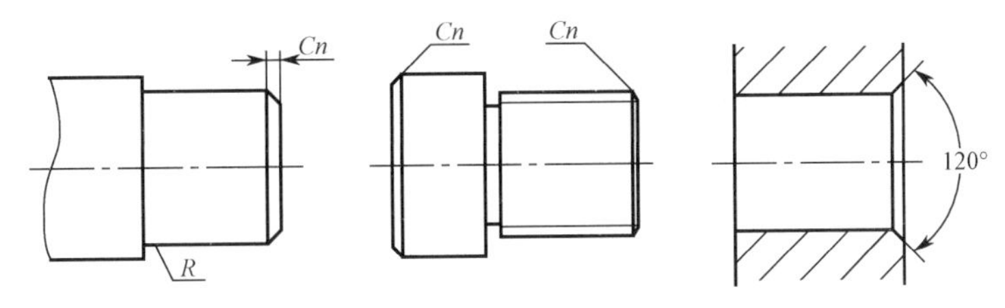

图4-3 轴、孔的倒角及倒圆

（2）钻孔结构

用钻头加工孔时，被加工零件的结构设计应考虑到加工方便，以保证钻孔的主要位置准确和避免钻头折断，因此，要求钻头的轴线尽量垂直于被钻孔的端面。如遇有斜面或曲面，应预先设置与钻孔方向垂直的平面、凸台或凹坑等结构，如图4-4（a）所示。图4-4（b）所示的画法则不合理。由于钻头的端部是一个接近120°的尖角，所以钻不通孔时，末端便产生一个120°的圆锥面。不通孔结构画法如图4-5所示。

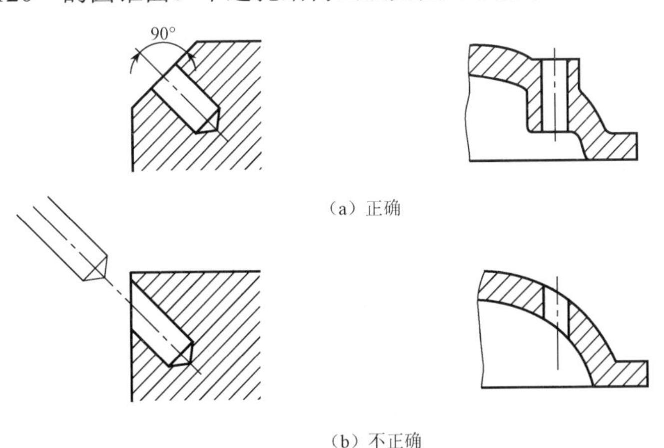

图4-4 钻孔结构

（3）退刀槽和越程槽

在切削加工中，为了使刀具容易退出，并在装配时容易与有关零件靠紧，常在加工表面的台肩处先加工出退刀槽或越程槽。常见的有螺纹退刀槽、砂轮越程槽、刨削越程槽等，画法如图 4-6 所示，其尺寸可按“槽宽×槽深”或“槽宽×直径”标注。当槽的结构比较复杂时，可画出局部放大图标注尺寸。

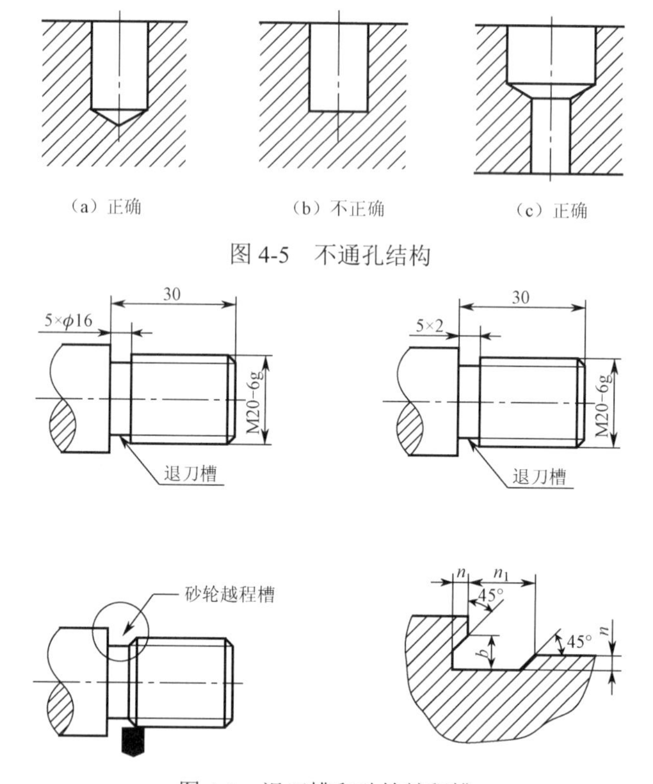

图 4-5　不通孔结构

图 4-6　退刀槽和砂轮越程槽

（4）凸台和凹坑

为了保证零件表面的良好接触和减小机械加工的面积，降低加工费用，设计铸件结构时可在铸件表面铸成凸台和凹坑（或凹槽），如图 4-7 所示。凹坑或凹槽不需要机械加工。零件在与螺栓头部或螺母、垫圈接触的表面，常设置凸台或加工出沉孔，以保证两零件接触良好。

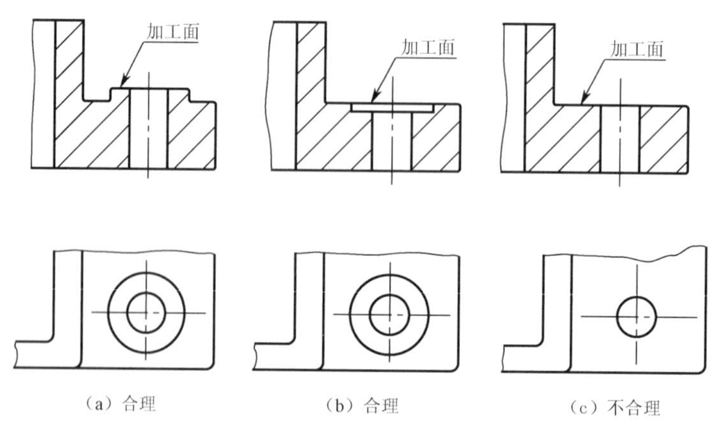

（a）合理　（b）合理　（c）不合理

图 4-7　凸台和凹坑

2）铸造工艺结构

（1）拔模斜度

为了便于将木模从砂型中取出，在沿拔模方向的内、外壁上应设有适当的斜度，称为拔模斜度，一般为1°～3°。在画零件图时，拔模斜度在图上一般不画出，可在技术要求中用文字说明。

（2）铸造圆角

为了避免砂型尖角落砂，防止尖角处出现收缩裂纹，铸件两表面相交处应做出圆角，如图 4-8 所示。铸造圆角的大小一般为 R3～5，可集中标注在右上角，或写在技术要求中。铸件经机械加工后的表面，其圆角被切去，此时应画成尖角。

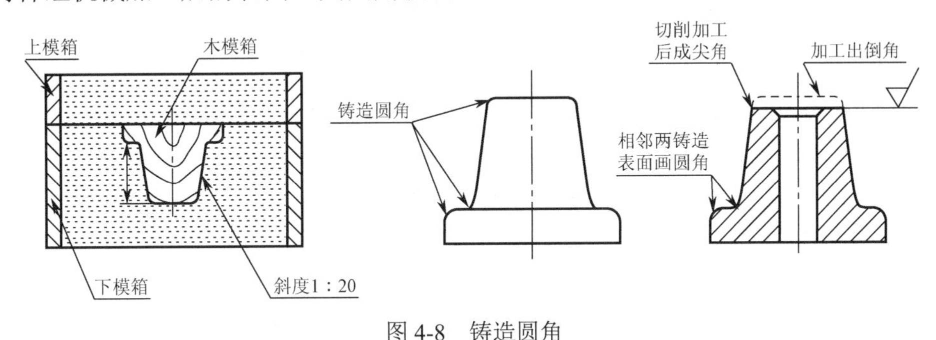

图 4-8 铸造圆角

（3）壁厚

为保证铸件的铸造质量，防止因壁厚不均匀造成冷却速度不同而产生缩孔和裂纹，设计时应使铸件壁厚均匀或逐渐变化，如图 4-9（a）所示。为了减小由于厚度减薄对强度的影响，可用加强肋板来补偿，如图 4-9（b）所示。

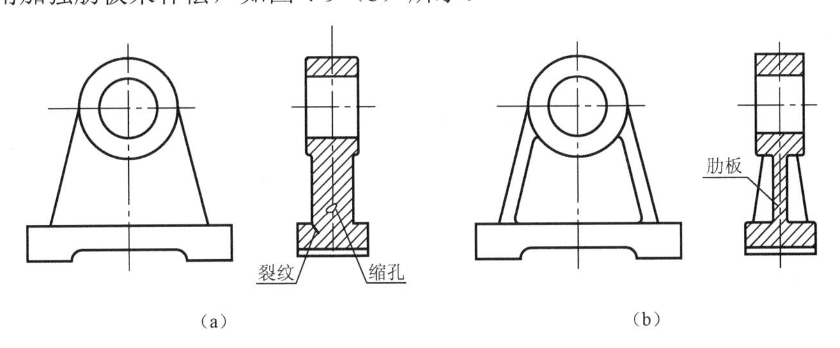

图 4-9 铸件壁厚的选择

（4）过渡线

由于铸造表面相交处有铸造圆角存在，使表面的交线变得不太明显，为使看图方便，仍须画出这些交线，该交线不与圆角轮廓相交，称为过渡线。

下面介绍几种常见过渡线的画法。

过渡线的画法与没有圆角情况下的相贯线画法基本相同。

零件上肋板与圆柱结合时，其过渡线画法如图 4-10 所示。过渡线的形状取决于肋板的断面形状以及肋板与圆柱面的结合方式。图 4-10（a）所示是断面为长方形的肋板与圆柱面相交和相切的情况；图 4-10（b）所示是断面为长圆形的肋板与圆柱面相切。

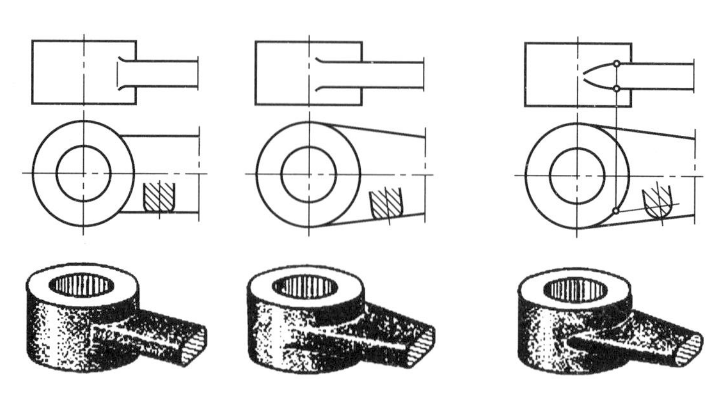

（a）断面为长方形时　　（b）断面为长圆形时

图 4-10　过渡线的画法

4. 零件图的尺寸标注

零件图的尺寸标注是零件图的主要内容之一，是零件加工制造的主要依据。因此，在标注零件尺寸时既要符合尺寸标注的有关规定，又要达到完整、清晰、合理的要求。尺寸标注合理，是指所注尺寸既要满足设计要求，又要满足加工、测量和检验等制造工艺要求。为了能做到尺寸标注合理，必须对零件进行结构分析、形体分析和工艺分析，正确选择尺寸基准，选择合理的标注形式，结合零件的具体情况标注尺寸。

1）尺寸基准的选择

零件在设计、制造和检验时，计量尺寸的起点称为尺寸基准。根据基准的作用不同，分为设计基准和工艺基准。

设计基准：根据机器的结构设计要求，用以确定零件表面在机器中位置所依据的点、线、面。

工艺基准：零件加工制造、测量和检验等工艺要求所选定的点、线、面。

如图 4-11 所示为齿轮轴在箱体中的安装情况，确定轴向位置依据的是端面 *A*，确定径向位置依据的是轴线 *B*，所以设计基准是端面 *A* 和轴线 *B*。在加工齿轮轴时，大部分工序是采用中心孔定位，中心孔的轴线与机床主轴回转轴线重合，也是圆柱面的轴线，所以，轴线 *B* 又为工艺轴线。

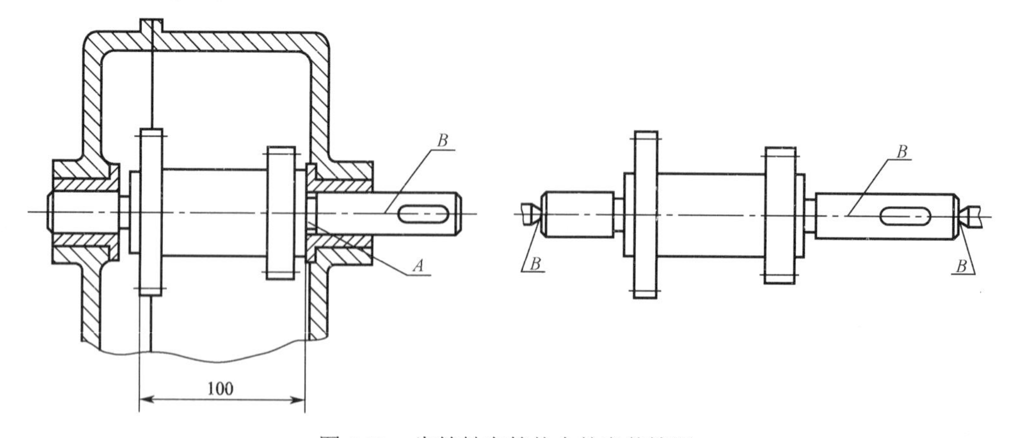

图 4-11　齿轮轴在箱体中的安装情况

任何一个零件都有长、宽、高三个方向（或轴向、径向两个方向）的尺寸，每个尺寸都有基准，因此每个方向至少要有一个基准。同一方向上有多个基准时，其中必定有一个是主要的，称为主要基准；其余的则为辅助基准。主要基准与辅助基准之间应有尺寸联系。

主要基准应与设计基准和工艺基准重合，工艺基准应与设计基准重合，这一原则称为“基准重合原则”。当工艺基准或设计基准不重合时，主要尺寸基准要与设计基准重合。

可作为设计基准或工艺基准的点、线、面主要有：对称平面、主要加工面、安装底面、端面、孔轴的轴线等。这些平面、轴线常常是标注尺寸的基准。

图4-12所示为一轴承座，长度方向尺寸是以对称平面为基准的，高度方向尺寸是以底面为基准的，宽度方向尺寸是以对称平面为基准的。

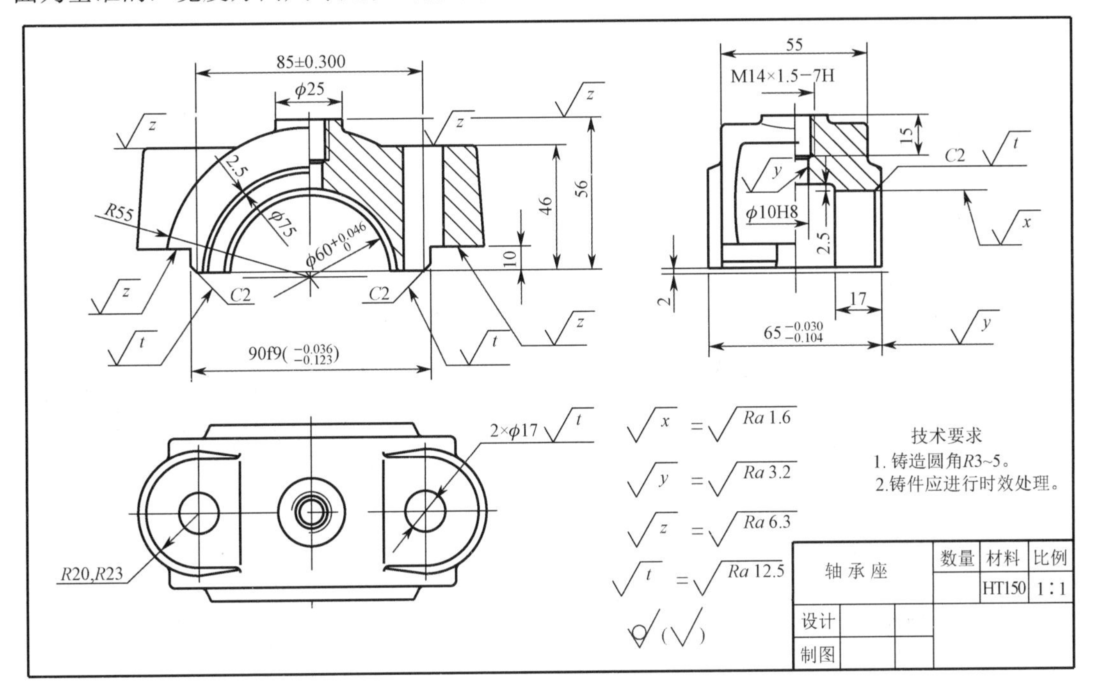

图4-12 轴承座零件图

2）尺寸标注的步骤

当零件结构比较复杂，形体比较多时，完整、清晰、合理地标注出全部尺寸是一件非常复杂的工作，只有遵从合理科学的方法和步骤，才能将尺寸标注得符合要求。

标注复杂零件的尺寸通常按以下几步进行：

① 分析零件在机器中的装配定位关系和加工过程，选择尺寸基准。

② 按设计要求，标注出功能尺寸，主要尺寸从设计基准引出。

③ 考虑工艺要求，标出非功能尺寸。

④ 用形体分析和结构分析法补全和检查尺寸。注意尺寸配置要清晰，标注方法和尺寸数值要符合标准规定。

标注尺寸是一件非常细致的工作，应严格遵守形体分析法的基本原则。不要看到一个尺寸就标注一个尺寸，毫无目的，不知所注尺寸的意义是什么。也不能一个形体没有注完就去标注另一个形体，这是产生重复标注或遗漏尺寸的主要原因。

3）标注尺寸应注意的事项

（1）零件图上的重要尺寸必须直接标出

凡是与其他零件有配合关系的尺寸，确定结构形状的位置尺寸，影响零件工作精度和工作性能的尺寸等，都是重要尺寸，都应直接标出。

（2）标注尺寸时要考虑工艺要求

在满足零件设计要求的前提下，标注尺寸要尽量符合零件的加工顺序并考虑测量方便。

① 按加工顺序标注尺寸。按加工顺序标注尺寸符合加工过程，方便加工和测量，从而保证工艺要求。如表 4-1 所示为齿轮轴在车床上的加工顺序，先车削加工，然后铣削轴上键槽。从加工顺序的分析中可以看出，图 4-13 中对该齿轮轴的尺寸注法是符合加工要求的。

表 4-1　齿轮轴在车床上的加工顺序

序号	说　明	图　例	序号	说　明	图　例
1	车齿轮轴的两端面，使长度为 134，并打中心孔	2×A2.5/5.3；134	4	车外圆到ϕ14，长度为 32	32；ϕ16
2	车齿轮坯齿顶圆到ϕ40，车外圆到ϕ16，长度为 15，并切槽，倒角	2～3mm；43；C1；ϕ40；ϕ16；2×ϕ15；15	5	车外圆到ϕ12，并控制ϕ14的长度为 14	C1.5；ϕ12；2×0.5；2×ϕ15；14
3	调头，车外圆到ϕ16，并保证齿轮宽度为 28	28；ϕ16	6	切槽，倒角，车螺纹	M12×1.5−6h；C1.5；2×0.5；2×ϕ15；14

② 不同工种加工的尺寸应尽量分开标注。图 4-13 所示齿轮轴上的键槽是在铣床上加工的，标注键槽尺寸应与其他车削加工尺寸分开。图中将键槽长度尺寸及其定位尺寸注在主视图上方，车削加工的各段长度尺寸注在下方，键槽的宽度和深度集中注在断面图上，这样标注尺寸清晰，加工时看图也方便。

③ 标注尺寸应尽量方便测量。采用图 4-13 中键槽的尺寸标注形式，测量比较方便。

4）毛坯面和加工面之间的尺寸标注

毛坯面和加工面之间的尺寸标注应把毛坯面尺寸单独标注，并且只使其中一个毛坯面和加工面联系起来。如图 4-14（a）所示，其加工面通过尺寸 A 仅与一个不加工面发生联系，其他尺寸都标注在不加工面之间，这种注法是正确的。而图 4-14（b）中加工面与三个不加工面之间注有尺寸，在切削该加工面时，当切去一层材料后，则所有尺寸都同时改变，而且不可能同时达到所标注的每个尺寸的要求。

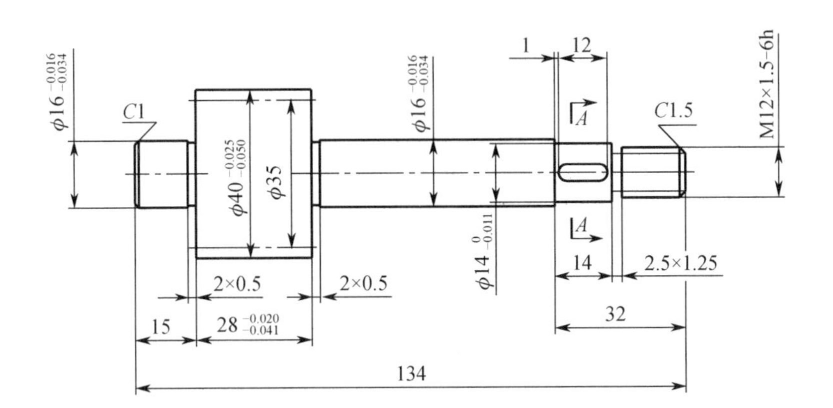

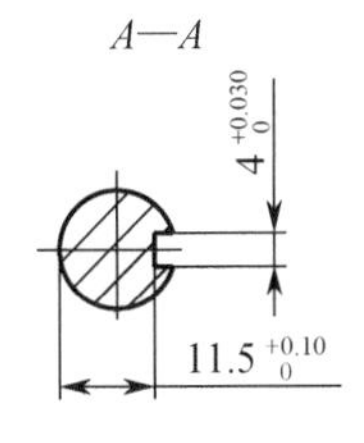

图 4-13　键槽的尺寸标注

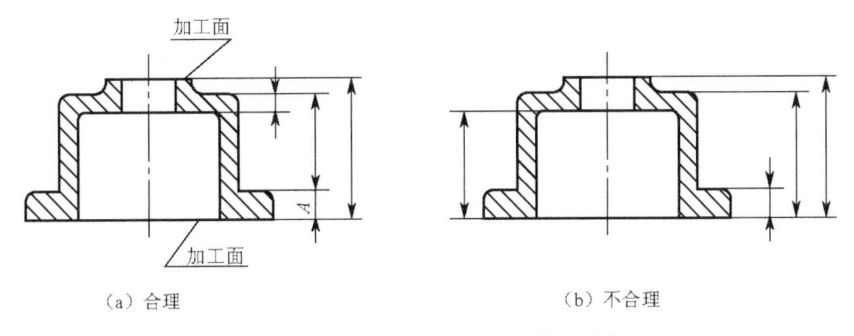

图 4-14　毛坯面、加工面之间的尺寸标注

5）零件图中的尺寸不允许注成封闭尺寸链

封闭的尺寸链是首尾相接，形成一个封闭圈的一组尺寸。图 4-15 中链状尺寸形式已注出尺寸 a、b、c，如再注出总长 d，则这四个尺寸就构成封闭尺寸链。每个尺寸为尺寸链中的组成环。根据尺寸标注形式对尺寸误差的分析，尺寸链中任意一环的尺寸误差，都等于其他各环尺寸误差之和。因此，如注成封闭尺寸链，欲同时满足各组成环的尺寸精度是办不到的。

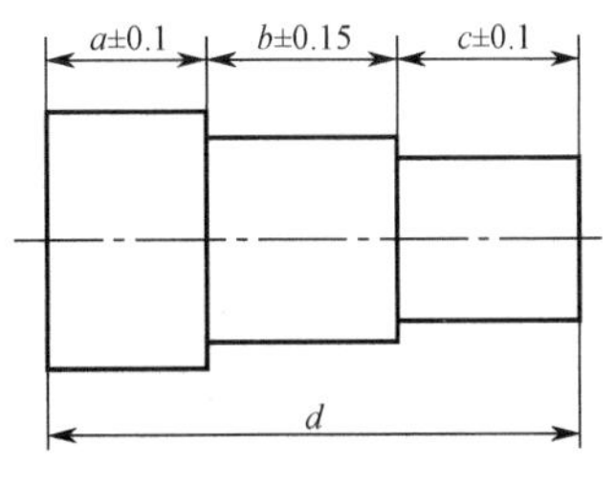

图 4-15　封闭的尺寸链

（三）知识链接与巩固

1. 孔的结构形式和尺寸

常见装配孔有沉孔、埋头孔及锪平孔。它们的结构形式以及在视图中的尺寸标注如表 4-2 所示。

表 4-2 装配孔的结构尺寸注法

结构	普通标注	旁注法		说明
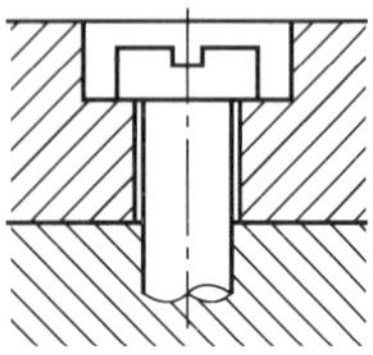	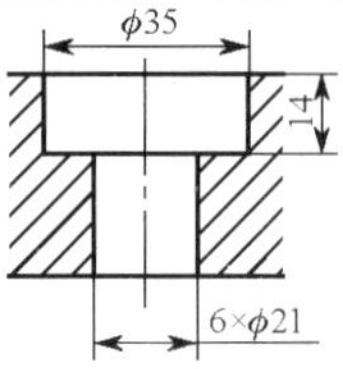ϕ35 14 6×ϕ21	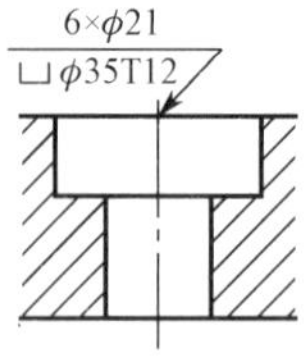6×ϕ21 ⌴ϕ35T12	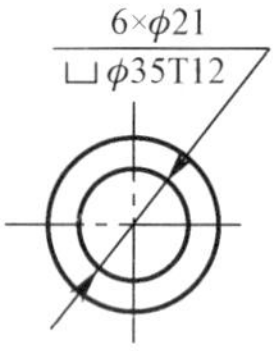6×ϕ21 ⌴ϕ35T12	6×ϕ21 表示直径为21的六个孔 圆柱形沉孔的直径ϕ35 及深度 12 均需标出
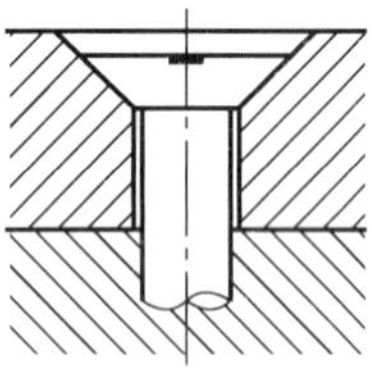	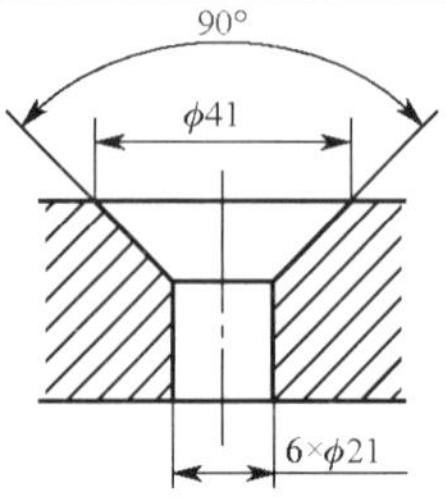90° ϕ41 6×ϕ21	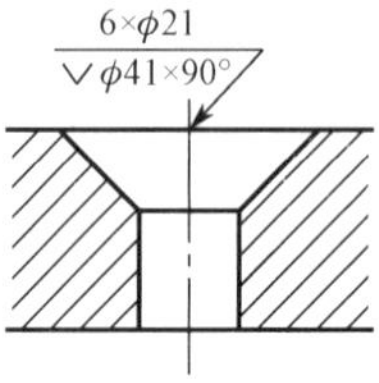6×ϕ21 ⌵ϕ41×90°	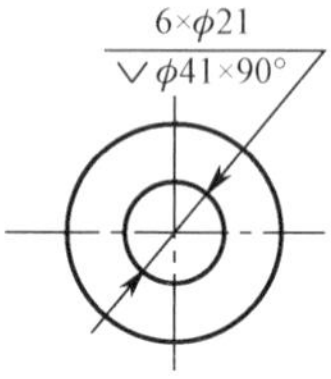6×ϕ21 ⌵ϕ41×90°	锥形沉孔的直径ϕ41 及锥角 90° 均需标出
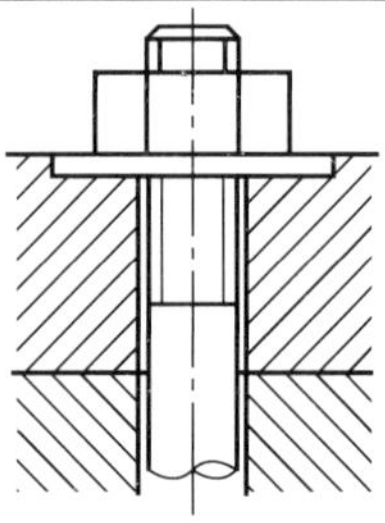	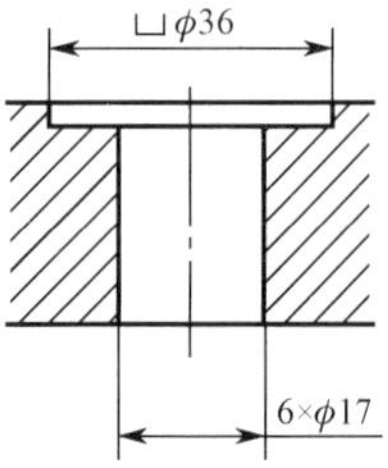⌴ϕ36 6×ϕ17	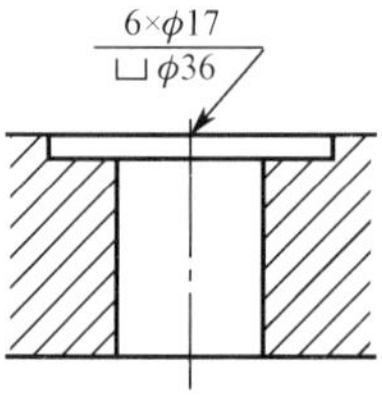6×ϕ17 ⌴ϕ36	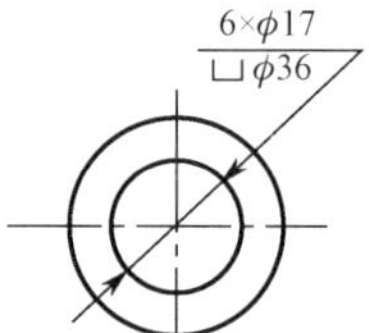6×ϕ17 ⌴ϕ36	⌴ϕ36 的深长不需标注，一般锪平到不出现毛坯面为止

2. 零件上常见孔的尺寸标注

零件上常见孔的尺寸标注如表 4-3 所示。

表 4-3 零件上常见孔的尺寸标注

结构类型		简化注法		一般注法
螺孔	通孔	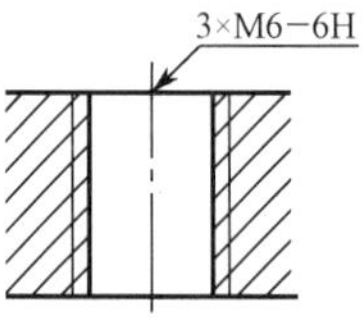3×M6−6H	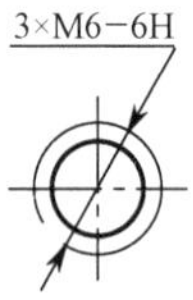3×M6−6H	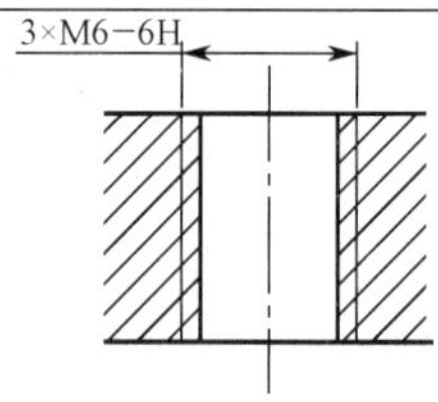3×M6−6H
	不通孔	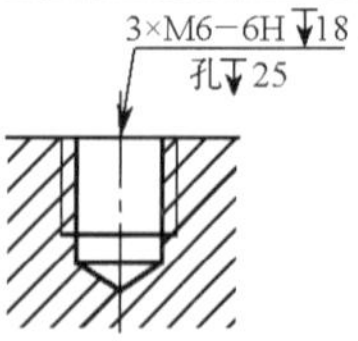3×M6−6H↧18 孔↧25	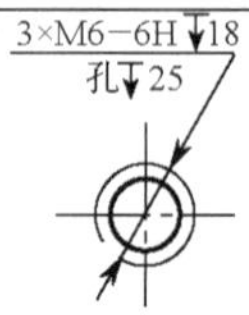3×M6−6H↧18 孔↧25	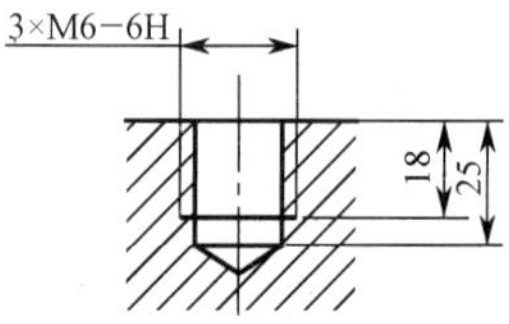3×M6−6H 18 25
光孔	圆柱孔	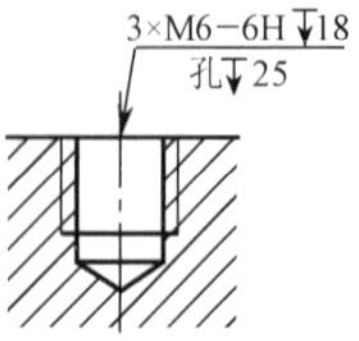3×M6−6H↧18 孔↧25	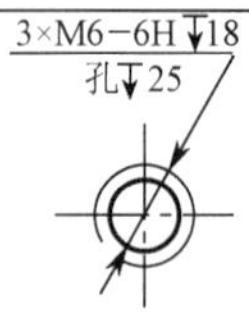3×M6−6H↧18 孔↧25	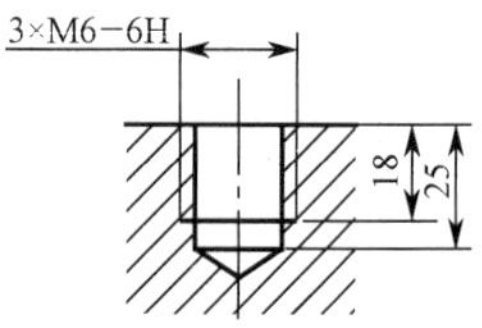3×M6−6H 18 25

续表

结构类型		简化注法	一般注法
光孔	锥销孔	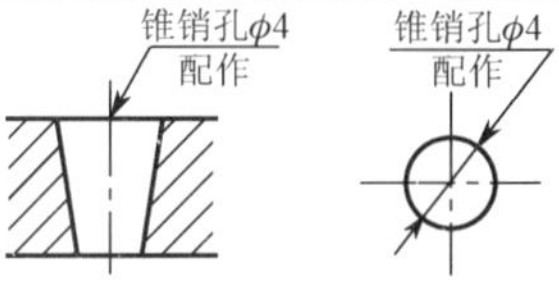 锥销孔$\phi 4$ 配作；锥销孔$\phi 4$ 配作	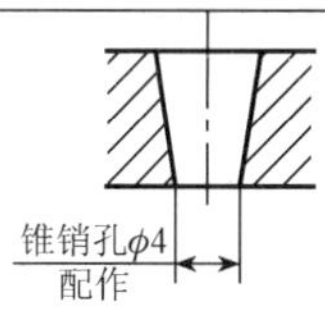 锥销孔$\phi 4$ 配作
沉孔	锥形沉孔	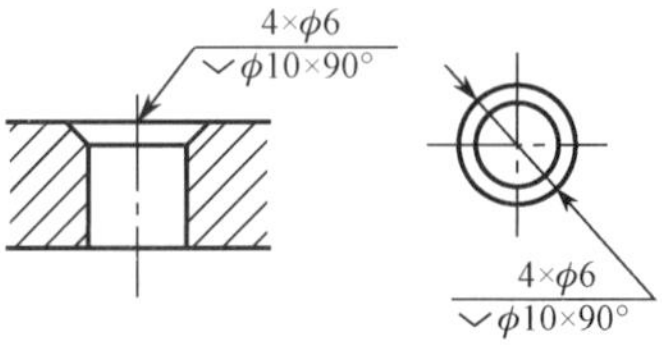 $4\times\phi 6$ ⌵$\phi 10\times 90°$；$4\times\phi 6$ ⌵$\phi 10\times 90°$	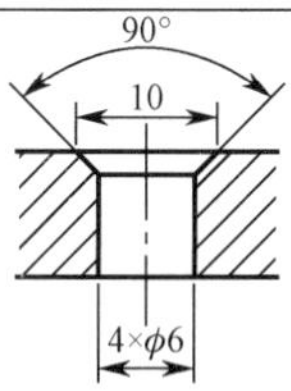 90°；10；$4\times\phi 6$
	柱形沉孔	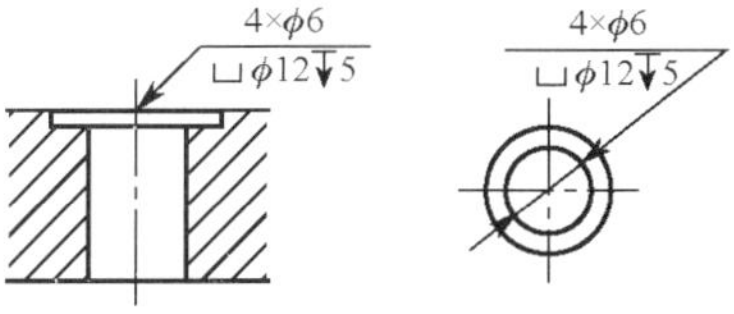 $4\times\phi 6$ ⌴$\phi 12$↧5；$4\times\phi 6$ ⌴$\phi 12$↧5	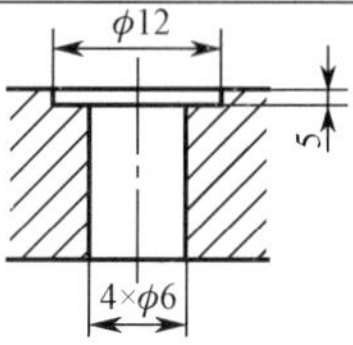 $\phi 12$；5；$4\times\phi 6$

课堂思考与练习：

1．怎样选择零件图的表达方案？

2．零件图的尺寸标注与前面组合体的尺寸标注有何异同？

任务二　识读零件图的技术要求

知识点：

* 零件表面粗糙度的概念、代号及标注方法；
* 极限与配合的概念及标注方法；
* 形状与位置公差的概念及标注方法。

技能点：

* 能识读零件图中表面粗糙度代号并能根据要求在零件图中正确标注；
* 能识读零件图中公差、配合的含义，并能根据要求在零件图中标注；
* 能识读零件图中形状与位置公差的含义，并能根据要求在零件图中标注。

（一）任务描述

零件图是生产中制造和检验零件是否合格的依据。识读零件图就是必须了解：零件对表面的实际要求；零件尺寸允许变动的范围；零件间的配合形式；零件的形状要求及配合间的位置要求。

识读和正确标注零件图中的技术要求是工程技术人员必备的技能。

（二）任务执行

在零件图上除了用一组视图来表示零件的结构形状、大小外，还必须注出零件在制造和检验时在质量上应达到的要求，我们把它们称为零件的技术要求。

零件图上的技术要求主要包括以下内容：

① 表面粗糙度。

② 尺寸公差。

③ 形状和位置公差。

④ 材料及热处理等。

1. 表面粗糙度

1）表面粗糙度的概念（GB/T 131—2006）

在加工零件时，由于切削变形和机床振动等因素的影响，使零件的实际加工表面存在着微观的高低不平，这种微观的高低不平程度称为表面粗糙度，如图 4-16 所示。

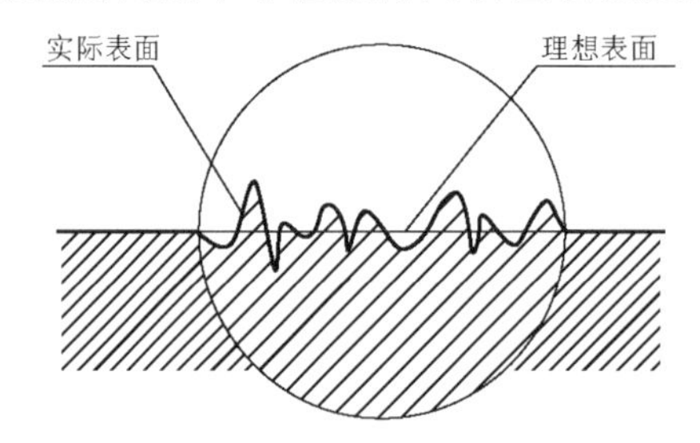

图 4-16　表面粗糙度的概念

表面粗糙度是衡量零件质量的重要指标之一。表面粗糙度越小，则表面越光滑。粗糙度参数值的大小对零件的使用性能和寿命有直接的影响，如零件的耐磨性、强度和抗腐蚀性等，还会影响配合性质的稳定性。

2）表面粗糙度的评定参数

国家标准规定的评定表面粗糙度的参数有轮廓算术平均偏差 *Ra*，轮廓最大高度 *Rz* 和轮廓单元的平均宽度 *RSm*。这里主要介绍最重要的也是最常用的轮廓算术平均偏差 *Ra*。

轮廓算术平均偏差 *Ra* 值是在一个取样长度内，轮廓上各点至轮廓中线的距离 y_i 的绝对值的算术平均值，如图 4-17 所示。*Ra* 的数学表达式为

$$Ra = \frac{1}{l_r}\int_0^{l_r} Z(x)\,\mathrm{d}x$$

测得的 *Ra* 值越大，则表面越粗糙。*Ra* 参数能充分反映表面高低不平度的特征，一般用电动轮廓仪进行测量。

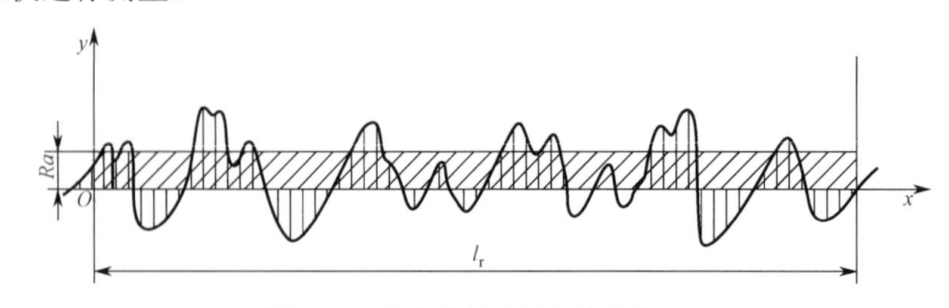

图 4-17　轮廓的算术平均偏差值 *Ra*

常用的轮廓算术平均偏差值 *Ra* 的数值如表 4-4 所示。

表 4-4 轮廓算术平均偏差值 *Ra* 的数值

基本系列	补充系列	基本系列	补充系列	基本系列	补充系列	基本系列	补充系列
	0.008						
	0.010						
0.012			0.125		1.25	12.5	
	0.016		0.16	1.60			16.0
	0.020	0.20			2.0		20
0.025			0.25		2.5	25	
	0.032		0.32	3.2			32
	0.040	0.40			4.0		40
0.050			0.50		5.0	50	
	0.063		0.63	6.3			63
	0.080	0.80			8.0		80
0.100			1.00		10.0	100	

3）表面粗糙度的符号及标注

新国家标准 GB/T 131—2006 规定了表面粗糙度的符号、代号及其在图样上的标注方法。

（1）表面粗糙度的符号

表面粗糙度的符号及其意义如表 4-5 所示。如仅需要加工而对表面粗糙度的其他规定没有要求时，允许只标注表面粗糙度符号。

表 4-5 表面粗糙度的符号及其意义

表面粗糙度符号	意义及说明
	基本符号，表示表面可用任何方法获得。当不加粗糙度参数值或有关说明（如表面处理、局部热处理状况等）时，仅适用于简化代号标注
	扩展图形符号，基本符号加一短画，表示表面是用去除材料的方法获得的，如通过机械加工获得表面
	扩展图形符号，基本符号加个小圆，表示表面是用不去除材料的方法获得的；或者是用于保持上道工序形成的表面，不管这种表面是通过去除材料还是不去除材料形成的
表面粗糙度完整图形符号	**意义及说明**
  	当要求标注表面结构特征的补充信息时，在上述三个符号的长边上均可加一横线
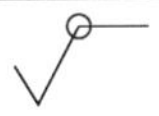 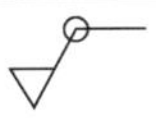 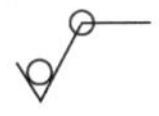	表面粗糙度完整图形符号上均可加一小圆，表示该视图上各表面有相同的表面结构要求

（2）表面结构的图形代号

表面粗糙度的完整图形符号是指在表面粗糙度符号周围，按功能要求加注表面粗糙度或有关其他文字。其注写位置如图 4-18 所示。

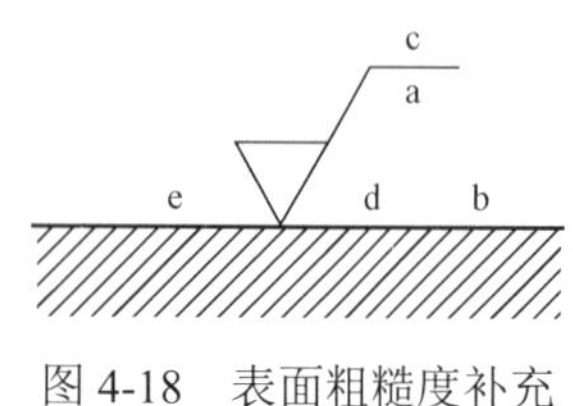

图 4-18　表面粗糙度补充要求的注写位置

a——注写表面粗糙度的单一要求，包括表面结构参数代号、极限值或限样长度（μm）。

b——注写两个或多个表面结构要求。

c——标注加工方法、表面处理、涂层或其他加工工艺要求等，如用车、磨、镀等方法加工表面。

d——注写表面纹理方向，如“=”、“X”、“M”。

e——注写加工余量，以 mm 为单位给出数值。

（3）表面粗糙度在图样上的标注方法

在图样上标注表面粗糙度要求时，除标注粗糙度参数（从粗糙度轮廓上计算所得的参数——*R* 轮廓参数）的代号和数值（如 *Ra* 1.6 和 *Ra* 6.3）外，还应标注取样长度、评定长度、极限值和传输带等信息（为了简化标注，标准中规定了一系列的默认值，不必在代号中标注）。

（4）极限值及其判断规则

极限值是指图样上给定的粗糙度参数值（单向上限值、下限值、最大值或双向上限值和下限值）。极限值的判断规则是指在完工零件表面上测出实测值后，如何与给定值比较，以判断其是否合格的规则。极限值的判断有以下两种规则：

16%规则　当所注参数为上限值时，用同一评定长度测得的全部实测值中，若大于图样上规定值的个数不超过测得值总个数的 16%，则该表面是合格的。

对于给定表面参数下限值的场合，如果用同一评定长度测得的全部实测值中，小于图样上规定值的个数不超过测得值总个数的 16%，则该表面也是合格的。

最大规则　是指在被检的整个表面上测得的参数值中，一个也不应超过图样上的规定值。为了指明参数的最大值，应在参数代号后增加一个“max”的标记，如 *R*amax。

表面粗糙度代号的含义如表 4-6 所示，标注方法如图 4-19 所示。

表 4-6　表面粗糙度代号的含义

序号	符　　号	含义/解释
1	*Rz* 0.4	表示不允许去除材料，单向上限值，默认传输带，R 轮廓，粗糙度的最大高度为 0.4μm，评定长度为 5 个取样长度（默认），“16%”规则（默认）
2	*Rz*max 0.2	表示去除材料，单向上限值，默认传输带，R 轮廓，粗糙度的最大高度为 0.2μm，评定长度为 5 个取样长度（默认），“最大规则”
3	0.008～0.8*Ra* 3.2	表示去除材料，单向上限值，传输带为0.008～0.8mm，R轮廓，算术平均偏差为 3.2μm，评定长度为 5 个取样长度（默认），“16%”规则（默认）
4	−0.8*Ra*3 3.2	表示去除材料，单向上限值，传输带根据 GB/T 6062 选取，取样长度为 0.8mm，R 轮廓，算术平均偏差为 3.2μm，评定长度为 3 个取样长度，“16%”规则（默认）
5	U *Rz*max 3.2 L *Ra* 0.8	表示不允许去除材料，双向极限值，两极限值均使用默认传输带，R 轮廓，上限值：R_Z 的最大值为 3.2μm，评定长度为 5 个取样长度（默认），“最大规则”；下限值：算术平均偏差为 0.8μm，评定长度为 5 个取样长度（默认），“16%”规则（默认）

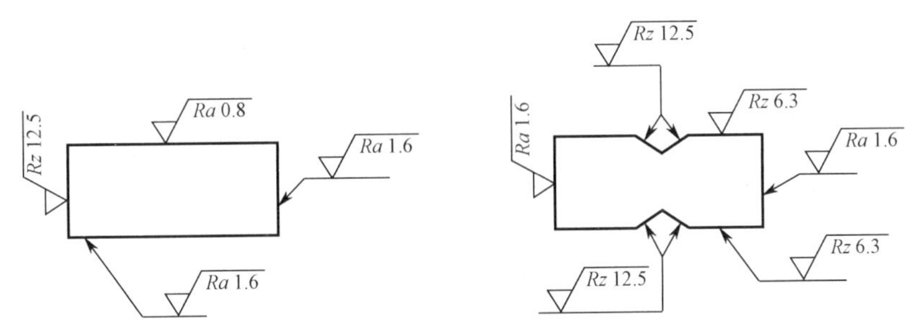

图 4-19 表面粗糙度标注方法

4）表面粗糙度的选择

表面粗糙度参数的选择原则是：在满足功能要求的前提下，尽量选择较大的表面粗糙度参数值，以减小加工困难，降低生产成本。具体选用时，可参照生产中的实例，用类比法确定，同时注意以下几点：

① 同一零件上工作表面比非工作表面粗糙度参数值小。

② 摩擦表面比非摩擦表面、滚动摩擦表面比滑动摩擦表面的粗糙度参数值小。

③ 承受交变载荷的表面及易引起应力集中的部分（如圆角、沟槽等），粗糙度参数值应小些。

④ 要求配合稳定可靠时，粗糙度参数值小些；小间隙配合表面、受重载作用的过盈配合表面，其粗糙度参数值要小。

⑤ 表面粗糙度与尺寸及形状公差应协调。同一尺寸公差的轴比孔的粗糙度参数值要小。

⑥ 密封性、防腐性要求高的表面或外形美观的表面其表面粗糙度参数值都应小些。

⑦ 凡有关标准已对表面粗糙度要求做出规定者（如轴承、量规、齿轮等），应按标准规定选取表面粗糙度参数值。

事实上零件表面粗糙度与表面微观结构特征密切相关。通过表面结构特征就可以选择表面粗糙度 *Ra* 的值。

2. 极限与配合及其标注

1）极限与配合的概念

（1）零件的互换性

在成批或大量生产中，一批零件在装配前不经过挑选，在装配过程中不经过修配，在装配后即可满足设计和使用性能要求，零件的这种在尺寸与功能上可以互相代替的性质称为互换性。零件具有互换性，给产品的设计、制造和使用维修带来了很大的方便，也为机器的现代大生产提供了可能性。

从设计方面：可以最大限度地采用标准件、通用件，大大减少绘图、计算等工作量，缩短设计周期，并有利于产品多样化和计算机辅助设计。

从制造方面：有利于组织大规模专业化生产，有利于采用先进工艺和高效率的专用设备，以至用计算机辅助制造，有利于实现加工和装配过程的机械化、自动化，从而减轻工人的劳动强度，提高生产率，保证产品质量，降低生产成本。

从使用方面：可以及时更换已经磨损或损坏了的零件，因此可以减少机器的维修时间和费用，以保证机器能连续而持久地运转。

（2）尺寸有关的基本术语

零件在加工过程中，由于机床精度、刀具磨损、测量等诸多因素的影响，不可能把零件的尺寸加工得绝对准确。为了保证零件的互换性，必须将零件尺寸的加工误差限制在一定的范围内，规定出尺寸的允许变动量，从而形成了极限与配合的一系列概念。现以图 4-20 所示为例，介绍极限与配合的基本术语。

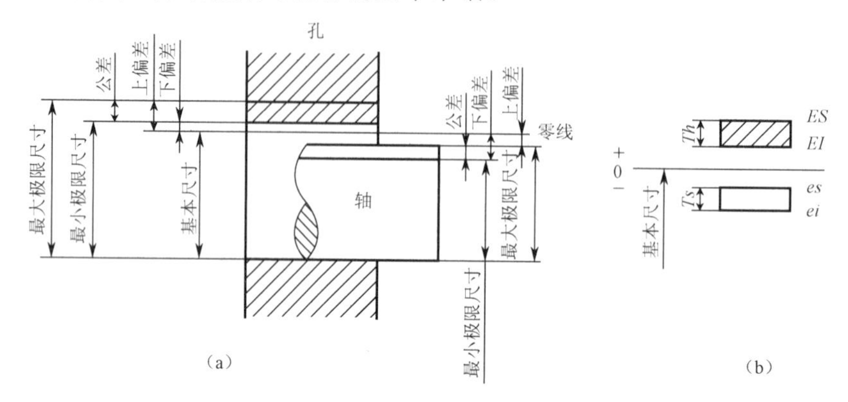

图 4-20　极限与配合的基本概念

基本尺寸：根据零件的强度和结构要求，设计时给定的尺寸，如$\phi 50$。

实际尺寸：通过测量所得的某一孔、轴尺寸。

极限尺寸：一个孔、轴允许尺寸的两个极限值。实际尺寸应位于其中，也可以达到极限尺寸。孔或轴允许的最大尺寸为最大极限尺寸（D_{max}、d_{max}），孔或轴允许的最小尺寸为最小极限尺寸（D_{min}、d_{min}）。

偏差：某一尺寸（实际尺寸、极限尺寸）减其基本尺寸所得的代数差。

极限偏差：有上偏差和下偏差。孔的上、下偏差代号用大写字母 ES、EI 表示，轴的上、下偏差代号用小写字母 es、ei 表示。最大极限尺寸减其基本尺寸所得的代数差为上偏差；最小极限尺寸减其基本尺寸所得的代数差称为下偏差。

孔的上、下偏差　　$ES=D_{max}-D$　　$EI=D_{min}-D$

轴的上、下偏差　　$es=d_{max}-d$　　$ei=d_{min}-d$

实际偏差：实际尺寸减其基本尺寸所得的代数差，应位于极限偏差范围之内。由于极限尺寸可以大于、等于或小于基本尺寸，所以偏差可以为正、零或负值。偏差除零外，应标上相应的“+”号或“-”号。极限偏差用于控制实际偏差。

尺寸公差(简称公差)：最大极限尺寸与最小极限尺寸之差，或上偏差与下偏差之差。它是允许尺寸的变化量，尺寸公差是一个没有符号的绝对值。

孔的公差　　$Th=|D_{max}-D_{min}|=|ES-EI|$

轴的公差　　$Ts=|d_{max}-d_{min}|=|es-ei|$

偏差与公差是两个不同的概念，不能混淆。

零线：在极限与配合图解中，表示基本尺寸的一条直线，以其为基准确定偏差和公差。

公差带：在公差带图解中，由代表上偏差和下偏差或最大极限尺寸和最小极限尺寸的两条直线所限定的一个区域，如图 4-20（b）所示。

公差带是由公差带大小和位置两个要素决定的。大小在公差带图中指公差带在零线垂直方向的宽度，由标准公差确定；位置指公差带沿零线垂直方向的坐标位置，由基本偏差确定。

（3）标准公差与基本偏差

标准公差：GB/T 1800—2009《产品几何技术规范（GPS）极限与配合》国家标准中所规定的任一公差。其大小由两个因素决定，一个是公差等级，另一个是基本尺寸。国家标准将公差划分为 20 个等级，分别为 IT01、IT0、IT1～IT18，其中 IT01 精度最高，IT18 精度最低。当基本尺寸相同时，公差等级越高，标准公差值越小。

基本偏差：确定公差带相对零线位置的那个极限偏差。它可以是上偏差或下偏差，一般为靠近零线的那个极限偏差，如图 4-21 所示。

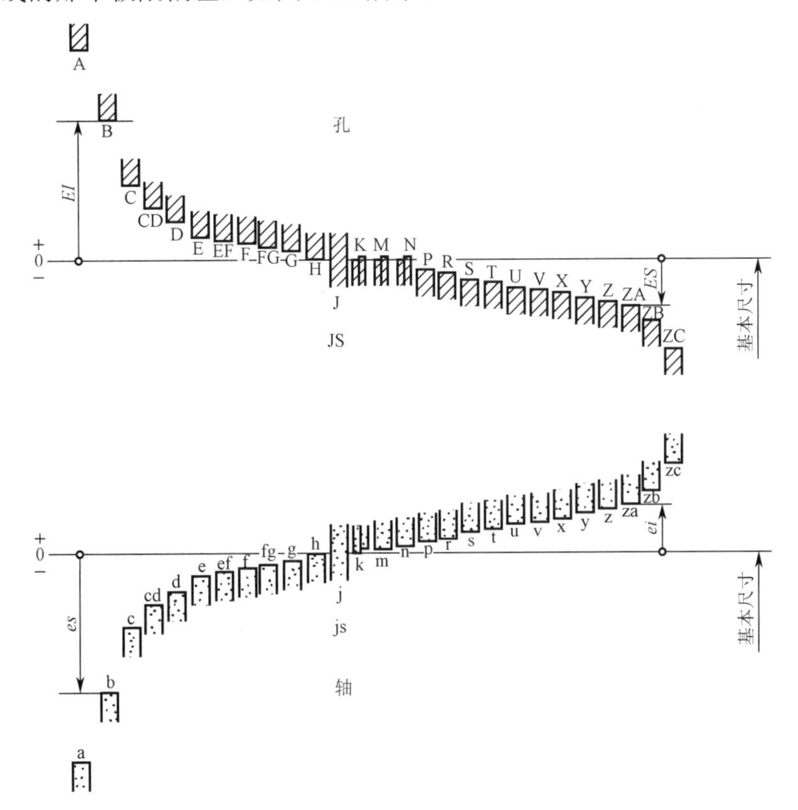

图 4-21　基本偏差系列

GB/T 1800.4—1999 对孔和轴分别规定了 28 种基本偏差，其代号用拉丁字母表示，大写表示孔，小写表示轴。这 28 种基本偏差代号反映 28 种公差位置，构成了基本偏差系列。从图中可以看出孔的偏差从 A 到 H 为下偏差 *EI*，从 J 到 ZC 为上偏差 *ES*。轴的基本偏差从 a 到 h 为上偏差 *es*，从 j 到 zc 为下偏差 *ei*。

公差带的宽度取决于标准公差等级，公差带的位置取决于基本偏差。因此，任何一个公差带都用基本偏差代号和公差等级数字表示，如ϕ50H7，ϕ50 是基本尺寸，H 是基本偏差代号，大写表示孔，公差等级为IT7。又如ϕ50f8，ϕ50 是基本尺寸，f 是基本偏差代号，小写表示轴，公差等级为 IT8。

基本偏差中的 H 和 h 的基本偏差为零，H 代表基准孔，h 代表基准轴。

（4）配合的有关术语

在机器装配中，基本尺寸相同的、相互配合的孔和轴公差带之间的关系，称为配合。

根据机器的设计要求、工艺要求和生产实际需要，国家标准将配合分为三大类，即间隙配合、过盈配合和过渡配合。

间隙配合：具有间隙（包括最小间隙等于零）的配合。此时，孔的公差带一般在轴的公差带的上方，如图 4-22（a）所示。

过盈配合：具有过盈（包括最小过盈等于零）的配合。此时，孔的公差带一般在轴的公差带的下方，如图 4-22（b）所示。

过渡配合：可能具有间隙或过盈的配合。此时，孔的公差带与轴的公差带相互交叠，如图 4-22（c）所示。它是介于间隙配合和过盈配合之间的一种配合，但其间隙或过盈都不大。

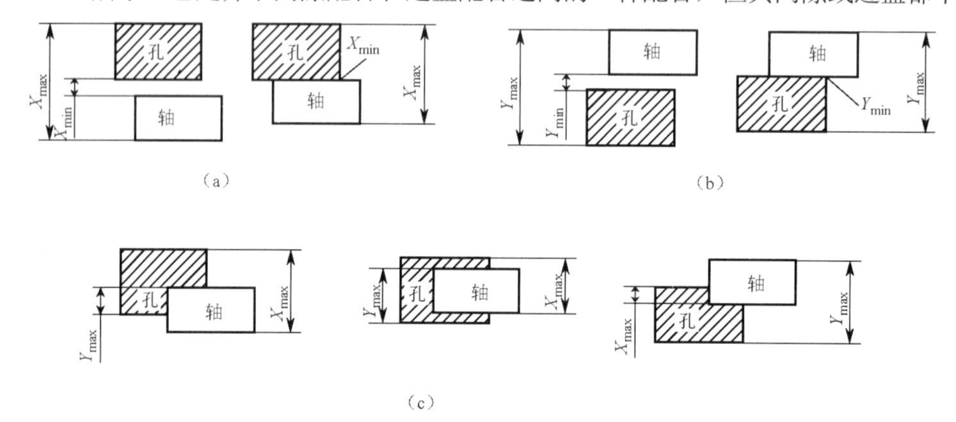

图 4-22　配合的种类

（5）配合的基准制

国家标准对配合规定了两种基准制，即基孔制和基轴制。

基孔制：基本偏差为一定的孔的公差带，与不同基本偏差的轴的公差带形成各种配合的一种制度，如图 4-23（a）所示。基孔制配合的孔为基准孔，用基本偏差 H 表示，它是配合的基准件，而轴是非基准件。

基轴制：基本偏差为一定的轴的公差带，与不同基本偏差的孔的公差带形成各种配合的一种制度，如图 4-23（b）所示。基轴制配合的轴为基准轴，用基本偏差 h 表示，它是配合的基准件，而孔是非基准件。

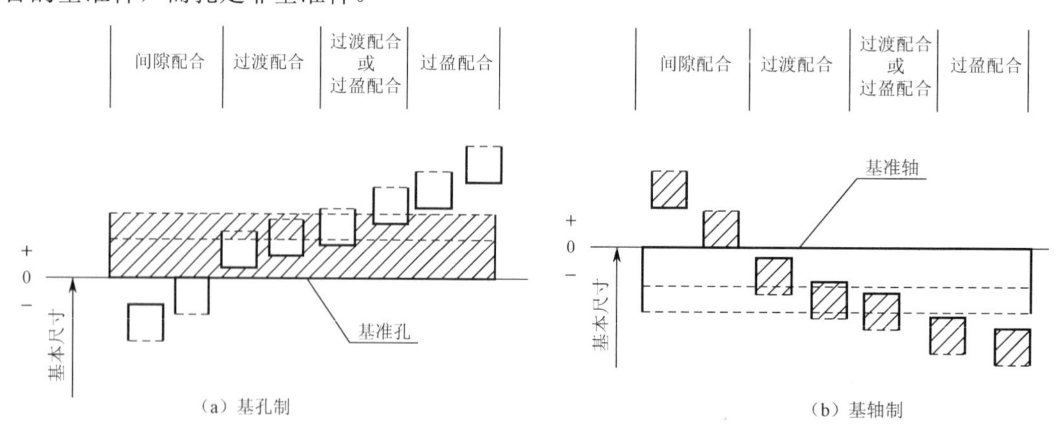

图 4-23　基孔制和基轴制配合公差带

基孔制配合和基轴制配合是规定配合系列的基础。按照孔、轴公差带相对位置的不同，基孔制和基轴制都有间隙配合、过盈配合和过渡配合三类配合形式。

（6）常用配合和优先配合

在实际生产中，通常选用一些优先配合。

2）极限与配合的选用

正确、合理地选择极限与配合，对产品的使用性能和制造成本将产生直接影响。极限与配合的选用主要包括基准制、公差等级和配合类别三项内容。

（1）基准制的选择

基准制的选择主要是从经济方面考虑，同时兼顾功能、结构、工艺条件和其他方面的要求。国家标准规定一般优先选用基孔制。因为从工艺上看，加工中等尺寸的孔通常要用价格较贵的定值刀具，而加工轴则用一把车刀或砂轮就可加工不同的尺寸。因此，采用基孔制可以减少备用刀具和量具的规格数量，降低成本，提高加工效率和经济性。

但在有些特殊情况下，选择基轴制更适宜，如：

① 由冷拉棒材制造的零件，其配合表面不经过切削加工。

② 与标准件相配合的孔和轴，应以标准件为基准来选择基准制。例如，与滚动轴承配合时，因滚动轴承是标准件，所以滚动轴承内圈与轴颈配合是基孔制配合，外圈与机座孔的配合是基轴制配合。

③ 同一根轴上（基本尺寸相同）与几个零件孔配合，且有不同的配合性质，如图 4-24 所示。

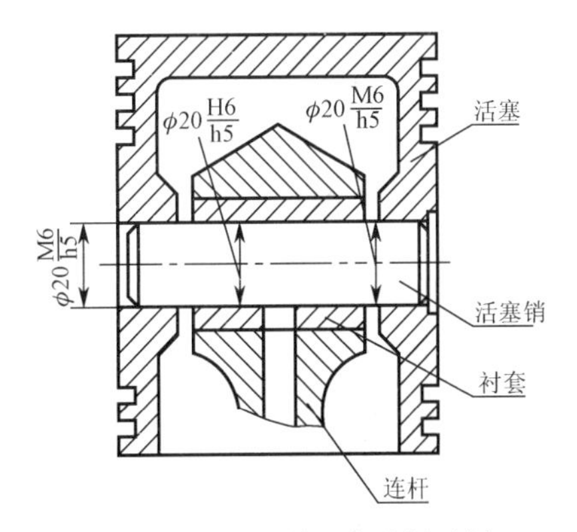

图 4-24　基轴制配合选择示例

（2）标准公差等级的选择

在满足使用要求的前提下，尽可能选择较大的公差等级，以降低生产成本。

通常 IT01～IT4 用于块规和量规；IT5～IT12 用于配合尺寸；IT12～IT18 用于非配合尺寸。

（3）配合类别的选择

公差等级和基准制确定后配合类别的选择主要是确定非基准轴或非基准孔公差带的位置，即选择非基准件基本偏差代号。

国家标准规定了优先选用、常用和一般用途的孔、轴公差带。根据配合性质和使用功能要求，应尽可能地选用优先配合，其次是常用配合，再次是一般配合。对孔、轴配合的使用要求一般有三种情况：

① 装配后有相对运动要求的，应选用间隙配合；

② 装配后需要靠过盈传递载荷的，应选用过盈配合；

③ 装配后有定位精度要求或需要拆卸的，应选用过渡配合或小间隙、小过盈的配合。

3）极限与配合的标注

（1）极限与配合在零件图中的标注

一般有三种标注方法，如图 4-25 所示。

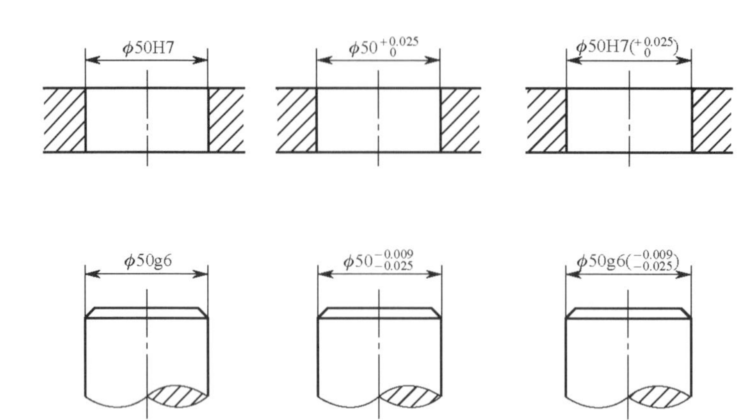

图 4-25　零件图中尺寸公差的标注

① 在公称尺寸后标注所要求的公差带，如 40H8、80P7、ϕ50g6；

② 在公称尺寸后标注所要求的公差带对应的偏差值，如 $\phi50^{+0.025}_{0}$；

③ 在公称尺寸后标注所要求的公差带和对应的偏差值，如ϕ50H7（$^{+0.025}_{0}$）。

（2）极限与配合在装配图中的标注

在公称尺寸后标注孔、轴公差带代号。这种标注常用于大批量生产中，由于与采用专用量具检验零件统一起来，因此不需要标注出偏差值，如图 4-26（a）所示。国家标准规定孔、轴公差带写成分数形式，分子为孔公差带，分母为轴公差带。对于与轴承等标准件相配的孔或轴，则只标注非基准件（配合件）的公差带代号，如轴承内圈孔与轴的配合，只标注轴的公差带代号；轴承外圈的外圆与机座孔的配合，只标注机座孔的公差带代号，如图 4-26（b）所示。

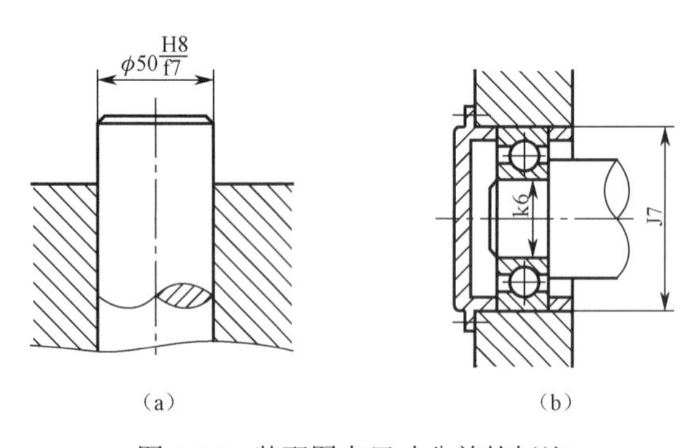

图 4-26　装配图中尺寸公差的标注

4）极限与配合应用举例

【例 4-1】 查表确定ϕ50H7/f6 中的孔和轴的极限偏差。

解： 此配合为基本尺寸为ϕ50 的基孔制配合。孔的公差代号为ϕ50H7，其公差等级为 IT7，基本偏差代号为 H；轴的公差代号为ϕ50f6，其公差等级为 IT6，基本偏差代号为 f，属间隙配合。由附录 D 和附录 E 查得孔的极限偏差为 $\phi50^{+0.025}_{0}$，轴的极限偏差（上偏差）为–0.025，根据标准公差与上、下偏差的关系，得出其下偏差为–0.041，公差带图如图 4-27 所示。

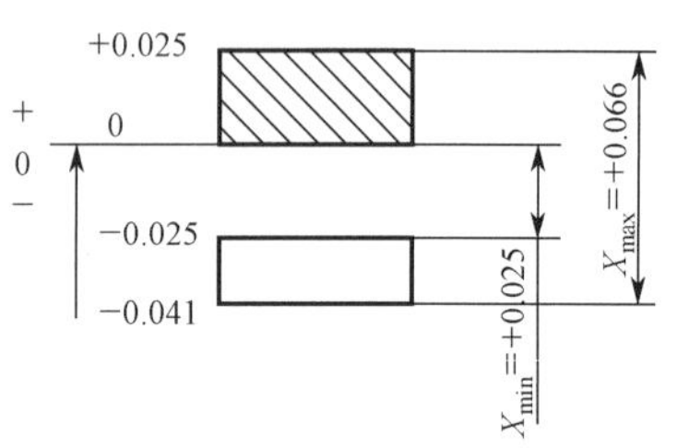

图 4-27　公差带图

3. 几何公差

1）几何公差的概念

零件在加工过程中不仅有表面粗糙度和尺寸公差，而且会产生几何误差。几何误差对机械产品工作性能的影响不容忽视。例如，机床导轨的直线度误差使移动部件运动精度降低，影响加工质量。因此，为保证机械产品的质量和零件的互换性，必须对几何误差加以控制。形状公差是指单一实际要素的形状对其理想要素形状的变动量，而位置误差是指关联实际要素的位置对其理想要素位置的变动量，理想位置由基准确定。几何误差的允许变动量称为几何公差。

2）几何公差的特征项目及其代号

按国家标准 GB/T 1182—2008《产品几何技术规范（GPS）几何公差 形状、方向、位置和跳动公差标注》的规定，几何公差特征项目共有 14 个，各项目的名称及符号如表 4-7 所示。

表 4-7 几何公差的名称及符号

公差		特征	符号	有或无基准要求
形状	形状	直线度	—	无
		平面度	⏥	无
		圆度	○	无
		圆柱度	⌭	无
形状或位置	轮廓	线轮廓度	⌒	有或无
		面轮廓度	⌓	有或无

公差		特征	符号	有或无基准要求
位置	定向	平行度	//	有
		垂直度	⊥	有
		倾斜度	∠	有
	定位	位置度	⌖	有或无
		同轴（同心）度	◎	有
		对称度	⌯	有
	跳动	圆跳动	↗	有
		全跳动	⌰	有

3）几何公差的标注

国家标准规定，几何公差在图样中应采用代号标注。代号由公差项目符号、框格、指引线、公差数值、基准要素（对位置公差）和其他有关符号组成。

被测要素的标注方法是用带箭头的指引线将被测要素与公差框格的一端相连，当被测要素为表面或线时，指引线箭头应指向被测要素的表面或线的延长线上，箭头应明显地与该要素的尺寸线错开，如图 4-28（a）所示。

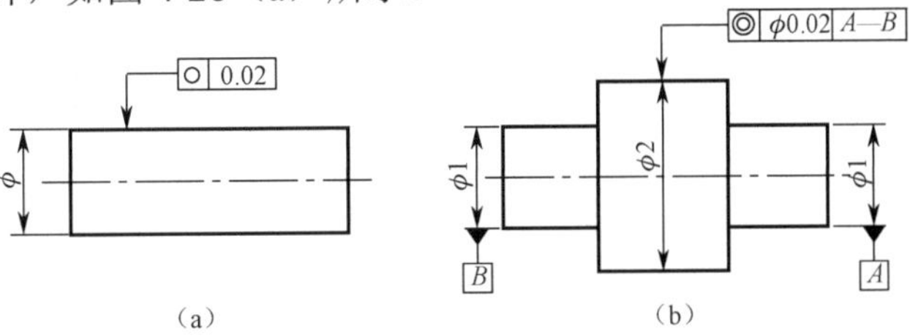

图 4-28 几何公差的标注

当被测要素为轴线、球心或中心线（平面）时，指引线箭头应与该要素的尺寸线对齐，如图 4-28（b）所示。框格中的字符高度与尺寸数字的高度相同。基准中的字母一律水平书写，如图4-29所示。

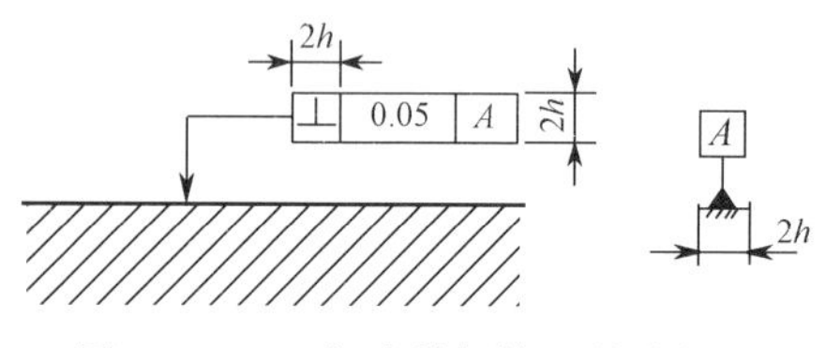

图 4-29　几何公差框格和基准代号

4）几何公差的标注图例

【例 4-2】　解释如图 4-30 所示几何公差表示的含义。

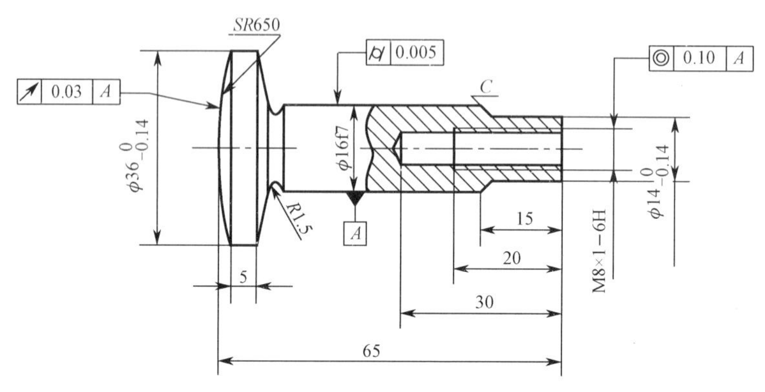

图 4-30　形位公差标注举例

图 4-30 中：

⌭ 0.005 表示该阀杆杆身ϕ16 的圆柱度公差为 0.005mm；

◎ 0.10 A 表示 M18×1−6H 螺纹孔的轴线对于ϕ16 轴线的同轴度公差为ϕ0.10mm；

↗ 0.03 A 表示 *SR*650 的球面对于ϕ16 轴线的圆跳动公差为 0.03mm。

零件图上除了有表面粗糙度、几何公差和尺寸公差外，还有零件的材料、热处理工艺等技术要求，相关内容将在其他课程中讲述，也可查阅相关资料。

（三）知识链接与巩固

表 4-8 中列出 *Ra* 值与表面特征、加工方法的对应关系及应用举例，供选用时参考。

表 4-8　表面粗糙度 *Ra* 值与表面特征、加工方法的对应关系及应用举例

表面微观特征		*Ra*（μm）	加 工 方 法	应 用 举 例
粗糙平面	微见刀痕	≤12.5	粗车、粗刨、粗铣、钻、毛锉、锯断	半成品粗加工的表面，非配合的加工表面，如轴端面、倒角、钻孔、齿轮带轮侧面、键槽底面等
半光表面	可见加工痕迹	≤6.3	车、刨、铣、钻、镗、粗铰	轴上不安装轴承、齿轮处的非配合表面，紧固件的自由装配表面，轴和孔的退刀槽等
	微见加工痕迹	≤3.2	车、刨、铣、钻、镗、磨、拉、粗刮、滚压	半精加工表面，箱体、支架、盖面、套筒等和其他零件结合而无配合要求的表面，需要发蓝的表面等
	看不清加工痕迹	≤1.6	车、刨、铣、钻、镗、磨、拉、刮、压、铣齿	接近于精加工表面，箱体上安装轴承的镗孔表面，齿轮的工作面

续表

表面微观特征		Ra（μm）	加 工 方 法	应 用 举 例
光表面	可辨加工痕迹方向	≤0.8	车、镗、磨、拉、刮、精铰、磨齿、滚压	圆柱销、圆锥销、与滚动轴承配合的表面，普通车床导轨面，内、外花键定心表面等
	微辨加工痕迹方向	≤0.4	精镗、磨、精铰、滚压、刮	要求配合性质稳定的配合表面，工作时受交变应力的重要零件，较高精度车床的导轨面
	不可辨加工痕迹方向	≤0.2	精磨、研磨、超精加工	精密机床主轴锥孔、顶尖圆锥面，发动机曲轴、齿轮轴工作表面，高精度齿轮齿面
极光表面	暗光泽面	≤0.1	精磨、研磨、普通抛光	精密机床主轴颈表面，一般量规工作表面，汽缸内表面，活塞销表面
	亮光泽面	≤0.05	超精磨、精抛光、镜面磨削	精密机床主轴颈表面，滚动轴承的滚珠，高压油泵中柱塞和柱塞套配合的高精度面
	镜状光泽面	≤0.02		
	镜面	≤0.01	镜面磨削、超精研	高精度量仪、量块的工作表面，光学仪器中的金属镜面

国家标准规定的基孔制常用配合共 59 种，其中优先配合 13 种，如表 4-9 所示；基轴制常用配合 47 种，其中优先配合 13 种，如表 4-10 所示。

表 4-9 基孔制优先配合、常用配合

基准孔	轴																				
	a	b	c	d	e	f	g	h	js	k	m	n	p	r	s	t	u	v	x	y	z
	间隙配合								过渡配合			过盈配合									
H6						H6/f5	H6/g5	H6/h5	H6/js5	H6/k5	H6/m5	H6/n5	H6/p5	H6/r5	H6/s5	H6/t5					
H7						H7/f6	▲H7/g6	▲H7/h6	H7/js6	▲H7/k6	H7/m6	▲H7/n6	▲H7/p6	H7/r6	▲H7/s6	H7/t6	▲H7/u6	H7/v6	H7/x6	H7/y6	H7/z6
H8					H8/e7	▲H8/f7	H8/g7	▲H8/h7	H8/js7	H8/k7	H8/m7	H8/n7	H8/p7	H8/r7	H8/s7	H8/t7	H8/u7				
				H8/d8	H8/e8	H8/f8		H8/h8													
H9			H9/c9	▲H9/d9	H9/e9	H9/f9		▲H9/h9													
H10			H10/c10	H10/d10				H10/h10													
H11	H11/a11	H11/b11	▲H11/c11	H11/d11				▲H11/h11													
H12		H12/b12						H12/h12													

注：1. H6/n5、H7/p6在公称尺寸小于或等于3mm和H8/r7在小于或等于100mm时，为过渡配合；
2. 用黑三角标示的配合为优先配合。

表 4-10 基轴制优先配合、常用配合

基准轴	孔																				
	A	B	C	D	E	F	G	H	JS	K	M	N	P	R	S	T	U	V	X	Y	Z
	间隙配合								过渡配合			过盈配合									
h5						F6/h5	G6/h5	H6/h5	JS6/h5	K6/h5	M6/h5	N6/h5	P6/h5	R6/h5	S6/h5	T6/h5					
h6						F7/h6	▲G7/h6	▲H7/h6	JS7/h6	▲K7/h6	M7/h6	▲N7/h6	▲P7/h6	R7/h6	▲S7/h6	T7/h6	▲U7/h6				
h7					E8/h7	F8/h7		▲H8/h7	JS8/h7	K8/h7	M8/h7	N8/h7									
h8				D8/h8	E8/h8	F8/h8		H8/h8													
h9				▲D9/h9	E9/h9	F9/h9		▲H9/h9													
h10				D10/h10				H10/h10													
h11	A11/h11	B11/h11	▲C11/h11	D11/h11				▲H11/h11													
h12		B12/h12						H12/h12													

注：用黑三角标示的配合为优先配合。

课堂思考与练习：

识读图 4-31 所示阀杆零件图，回答问题：

1. 阀杆零件图中，要求表面粗糙度 *Ra* 值最小的表面是哪个表面？
2. 在图中没有标注的表面，其粗糙度 *Ra* 值是多少？表达何意义？

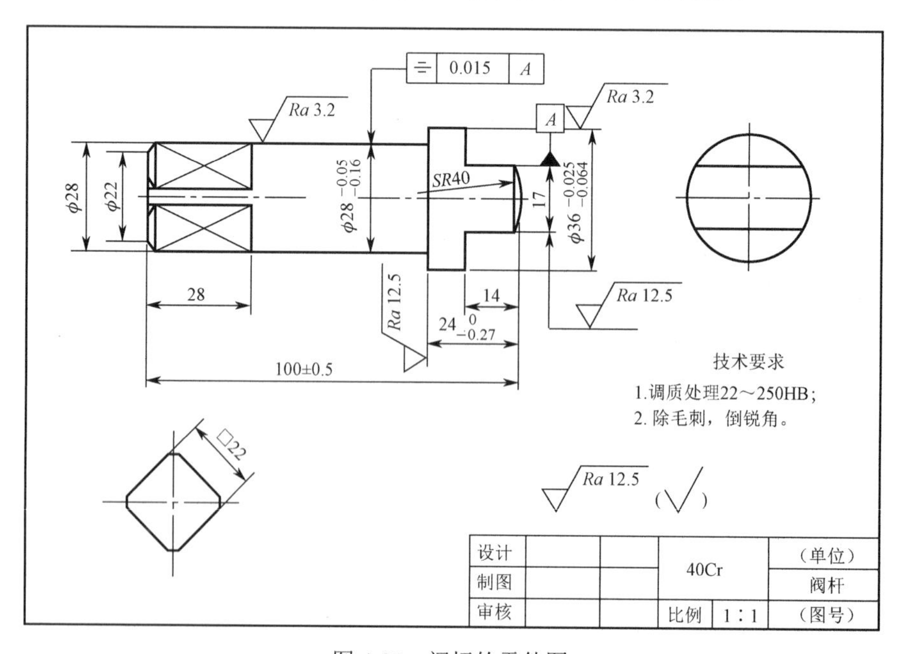

图 4-31 阀杆的零件图

3．阀杆右端ϕ36 的最大值是多少？查表看其对应的公差代号是什么？

4．图中几何公差是形状公差还是位置公差？试说明其含义。

任务三 识读典型零件图

知识点：

* 典型零件的结构特点;
* 零件图的识读方法和步骤。

技能点：

* 掌握典型零件图的尺寸和技术要求的标注;
* 能识读中等复杂程度的典型零件图。

（一）任务描述

识读零件图，掌握识读的方法和步骤，明确识读的目的。识读零件图的目的有以下几点：

① 了解零件的名称、材料、比例以及设计或生产单位等。

② 了解组成零件各部分结构的形状、特点和功能，以及它们之间的相对位置。

③ 阅读零件图的尺寸，对零件各部分的大小有一个概念，进一步分析各方向尺寸的重要基准。

④ 明确制造零件的主要技术要求，确定正确的加工方法。

根据零件结构形状的特点和用途，零件大致可分为轴套类、轮盘类、叉架类和箱体类四种典型零件。每类零件的表达方法和尺寸标注有共同的一面，但各有不同的特点，本任务是对它们的零件图分别进行分析和识读。

（二）任务执行

1. 阅读零件图的方法和步骤

1）先看标题栏，粗略了解零件

看一张零件图，首先看标题栏，从中了解零件的名称、材料、件数、比例以及设计或生产单位等，从而大体了解零件的功用。对不熟悉的比较复杂的零件图，通常还需要参考有关技术资料，从中了解该零件在机器或设备中的作用。

如图4-32所示是齿轮油泵泵体零件图，属箱体类零件，是齿轮油泵的主体零件，应起支承和包容齿轮等传动零件的作用。材料为铸铁 HT200，说明零件毛坯的制造方法为铸造，所以具有铸造工艺要求的结构，如铸造圆角、铸造壁厚均匀等。

2）明确视图关系

所谓视图关系就是指视图表达方法和各视图之间的投影联系。如图4-32所示的齿轮油泵泵体，采用了主、左两个基本视图和一个向视图。

主视图采用了局部剖，主要表达它的特征形状，中间“8 字形”空腔容纳一对齿轮，底板带有凹槽使泵体安装平稳，左右对称的带有螺纹孔的两个凸台为进出油口，以局部剖视表示。

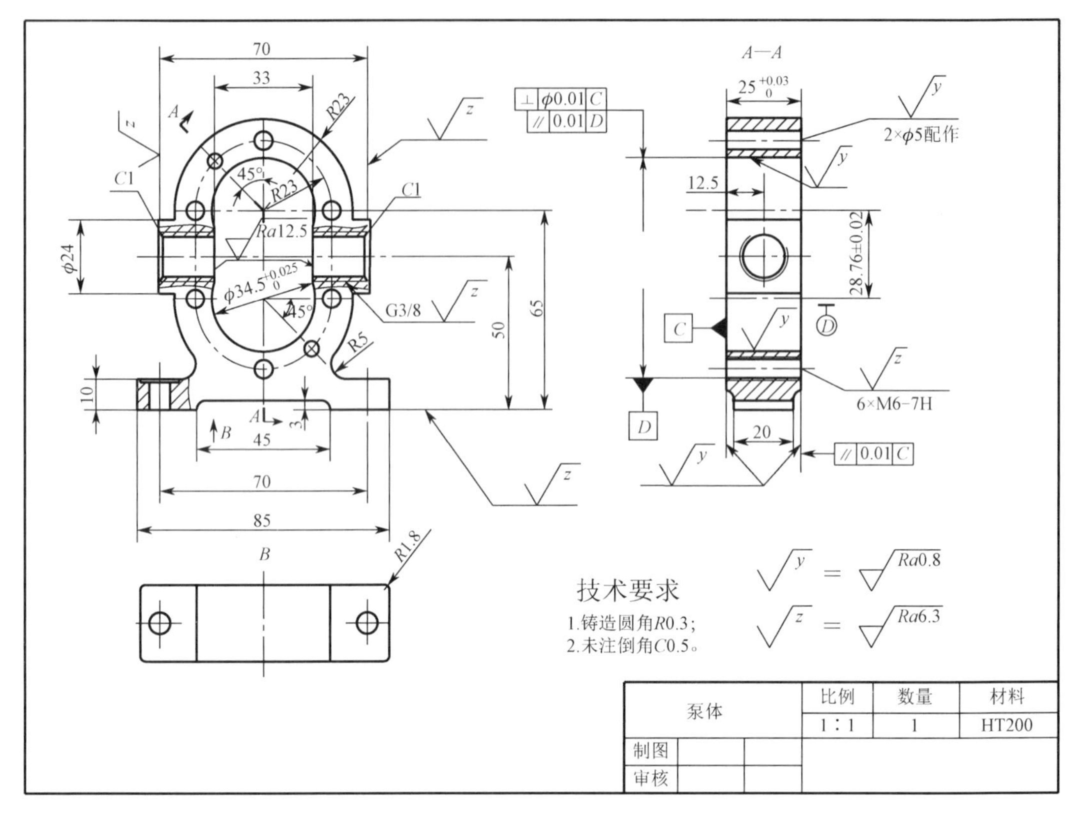

图 4-32　齿轮油泵泵体零件图

左视图采用 *A—A* 旋转剖，表示泵体的厚度及销孔、螺孔等内容。*B* 向局部视图表示底面及安装孔。

3）分析视图，想象零件的结构形状

对阅读零件图来说，分析视图，想象零件的结构形状是最关键的一步。分部位对投影，形体分析看大概，线面分析攻细节，综合起来想整体。

（1）底板

底板是箱体的支承和安装部分。将主视图、*B* 向视图和左视图结合起来看，其基本形状为长方形，钻有两个 *φ*7 的沉头孔，供安装螺栓用，底板下表面中部为凹槽毛坯面，可以减小加工表面面积，同时使泵体与相邻件机架安装平稳。

（2）泵体

将主、左视图结合起来看，为了容纳两啮合齿轮与泵体相配合，泵体的内腔做成中空圆柱体结构，该面上有 6 个螺孔与泵盖连接，两个销孔作为定位孔。集油腔分置在两侧，齿轮工作时，一边进油，另一边出油，因此集油腔两侧配置了进出油口，有内螺纹与管子连接。内凸台主要是便于加工，外凸台主要是减少加工面。

通过上述分析，综合起来就可以完整地想象出该箱体零件的各部分结构形状及其相对位置，想象出的油泵箱体的完整结构如图 4-33 所示。

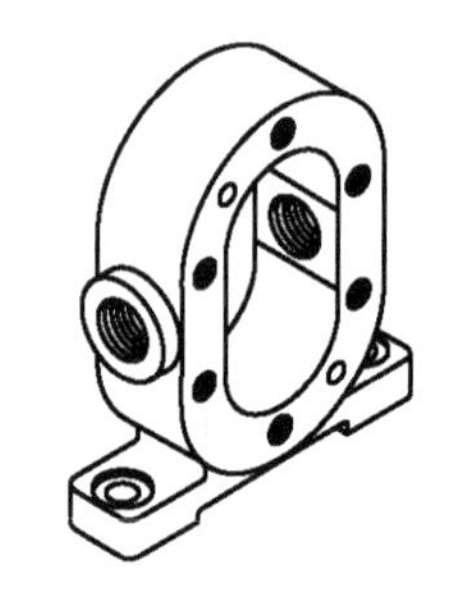

图 4-33　油泵箱体的轴测图

4）分析尺寸

零件图上的尺寸是制造、检验零件的重要依据。分析尺寸的主要目的是：

① 根据零件的结构特点、设计和制造工艺要求，找出尺寸基准，分清设计基准和工艺基准，明确尺寸种类和标注形式。

② 分析影响性能的主要尺寸标注是否合理，标准结构要素的尺寸标注是否符合要求，其余尺寸是否满足工艺要求。

③ 校核尺寸标注是否完整等。

先找出该零件各方向的尺寸基准。经分析，泵体长度方向的尺寸基准是泵体的左右对称平面，由此注出进出油口凸台间的长度 70、内腔长度 33 及安装螺栓孔的定位尺寸 70。宽度方向基准为泵体与端面相结合的端面，注出了泵体的宽度 $25^{+0.03}_{0}$。泵体的安装基面为高度方向尺寸的主要基准，由此注出 65，传动轮轴的轴线的水平面为高度方向的辅助基准；再注出两孔轴线的中心距 28.76±0.02，定出另一齿轮轴的轴线的水平面为高度方向尺寸的另一个辅助基准。这两条轴线就是两个高度方向的辅助基准面与长度方向的基准面的交线，以这两条轴线作为径向基准，分别注出内腔容纳齿轮的两个孔的直径 $\phi34.5^{+0.038}_{0}$。

5）分析技术要求

零件图的技术要求是制造零件的质量指标。看图时应根据零件在机器中的作用，分析零件的技术要求，以在低成本的前提下保证产品质量。主要分析零件的表面粗糙度、尺寸公差和几何公差及热处理等要求，特别是主要加工表面或有配合的表面的加工精度要求。

如图4-32所示，图中28.76±0.02、$\phi34.5^{+0.038}_{0}$ 等尺寸具有尺寸公差，表示该尺寸制造时允许的偏差数值；与端盖连接的两端面、容纳齿轮的内腔、安装底面的底板具有表面粗糙度要求；左视图上标注有平行度、垂直度几何公差，主要表示泵体两端面相互平行，两高度方向的辅助基准与端面 *B* 垂直并相互平行，主要保证齿轮传动平稳。

其他技术要求为铸件加工工艺要求。

（三）知识链接与巩固

1. 轴套类零件

轴套类零件包括各种轴、丝杆、套筒等。它们在机器中主要用来支承传递零件（齿轮、链轮、带轮等）和传递动力。

1）结构特点

轴套类零件结构主要由大小不同的同轴回转体（圆柱、圆锥等）组成，具有轴向尺寸大于径向尺寸的特点，结构形状比较简单。轴套类零件结构常有轴肩、键槽、螺纹、销孔、中心孔、倒角、退刀槽、砂轮越程槽等。这些结构都是由设计要求和加工要求所决定的，多数已标准化。

2）表达方式

轴套类零件一般都在车床、磨床上加工，一般按加工位置确定主视图，即将轴线水平放置，这样也基本上符合其工作位置，同时也反映了零件的形状特征。因为轴类零件一般是实心的，所以主视图多采用不剖或局部剖视图，对轴上的沟槽、孔洞可采用移出断面或局部放大图，如图 4-2 所示。

由于轴套类零件的主要结构形状是回转体，在主视图上注出相应的直径符号“ϕ”，即可表示形体特征。

2. 轮盘类零件

轮盘类零件包括各种用途的轮和盘盖零件，其毛坯多为铸件或锻件。轮一般用键、销与轴连接，一般用以传递扭矩。盘盖可起支承、定位和密封等作用。

1）结构特点

轮常见的有手轮、带轮、链轮和齿轮等，盖有法兰盘、端盖等。轮盖类零件主体部分多为回转体，一般其径向尺寸大于轴向尺寸。这类零件上常均布有孔、肋、槽等结构。轮一般由轮毂、轮辐和轮缘三部分组成。

2）表达方式

轮盘类零件主要是在车床上加工，故与轴类零件相同，也按加工位置将其轴线水平放置作为主视图。对有些不以车削加工为主的某些盘类零件也可按工作位置选放主视图。这类零件一般需要两个基本视图，主视图一般采用单一剖、旋转剖或阶梯剖等剖切方式来表达其轴向结构特征，如图 4-34 所示。零件上的细节结构，如轮辐、沟槽等可采用局部剖视图、断面图或局部放大图来表达。

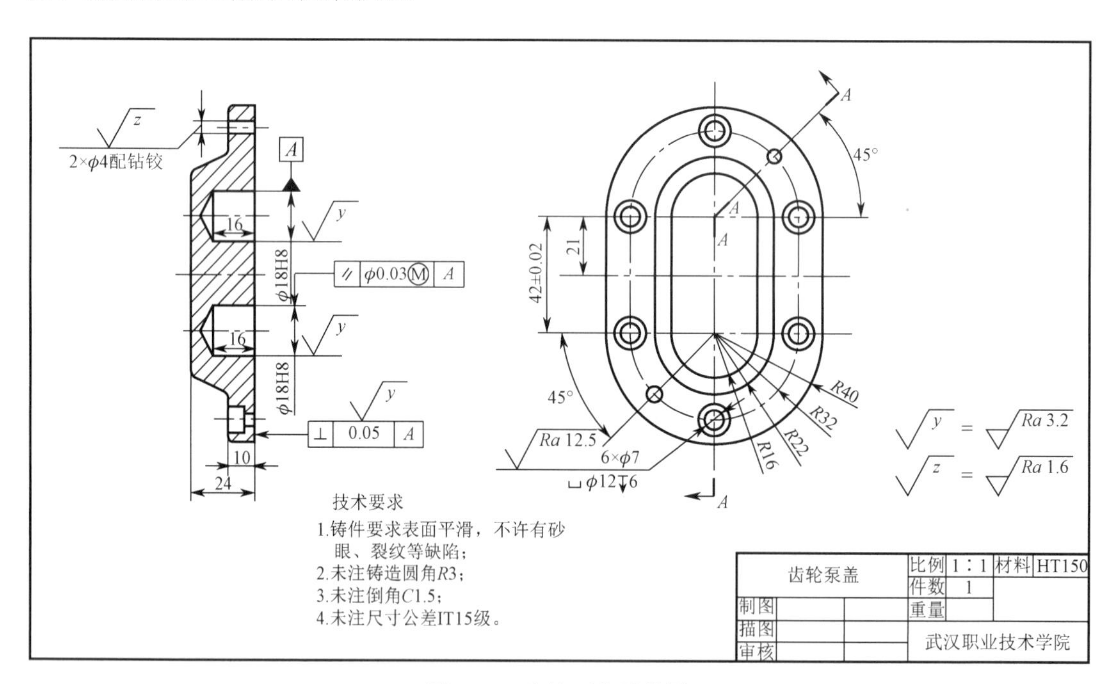

图 4-34　齿轮泵盖零件图

从图 4-34 可以看出，轮盘类零件尺寸标注通常以轴线作为径向基准，用重要端面或对称平面作为长度方向的尺寸基准。

3. 叉架类零件

叉架类零件包括各种用途的拨叉、连杆、支架、摇臂、杠杆等。叉杆零件多为运动件，通常起传动、连接、调节或制动等作用。支架零件通常起支承、连接等作用。

1）结构特点

叉架零件结构形状差别较大，叉杆零件常有弯曲或倾斜结构，其上常有肋板、轴孔、耳板等结构，局部有油槽、油孔、螺孔等结构，如图4-35所示，但都是由支承部位、工作部位和连接部位所组成的。毛坯多为铸件或锻件，一般经多种工序加工。

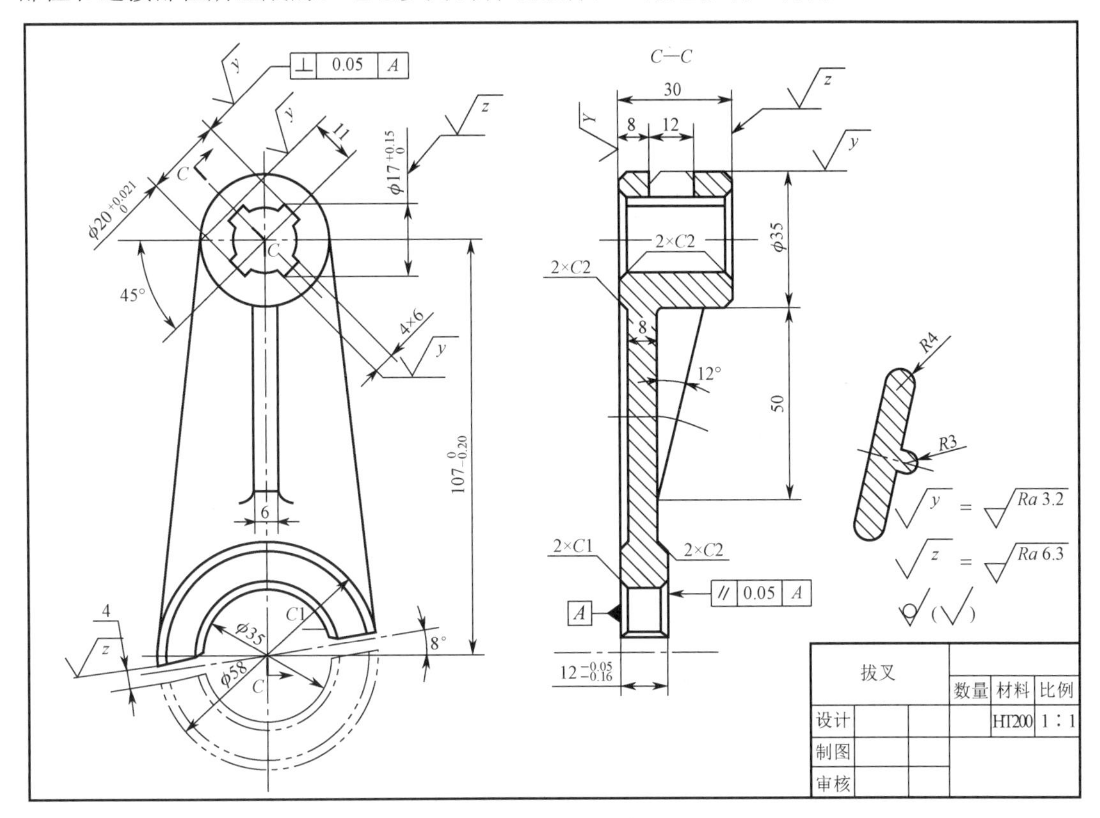

图4-35 拨叉零件图

2）表达方式

叉架类零件加工时，各工序位置不同，较难区分主次，故一般都按工作位置画主视图。当工作位置是倾斜的或不固定时，可将其摆正画主视图。这类零件一般需要两个基本视图来表示结构。由于其某些结构不平行于基本投影面，因此常采用斜视图、斜剖、断面等视图来表达。对零件上一些内部结构常采用局部剖视；连接部分常采用断面图表示，如肋板。

叉架类零件常以主要孔轴线、对称平面、较大加工面或结合面为长、宽、高三个方向尺寸的主要基准。这类零件的定位尺寸较多，为保证定位精度，一般要标出孔轴线间的距离，定形尺寸用形体分析法标注，以避免漏标。

4. 箱体类零件

箱体类零件一般是机器的主体，起承托、容纳、定位、密封和保护作用。

1）结构特点

箱体类零件结构比较复杂，常有内腔、轴承孔、凸台或凹坑、肋板、螺孔等结构。其毛坯多为铸件。

2）表达方式

箱体类零件加工部位较多，其切削加工要在刨床、铣床、镗床和钻床上进行。各工序加工位置是多样的，不便考虑，所以一般多以形状特征和工作位置来选择主视图，如图 4-36 所示。

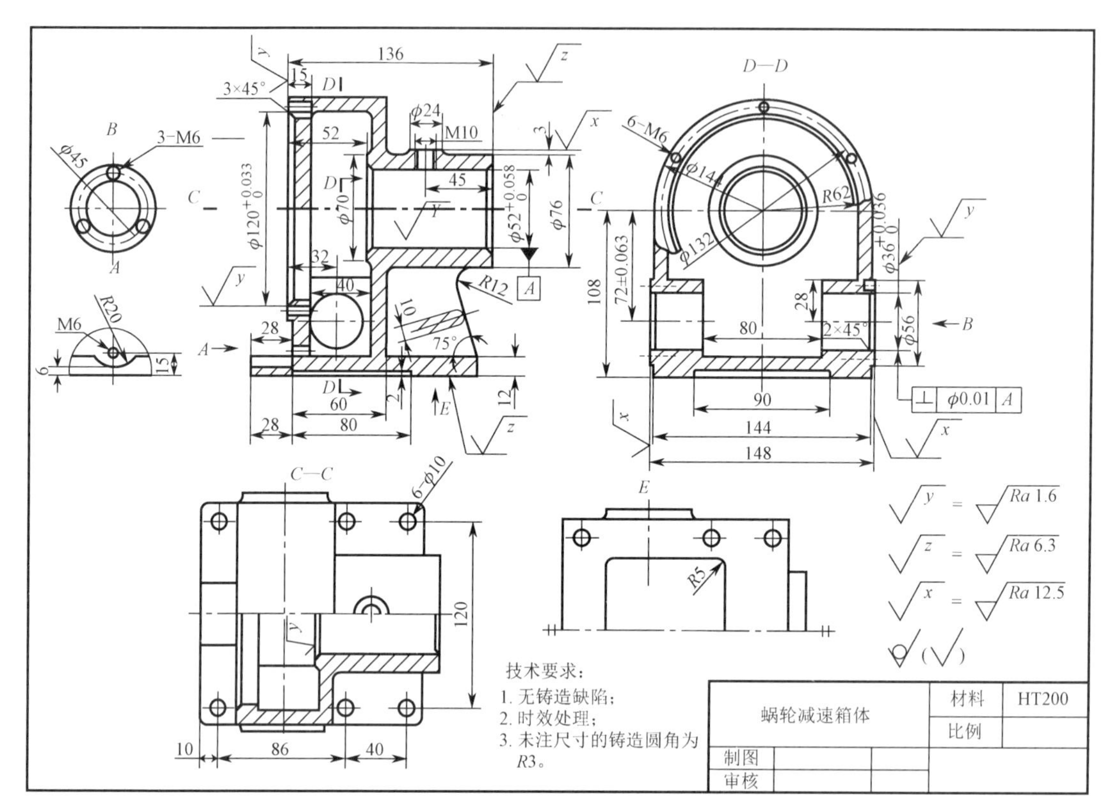

图 4-36　蜗轮减速箱体零件图

这类零件常需三个以上的基本视图来表达其复杂的结构形状。对其内部和外部结构常采用各种剖视（全剖、半剖、局部剖）及其不同剖切方法来表达。对用基本视图尚未表达清楚的局部结构可采用局部视图、剖面等来表达。

箱体类零件常以主要孔的轴线、对称平面、较大的加工平面或结合面作为长、宽、高三个方向尺寸的主要基准。

在设计和制造设备或仪器过程中，读零件图是一项非常重要的工作。在实际生产中不仅要读懂零件的形状、尺寸大小，还要弄清楚零件各部分的结构、作用和技术要求等，以便进一步研究零件的加工方法，制订出合理的加工制造工艺。

课堂思考与练习：

识读图 4-37，分析其视图表达的方法、尺寸、结构形状及技术要求。

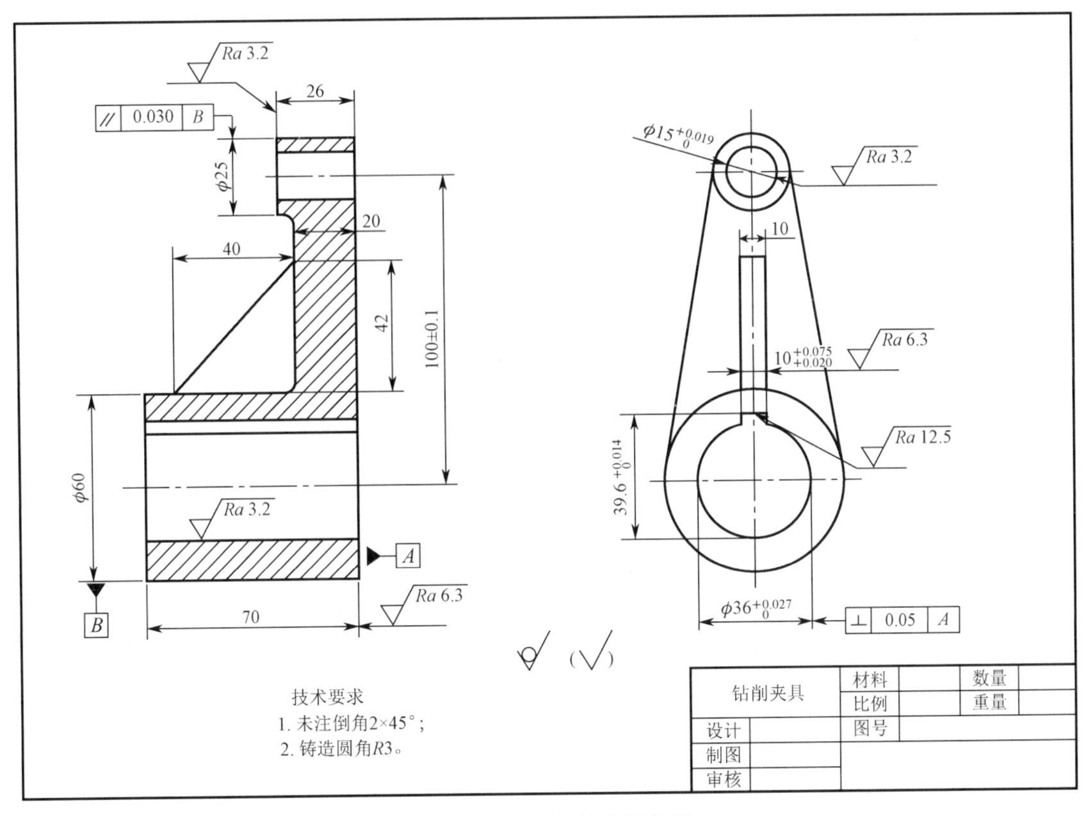

图 4-37 钻削夹具的零件图

任务四 绘制轴承架的零件图

知识点：

* 零件的测绘；
* 零件图的画法。

技能点：

* 掌握零件的测绘方法；
* 能按国家标准绘制完整的零件图。

（一）任务描述

在生产中，零件图的绘制一般有两种情况，一是按设计或顾客要求绘制零件图，二是由实物测量来绘制零件图，即制图测绘。制图测绘中零件测绘是根据已有零件画出零件图的过程，其过程包括绘制零件草图、测量出零件的尺寸和确定技术要求，然后绘制零件图。零件测绘对仿制、改造设备，推广先进技术，交流都有重要作用，是工程技术人员必须掌握的技能。

下面运用前面所学的知识来绘制轴承架的零件图。

（二）任务执行

1. 零件草图的绘制

1）对零件草图的要求

（1）内容完整

零件草图是画零件工作图的重要依据，有时也直接用以制造零件，因此必须具有零件工作图的全部内容，即一组完整视图、尺寸、技术要求和标题栏，如图 4-38 所示。

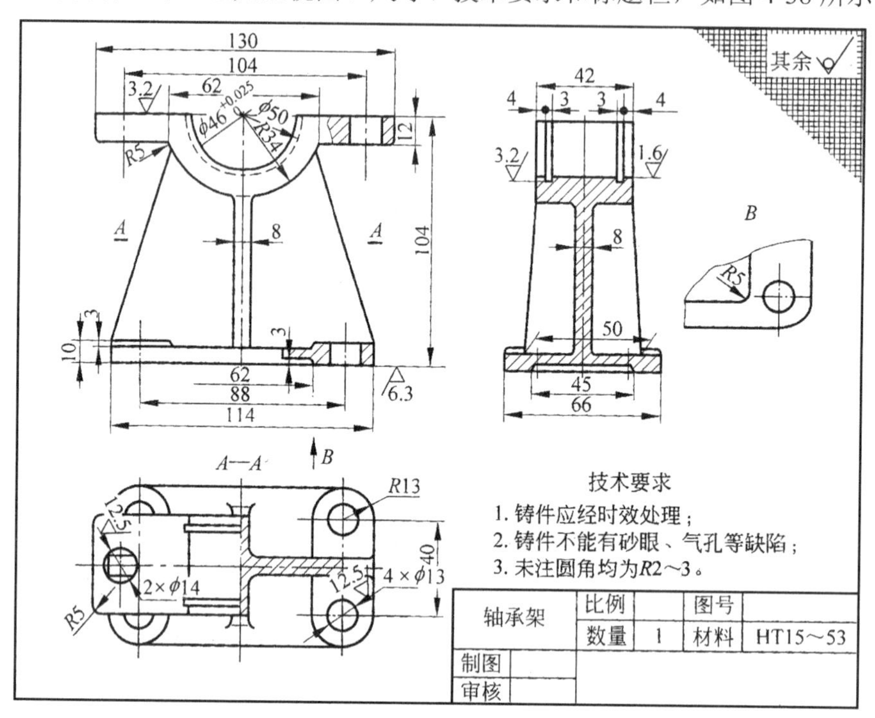

图 4-38　轴承架草图

（2）目测徒手绘图

零件草图是不使用测图工具的，只凭目测实际零件形状大小和大致比例关系，用笔徒手绘出零件图的图形，然后集中测量、标注相应尺寸和技术要求。

（3）图形不草

画出的零件应做到：图形正确、比例匀称、表达清楚；尺寸完整清晰；线条粗细分明、图面干净、字体工整，一定不要有草图是潦草图的错误想法。

2）零件图的绘制

（1）首先确定零件的表达方案

分析轴承架的结构特点，可将其归入箱体类零件，因此，按照箱体类零件表达方案来画视图。

（2）测量尺寸

根据绘图过程测量轴承架的结构尺寸，当然应依据国家标准和机械制造的相关规定或约定确定其结构和尺寸。

（3）绘制草图

徒手画出各视图，再标出全部尺寸，见图 4-38。

（4）绘制零件图

根据草图绘制其零件图，并根据实际情况及查阅有关资料标注零件的技术要求，最后完成标题栏。轴承架的零件图如图 4-39 所示。

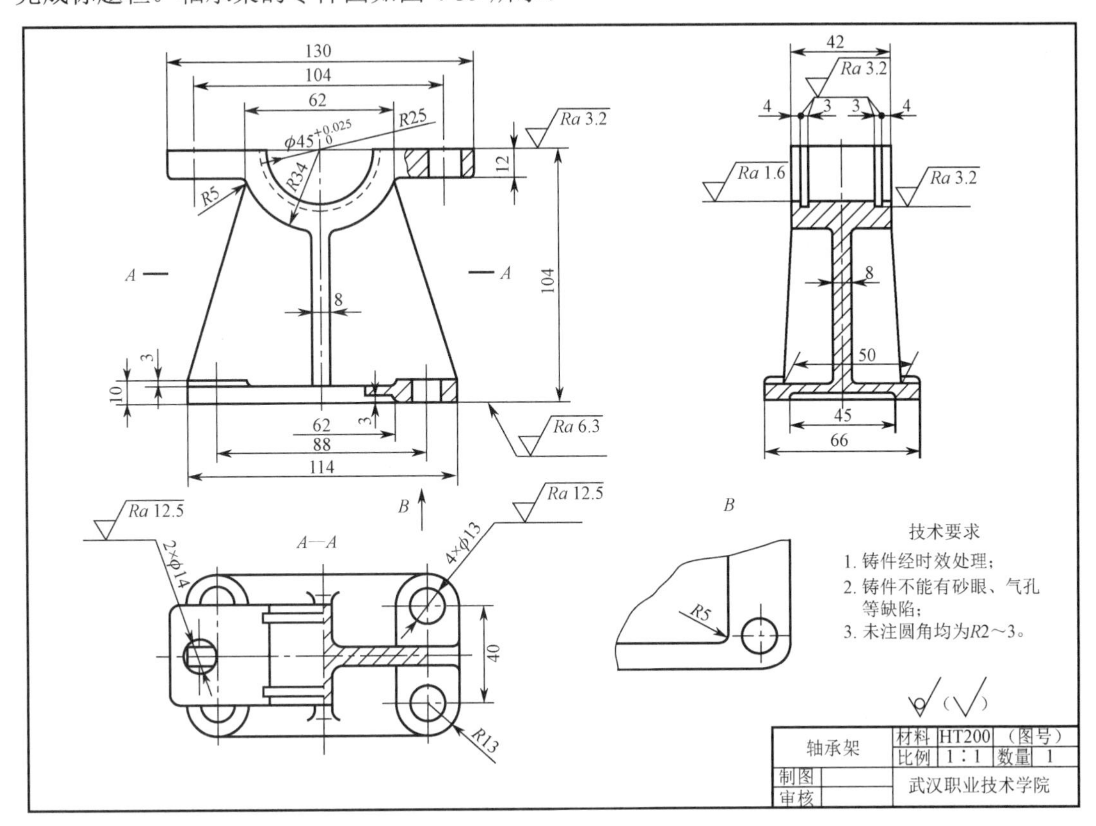

图 4-39　轴承架的零件图

（三）知识链接与巩固

零件图的主要尺寸及部分结构尺寸是用量具精确测量和计算出来的。能计算出的主要尺寸，如齿轮啮合中心距等要通过计算再标注。

有关测量知识如下：

1. 测量工具

常用的测量工具有直尺，内、外卡钳，游标卡尺，螺纹规，量角器等，如图 4-40 所示。

2. 测量方法

1）测量直线尺寸

测量直线一般用直尺或游标卡尺，也可用直尺与三角板配合进行，如图 4-41 所示。

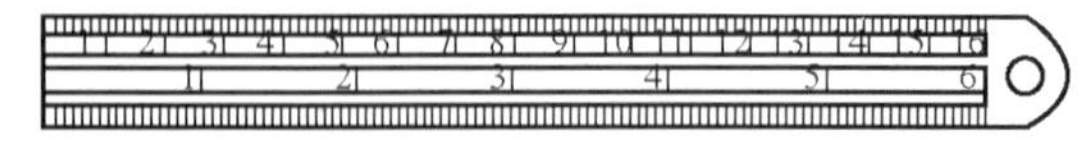

（a）直尺

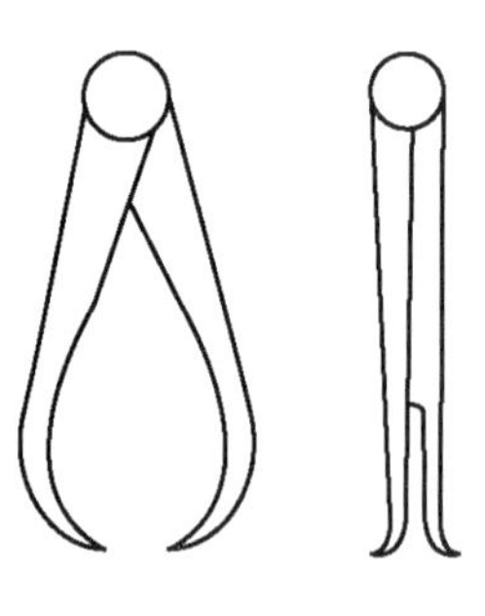

（b）外卡钳

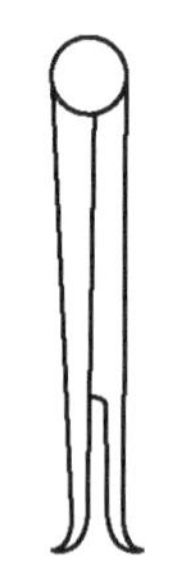

（c）内卡钳

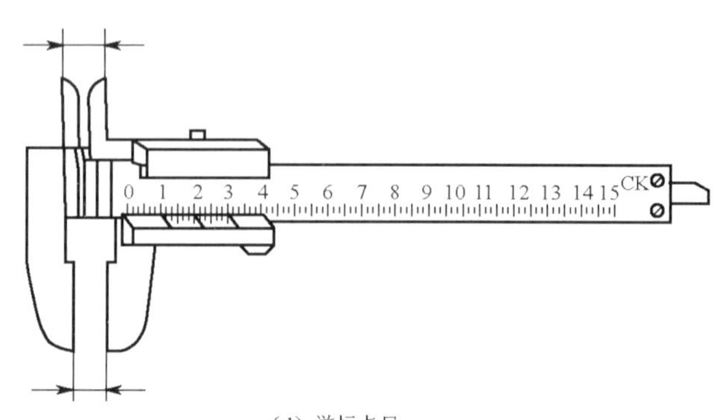

（d）游标卡尺

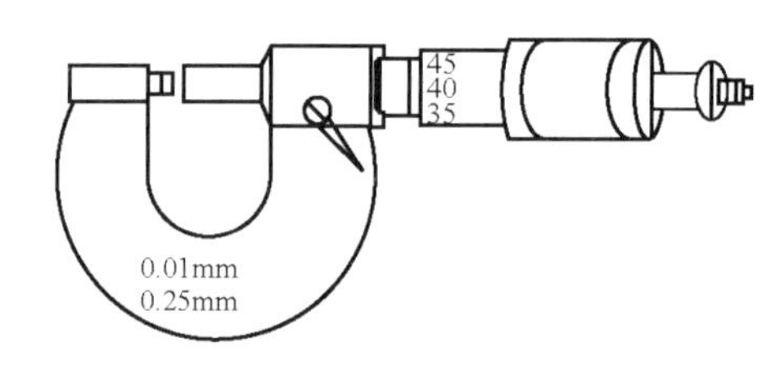

（e）千分尺

图 4-40　测量工具

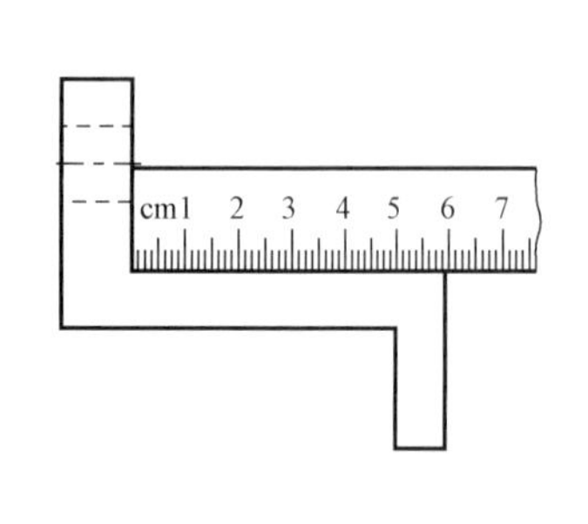

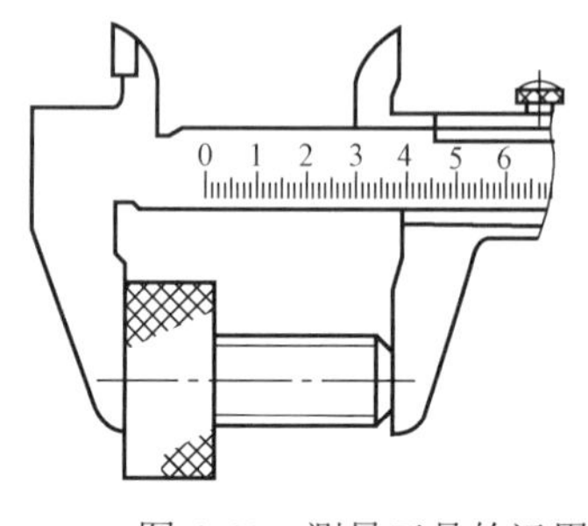

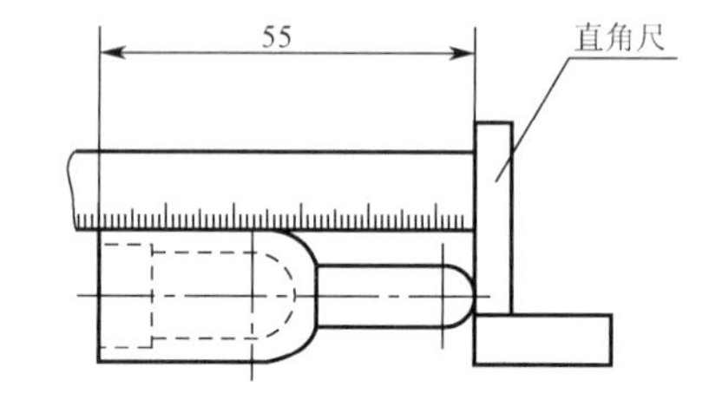

图 4-41　测量工具的运用

2）测量回转体内、外径

一般常用游标卡尺、螺旋千分尺直接测量，也可用内、外卡钳。用卡规测量回转体的内、外径，如图 4-42（a），（b）所示。测量时应使两测量点的连线与回转面的轴线垂直相交。当用内卡钳或内径千分尺时，要适当摆动或转动量具，使两测量点的连线与孔的轴线正交。用游标卡尺测量回转体的内、外径，如图 4-42（c）所示。

3）测量螺纹

螺纹的测量可用螺纹规。测量螺纹要测出其直径和螺距的数据，而螺纹的线数和旋向可以目测，牙型若为标准螺纹可根据其类型确定牙型角。对于外螺纹，测量其大径和螺距；对于内螺纹，测量其小径和螺距。

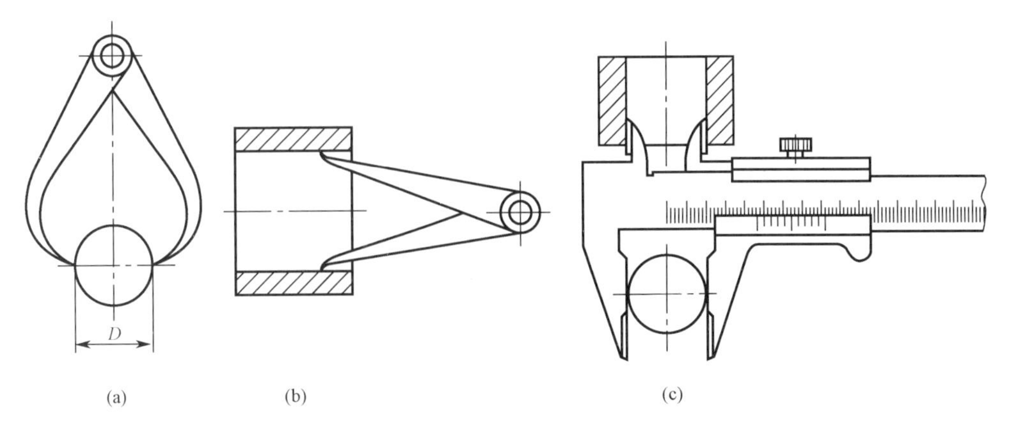

图 4-42　回转体的内、外径测量

螺距的测量可采用螺纹规，如图 4-43 所示。螺纹规由一组不同螺距的钢片组成，测量时只要某一钢片上的牙型与被测的螺纹牙型完全吻合，则钢片上的读数即为其螺距的大小。没有螺纹规，可用简单的压印法测量螺距。

螺纹的大、小径可用游标卡尺直接测量，无论是大（小）径还是螺距，测量后均应查有关标准手册取标准值。

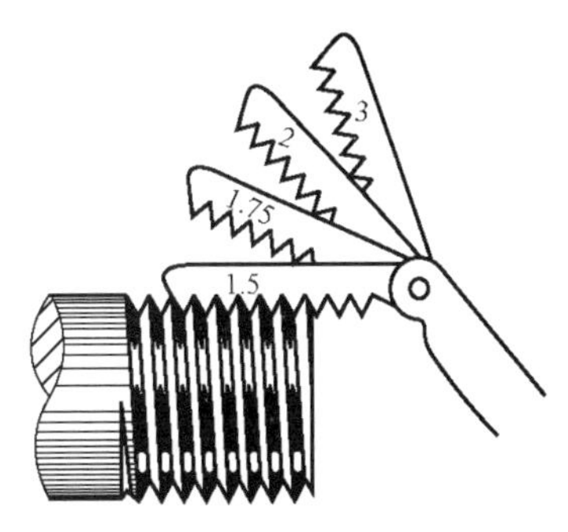

图 4-43　螺距的测量

课堂思考与练习：

如图 4-44 所示，已知零件的轴测图，试确定其技术要求并绘制其零件图。

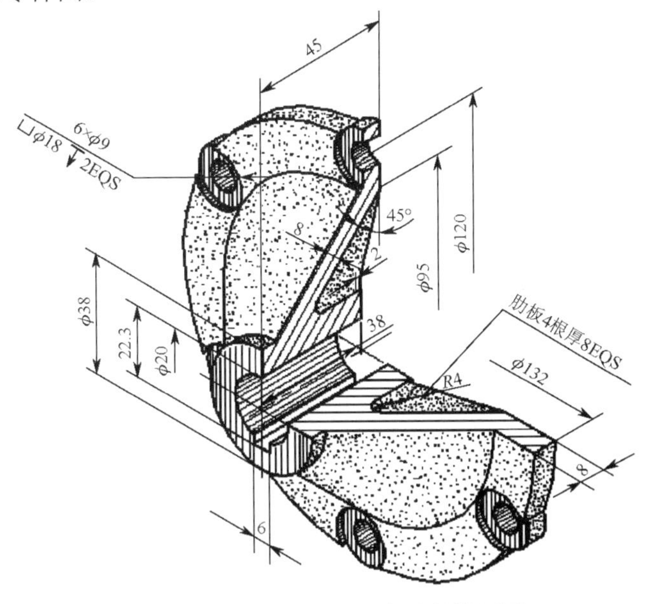

名称：机盖
材料：HT150

图 4-44　机盖的轴测图

「学习情境五」

识读和绘制装配图

【提要】本学习情境主要介绍装配图的识图方法、由零件图组装装配图以及通过测绘部件画装配图，同时对装配图的内容、作用、表达方法、装配结构及规定画法、简化画法等做了说明。所有这些内容都是识读和绘制装配图必备的知识。

任务一 识读蝶阀的装配图

知识点：

* 装配图的作用和内容；
* 识读装配图的内容。

技能点：

* 掌握识读装配图的方法和步骤，能识读简单的装配图；
* 会标注装配图中的序号及明细栏。

（一）任务描述

表达机器或部件的工作原理、传动路线、零件间的装配关系及技术要求的图样，称为装配图。

在机器或部件的设计、装配、调试、检验和维修工作中，在技术交流过程中，都需要阅读装配图。因此，工程技术人员必须具备熟练阅读装配图的能力。阅读装配图应达到以下基本要求。

① 了解机器或部件的性能、用途和工作原理。

② 了解零件间的相关位置、装配连接关系及拆装顺序。

③ 弄清零件的作用和结构形状。

读装配图的目的，是从装配图中了解部件中各个零件的装配关系，分析部件的工作原理，并能分析和读懂其中主要零件及其他有关零件的结构形状。

读装配图一般从五个方面入手：

1．概括了解

看标题栏了解部件的名称，对于复杂部件可通过说明书或参考资料了解部件的构造、工作原理和用途。

看零件编号和明细栏，了解零件的名称、数量和它在图中的位置。蝶阀由 13 种零件组装而成。通过装配图对应每个零件的位置。

2. 分析视图

分析各视图的名称及投影方向，弄清剖视图、剖面图的剖切位置，从而了解各视图的表达意图和重点。

3. 分析装配关系、传动关系和工作原理

分析各条装配干线，弄清各零件间相互配合的要求，以及零件间的定位、连接方式、密封等问题。再进一步搞清运动零件与非运动零件的相对运动关系。

4. 分析零件的结构形状

分析主要零件的结构形状。

5. 分析尺寸及技术要求

通过分析尺寸及技术要求，想象部件的工作情况。

如图 5-1 所示为蝶阀的装配图，分析其结构形状、工作原理、尺寸及技术要求。

（二）任务执行

1. 概括了解

由标题栏可知，该部件是蝶阀；由明细栏可知它由 13 种零件组成，是较为简单的部件。它是连接在管路上，用来控制气体流量或截止气流的装置。

2. 分析视图

蝶阀采用三个视图表达。主视图表示了阀的主要零件阀体、阀盖的外形结构，两个局部视图分别表示了阀盖与阀体ϕ30H7/h6 的配合关系和阀杆与阀门的连接关系。左视图采用全剖视，表达了阀体ϕ55 的通路和阀盖的内、外形结构，表达了阀杆与齿轮、阀体、阀盖的关系，螺钉与齿杆的防转关系以及阀盖与阀体由螺钉连接的关系。

3. 分析装配关系、传动关系和工作原理

1）配合关系

齿杆 12 与阀盖 5 的配合为ϕ20H8/f8，是基孔制间隙配合。

阀杆 4 与阀体 1 及阀盖 5 的配合都为ϕ16H8/f8，是基孔制的间隙配合。

阀盖 5 与阀体 1 的配合为ϕ30H7/h6，是基孔制（也可以称基轴制）的间隙配合。

2）连接、固定关系

齿杆上有长槽由紧定螺钉 11 限制齿杆传动，当齿杆沿轴向滑动时齿杆上的齿条就带动齿轮 7 转动。齿轮由半圆键 8 和螺母 9 与阀杆 4 连接，由阀杆轴肩在阀体、阀盖中实现轴向定位。阀盖与阀体由三个螺钉连接。阀杆与阀门 2 由锥头铆钉 3 连接。

当齿杆带动齿轮转动时，阀杆也随之转动，并使阀门开启或关闭。

3）工作原理

松开紧定螺钉 11，齿杆 12 在外力作用下转动，带动齿轮 7 转动，齿轮通过半圆键连接在阀杆 4 上，因此它带动阀杆转动，从而使固定在阀杆上的阀门开合，达到控制气体流量的目的。

4. 分析零件的结构形状

分析阀体零件的顺序：先看主要零件，再看次要零件；先看容易分离的零件，再看其他零件；先分离零件，再分析零件的结构形状。逐步将蝶阀各部分的结构形状、连接情况分析清楚，最后形成蝶阀的三维立体形状，如图 5-2 所示。

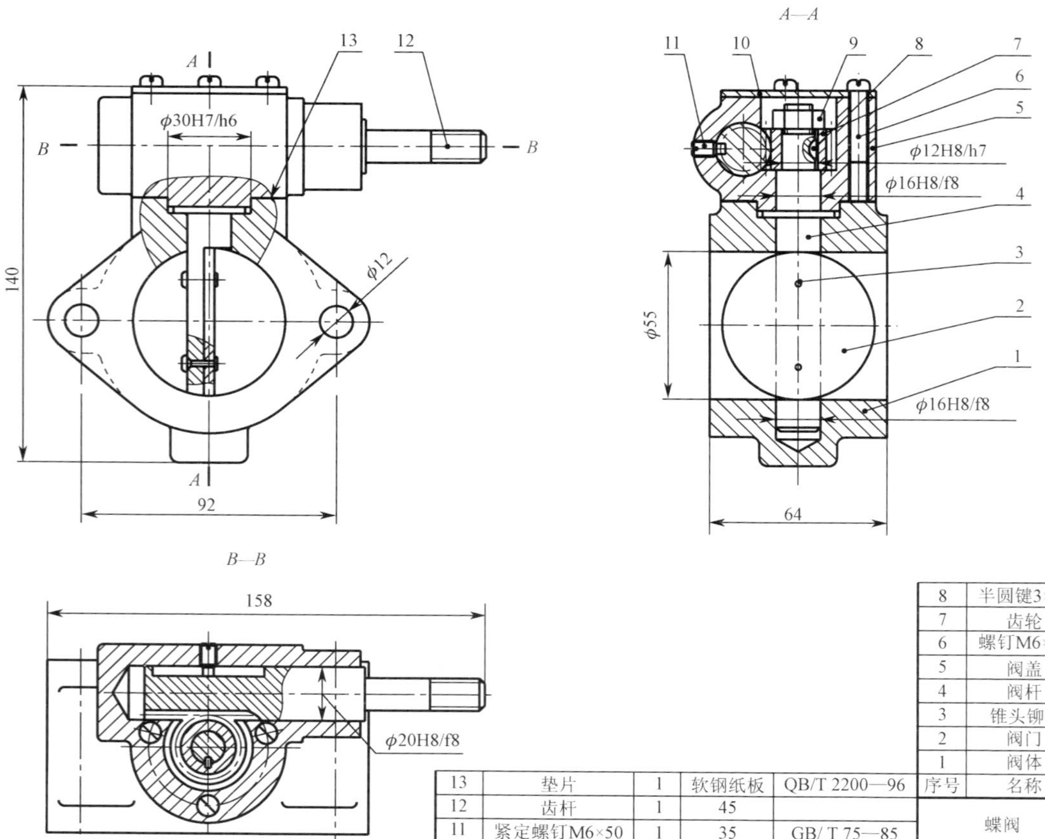

A—A

B—B

技术要求

1. 试验压力0.4MPa，工作压力0.3MPa；
2. 试验压力0.4MPa，无泄漏。

序号	名称	数量	材料	备注
13	垫片	1	软钢纸板	QB/T 2200—96
12	齿杆	1	45	
11	紧定螺钉M6×50	1	35	GB/ T 75—85
10	盖板	1	Q235	
9	螺母M10	1	35	GB/T 6170—2000
8	半圆键3×16	1	HT200	GB/T 1099—2003
7	齿轮	1	45	
6	螺钉M6×50	3	35	GB 65—2000
5	阀盖	1	HT200	
4	阀杆	1	45	
3	锥头铆钉	2	Q215	
2	阀门	1	Q235	
1	阀体	1	HT200	

蝶阀	比例	重量	共 张
			第 张
制图			
审核			

图5-1 蝶阀的装配图

5. 分析尺寸及技术要求

1）尺寸分析

除了带有配合代号的装配尺寸外，还有性能规格尺寸ϕ55，安装尺寸ϕ12，外形尺寸 158、64、140。

2）分析技术要求

技术要求中对检验压力、工作压力提出了要求。

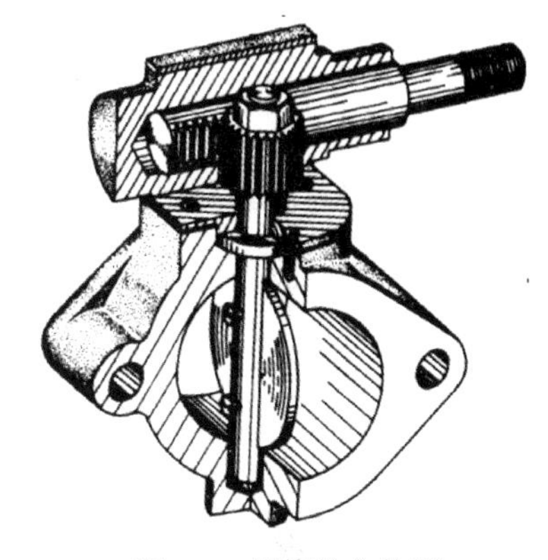

图 5-2　蝶阀的立体图

（三）知识链接

1. 装配图的作用

在产品制造中，装配图是制订装配工艺规程，进行装配、检验、调试和维修的依据。在使用和维修中，也要通过装配图了解机器的构造。

装配图是反映设计思维、进行装配加工、使用和维修机器、进行技术交流的重要技术文件。

2. 装配图的内容

图 5-3 所示为滑动轴承轴测分解图，图 5-4 所示为该部件的装配图。由此可知，装配图应当包括以下四项内容：

（1）一组视图

用以表达机器或部件的工作原理、结构形状、零件间的相对位置及装配和连接的关系。

（2）必要的尺寸

用以表明机器或部件的性能、规格、外形及装配、检验、安装时所必要的尺寸。

（3）技术要求

用符号或文字说明机器或部件的性能、装配、检验、调试、安装和使用等方面的要求。

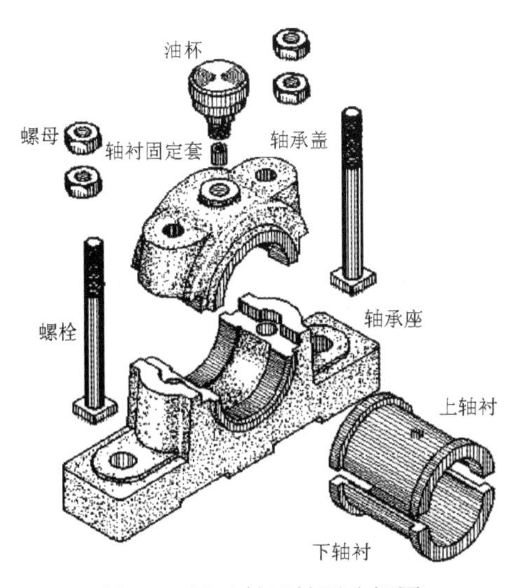

图 5-3　滑动轴承轴测分解图

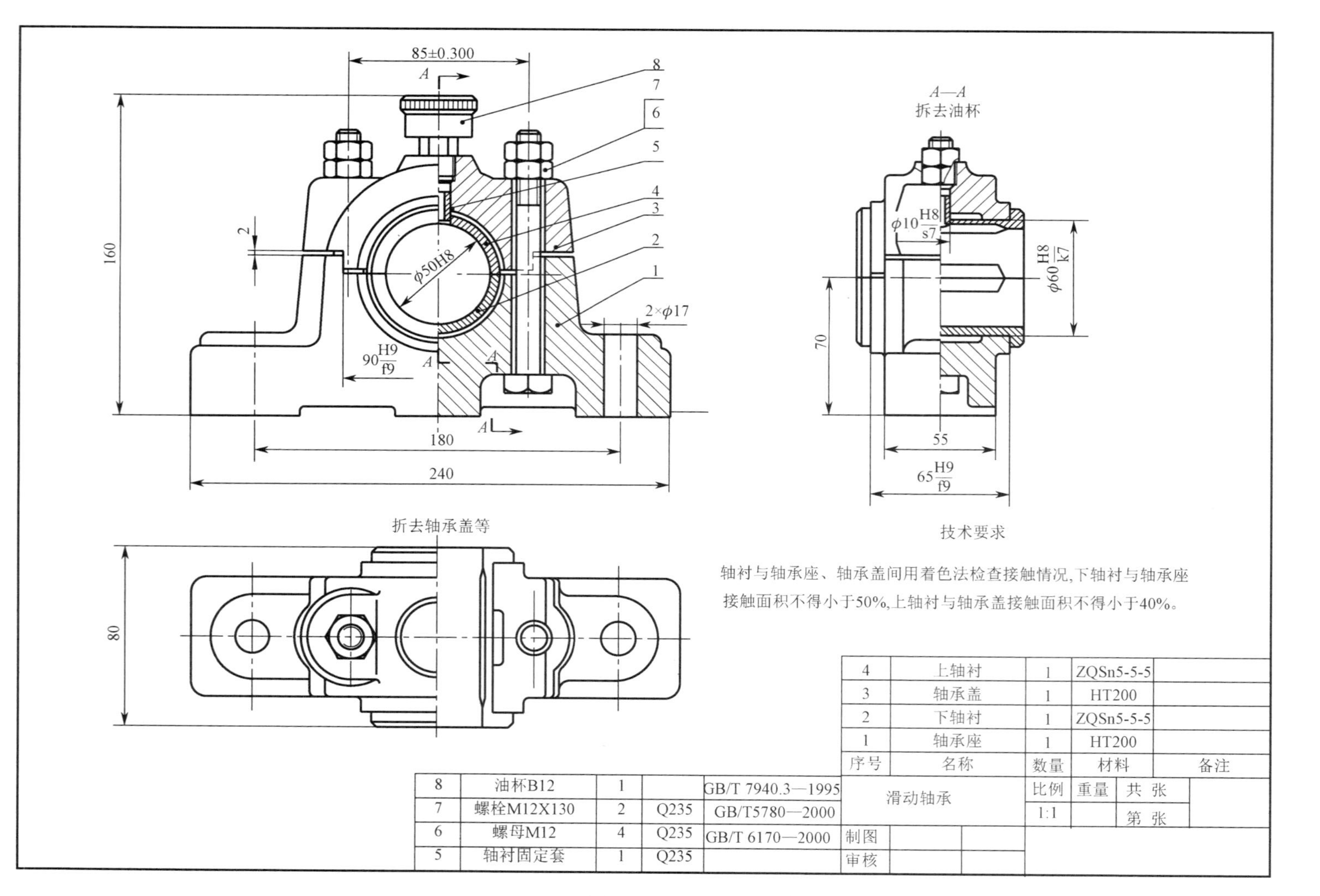
85±0.300
A
8
7
6
5
4
3
2
1
2×φ17
160
2
φ50H8
$90\frac{H9}{f9}$
180
240
A—A
拆去油杯
$\phi10\frac{H8}{s7}$
$\phi60\frac{H8}{k7}$
70
55
$65\frac{H9}{f9}$
折去轴承盖等
80
技术要求
轴衬与轴承座、轴承盖间用着色法检查接触情况，下轴衬与轴承座接触面积不得小于50%，上轴衬与轴承盖接触面积不得小于40%。
4 上轴衬 1 ZQSn5-5-5
3 轴承盖 1 HT200
2 下轴衬 1 ZQSn5-5-5
1 轴承座 1 HT200
序号 名称 数量 材料 备注
8 油杯B12 1 GB/T 7940.3—1995
7 螺栓M12X130 2 Q235 GB/T5780—2000
6 螺母M12 4 Q235 GB/T 6170—2000
5 轴衬固定套 1 Q235
滑动轴承 比例 1:1 重量 共 张 第 张
制图
审核

图5-4 滑动轴承装配图

（4）标题栏、零件序号和明细栏

标题栏中填写机器或部件名称、比例、图号和有关责任者签名。装配图应对每种零件编写序号，并在标题栏上方画出明细栏，然后按零件序号在上面填写每种零件的名称、数量、材料等内容。

3. 装配图的零件编号、明细栏与技术要求

为了便于看图，装配加工和图样管理必须对装配图中所有的零、部件编写序号，同时要编制相应的明细栏。

1）序号（GB/T 4458.2—2003）

基本要求如下：

① 装配图中所有零、部件均应编号。

② 装配图中一个部件可只编一个序号；同一装配图中相同的零、部件用一个序号，一般只标注一次；多处出现的相同零、部件，必要时也可重复标注。

③ 装配图中零、部件的序号，应与明细栏（表）中的序号一致。

2）序号编排方法

① 在水平的基准（细实线）上或圆（细实线）内注写序号，序号字号比图中所注尺寸数字的字号大一号（如图 5-5（a）所示）或大两号（如图 5-5（b）所示）。序号也可直接注写在指引线附近，字号大一号或两号（如图 5-5（c）所示）。

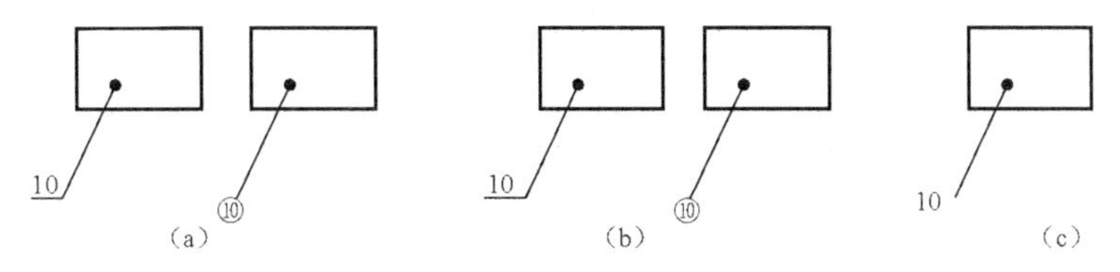

图 5-5　装配图中编注序号的方法

② 同一装配图中编排序号的形式应一致。

③ 指引线应自所指部分的可见轮廓内引出，并在末端画一圆点，如图 5-5 所示。若所指部分（很薄的零件或涂黑的剖面）内不便画出圆点，则可在指引线末端画出箭头，并指向该部分的轮廓，如图 5-6 所示。

④ 指引线不能相交。当通过有剖面线的区域时，它不应与剖面线平行。指引线可画成折线，但只能弯折一次，如图 5-7 所示。

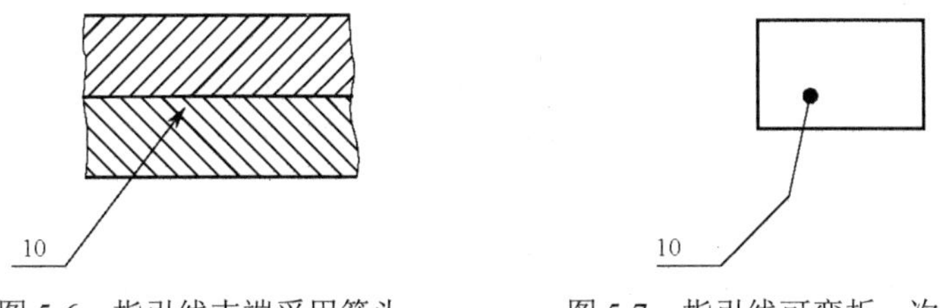

图 5-6　指引线末端采用箭头　　　　图 5-7　指引线可弯折一次

⑤ 一组紧固件以及装配关系清楚的零件组，可采用公共指引线，如图 5-8 所示。

⑥ 装配图中序号应按顺时针或逆时针方向顺次排列整齐。

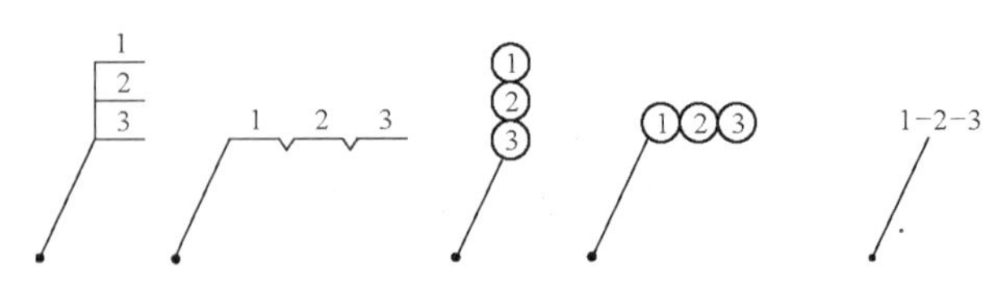

图 5-8 公共指引线

3）明细栏与标题栏

明细栏一般应该在标题栏上方，如地方不够，可紧靠在标题栏的左边自下而上延续，如图5-4所示。其格式参照图5-9所示，也可按实际需要增加或减少，最上面的边框用细实线绘制。明细栏内容包括：零件序号、代号、名称、数量、材料、重量和备注等。应按自下而上的顺序编号填写，以便发现漏编零件时，可继续向上补填，如图 5-4 所示。当装配图中不能在标题栏上方配置明细栏时，可按 A4 幅面单独给出明细栏，作为装配图的续页。此时，其顺序应是由上而下延伸，还可连续加页，但应在明细栏的下方配置标题栏。

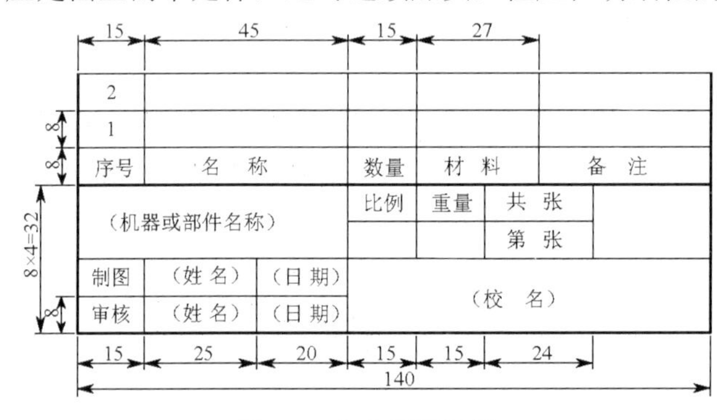

图 5-9 作业用明细栏

4）装配图的技术要求

由于装配体的性能、用途各不相同，因此其技术要求也不同，拟定装配体技术要求时，应具体分析，一般从以下三个方面考虑：

（1）装配要求

指装配过程中的注意事项，装配后应达到的要求，如图 5-4 中的技术要求。

（2）检验要求

指装配体基本性能的检验、试验、验收方法的说明等技术要求。

（3）使用要求

对装配体的性能、维护、保养、使用注意事项的说明。

上述各项不是每张装配图都要求全部注写，应根据具体情况而定。

4. 装配图的尺寸标注

1）性能（规格）尺寸

表示装配的性能、规格和特征的尺寸，如图 5-4 中的ϕ50H8 等。

2）装配尺寸

表示装配体上有关零件间装配关系的尺寸。

（1）配合尺寸

零件间有公差配合要求的尺寸，如图 5-4 中的ϕ60H8/k7、65H9/f9、ϕ10H8/s7 等。

（2）相对位置尺寸

表示装配时需要保证的零件间重要的相对位置尺寸，如图 5-4 中的中心高 70。

3）安装尺寸

装配体在安装时所需要的尺寸，如滑动轴承底座上安装孔的直径 $2\times\phi17$ 及孔距 180。

4）外形尺寸

装配体的外形轮廓所占空间大小的尺寸，即装配体的总长、总宽、总高。这是装配体在包装、运输、厂房设计时所需的尺寸，如图 5-4 中的尺寸 240、80 和 160。

5）其他重要尺寸

指在设计中经过计算或根据需要而确定的重要尺寸，如图 5-4 中轴衬宽度尺寸 80、底座宽度尺寸 55 等。

以上五类尺寸，并不是所有装配体都应具备，有时同一个尺寸可能有不同含义，因此，装配图上到底要标哪些尺寸，需要根据具体情况而定。

课堂思考与练习：

1. 识读装配图的步骤有哪些？
2. 分析装配图 5-4 中的尺寸，并说明滑动轴承座由多少个零件组成，有几种标准件。

任务二　识读齿轮油泵的装配图并拆画零件图

知识点：

* 装配工艺结构；
* 由装配图拆画零件图的方法和步骤；
* 拆画的注意事项；
* 装配图表达方案。

技能点：

* 能拆画较简单的装配图。

（一）任务描述

下面以图 5-10 所示的齿轮油泵为例，说明识读装配图的方法和步骤。

（二）任务执行

1. 识读齿轮油泵的装配图

1）概括了解

从标题栏中了解机器或部件的名称；从明细栏了解零件的名称、数量、材料、标准件的规格及标准代号；从序号及指引线了解各零件的位置，结合阅读说明书及有关资料了解机器或部件的用途；从比例和总体尺寸了解部件的大小；从技术要求看部件在装配、调试、使用时有哪些具体要求，从而对装配图的内容有一个概括的了解。

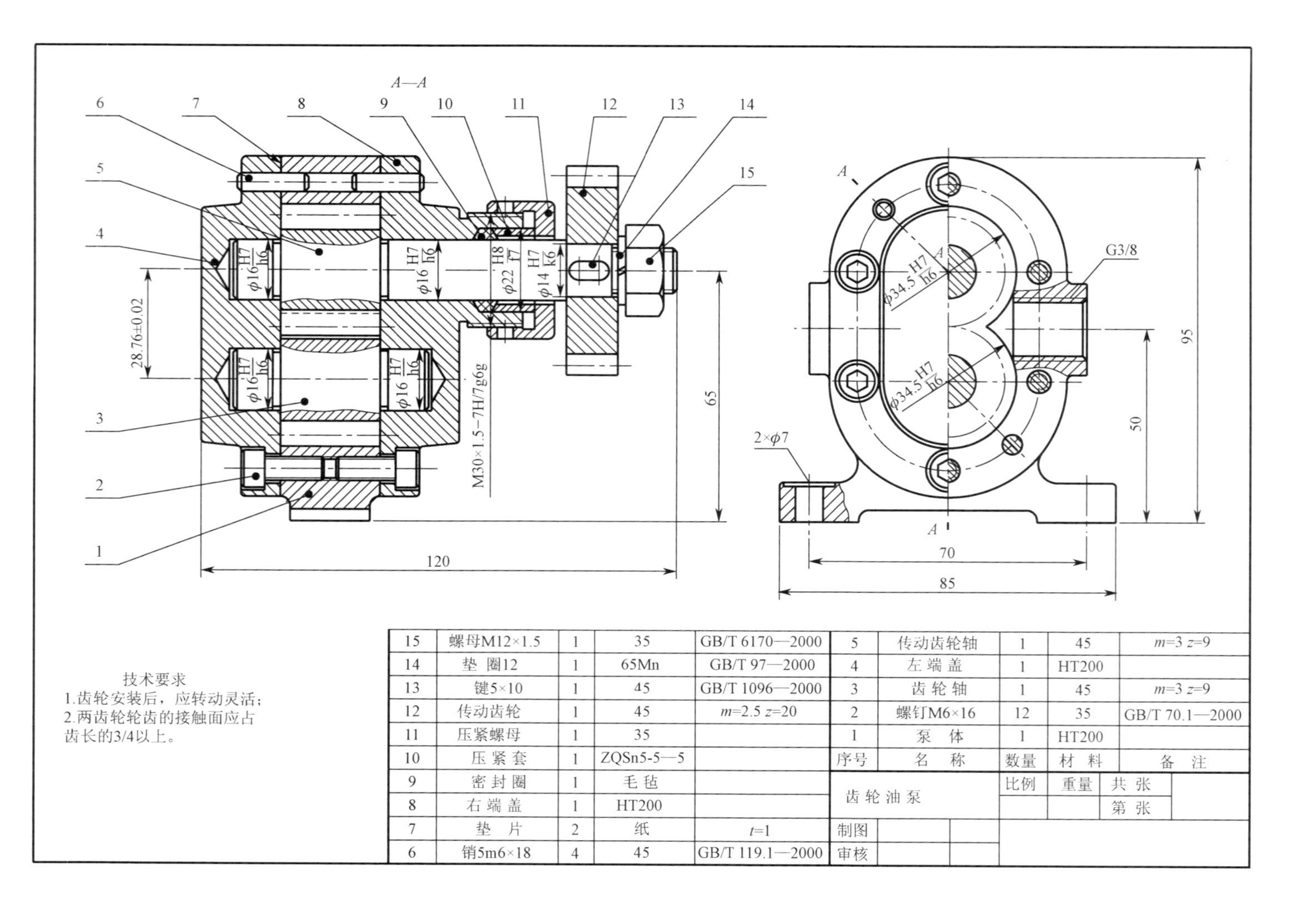

15	螺母M12×1.5	1	35	GB/T 6170—2000	5	传动齿轮轴	1	45	m=3 z=9
14	垫 圈12	1	65Mn	GB/T 97—2000	4	左 端 盖	1	HT200	
13	键5×10	1	45	GB/T 1096—2000	3	齿 轮 轴	1	45	m=3 z=9
12	传动齿轮	1	45	m=2.5 z=20	2	螺钉M6×16	12	35	GB/T 70.1—2000
11	压紧螺母	1	35		1	泵 体	1	HT200	
10	压 紧 套	1	ZQSn5-5—5		序号	名 称	数量	材 料	备 注
9	密 封 圈	1	毛 毡		齿 轮 油 泵		比例	重量	共 张
8	右 端 盖	1	HT200						第 张
7	垫 片	2	纸	t=1	制图				
6	销5m6×18	4	45	GB/T 119.1—2000	审核				

图5-10 齿轮油泵装配图

齿轮油泵是液压系统的一个部件。它由15种零件组成，其中标准件5种，是一个较简单的部件。

2）分析视图

首先确定视图名称、数量并明确视图间的投影关系；找出剖视图、断面图的剖切位置，向视图或局部视图的投射方向；识别出各种表达方法和名称，从而明确各视图表达的意图和重点。

齿轮油泵采用了两个基本视图。主视图是用相交两平面剖切的全剖视图 $A—A$，表达出油泵结构的特点，零件间的装配、连接关系，有齿轮啮合、螺纹连接、销连接、键连接、密封等结构。左视图采用了沿结合面剖切的半剖视图 $B—B$，是沿左端盖 4 和泵体 1 的结合面剖切的。螺钉、销钉属横向剖切，都画上了剖面线。左视图表达了油泵的外形和齿轮啮合情况，以及泵体与左、右端盖的连接和装配方式。局部剖则是表达进油口。

3）分析传动关系和工作原理

从主视图可以看出，齿轮油泵的传动路线为：外动力（齿轮）—齿轮 12—键 13—主动齿轮轴 5—从动齿轮轴 3。

通过左视图可分析出齿轮油泵的原理。

当主动齿轮按逆时针方向旋转时，带动从动齿轮按顺时针方向旋转会造成啮合区右腔压力降低，产生局部真空，油池中的油在大气压力作用下，由进油口进入齿轮油泵的右边低压区。随着齿轮的旋转，齿槽中的油不断地沿箭头方向送至左边的出油口把油压出，送到需要供油的部位。工作原理示意图如图 5-11 所示。

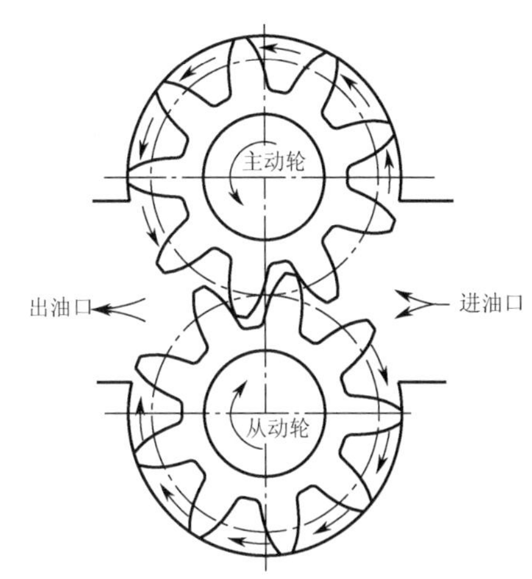

图 5-11　油泵工作原理示意图

4）分析装配关系

分析装配关系要从装配干线入手，装配干线是指部件中的一些零件沿某一轴线装配起来。这条轴线称为装配干线。齿轮油泵有两条装配干线。一条是主动齿轮轴装配干线。主动齿轮轴 5 装在泵体 1、左端盖 4、右端盖 8 的孔内，主动齿轮轴右端伸出部分装有密封圈 9、压紧套 10、压紧螺母 11、主动齿轮 12、键 13、垫圈 14 及螺母 15。另一条是从动齿轮轴装配干线。从动齿轮轴 3 装在泵体 1 和左、右泵盖的孔内，与主动齿轮相啮合。这些零件按一定的连接关系和配合关系装配在一起。连接关系中泵体与泵盖由圆柱销 6 连接定位，内六角螺钉 2 紧固。主动齿轮轴 5 与主动齿轮 12 用键连接。右端盖与压盖螺母及主动齿轮轴右端由螺纹连接。装配关系中两齿轮轴 3、5 与端盖 4、8 的配合为ϕ16H7/h6，是最小间隙为零的间隙配合，以保证两齿轮轴转动的稳定性。右端盖 8 内孔与压紧套 10 外圆柱面的配合为ϕ22H8/f7，两齿轮的圆柱面与泵体 1 内腔的配合为ϕ34.5 H7/h6，都属于基孔制间隙配合。主动齿轮 12 内孔与主动齿轮轴 5 的配合为ϕ14H7/k6，属于基孔制过渡配合。为了防止渗漏，采用了密封结构。主动齿轮轴 5 的伸出端装有密封圈 9，通过压紧螺母 11 压紧。而垫片 7 也起密封作用。

5）分析零件主要结构形状和用途

分析零件可按标准件、传动件、一般零件和较复杂零件逐步分离。标准件及轴类实心零件沿纵向不剖，较易看懂。分析一般零件的结构形状时，可利用零件的序号、指引线及同一零件的剖面线方向，间隔一致的表达方法，对照投影关系，分离出各零件的轮廓范围。还应根据明细栏中零件的名称确定零件是属于轴套类、轮盘类、叉架类和箱体类这四大类零件中的哪一类零件。而且要注意肋板结构，沿纵向不剖的画法，不要漏看。结合零件的功用及其与相邻零件的装配连接关系，即可想象出零件的结构形状。

6）总结归纳

在对部件的工作原理、装配关系和各零件的结构形状进行分析后，还应对装配图上所注的尺寸和技术要求进行分析，并把部件的性能、结构、装配、操作等几个方面联系起来研究，从而对部件有一个全面的认识。

完成阅读装配图的全过程，为拆画零件图打下基础。

2. 由装配图拆画零件图

1）拆画齿轮油泵的泵体

在拆画的过程中，先读懂装配图，然后根据同一零件的剖面线方向、间隔一致的表达方法将泵体从装配图中分离出来，如图 5-12 所示。

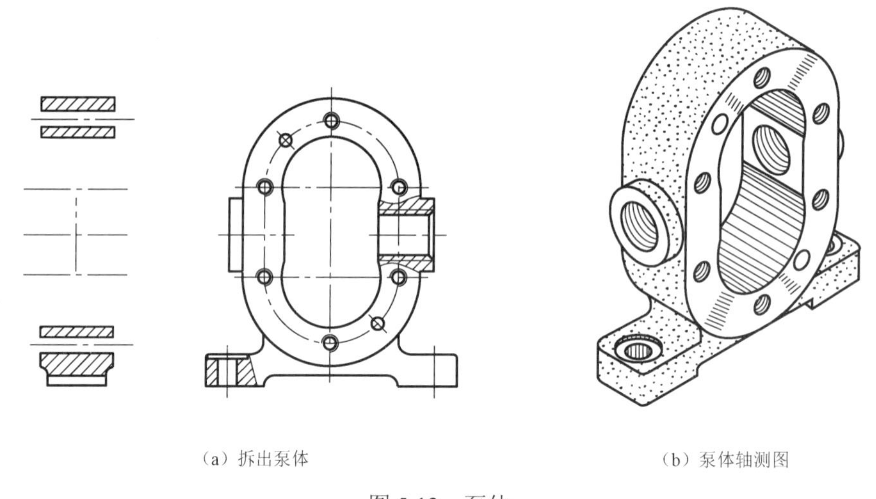

（a）拆出泵体　　（b）泵体轴测图

图 5-12　泵体

由于装配图中零件被遮挡的轮廓一般不画出，因此分离出的图形可能是不完整的。要根据投影关系将零件的结构补充表达完整，如泵体上的销孔、螺孔及两侧表面的投影。

2）确定零件的表达方案

零件的视图表达要根据零件的结构形状确定，而不一定从装配图中照抄。要在满足形状特征原则的前提下，根据不同类型零件来选择主视图投射方向。轴套类、轮盘类零件应按加工位置原则，而叉架类、箱体类零件按工作位置选择主视图投射方向。然后根据零件的结构形状复杂程度和特点适当地用其他视图做进一步表达。泵体属于箱体类零件，其表达方案与装配图相似。

装配图中省略未画出的工艺结构如倒角、退刀槽等，零件图中应画出。

泵体应选择反映泵长圆形空腔的外形结构及工作位置为主视图的投射方向比较合适，再用全剖视图及一向视图做进一步表达。

3）确定零件的尺寸

装配图中共标注了几类必要尺寸，这些尺寸可直接抄注在零件图上。配合尺寸应按孔、轴公差带代号注出尺寸的上、下偏差值。

对于零件上的标准结构，如倒角、退刀槽、销孔、键槽等应查阅有关标准注出。有的尺寸要根据给出的参数计算后标注。如齿轮的分度圆、齿顶圆直径可通过模数、齿数计算后标出。装配图中未注的尺寸，可按比例在装配图上直接量取并做适当调整。所注尺寸应满足正确、齐全、清晰、合理的要求。

4）确定技术要求

技术要求中的尺寸公差可根据装配图中的配合尺寸的公差带代号，查表确定极限偏差值。表面粗糙度和形位公差等技术要求要根据该零件在部件中的作用及该零件与其他零件的相互关系来确定。零件的其他技术要求可用文字来表述。

图 5-13 所示是根据齿轮油泵装配图拆画的泵体零件图。

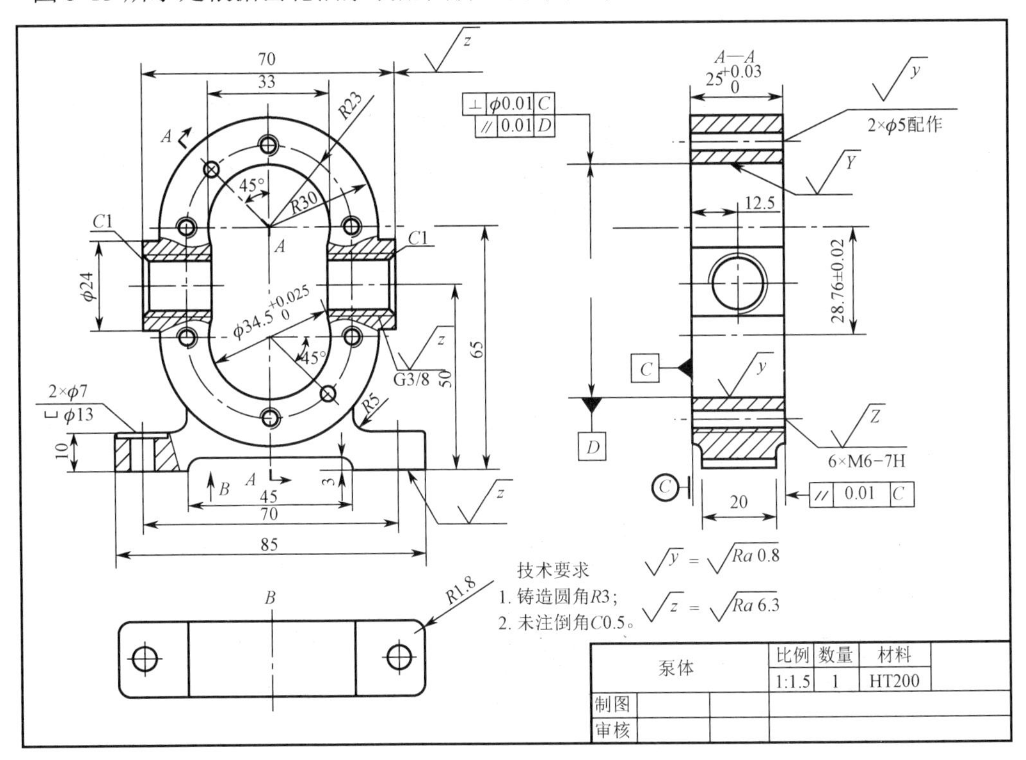

图 5-13　泵体零件图

（三）知识链接与巩固

1. 拆画零件图的步骤

① 按读装配图的要求，看懂部件的工作原理、装配关系和零件的结构形状。

② 根据零件图视图表达的要求，确定零件的视图表达方案。

③ 根据选定的零件表达方案，画出零件工作图。

2. 拆画零件图时要注意的问题

① 在装配图中允许不画的零件的工艺结构 如倒角、 圆角、退刀槽等，在零件图中应全部画出。

② 零件的视图表达方案应根据零件的结构形状确定，而不能盲目照抄装配图。要从零件的整体结构形状出发选择视图。

③ 装配图中已标注的尺寸，是设计时确定的重要尺寸，不应随意改动。零件图的尺寸除在装配图中注出者外，其余尺寸都在图上按比例直接量取。对于标准结构或配合的尺寸，如螺纹、倒角、退刀槽等要查标准注出。

④ 标注表面粗糙度、公差配合、几何公差等技术要求时，要根据装配图所示该零件在机器中的功用、与其他零件的相互关系，并结合自己掌握的结构和制造工艺方面知识而定。

3. 装配工艺结构

为了保证装配质量和装拆方便，必须注意装配工艺结构和合理性。

1）接触面结构

① 为了保证零件接触良好，又便于加工装配，两零件在同一方向只宜有一对接触面，如图 5-14 所示。

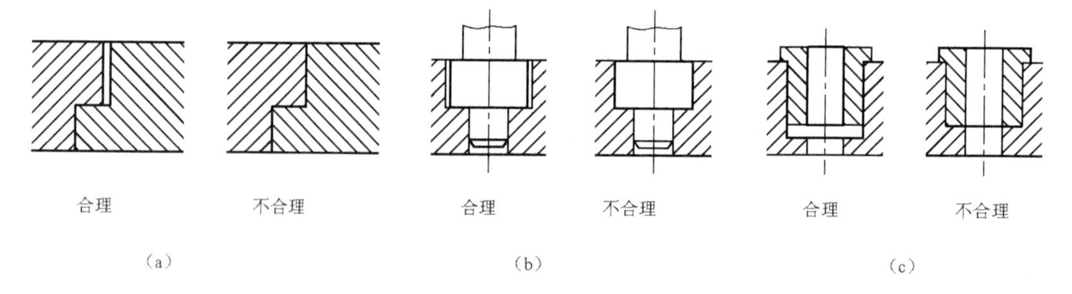

图 5-14　同一方向上的接触面

② 孔与轴相配合，且轴肩与孔的端面相接触时，孔应制出倒角，或在轴肩根部切槽以保证两零件良好接触，如图 5-15 所示。

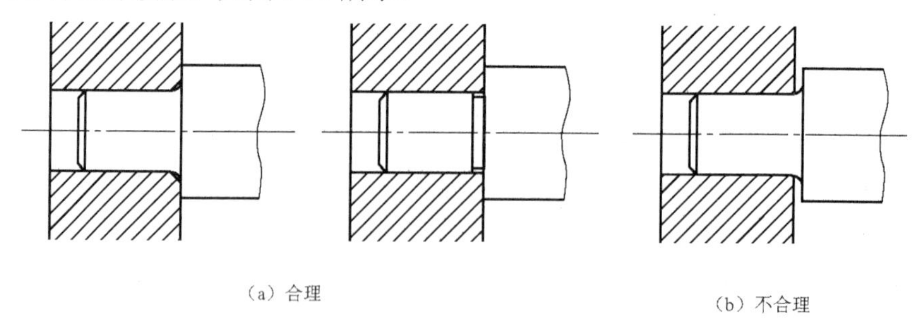

图 5-15　轴肩与孔的端面接触时的结构

2）便于拆装结构

① 滚动轴承用孔肩或轴肩定位时，则孔肩或轴肩高度须小于轴肩外圈或内圈的厚度，或在孔肩或轴肩处加工槽，以便于拆卸，如图 5-16 所示。

② 用螺纹紧固件，要考虑到拆装方便，留有扳手活动空间，如图 5-17 所示。

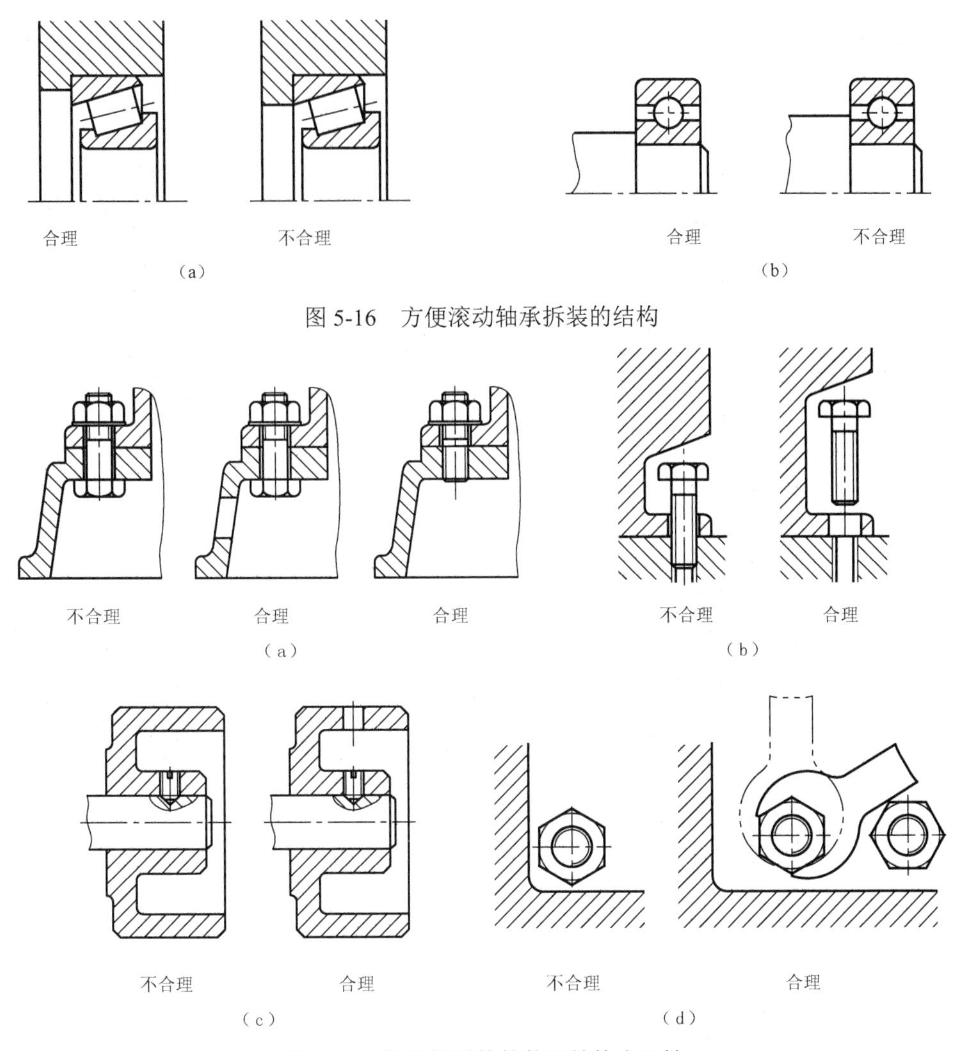

图 5-16 方便滚动轴承拆装的结构

图 5-17 螺纹紧固件的装配结构合理性

3）防松定位结构

① 为了防止机器或部件上螺纹紧固件因受振动而松动，可采用双螺母锁紧、弹簧垫圈锁紧、开口销放松等结构，防止螺母从螺杆中松脱，如图 5-18 所示。

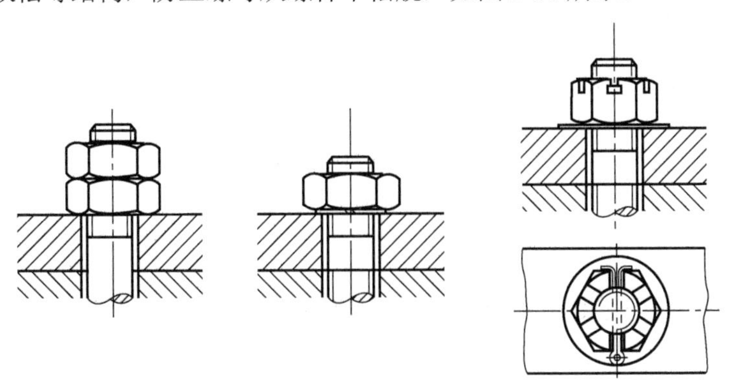

图 5-18 防松装置

② 滑动轴承的轴向定位，可采用轴肩定位、弹性挡圈定位及轴端挡圈定位，如图 5-19 所示。

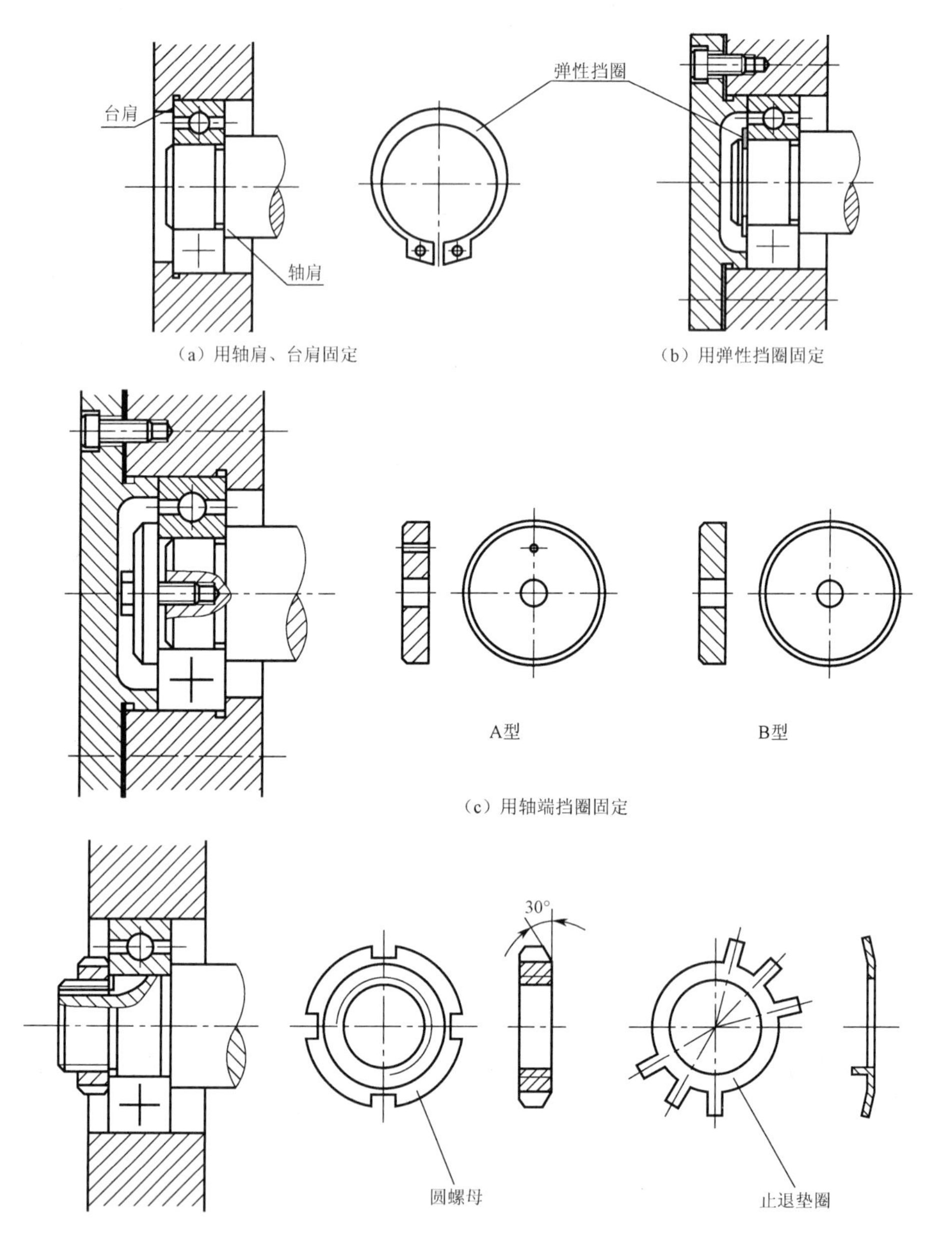

图 5-19　滚动轴承的轴向固定装置

4）密封结构

滚动轴承需要密封，主要是防止外部灰尘进入及防止内部润滑油漏出。常见的密封方法如图 5-20 所示。

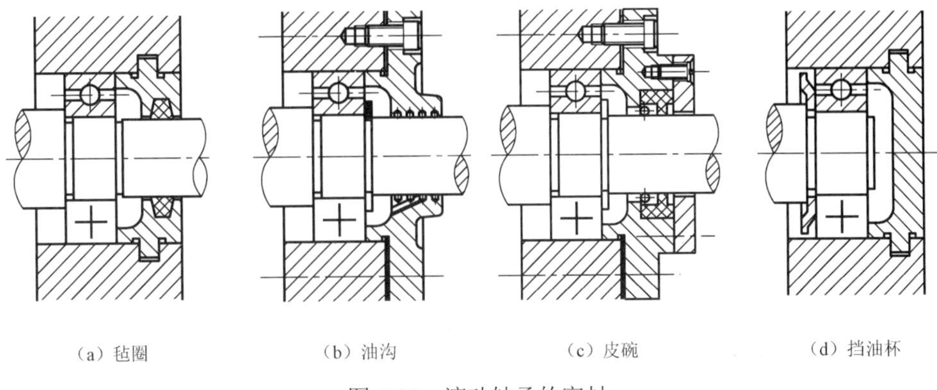

（a）毡圈　（b）油沟　（c）皮碗　（d）挡油杯

图 5-20　滚动轴承的密封

课堂思考与练习：

1．由装配图拆画零件图时，怎样确定零件未知尺寸和局部结构？
2．常见的装配工艺结构有哪些？

任务三　绘制滑动轴承座的装配图

知识点：
* 装配图的画法和步骤。

技能点：
* 部件的测绘方法；
* 装配图的画法。

（一）任务描述

部件测绘是根据现有部件（或机器），经过测量，先画出零件草图，再画出装配图和零件工作图的过程。

在生产实践中，引进和推广先进技术，仿制和对现在设备进行技术改造，都需要对机器或部件进行测绘，以获得有关技术资料。通过部件测绘的实践可继续深入学习和运用零件图及装配图的知识。

现以图 5-21 所示滑动轴承为例，介绍部件测绘的方法和步骤。

（二）任务执行

1．分析测绘对象

通过观察实物，查阅有关资料，了解部件的用途、性能、工作原理、结构特点；零件的组成及相对位置；零件间的装配、连接关系。如图 5-21 所示的滑动轴承座是支承轴的一个部件。它由 8 个零件组成，其中螺栓、螺母是标准件，油杯是标准组件。为了便于安装与拆卸，轴承做成上下结构；轴衬（也称轴瓦）用耐磨、耐腐蚀的锡青铜材料制成，并设有油槽，以便润滑。

上、下轴衬分别装入轴承盖与轴承座中，且采用油杯进行润滑，固定套防止轴衬发生转动，轴承盖与轴承座之间做成阶梯止口配合，以防止盖与座之间发生横向错动。盖与座在垂直方向上只有一对表面接触，另一对表面之间留有间隙，以防止装配时干涉。

采用方头螺栓，使拧紧螺母时，螺栓不会跟着转动，并采用双螺母防松。

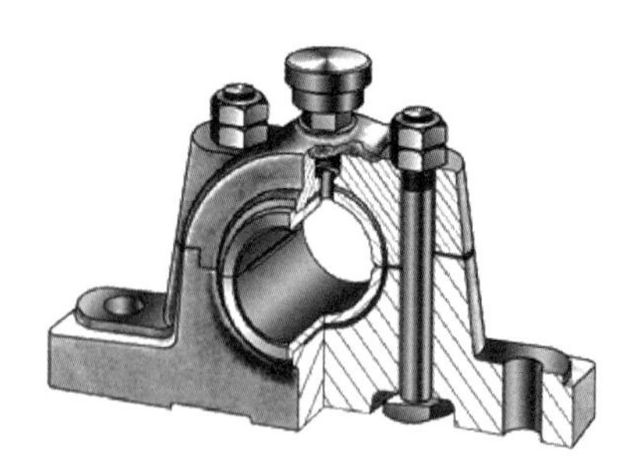

图 5-21　滑动轴承座的轴测图

2. 拆卸部件

拆卸前应先测量一些重要件，如部件的总体尺寸、零件的相对位置尺寸，以便作为校核图纸时的参考。拆卸时要注意拆卸顺序，对精度高的配合或过盈配合，应尽量少拆或不拆，避免损坏零件。拆下的零件要分类，并进行登记编号，要妥善保管，避免碰坏、生锈或丢失，以便再装配时仍能保证部件的性能和要求。

通过拆卸，可进一步了解各零件的作用、结构形状及零件间的装配和连接关系。

3. 画装配示意图

装配示意图是表示所有零件的相对位置、装配、连接关系的一种示意性质的图。它用规定符号和简单线条绘制并编号，供画装配图时参考。图 5-22 所示是滑动轴承的装配示意图。

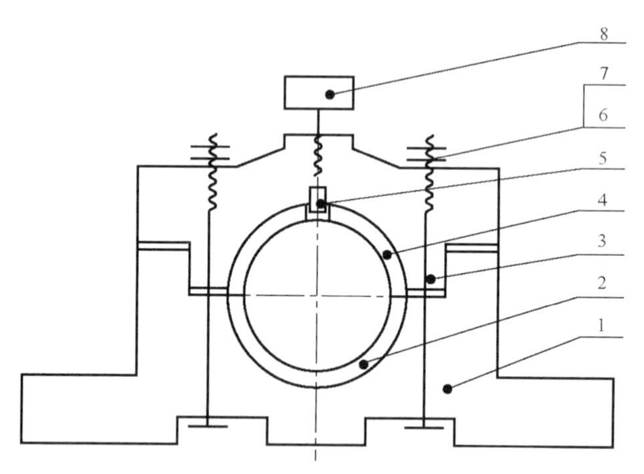

1—轴承座 1 件；2—下轴衬 1 件；3—轴承盖 1 件；4—上轴衬 1 件；
5—轴衬固定套 1 件；6—螺母 2 件；7—螺栓 1 件；8—油杯

图 5-22　滑动轴承的装配示意图

4. 画零件草图

测绘工作往往是现场进行的，常要求在尽可能短的时间内完成，以便迅速将部件重新装配起来。在拆卸零件以后，应立即对每个非标准件画出零件草图，草图的内容与零件图的内容要求一样，其技术要求可以简化或不正式去确定。如图 5-23～图 5-27 所示为滑动轴承一部分零件的草图。其他零件图读者可自己画出。

画草图时应注意以下几个问题：

① 标准件只需确定规格，注出规定标记，不必画草图。

② 画零件草图时，所有的工艺结构，如倒角、圆角、凸台、凹坑、退刀槽等，都必须画出，不能省略。

③ 零件制造时产生的误差或缺陷，如对称形状不太对称，圆形不圆以及铸造产生的砂眼、缩孔、裂纹等，不应画在图样上。

④ 测量尺寸时，一般可用量具如内、外卡钳和钢直尺进行测量，比较精确的尺寸应用比较精密的量具如游标卡尺、千分尺进行测量。零件上的标准结构要素（如螺纹、退刀槽、键槽等）的尺寸，在测量以后，应查阅有关标准手册核对确定。零件上的非加工尺寸和非主要尺寸应圆整为整数，尽量符合标准尺寸系列。两零件的配合尺寸和互相有联系的尺寸，应在测量后同时填入两个零件的草图中，如轴承座与轴承盖的阶梯形止口配合尺寸90、螺栓孔中心距85等。

⑤ 零件的技术要求，如表面粗糙度、尺寸公差与配合、热处理、材料等，可根据零件的作用及设计要求，参阅同类产品的图纸和资料，用类比法确定。

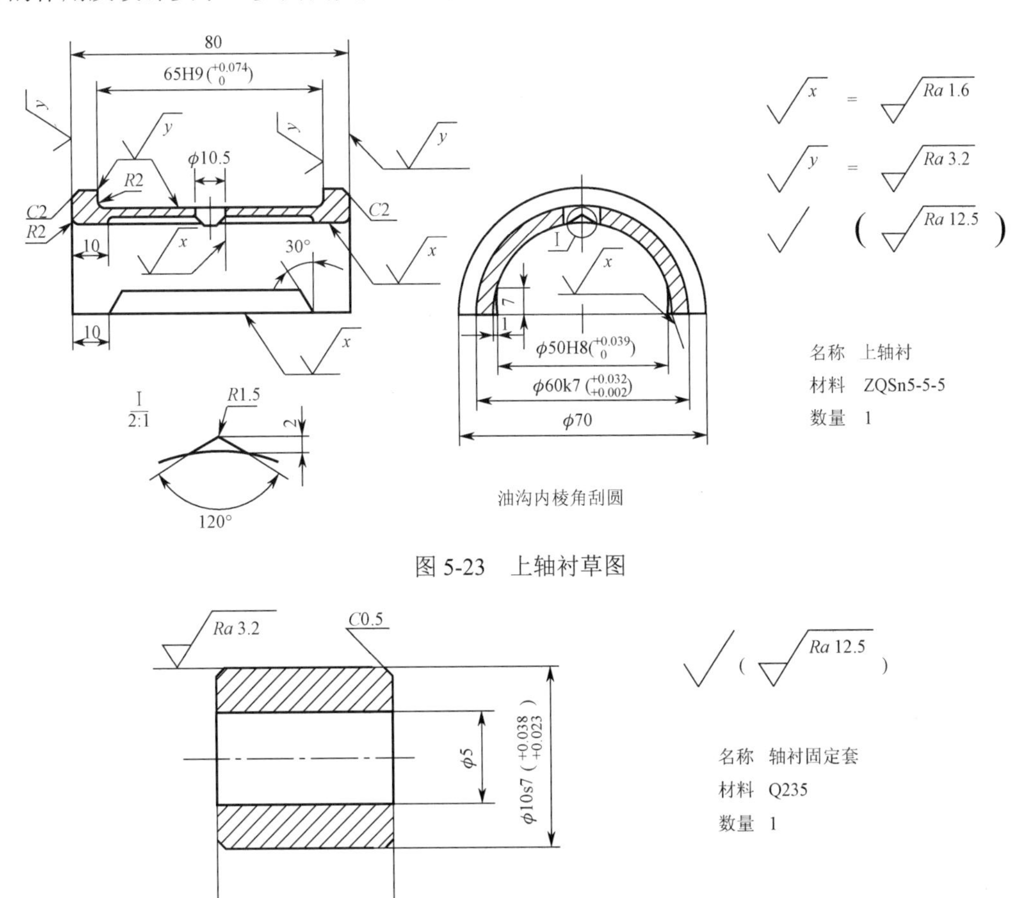

图 5-23 上轴衬草图

图 5-24 轴衬固定套草图

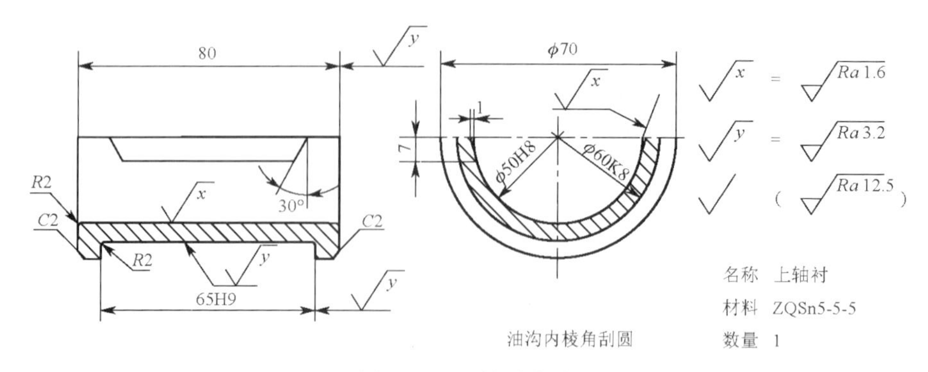

图 5-25 下轴衬草图

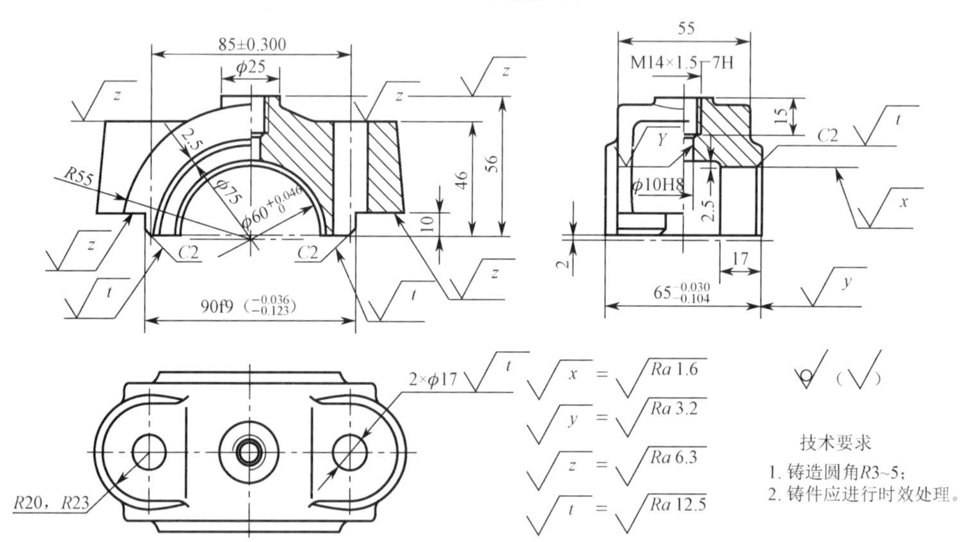

图 5-26 轴承盖零件图

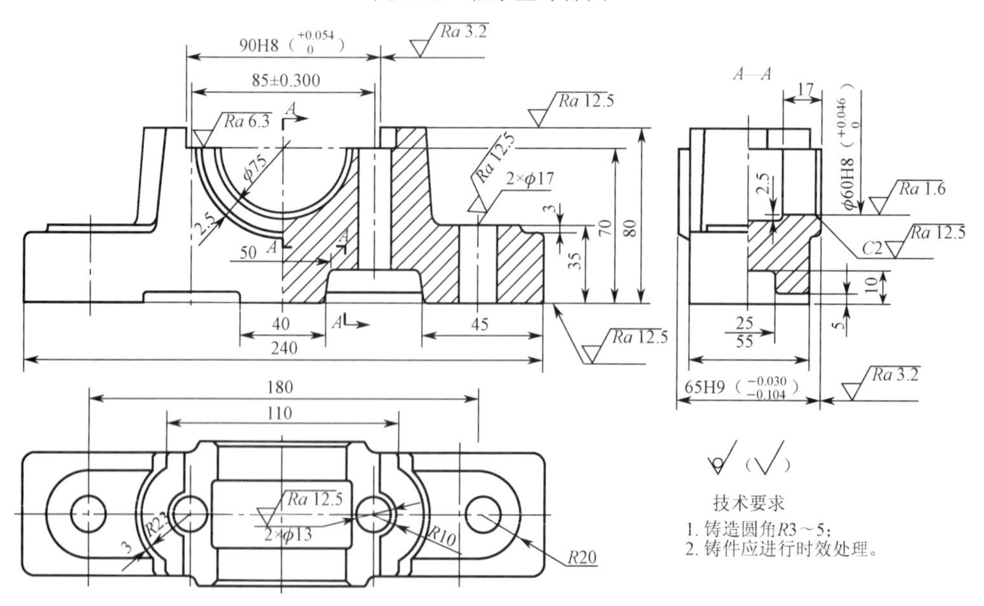

图 5-27 轴承座零件图

5. 画装配图

根据完成的零件草图和装配示意图画装配图。以图5-22～图5-27所示为参考，绘制滑动轴承座的装配图。

1）选择表达方案

（1）主视图的选择

主视图的选择应按工作位置原则和形状特征原则来选择投射方向，较好地反映装配体的工作原理及各零件的相对位置、形状、结构特征、装配和连接关系。通常应采用剖视图的表达方法以反映部件的内部结构。滑动轴承的主视图采用了半剖视图。

（2）其他视图的选择

主视图确定后，还要选择适当的其他视图来对部件的工作原理、装配关系和零件的主要结构形状进行补充表达。轴承座选择俯视图，采用沿结合面剖切的半剖，左视图采用局部剖来表达轴承座与轴承盖的内、外形，上、下轴衬的外形，油槽结构及其与盖、座的装配关系。

2）确定比例和图幅

表达方案确定后，选择适当比例和图幅。布图时应留出标题栏、明细栏、零件编号、标注尺寸和技术要求等所需的位置。

3）画图步骤

① 画各制图的主要基准线，包括装配干线、主要零件的基准剖面和端面，以及对称中心线，如图5-28（a）所示。

② 画底图。由主视图开始先画轴承座、盖的外形轮廓及剖出部分的内部结构。绘图时应几个视图配合进行。这样有利于确定零件间的投影关系。绘制零件间装配、连接关系的剖视图时，应从装配干线入手。可采用由里向外或由外向里来完成。也可视情况两者结合进行，进而画出轴衬油杯、固定套等其他次要部分，如图5-28（b）所示。

③ 绘制其他次要零件和细部结构。逐步画出主体结构与重要零件的细节，以及各种连接件如螺栓、螺母，如图5-28（c）所示。

④ 检查核对底稿，加深图线画剖面线，如图5-28（d）所示。

⑤ 标注尺寸，编写序号，画标题栏、明细栏，注写技术要求，完成全图，如图5-4所示。

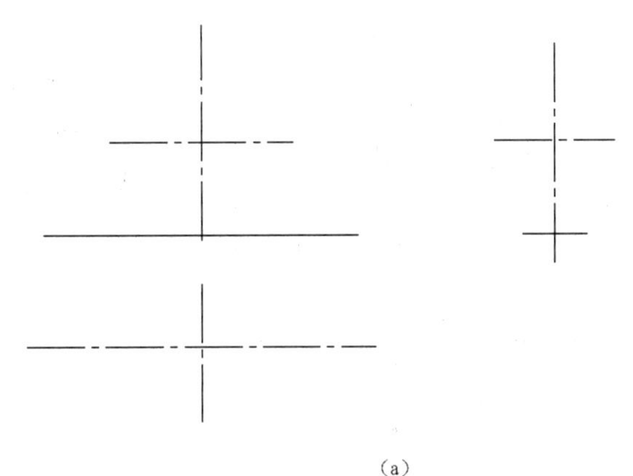

（a）

图5-28　滑动轴承绘图步骤

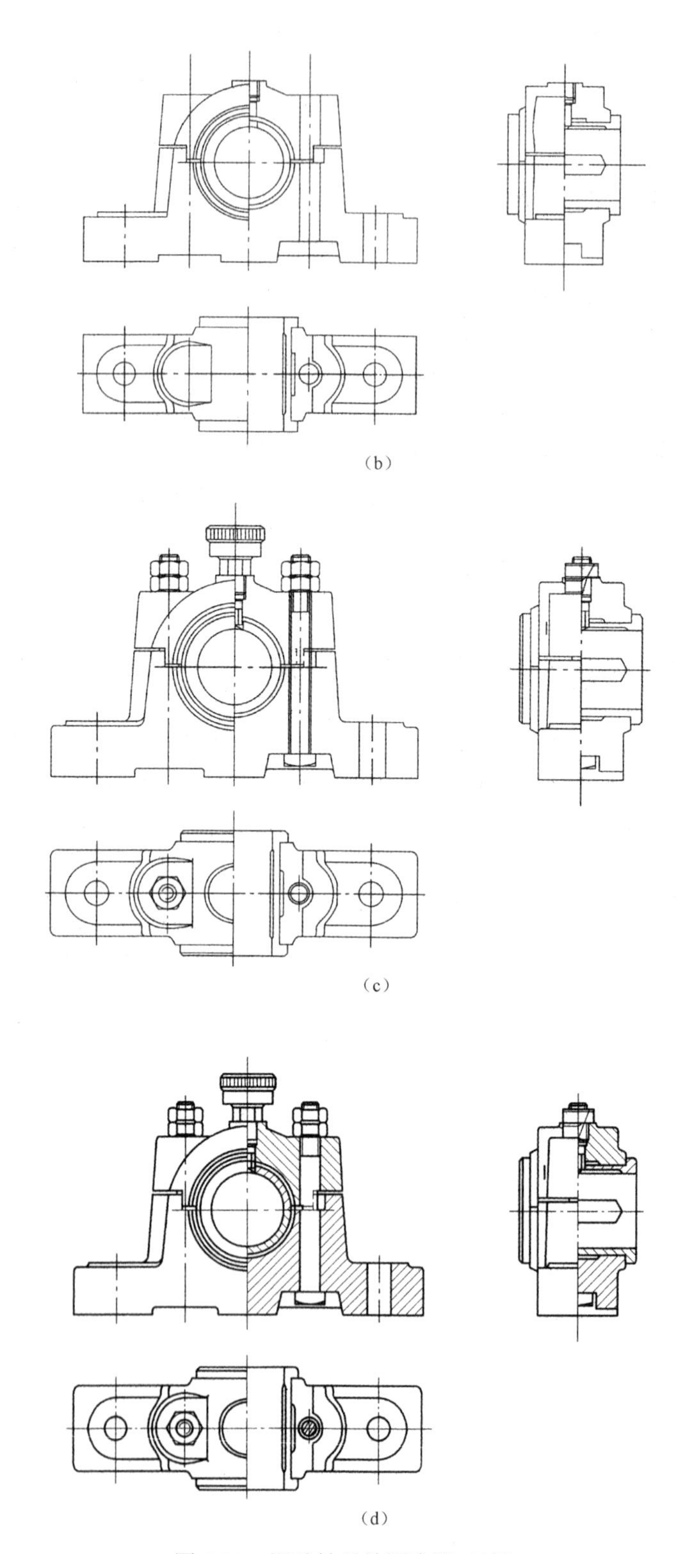

图 5-28　滑动轴承绘图步骤（续）

实际工作中部件的测绘，还必须画出每个非标准件的零件图。这是部件测绘的最后工作。其视图选择不一定与零件草图完全一致，可进一步改进表达方案。经画装配图发现零件草图中的问题，应在画零件工作图时加以改正。注意配合尺寸或零件相关尺寸应协调一致。两零件的接触面和配合面的表面粗糙度应合理搭配。其他技术要求可参阅有关资料及同类产品图样，结合生产条件及生产经验加以制订和标注。

（三）知识链接与巩固

画装配图时涉及一些装配图的表达方法。学习情境二所介绍的各种表达方法，如各种视图、剖视图、断面图等，在装配图中同样适用，此外，装配图还有一些规定画法和特殊画法。

1. 装配图的规定画法

装配图中的规范画法和简化画法如图 5-29 所示。

① 两相邻零件的接触面和配合面只画一条线。非接触面即使间隙很小也必须画出两条线。

② 相邻零件剖面线的方向应相反，或方向相同但间隔不等。同一零件在同一装配图中的剖面线方向和间隔应一致。

③ 宽度小于或等于 2mm 的狭小面和断面，可用涂黑代替剖面符号。

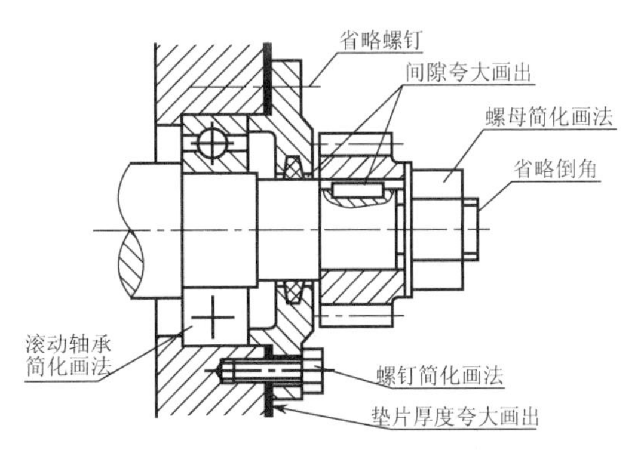

图 5-29　装配图中的规定画法和简化画法

④ 对于紧固件以及轴、连杆、球、钩子、键、销等实心零件，若按纵向剖切，且剖切平面通过其对称平面或轴线，则这些零件均按不剖绘制。

2. 简化画法和特殊画法

① 拆卸剖视与拆卸画法。为了清楚地表达部件的内容结构，可假想沿某些零件的结合面剖切，这时，零件的结合面不画剖面线，但被剖到的其他零件一般都应画剖面线。如图 5-4 中，俯视图的右半部就是沿轴承盖与轴承座的结合面和上、下两片轴衬的接触面剖切的，被剖切的螺栓则按规定画出剖面线。这种画法称为拆卸剖视。

当需要表达部件中被遮盖部分的结构，或者为了减少不必要的画图工作时，有的视图可以假想将某一个或几个零件拆卸后绘制。如图 5-4 中的左视图就是为了减少画图工作而假想把轴承盖顶上的油杯拆去后画出的，这种画法称为拆卸画法。它是只拆不剖，因而不存在剖视问题。

上述两种表达方法，为了便于看图而需要说明时，可加标注“拆去××等”，如图 5-4 俯视图及左视图所示。

② 装配图中的螺栓、螺钉连接等若干相同的零件组或零件，允许只详细画出其中一处，其余只需表示其装配位置（用螺栓、螺钉的轴线或中心线表示），如图 5-29 中的螺钉就采用了这种画法。

③ 在装配图中可以单独画出某一零件的视图，但必须在所画视图的上方标注出该零件的视图名称，在相应视图的附近用箭头指明投射方向，并注上同样的字母，如图 5-30 所示。

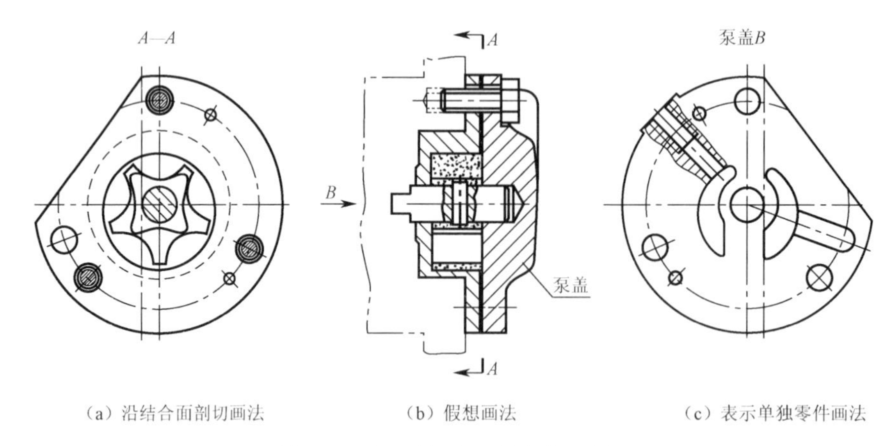

图 5-30　转子油泵的特殊表达方法

④ 在装配图中，滚动轴承按表达需要可采用简化画法（见图 5-29）或示意画法。

⑤ 在装配图中，零件的工艺结构，如拔摸斜度、小圆角、倒角、退刀槽等可以不画。

⑥ 在装配图中，当剖切平面通过的某些部件为标准产品或该部件已由其他图样表示清楚时，可按不剖切绘制，如图 5-4 主视图中的油杯。

⑦ 假想画法。在装配图中，用双点画线画出某些零件的外形，以表示：

• 机器（或部、组件）中某些运动零件的极限位置或中间位置，如图 5-31 中双点画线表示手柄等的另一个极限位置。

• 不属于本部件（或组件），但能表明部件（或组件）的作用或安装情况的有关零件的投影，如图 5-30 及图 5-31 所示。

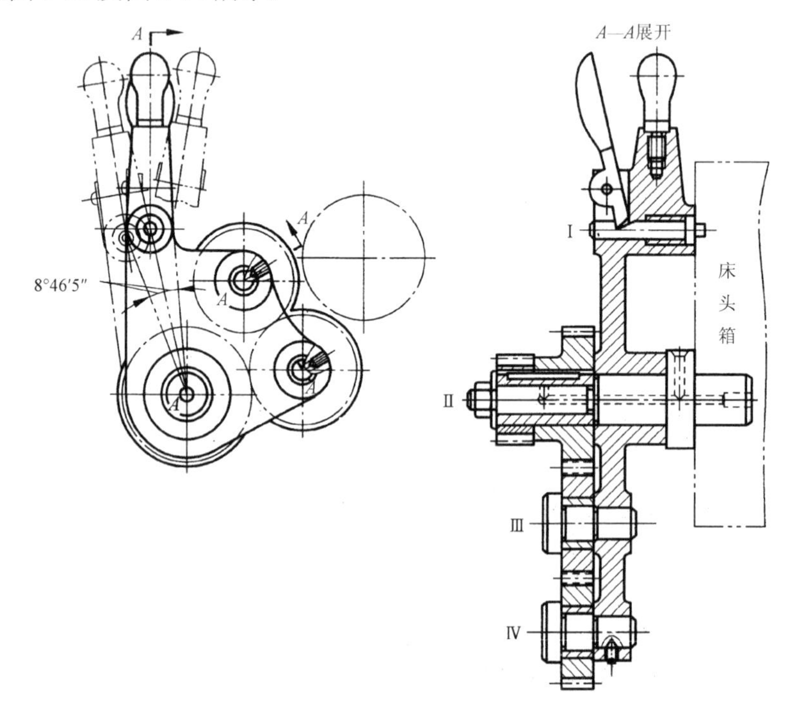

图 5-31　挂轮架的假想画法和展开画法

课堂思考与练习：

1. 简述部件装配图的画法。
2. 常见装配图的特征画法有哪些？
3. 什么情况下采取假想画法？

附录A

常 用 螺 纹

常用螺纹摘编如表 A-1 和表 A-2 所示。

表 A-1 普通螺纹直径与螺距系列（GB/T 193—2003）、基本尺寸（GB/T 196—2003）摘编

（mm）

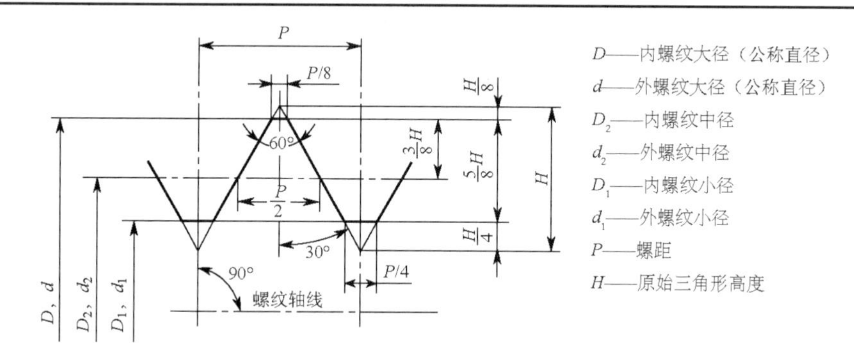

标记示例：

M10-6g（粗牙普通外螺纹，公称直径 d=10，右旋，中径及大径公差带均为 6g，中等旋合长度）

M10×1LH-6H （细牙普通内螺纹，公称直径 D=10，螺距 P=1，左旋，中径及小径公差带均为 6H，中等旋合长度）

公称直径 D、d		螺距 P		粗牙中径 D_2、d_2	粗牙小径 D_1、d_1
第一系列	第二系列	粗 牙	细 牙		
4		0.7	0.5	3.545	3.242
5		0.8		4.480	4.134
6		1	0.75，（0.5）	5.350	4.917
8		1.25	1，0.75，（0.5）	7.188	6.647
10		1.5	1.25，1，0.75，（0.5）	9.026	8.376
12		1.75	1.5，1.25，1，（0.75），（0.5）	10.863	10.106
	14	2	1.5，（1.25），1，（0.75），（0.5）	12.701	11.835
16			1.5，1，（0.75），（0.5）	14.701	13.835
	18	2.5	2，1.5，1，（0.75），（0.5）	16.376	15.294
20				18.376	17.294
	22			20.376	19.294
24		3	2，1.5，1，（0.75）	22.051	20.752
	27			25.051	23.752
30		3.5	（3），2，1.5，1，（0.75）	27.727	26.211
	33		（3），2，1.5，（1），（0.75）	30.727	29.211

续表

公称直径 D、d		螺距 P		粗牙中径 D_2、d_2	粗牙小径 D_1、d_1
第一系列	第二系列	粗　　牙	细　　牙		
36		4	3，2，1.5，（1）	33.402	31.670
	39			36.402	34.670
42		4.5	（4），3，2，1.5，（1）	39.077	37.129
	45			42.077	40.129

注：1．优先选用第一系列，第三系列未列入。

2．括号内尺寸尽可能不用。

3．M14×1.25 仅用于火花塞。

表 A-2 管螺纹摘编

55°密封管螺纹（GB/T 7306—2000）	55°非密封管螺纹（GB/T 7307—2001）

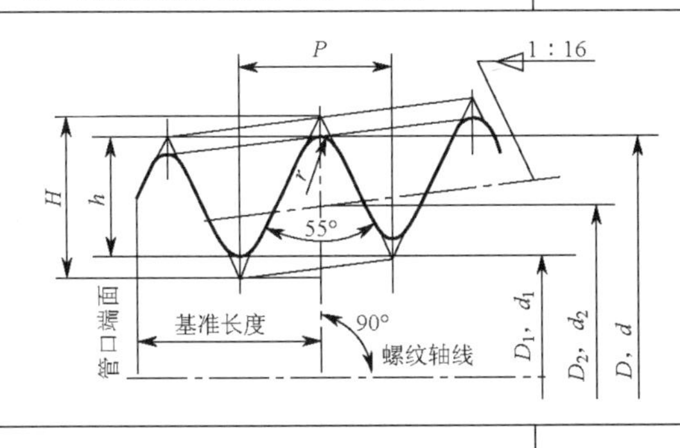

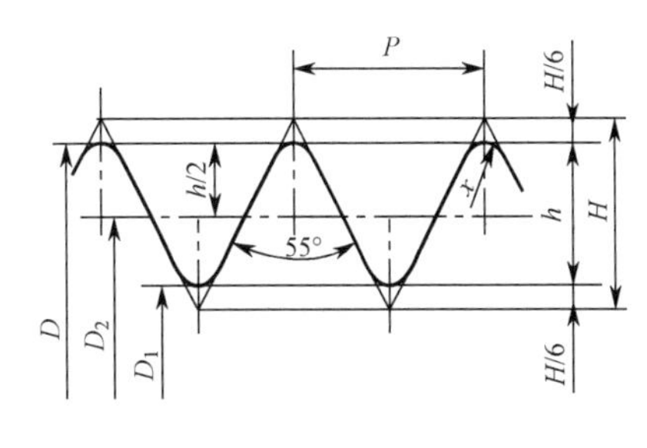

标记示例：
R_1 1/2（尺寸代号 1/2，右旋圆锥外螺纹）
Rc 1/4 –LH（尺寸代号 1/4，左旋圆锥内螺纹）
Rp 2（尺寸代号 2，右旋圆柱内螺纹）

标记示例：
G 1/2A（尺寸代号 1/2，A 级右旋外螺纹）
G 1/4–LH（尺寸代号 1/4，左旋内螺纹）
G 2 B–LH（尺寸代号 2，B 级左旋外螺纹）

尺寸代号	基面上的直径（GB/T 7306）基本直径（GB/T 7307）			螺距 P（mm）	牙高 h（mm）	圆弧半径 r（mm）	每 25.4mm 内的牙数 n	有效螺纹长度（mm）（GB/T 7306）	基准的基本长度（mm）（GB/T 7306）
	大径 $D=d$（mm）	中径 $D_2=d_2$（mm）	小径 $D_1=d_1$（mm）						
1/16	7.723	7.142	6.561	0.907	0.581	0.125	28	6.5	4.0
1/8	9.728	9.147	8.566						
1/4	13.157	12.301	11.445	1.337	0.856	0.184	19	9.7	6.0
3/8	16.662	15.806	14.950					10.1	6.4
1/2	20.955	19.793	18.631	1.814	1.162	0.249	14	13.2	8.2
3/4	26.441	25.279	24.117					14.5	9.5
1	32.249	31.770	30.291	2.309	1.479	0.317	11	16.8	10.4
11/4	41.910	40.431	28.952					19.1	12.7
11/2	47.803	46.324	44.845						
2	59.614	58.135	56.656					23.4	15.9
21/2	75.184	73.705	72.226					26.7	17.5
3	87.884	86.405	84.926					29.8	20.6
4	113.030	111.551	110.072					35.8	25.4
5	138.430	136.951	135.472					40.1	28.6
6	163.830	162.351	160.872						

附录B

螺纹紧固件

常见螺纹紧固件如表B-1～表B-10所示。

表B-1　六角头螺栓（一）　（mm）

六角头螺栓　A和B级（摘自GB/T 5782—2000）
六角头螺栓　细牙　A和B级（摘自GB/T 5785—2000）

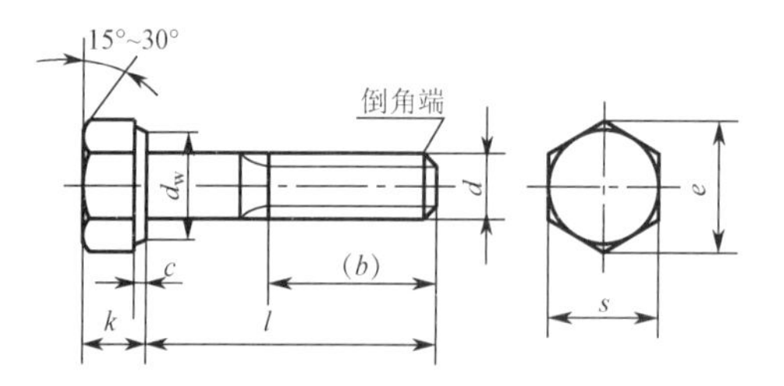

标记示例：
螺栓　GB/T 5782　M12×100
（螺纹规格 d=M12、公称长度 l=100、性能等级为8.8级、表面氧化、杆身半螺纹、A级的六角头螺栓）

六角头螺栓　全螺纹　A和B级（摘自GB/T 5783—2000）
六角头螺栓　细牙　全螺纹　A和B级（摘自GB/T 5786—2000）

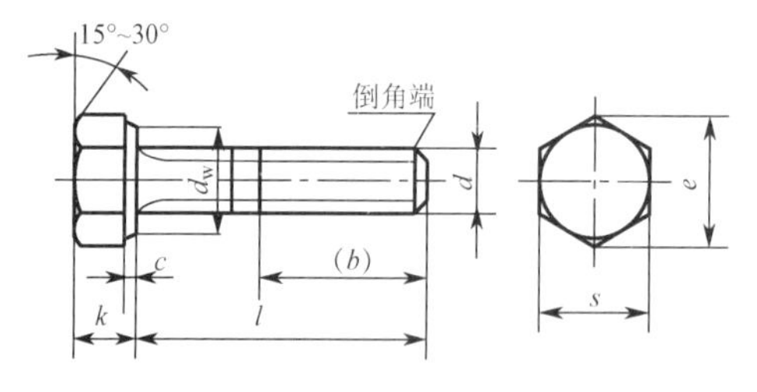

标记示例：
螺栓　GB/T 5786　M30×2×80
（螺纹规格 d=M30×2、公称长度 l=80、性能等级为8.8级、表面氧化、全螺纹、B级的细牙六角头螺栓）

螺纹规格	d	M4	M5	M6	M8	M10	M12	M16	M20	M24	M30	M36	M42
	P	—	—	—	1	1	1.5	1.5	2	2	2	3	3
b 参考	$l \leqslant 125$	14	16	18	22	26	30	38	46	54	66	78	—
	$125 < l \leqslant 200$	—	—	—	28	32	36	44	52	60	72	84	96
	$l > 200$	—	—	—	—	—	—	57	65	73	85	97	109
c_{max}		0.4	0.5		0.6			0.8					1
k 公称		2.8	3.5	4	5.3	6.4	7.5	10	12.5	15	18.7	22.5	26
d_s		4	5	6	8	10	12	16	20	24	30	36	42
s_{max}=公称		7	8	10	13	16	18	24	30	36	46	55	65
e_{min}	A	7.66	8.79	11.05	14.38	17.77	20.03	26.75	33.53	39.98	—	—	—
	B	—	8.63	10.89	14.2	17.59	19.85	26.17	32.95	39.55	50.85	60.79	72.02

续表

<table>
<tr><td rowspan="2">螺纹规格</td><td>d</td><td>M4</td><td>M5</td><td>M6</td><td>M8</td><td>M10</td><td>M12</td><td>M16</td><td>M20</td><td>M24</td><td>M30</td><td>M36</td><td>M42</td></tr>
<tr><td>P</td><td>—</td><td>—</td><td>—</td><td>1</td><td>1</td><td>1.5</td><td>1.5</td><td>2</td><td>2</td><td>2</td><td>3</td><td>3</td></tr>
<tr><td rowspan="2">d_w</td><td>A</td><td>5.9</td><td>6.9</td><td>8.9</td><td>11.6</td><td>14.6</td><td>16.6</td><td>22.5</td><td>28.2</td><td>33.6</td><td>—</td><td>—</td><td>—</td></tr>
<tr><td>B</td><td>—</td><td>6.7</td><td>8.7</td><td>11.4</td><td>14.4</td><td>16.4</td><td>22</td><td>27.7</td><td>33.2</td><td>42.7</td><td>51.1</td><td>60.6</td></tr>
<tr><td rowspan="4">l 范围</td><td>GB/T 5782</td><td rowspan="2">25～40</td><td rowspan="2">25～50</td><td rowspan="2">30～60</td><td rowspan="2">35～80</td><td rowspan="2">40～100</td><td rowspan="2">45～120</td><td rowspan="2">55～160</td><td rowspan="2">65～200</td><td rowspan="2">80～240</td><td rowspan="2">90～300</td><td>110～360</td><td rowspan="2">30～400</td></tr>
<tr><td>GB/T 5785</td><td>110～300</td></tr>
<tr><td>GB/T 5783</td><td>8～40</td><td>10～50</td><td>12～60</td><td>16～80</td><td>20～100</td><td>25～100</td><td>35～100</td><td colspan="4">40～100</td><td>80～500</td></tr>
<tr><td>GB/T 5786</td><td>—</td><td>—</td><td>—</td><td>16～80</td><td>20～100</td><td>25～120</td><td>35～160</td><td colspan="4">40～200</td><td>90～400</td></tr>
<tr><td>l 系列</td><td>GB/T 5782
GB/T 5785</td><td colspan="5">20～65（5 进位）、70～160（10 进位）、180～400（20 进位）</td><td colspan="2">GB/ T 5783
GB/ T 5786</td><td colspan="5">6、8、10、12、16、18、20～65（5 进位）、70～160（10 进位）、180～400（20 进位）</td></tr>
</table>

注：1．表中 p 为螺距。

2．螺纹公差为 6g；力学性能等级为 8.8 级。

3．产品等级，A 级用于 $d\leqslant 24$ 和 $l\leqslant 10d$ 或≤150mm（按较小值）；B 级用于 $d>24$ 和 $l>10d$ 或>150mm（按较小值）。

表 B-2 六角头螺栓（二）

（mm）

六角头螺栓 C 级（摘自 GB/T 5780—2000）

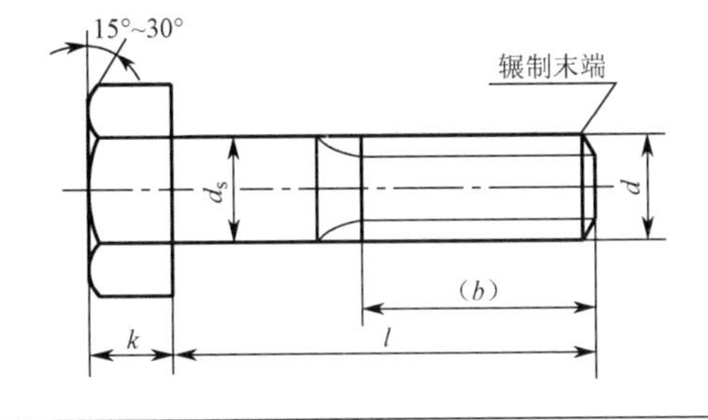

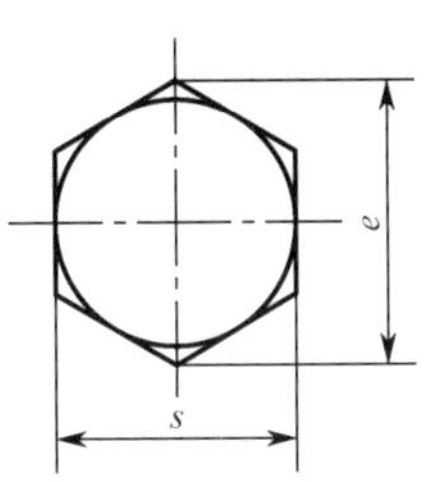

标记示例：
螺栓 GB/T 5780 M20×100
（螺纹规格 d=M20、公称长度 l=100、性能等级为 4.8 级、不经表面处理、杆身半螺纹、C 级的六角头螺栓）

六角头螺栓 全螺纹 C 级（摘自 GB/T 5781—2000）

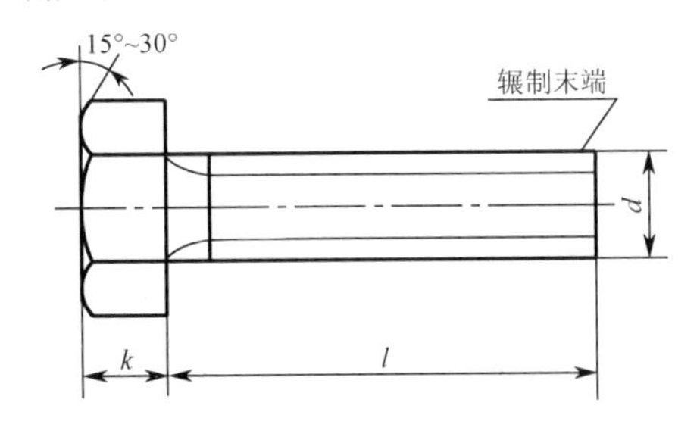

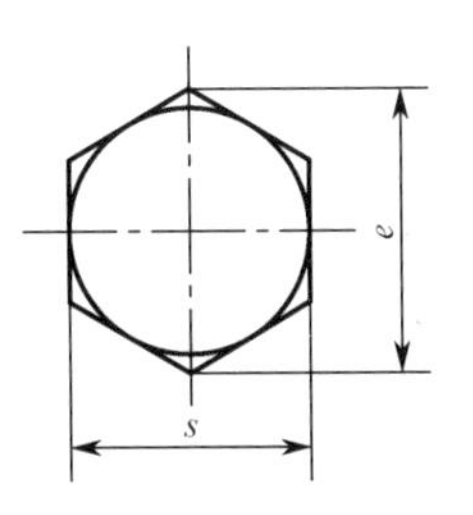

标记示例：
螺栓 GB/T 5781 M12×80
（螺纹规格 d=M12、公称长度 l=80、性能等级为 4.8 级、不经表面处理、全螺纹、C 级的六角头螺栓）

螺纹规格		M5	M6	M8	M10	M12	M16	M20	M24	M30	M36	M42	M48
b 参考	$l\leqslant 125$	16	18	22	26	30	38	40	54	66	78	—	—
	$125<l\leqslant 200$	—	—	28	32	36	44	52	60	72	84	96	108
	$l>200$	—	—	—	—	—	57	65	73	85	97	109	121

续表

螺纹规格		M5	M6	M8	M10	M12	M16	M20	M24	M30	M36	M42	M48
k 公称		3.5	4.0	5.3	6.4	7.5	10	12.5	15	18.7	22.5	26	30
s_{max}		8	10	13	16	18	24	30	36	46	55	65	75
e_{max}		8.63	10.9	14.2	17.6	19.9	26.2	33.0	39.6	50.9	60.8	72.0	82.6
d_{smax}		5.48	6.48	8.58	10.6	12.7	16.7	20.8	24.8	30.8	37.0	45.0	49.0
l 范围	GB/T 5780	25～50	30～60	35～80	40～100	45～120	55～160	65～200	80～240	90～300	110～300	160～420	180～480
	GB/T 5781	10～40	12～50	16～65	20～80	25～100	35～100	40～100	50～100	60～100	70～100	80～420	90～480
l 系列		10、12、16、20～50（5 进位）、（55）、60、（65）、70～160（10 进位）、180、220～500（20 进位）											

注：1．括号内规格尽可能不用。末端按 GB/T 2—2000 规定。

2．螺纹公差为 8g (GB/T 5780—2000)，6g (GB/T 5781—2000)；力学性能等级为 4.6、4.8；产品等级为 C 级。

表 B-3　Ⅰ型六角开槽螺母 A 和 B 级（GB/T 6178—1986）摘编　（mm）

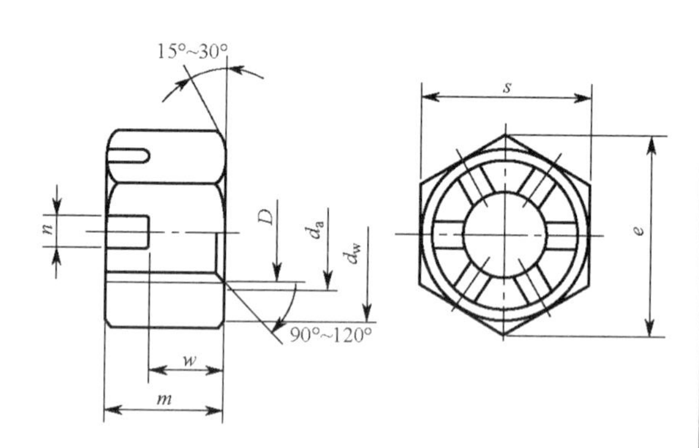

标记示例：

螺母　GB/T 6178　M12

（螺纹规格 D=M12、性能等级为 8 级、表面氧化、A 级的Ⅰ型六角开槽螺母）

螺纹规格 D		M4	M5	M6	M8	M10	M12	M16	M20	M24	M30	M36
d_a	max	4.6	5.75	6.75	8.75	10.8	13	17.3	21.6	25.9	32.4	38.9
	min	4	5	6	8	10	12	16	20	24	30	36
d_w	min	5.9	6.9	8.9	11.6	14.6	16.6	22.5	27.7	33.2	42.7	51.1
e	min	7.66	8.79	11.05	14.38	17.77	20.03	26.75	32.95	39.55	50.85	60.79
m	max	5	6.7	7.7	9.8	12.4	15.8	20.8	24	29.5	34.6	40
	min	4.7	6.34	7.34	9.44	11.97	15.37	20.28	23.16	28.66	33.6	39
n	max	1.8	2	2.6	3.1	3.4	4.25	5.7	5.7	6.7	8.5	8.5
	min	1.2	1.4	2	2.5	2.8	3.5	4.5	4.5	5.5	7	7
s	max	7	8	10	13	16	18	24	30	36	46	55
	min	6.78	7.78	9.78	12.73	15.73	17.73	23.67	29.16	35	45	53.8
w	max	3.2	4.7	5.2	6.8	8.4	10.8	14.8	18	21.5	25.6	31
	min	2.9	4.4	4.9	6.44	8.04	10.37	14.37	17.3	20.66	24.76	30
开口销		1×10	1.2×12	1.6×14	2×16	2.5×20	3.2×22	4×28	4×36	5×40	6.3×50	6.3×63

注：A 级用于 $D\leqslant16$ 的螺母；B 级用于 $D>16$ 的螺母。

表 B-4 Ⅰ型六角螺母（GB/T 6170—2000）摘编 （mm）

Ⅰ型六角螺母 A 和 B 级 （摘自 GB/T 6170—2000）
Ⅰ型六角头螺母 细牙 A 和 B 级 （摘自 GB/T 6171—2000）
Ⅰ型六角螺母 C 级 （摘自 GB/T 41—2000）

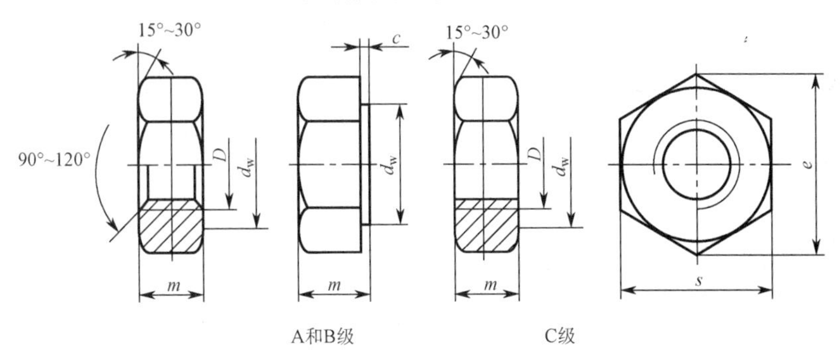

标记示例：
螺母 GB/T 41—2000 M12
（螺纹规格 D=M12、性能等级为 5 级、不经表面处理、C 级的Ⅰ型六角螺母）
螺母 GB/T 6171—2000 M24×2
（螺纹规格 D=M24、螺距 P=2、性能等级为 10 级、不经表面处理、B 级的Ⅰ型细牙六角螺母）

螺纹规格	D	M4	M5	M6	M8	M10	M12	M16
	D×P	—	—	—	M8×1	M10×1	M12×1.5	M16×1.5
c		0.4	0.5		0.6			0.8
s_{max}		7	8	10	13	16	18	24
e_{max}	A、B 级	7.66	8.79	11.05	14.38	17.77	20.03	26.75
	C 级	—	8.63	10.89	14.2	17.59	19.85	26.17
m_{max}	A、B 级	3.2	4.7	5.2	6.8	8.4	10.8	14.8
	C 级	—	5.6	6.1	7.9	9.5	12.2	15.9
d_{wmax}	A、B 级	5.9	6.9	8.9	11.6	14.6	16.6	22.5
	C 级	—	6.9	8.7	11.5	14.5	16.5	22
螺纹规格	D	M20	M24	M30	M36	M42	M48	—
	P	M20×2	M24×2	M30×2	M36×3	M42×3	M48×3	—
c		0.8			1			—
s_{max}		30	36	46	55	65	75	—
e_{max}	A、B 级	32.95	50.85	50.85	60.79	70.02	82.6	—
	C 级							—
m_{max}	A、B 级	18	21.5	25.6	31	34	38	—
	C 级	18.7	22.3	26.4	31.5	34.9	38.9	—
d_{wmax}	A、B 级	27.7	33.2	42.7	51.1	60.6	69.4	—
	C 级							—

注：1．P 为螺距。

2．A 级用于 D≤16 的螺母；B 级用于 D>16 的螺母；C 级用于 D≥5 的螺母。

3．螺纹公差：A、B 级为 6H，C 级为 7H；力学性能等级：A、B 级为 6、8、10 级，C 级为 4、5 级。

表 B-5 双头螺柱（GB/T 897～900—1998）

（mm）

$b_m = 1d$ （GB/T 897—1988）； $b_m = 1.25d$ （GB/T 898—1988）
$b_m = 1.5d$ （GB/T 899—1988）； $b_m = 2d$ （GB/T 900—1988）

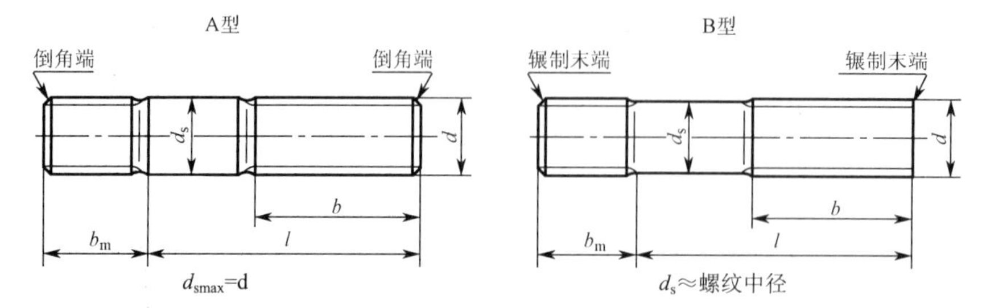

标记示例：

螺柱 GB/T 900—1998 M10×50

（两端均为粗牙普通螺纹、d=10、l=50、性能等级为 4.8 级、不经表面处理、B 型、b_m =2d 的双头螺柱）

螺柱 GB/T 900—1998 AM10—M10×1×50

（旋入机体一端为粗牙普通螺纹、旋入螺母端为螺距 P=1 的细牙普通螺纹、d=10、l=50、性能等级为 4.8 级、不经表面处理、A 型、b_m =2d 的双头螺柱）

螺纹规格 d	b_m（旋入机体端长度）				l / b （螺柱长度/旋入螺母端长度）
	GB/T 897	GB/T 898	GB/T 899	GB/T 900	
M4	—	—	6	8	16～22/8、25～40/14
M5	5	6	8	10	16～22/10、25～50/16
M6	6	8	10	12	20～22/10、25～30/14、32～75/18
M8	8	10	12	16	20～22/12、25～30/16、32～90/22
M10	10	12	15	20	25～28/14、30～38/16、40～120/26、130/32
M12	12	15	18	24	25～30/16、32～40/20、45～120/30、130～180/36
M16	16	20	24	32	30～38/20、40～55/30、60～120/38、130～200/44
M20	20	25	30	40	35～40/25、45～65/35、70～120/46、130～200/52
M24	24	30	36	48	35～50/30、55～75/45、80～120/54、130～200/60
M30	30	38	45	60	60～65/40、70～90/50、95～120/66、130～200/72、210～250/85
M36	36	45	54	72	65～75/45、80～110/60、120/78、130～200/84、210～300/97
M42	42	52	63	84	70～80/50、85～110/70、120/90、130～200/96、210～300/109
M48	48	60	72	96	80～90/60、95～110/80、120/102、130～200/108、210～300/121
l 系列	12、（14）、16、（18）、20、（22）、25、（28）、30、（32）、35、（38）、40、45、50、55、60、（65）、70、75、80、（85）、90、（95）、100～200（10 进位）、280、300				

注：1．尽可能不采用括号内的规格。末端按 GB/T 2—2000 规定。

2．$b_m = 1d$，一般用于钢对钢；$b_m = (1.25～1.5)d$，一般用于钢对铸铁；$b_m = 2d$，一般用于钢对铝合金。

表 B-6 小垫圈 A 级（GB/T 848—2002）、平垫圈 A 级/C 级、特大垫圈 C 级、平垫圈倒角形—A 级（GB/T 97.2—2002）、大垫圈 A 级（GB/T 96—2002）

小垫圈 A 级（摘自 GB/T 848—2002）
平垫圈 A 级（摘自 GB/T 97.1—2002）
平垫圈倒角型 A 级（摘自 GB/T 97.2—2002）
平垫圈 C 级（摘自 GB/T 95—2002）
大垫圈 A 级和 C 级（摘自 GB/T 96—2002）
特大垫圈 C 级（摘自 GB/T 5287—2002）

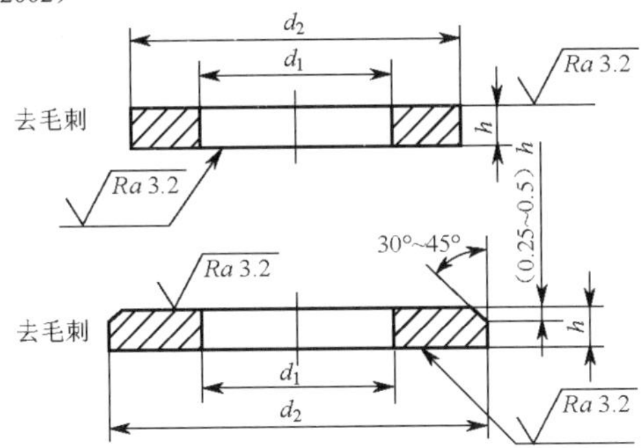

标记示例：
垫圈 GB/T 95 8
（标准系列、公称尺寸 d=8、性能等级为 100HV 级、不经表面处理的平垫圈）
垫圈 GB/T 97.2 8
（标准系列、公称尺寸 d=8、性能等级为 A140 级、倒角型、不经表面处理的平垫圈）

螺纹规格 d	标准系列									特大系列			大系列			小系列		
	GB/T 95（C 级）			GB/T 97.1（A 级）			GB/T 97.2（A 级）			GB/T 5287（C 级）			GB/T 96（A 级和 C 级）			GB/T 96（A 级）		
	$d_{1\min}$	$d_{2\max}$	h	$d_{1\min}$	$d_{2\max}$	h	$d_{1\min}$	$d_{2\max}$	h	$d_{1\min}$	$d_{2\max}$	h	$d_{1\min}$	$d_{2\max}$	h	$d_{1\min}$	$d_{2\max}$	h
4	—	—	—	4.3	9	0.8	—	—	—	—	—	—	4.3	12	1	4.3	8	0.5
5	5.5	10	1	5.3	10	1	5.3	10	1	5.5	18	2	5.3	15	1.2	5.3	9	1
6	6.6	12	1.6	6.4	12	1.6	6.4	12	1.6	6.6	22		6.4	18	1.6	6.4	11	1.6
8	9	16		8.4	16		8.4	16		9	28	3	8.4	24	2	8.4	15	
10	11	20	2	10.5	20	2	10.5	20	2	11	34		10.5	30	2.5	10.5	18	
12	13.5	24	2.5	13	24	2.5	13	24	2.5	13.5	44	4	13	37	3	13	20	2
14	15.5	28		15	28		15	28		15.5	50		15	44		15	24	2.5
16	17.5	30	3	17	30	3	17	30	3	17.5	56	5	17	50		17	28	
20	22	37		21	37		21	37		22	72	6	22	60	4	21	34	3
24	26	44	4	25	44	4	25	44	4	26	85		26	72	5	25	39	4
30	33	56		31	56		31	56		33	92		33	92	6	31	50	
36	39	66	5	37	66	5	37	66	5	39	125	8	39	110	8	37	60	5

注：1. A 级适用于精装配系列，C 级适用于中等装配系列。
2. C 级垫圈没有 Ra3.2 和去毛刺的要求。
3. GB/T 848—2002 主要用于圆柱头螺钉，其他用于标准的六角螺栓、螺母和螺钉。

表 B-7　标准弹簧垫圈（GB/T 93—1987）摘编

（mm）

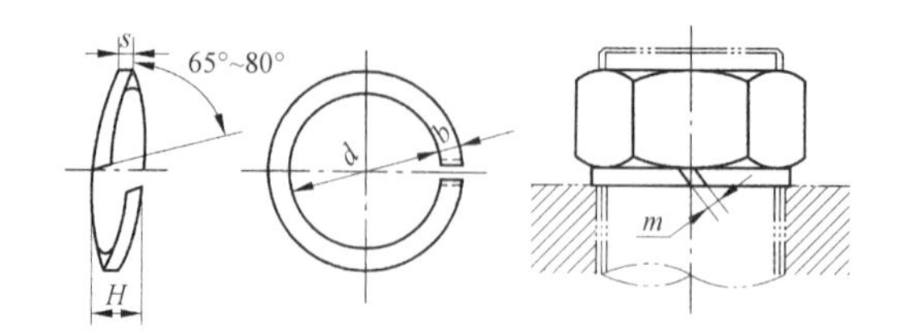

标记示例：

垫圈　GB/T 93　10

（规格 10、材料为 65Mn、表面氧化的标准型弹簧垫圈）

规格（螺纹大径）	4	5	6	8	10	12	16	20	24	30	36	42	48
d_{1min}	4.1	5.1	6.1	8.1	10.2	12.2	16.2	20.2	24.5	30.5	36.5	42.5	48.5
$s=b$ 公称	1.1	1.3	1.6	2.1	2.6	3.1	4.1	5	6	7.5	9	10.5	12
$m\leqslant$	0.55	0.65	0.8	1.05	1.3	1.55	2.05	2.5	3	3.75	4.5	5.25	6
H_{max}	2.75	3.25	4	5.25	6.5	7.75	10.25	12.5	15	18.75	22.5	26.25	30

注：m 应大于零。

表 B-8　开槽圆柱头螺钉摘编

（mm）

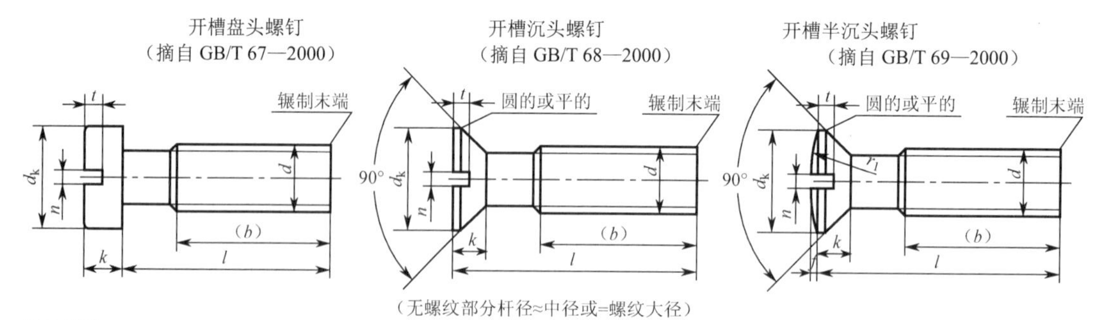

标记示例：

螺钉　GB/T 67　M5×60

（螺纹规格 d=M5、公称长度 l=60、性能等级为 4.8 级、不经表面处理的开槽盘头螺钉）

螺纹规格	d	M2	M3	M4	M5	M6	M8	M10
	螺距 P	0.4	0.5	0.7	0.8	1	1.25	1.5
b_{min}		25		38				
n 公称		0.5	0.8	1.2		1.6	2	2.5
f	GB/T 69	4	6	9.5		12	16.5	19.5
r_f	GB/T 69	0.5	0.7	1	1.2	1.4	2	2.3
k_{max}	GB/T 67	1.3	1.8	2.4	3	3.6	4.8	6
	GB/T 68 GB/T 69	1.2	1.65	2.7		3.3	4.65	5
$d_{k\ max}$	GB/T 67	4	5.6	8	9.5	12	16	20
	GB/T 68 GB/T 69	3.8	5.5	8.4	9.3	12	16	20
t_{min}	GB/T 67	0.5	0.7	1	1.2	1.4	1.9	2.4
	GB/T 68	0.4	0.6	1	1.1	1.2	1.8	2

续表

螺纹规格	d	M2	M3	M4	M5	M6	M8	M10
	螺距 P	0.4	0.5	0.7	0.8	1	1.25	1.5
t_{min}	GB/T 69	0.8	1.2	1.6	2	2.4	32	3.8
l 范围	GB/T 67	2.5～20	4～30	5～40	6～50	8～60	10～80	
	GB/T 68 GB/T 69	3～20	5～30	6～40	8～50	8～60		
全螺纹时最大长度	GB/T 67	30		40				
	GB/T 68 GB/T 69			50				
l 系列	2、2.5、3、4、5、6、8、10、12、(14)、16、20～50 (5 进位)、(55)、60、(65)、70、(75)、80							

注：螺纹公差为6g；力学性能等级为4.8、5.8；产品等级为A。

表 B-9 内六角圆柱头螺钉（摘自 GB/T 70.1—2000） （mm）

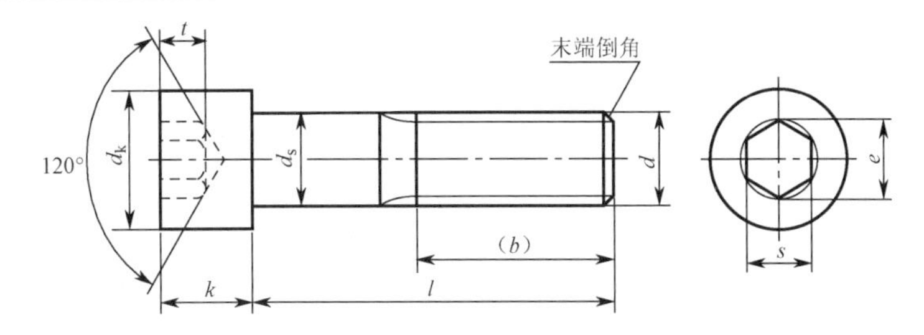

标记示例：

螺钉 GB/T 70.1-2000 M5×20

（螺纹规格 d=M5、公称长度 l=20、性能等级为 8.8 级、表面氧化处理的六角圆柱头螺钉）

螺纹规格 d		M4	M5	M6	M8	M10	M12	M16	M20	M24	M30	M36
螺距 P		0.7	0.8	1	1.25	1.5	1.75	2	2.5	3	3.5	4
b 参考		20	22	24	28	32	36	44	52	60	72	84
d_{kmax}	光滑头部	7	8.5	10	13	16	18	24	30	36	45	54
	滚花头部	7.22	8.72	10.22	13.27	16.27	18.27	24.33	30.33	36.39	45.39	54.46
k_{max}		4	5	6	8	10	12	16	20	24	30	36
t_{min}		2	2.5	3	4	5	6	8	10	12	15.5	19
s 公称		3	4	5	6	8	10	14	17	19	22	27
e_{min}		3.44	4.58	5.72	6.86	9.15	11.43	16	19.44	21.73	25.15	30.35
d_{smax}		4	5	6	8	10	12	16	20	24	30	36
l 范围		6～40	8～50	10～60	12～80	16～100	20～120	25～160	30～200	40～200	45～200	55～200
全螺纹时最大长度		25	25	30	35	40	45	55	65	80	90	100
l 系列		6、8、10、12、（14）、（16）、20～50（5 进位）、（55）、60、（65）、70～160（10 进位）、180、200										

注：1．末端按 GB/T 2—2000 规定。

2．力学性能等级：8.8、12.9。

3．螺纹公差：力学性能等级 8.8 级时为 6g，12.9 级时为 5g、6g。

4．产品等级：A。

表 B-10　紧定螺钉　（mm）

开槽锥端紧定螺钉
（摘自 GB/T 71—1985）

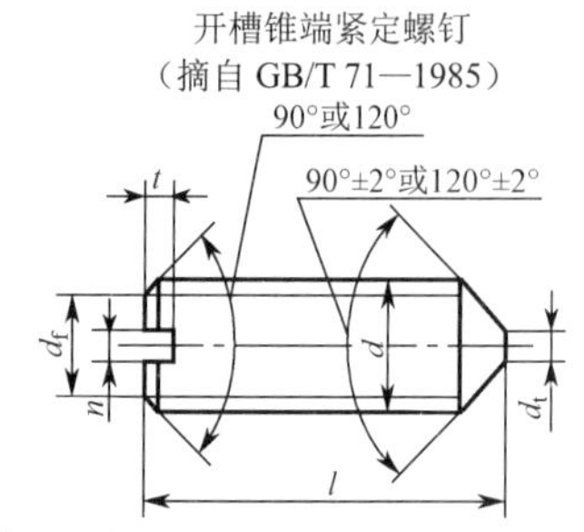

开槽平端紧定螺钉
（摘自 GB/T 73—1985）

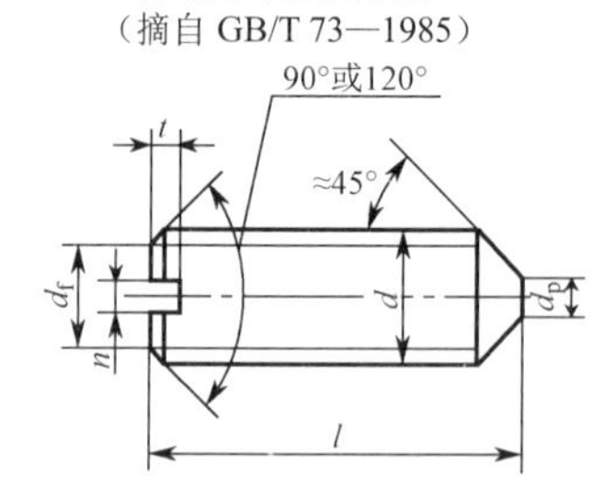

开槽长圆柱端紧定螺钉
（摘自 GB/T 75—1985）

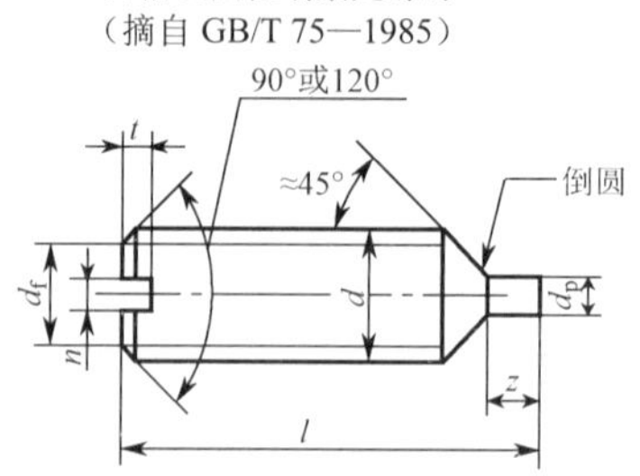

标记示例：

螺钉　GB/T 71　M5×20

（螺纹规格 d=M5、公称长度 l=20、性能等级为 14H、表面氧化的开槽锥端紧定螺钉）

螺纹规格 d	螺距 P	d_f	d_{tmax}	d_{pmax}	n 公称	t_{max}	z_{max}	l 范围		
								GB/T 71	GB/T 73	GB/T 75
M2	0.4	螺纹小径	0.2	1	0.25	0.84	1.25	3～10	2～10	3～10
M3	0.5		0.3	2	0.4	1.05	1.75	4～16	3～16	5～16
M4	0.7		0.4	2.5	0.6	1.42	2.25	6～20	4～20	6～20
M5	0.8		0.5	3.5	0.8	1.63	2.75	8～25	5～25	8～25
M6	1		1.5	4	1	2	3.25	8～30	6～30	8～30
M8	1.25		2	5.5	1.2	2.5	4.3	10～40	8～40	10～40
M10	1.5		2.5	7	1.6	3	5.3	12～50	10～50	12～50
M12	1.75		3	8.5	2	3.6	6.3	14～60	12～60	14～60
L 系列	2、2.5、3、4、5、6、8、10、12、(14)、16、20、25、30、35、40、45、50、(55)、60									

注：螺纹公差为 6g；力学性能等级为 14H、22H；产品等级为 A 级。

附录 C

键 与 销

键与销摘编如表 C-1～表 C-4 所示。

表 C-1　普通平键键槽的尺寸与公差（GB/T 1095—2003）摘编　（mm）

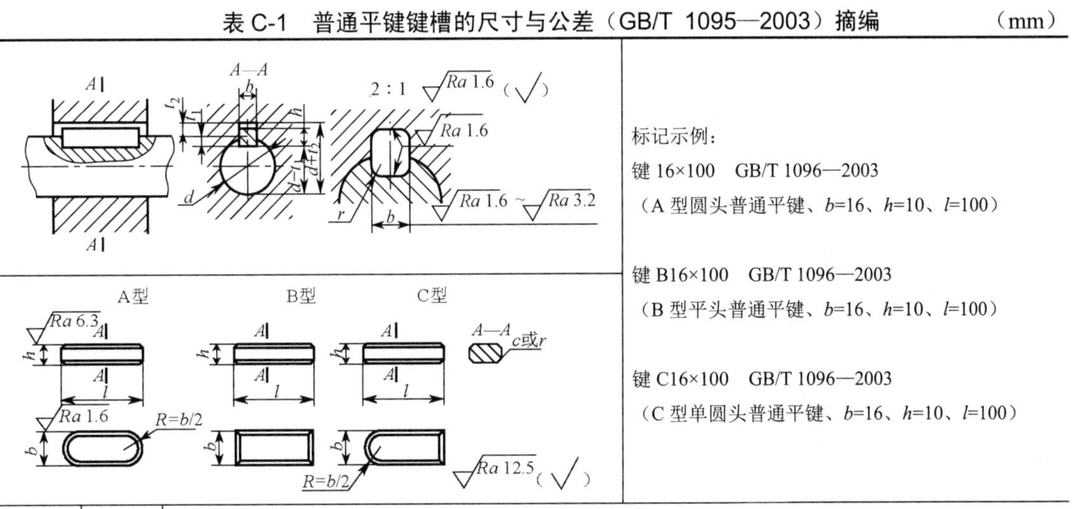

标记示例：

键 16×100　GB/T 1096—2003

（A 型圆头普通平键、b=16、h=10、l=100）

键 B16×100　GB/T 1096—2003

（B 型平头普通平键、b=16、h=10、l=100）

键 C16×100　GB/T 1096—2003

（C 型单圆头普通平键、b=16、h=10、l=100）

轴的直径 d	键尺寸 b×h	键槽											
		宽度						深度				半径 r	
		基本尺寸 b	极限偏差					轴 t_1	毂 t_2				
			正常连接		紧密连接	松连接		基本尺寸	极限偏差	基本尺寸	极限偏差		
			轴 N9	毂 JS9	轴和毂 P9	轴 H9	毂 D10					min	max
自 6～8	2×2	2	−0.004 −0.029	±0.0125	−0.006 −0.031	+0.025 0	+0.060 +0.020	1.2	+0.10	1	+0.10	0.08	0.16
＞8～10	3×3	3						1.8		1.4			
＞10～12	4×4	4	0 −0.030	±0.015	−0.012 −0.042	+0.030 0	+0.078 +0.030	2.5		1.8			
＞12～17	5×5	5	0 −0.030	±0.015	−0.012 −0.042	+0.030 0	+0.078 +0.038	3.0		2.3		0.16	0.25
＞17～22	6×6	6						3.5		2.8			
＞22～30	8×7	8	0 −0.036	±0.018	−0.015 −0.051	+0.036 0	+0.098 +0.040	4.0	+0.20	3.3	+0.20		
＞30～38	10×8	10						5.0		3.3		0.25	0.40

续表

<table>
<tr><td rowspan="5">轴的直径
d</td><td rowspan="5">键尺寸
b×h</td><td colspan="12">键　槽</td></tr>
<tr><td colspan="6">宽　度</td><td colspan="3">深　度</td><td colspan="3" rowspan="2">半径 r</td></tr>
<tr><td rowspan="3">基本尺寸
b</td><td colspan="5">极限偏差</td><td>轴 t_1</td><td colspan="2">毂 t_2</td></tr>
<tr><td colspan="2">正常连接</td><td>紧密连接</td><td colspan="2">松连接</td><td rowspan="2">基本尺寸</td><td rowspan="2">极限偏差</td><td rowspan="2">基本尺寸</td><td rowspan="2">极限偏差</td><td colspan="2"></td></tr>
<tr><td>轴 N9</td><td>毂 JS9</td><td>轴和毂 P9</td><td>轴 H9</td><td>毂 D10</td><td>min</td><td>max</td></tr>
<tr><td>>38～44</td><td>12×8</td><td>12</td><td rowspan="4">0
−0.043</td><td rowspan="4">±0.026</td><td rowspan="4">+0.018
−0.061</td><td rowspan="4">+0.043
0</td><td rowspan="4">+0.120
+0.050</td><td>5.0</td><td rowspan="8">+0.20</td><td>3.3</td><td rowspan="8">+0.20</td><td rowspan="4">0.25</td><td rowspan="4">0.40</td></tr>
<tr><td>>44～50</td><td>14×9</td><td>14</td><td>5.5</td><td>3.8</td></tr>
<tr><td>>50～58</td><td>16×10</td><td>16</td><td>6.0</td><td>4.3</td></tr>
<tr><td>>58～65</td><td>18× 11</td><td>18</td><td>7.0</td><td>4.4</td></tr>
<tr><td>>65～75</td><td>20×12</td><td>20</td><td rowspan="4">0
−0.052</td><td rowspan="4">±0.031</td><td rowspan="4">+0.022
−0.074</td><td rowspan="4">+0.052
0</td><td rowspan="4">+0.149
+0.065</td><td>7.5</td><td>4.9</td><td rowspan="4">0.40</td><td rowspan="4">0.60</td></tr>
<tr><td>>75～85</td><td>22×14</td><td>22</td><td>9.0</td><td>5.4</td></tr>
<tr><td>>85～95</td><td>25×14</td><td>25</td><td>9.0</td><td>5.4</td></tr>
<tr><td>>95～100</td><td>28×16</td><td>28</td><td>10.0</td><td>6.4</td></tr>
</table>

注：1. *L* 系列：6～22（2 进位）、25、28、32、36、40、45、50、56、63、70、80、90、100、110、125、140、160、180、200、220、250、280、320、360、400、450、500。

2. $(d-t_1)$和$(d+t_2)$两组组合尺寸的极限偏差按 t_1 和 t_2 的极限偏差选取，但$(d-t_1)$极限偏差取负号(−)。

3. GB/T 1095—2003、GB/T 1096—2003 中无轴的公称直径一列，现列出仅供参考。

表 C-2　圆柱销（不淬硬钢和奥氏体不锈钢）（GB/T 119.1—2000）　（mm）

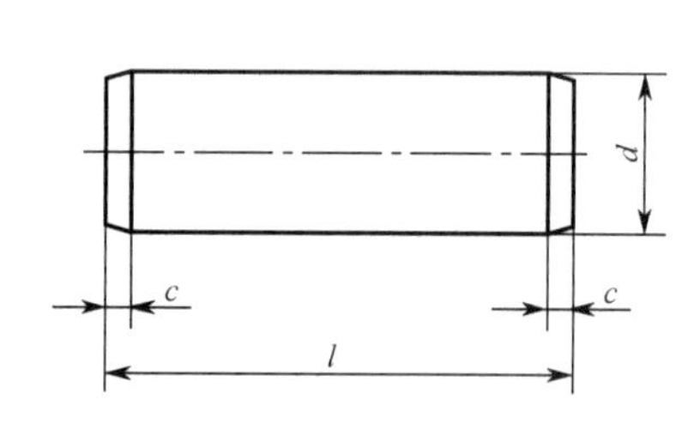

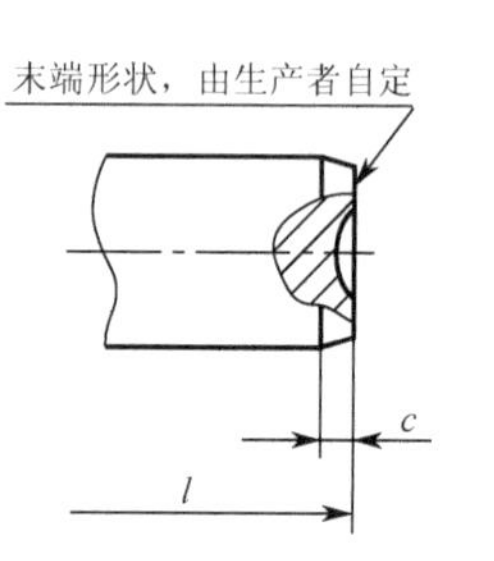

标记示例：

销　GB/T 119.1　6m6×30

（公称直径 *d*=6、公差为 m6、公称长度 *l*=30、材料为钢、不经淬火、不经表面处理的圆柱销）

d 公称	2	3	4	5	6	8	10	12	16	20	25	30
C	0.35	0.5	0.63	0.8	1.2	1.6	2	2.5	3	3.5	4	5
L 范围	6～20	8～30	8～40	10～50	12～60	14～80	18～95	22～100	26～180	35～200	60～200	60～200
L 系列	2、3、4、4、5、6～32（按 2 递增）、35～100（按 5 递增）、120～≥200（按 20 递增）											

注：公称直径 *d* 的公差为 m6 和 h8。

表 C-3 圆锥销(GB/T 117—2000)摘编 （mm）

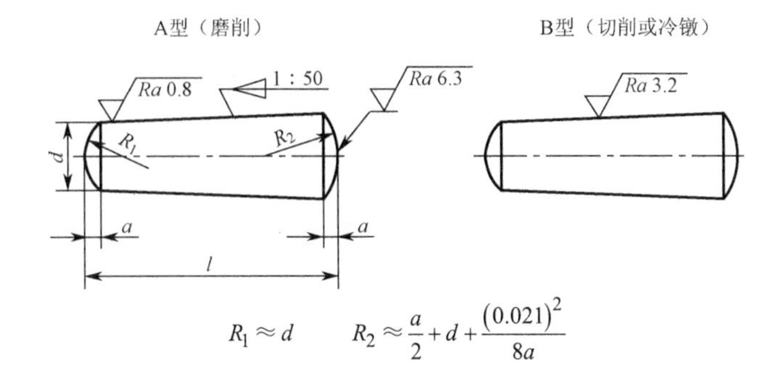

$$R_1 \approx d \qquad R_2 \approx \frac{a}{2} + d + \frac{(0.021)^2}{8a}$$

标记示例：

销 GB/T 117 10×60

（公称直径 d=10、公称长度 l=60、材料为 35 钢、热处理硬度 28～38HRC、表面氧化处理的 A 型圆锥销）

d 公称	2	2.5	3	4	5	6	8	10	12	16	20	25
$a\approx$	0.25	0.3	0.4	0.5	0.63	0.8	1.0	1.2	1.6	2.0	2.5	3.0
l 范围	10～35	10～35	12～45	14～55	18～60	22～90	22～120	26～160	32～180	40～200	45～200	50～200
l 系列	2、3、4、4、5、6～32 （按 2 递增）、35～100（按 5 递增）、120～≥200（按 20 递增）											

注：公称直径 d 的公差为 m6 和 h8。

表 C-4 开口销（GB/T 91—2000)摘编 （mm）

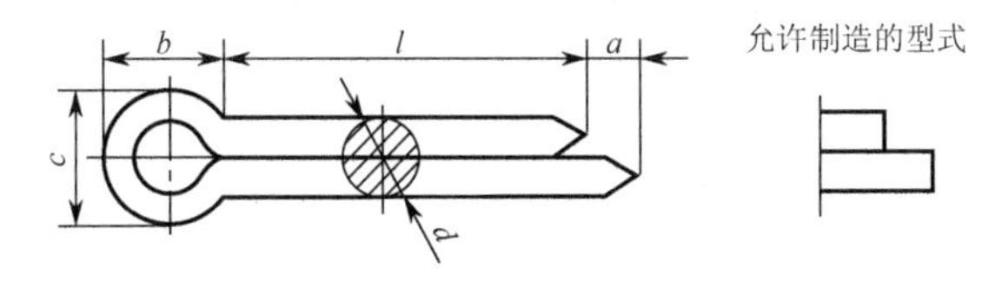

标记示例：

销 GB/T 91 5×50

（公称规格为 5、公称长度 l=50、材料为低碳钢、不经表面处理的开口销）

公称		1	1.2	1.6	2	2.5	3.2	4	5	6.3	8	10	12
d 公称	max	0.9	1	1.4	1.8	2.3	2.9	3.7	4.6	5.9	7.5	9.5	11.4
	min	0.8	0.9	1.3	1.7	2.1	2.7	3.5	4.4	5.7	7.3	3.3	11.1
c_{max}		1.8	2	2.8	3.6	4.6	5.8	7.4	9.2	11.8	15	19	24.8
b		3	3	3.2	4	5	6.4	8	10	12.6	16	20	26
a_{max}		1.6	2.5				3.2	4				6.3	
l 范围		6～10	8～26	8～32	10～40	12～50	14～65	18～80	22～100	30～120	40～160	45～200	70～200
l 系列		5、6～32（2 进位）、36、40～100（5 进位）、120～200（20 进位）											

注：销孔的公称直径等于 d 公称，d_{min}≤销的直径≤d_{max}。

附录 D

滚动轴承

滚动轴承摘编如表 D-1～表 D-3 所示。

表 D-1　深沟球轴承（GB/T 276—1994）摘编　（mm）

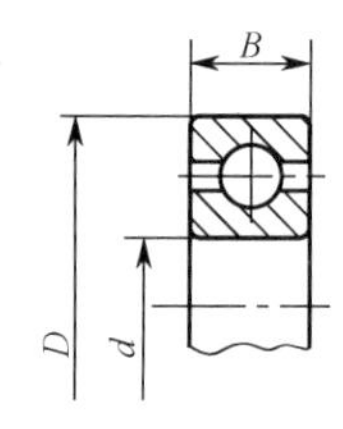

标记示例：

滚动轴承　6310　GB/T 276—1994

轴承型号	尺寸			轴承型号	尺寸		
	d	*D*	*B*		*d*	*D*	*B*
10 尺寸系列				6205	25	52	15
6000	10	26	8	6206	30	62	16
6001	12	28	8	6207	35	72	17
6002	15	32	9	6208	40	80	18
6003	17	35	10	6209	45	85	19
6004	20	42	12	6210	50	90	20
6005	25	47	12	6211	55	100	21
6006	30	55	13	6212	60	110	22
6007	35	62	14	03 尺寸系列			
6008	40	68	15	6300	10	35	11
6009	45	75	16	6301	12	37	12
6010	50	80	16	6302	15	42	13
6011	55	90	18	6303	17	47	14
6012	60	95	18	6304	20	52	15
02 尺寸系列				6305	25	62	17
6200	10	30	9	6306	30	72	19
6201	12	32	10	6307	35	80	21
6203	17	40	12	6308	40	90	23
6204	20	47	14	6309	45	100	25

续表

轴承型号	尺寸			轴承型号	尺寸		
	d	D	B		d	D	B
6310	50	110	27	6406	30	90	23
6311	55	120	29	6407	35	100	25
6312	60	130	31	6408	40	110	27
6313	65	140	33	6409	45	120	29
6314	70	150	35	6410	50	130	31
6315	75	160	37	6411	55	140	33
6316	80	170	39	6412	60	150	35
6317	85	180	41	6413	65	160	37
6318	90	190	43	6414	70	180	42
04尺寸系列				6415	75	190	45
6403	17	62	17	6416	80	200	48
6404	20	72	19	6417	85	210	52
6405	25	80	21	6418	90	225	54

表 D-2 推力球轴承（GB/T 301—1995）摘编 （mm）

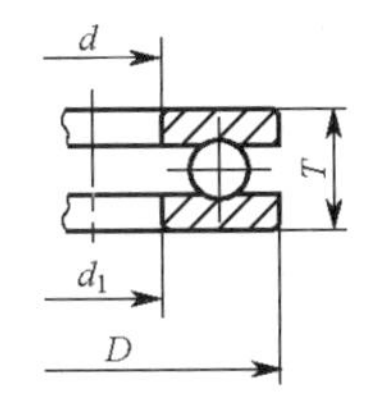

标记示例：

滚动轴承 51305 GB/T 301—1995

轴承型号	尺寸				轴承型号	尺寸			
	d	D	T	$d1$		d	D	T	$d1$
11尺寸系列					51114	70	95	14	72
51100	10	24	6	11	51115	75	100	15	77
51101	12	26	6	13	51116	80	105	16	82
51102	15	28	7	16	51117	85	110	16	87
51103	17	30	7	18	51118	90	120	18	92
51104	20	35	8	21	51120	100	135	18	102
51105	25	42	8	26	12尺寸系列				
51106	30	47	9	32	51200	10	26	11	12
51107	35	52	10	37	51201	12	28	11	14
51108	40	60	12	42	51202	15	32	12	17
51109	45	65	12	47	51203	17	35	12	19
51110	50	70	12	52	51204	20	40	14	22
51111	55	78	12	57	51205	25	47	15	27
51112	60	85	13	62	51206	30	52	16	32
51113	65	90	13	67	51207	35	62	18	37

续表

轴承型号	尺寸				轴承型号	尺寸			
	d	*D*	*T*	*d*1		*d*	*D*	*T*	*d*1
51208	40	68	19	42	51312	60	110	35	62
51209	45	73	20	47	51313	65	115	36	67
51210	50	78	22	52	51314	70	125	40	72
51211	55	90	25	57	51315	75	135	44	77
51212	60	95	26	62	51316	80	140	44	82
51213	65	100	27	67	51317	85	150	49	88
51214	70	105	27	72	51318	90	155	50	93
51215	75	110	27	77	51320	100	170	55	103
51216	80	115	28	82	14 尺寸系列				
51217	85	125	31	88	51405	25	60	24	27
51218	90	135	35	93	51406	30	70	28	32
51220	100	150	38	103	51407	35	80	32	37
13 尺寸系列					51408	40	90	36	42
51304	20	47	18	22	51409	45	100	39	47
51305	25	52	18	27	51410	50	110	43	52
51306	30	60	21	32	51411	55	120	48	57
51307	35	68	24	37	51412	60	130	51	62
51308	40	78	26	42	51413	65	140	56	67
51309	45	85	28	47	51414	70	150	60	72
51310	50	95	31	52	51415	75	160	65	77
51311	55	105	35	57					

表 D-3 圆锥滚子轴承(GB/T 297—1994)摘编

（mm）

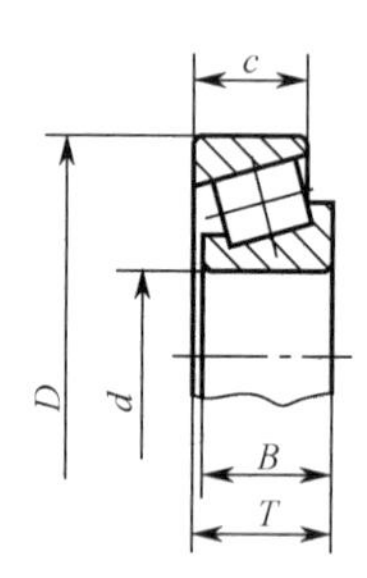

标记示例：

滚动轴承 30212 GB/T 297-1994

轴承型号	基本尺寸					轴承型号	基本尺寸				
	d	*D*	*B*	C	*T*		*d*	*D*	*B*	C	*T*
尺寸系列（02）						30206	30	62	16	14	17.25
30203	17	40	12	11	13.25	30207	35	72	17	15	18.25
30204	20	47	14	12	15.25	30208	40	80	18	16	19.75
30205	25	52	15	13	16.25	30209	45	85	19	16	20.75

续表

轴承型号	基本尺寸				
	d	*D*	*B*	C	*T*
尺寸系列（02）					
30210	50	90	20	17	21.75
30211	55	100	21	18	22.75
30212	60	110	22	19	23.75
30213	65	120	23	20	24.75
30214	70	125	24	21	26.75
30215	75	130	25	22	27.75
30216	80	140	26	22	28.75
30217	85	150	28	24	30.5
30218	90	160	30	26	32.5
30219	95	170	32	27	34.5
30220	100	180	34	29	37
尺寸系列（03）					
30302	15	42	13	11	14.25
30303	17	47	14	12	15.25
30304	20	52	15	13	16.25
30305	25	62	17	15	18.25
30306	30	72	19	16	20.75
30307	35	80	21	18	22.75
30308	40	90	23	20	25.75
30309	45	100	25	22	27.75
30310	50	110	27	23	29.75
30311	55	120	29	25	31.5
30312	60	130	31	26	33.5
30313	65	140	33	28	36
30314	70	150	35	30	38
30315	75	160	37	31	40
30316	80	170	39	33	42.5
30317	85	180	41	34	44.5
30318	90	190	43	36	46.5
30319	95	200	45	38	49.5
30320	100	215	47	39	51.5
尺寸系列（22）					
32206	30	62	20	17	21.25
32207	35	72	23	19	24.25
32208	40	80	23	19	24.75
32209	45	85	23	19	24.75
32210	50	90	23	19	24.75
32211	55	100	25	21	26.75
32212	60	110	28	24	29.75
32213	65	120	31	27	32.75
32214	70	125	31	27	33.25
32215	75	130	31	27	33.25
32216	80	140	33	28	35.25
32217	85	150	36	30	38.5
32218	90	160	40	34	42.5
32219	95	170	43	37	45.5
32220	100	180	46	39	49
尺寸系列（23）					
32303	17	47	19	16	20.25
32304	20	52	21	18	22.25
32305	25	62	24	20	25.25
32306	30	72	27	23	28.25
32307	35	80	31	25	32.25
32308	40	90	33	27	35.25
32309	45	100	36	30	38.25
32310	50	110	40	33	42.25

附录 E

标准公差和基本偏差

表 E-1　标准数值（GB/T 1800.3—1999）摘编

基本尺寸（mm）		标准公差等级																	
		IT1	IT2	IT3	IT4	IT5	IT6	IT7	IT8	IT9	IT10	IT11	IT12	IT13	IT14	IT15	IT16	IT17	IT18
大于	至	μm											mm						
—	3	0.8	1.2	2	3	4	6	10	14	25	40	60	0.1	0.14	0.25	0.4	0.6	1	1.4
3	6	1	1.5	2.5	4	5	8	12	18	30	48	75	0.12	0.18	0.3	0.48	0.75	1.2	1.8
6	10	1	1.5	2.5	4	6	9	15	22	36	58	90	0.15	0.22	0.36	0.58	0.9	1.5	2.2
10	18	1.2	2	3	5	8	11	18	27	43	70	110	0.18	0.27	0.43	0.7	1.1	1.8	2.7
18	30	1.5	2.5	4	6	9	13	21	33	52	84	130	0.21	0.33	0.52	0.84	1.3	2.1	3.3
30	50	1.5	2.5	4	7	11	16	25	39	62	100	160	0.25	0.39	0.62	1	1.6	2.5	3.9
50	80	2	3	5	8	13	19	30	46	74	120	190	0.3	0.46	0.74	1.2	1.9	3	4.6
80	120	2.5	4	6	10	15	22	35	54	87	140	220	0.35	0.54	0.87	1.4	2.2	3.5	5.4
120	180	3.5	5	8	12	18	25	40	63	100	160	250	0.4	0.63	1	1.6	2.5	4	6.3
180	250	4.5	7	10	14	20	29	46	72	115	185	290	0.46	0.72	1.15	1.85	2.9	4.6	7.2
250	315	6	8	12	16	23	32	52	81	130	210	320	0.52	0.81	1.3	2.1	3.2	5.2	8.1
315	400	7	9	13	18	25	36	57	89	140	230	360	0.57	0.89	1.4	2.3	3.6	5.7	8.9
400	500	8	10	15	20	27	40	63	97	155	250	400	0.63	0.97	1.55	2.5	4	6.3	9.7
500	630	9	11	16	22	32	44	70	110	175	280	440	0.7	1.1	1.75	2.8	4.4	7	11
630	800	10	13	18	25	36	50	80	125	200	320	500	0.8	1.25	2	3.2	5	8	12.5
800	1000	11	15	21	28	40	56	90	140	230	360	560	0.9	1.4	2.3	3.6	5.6	9	14
1000	1250	13	18	24	33	47	66	105	165	260	420	660	1.05	1.65	2.6	4.2	6.6	10.5	16.5
1250	1600	15	21	29	39	55	78	125	195	310	500	780	1.25	1.95	3.1	5	7.8	12.5	19.5
1600	2000	18	25	35	46	65	92	150	230	370	600	920	1.5	2.3	3.7	6	9.2	15	23
2000	2500	22	30	41	55	78	110	175	280	440	700	1100	1.75	2.8	4.4	7	11	17.5	28
2500	3150	26	36	50	68	96	135	210	330	540	860	1350	2.1	3.3	5.4	8.6	13.5	21	33

注：1. 公称尺寸大于 500mm 的 IT1～IT5 的标准公差数值是试行的。

2. 公称尺寸小于或等于 1mm 时，无 IT14～IT18。

表E-2 常用及优先用途轴的极限偏差数值（GB/T 1800.4—1999）摘编 （μm）

代号 基本尺寸(mm)	a*	b*		c			d				e		
等级	11	11	12	9	10	11	8	9	10	11	7	8	9
≤3	-270 -330	-140 -200	-140 -240	-60 -85	-60 -100	-60 -120	-20 -34	-20 -45	-20 -60	-20 -80	-14 -24	-14 -28	-14 -39
>3~6	-270 -345	-140 -215	-140 -260	-70 -100	-70 -118	-70 -145	-30 -48	-30	-30 -78	-30 -105	-20 -32	-20 -35	-20 50
>6~10	-280 -370	-150 -240	-150 -300	-80 -116	-80 -138	-80 -170	-40	-40 -76	-40 -98	-40 -130	-25 -40	-25 -47	-25 -61
>10~14 >14~18	-290 -400	-150 -260	-150 -330	-95 -138	-95 -165	-95 -205	-50 -77	-50 -93	-50 -120	-50 -160	-32 -50	-32 -59	-32 -75
>18~24 >24~30	-300 -430	-160 -290	-160 -370	-110 -162	-110 -194	-110 -240	-65 -98	-65 -117	-65 -149	-65 -195	-40 -61	-40 -73	-40 -92
>30~40	-310 470	-170 -330	-170 -420	-120 -182	-120 -220	-120 -280	-80	-80	-80	-80	-50	-50	-50
>40~50	-320 -480	-180 -340	-180 430	-130 -192	-130 -230	-130 -290	-119	-142	-180	-240	-75	-89	-112
>50~60	-340 -530	-190 -380	-190 -490	-140 -214	-140 -260	-140 -330	-100	-100	-100	-100	-60	-60	-60
>65~80	-360 -550	-200 -390	-200 -500	-150 -224	-150 -270	-150 -340	-146	-174	-220	-290	-90	-106	-134
>80~100	-380 -600	-220 -440	-220 -570	-170 -257	-170 -310	-170 -390	-120	-120	-120	-120	-72	-72	-72
>100~120	-410 -630	-240 -460	-240 -590	-180 -267	-180 -320	-180 -400	-174	-207	-260	-340	-107	-126	-159
>120~140	-460 -710	-260 -510	-260 -660	-200 -300	-200 -360	-200 -450	-145	-145	-145	-145	-85	-85	-85
>140~160	-520 -770	-280 -530	-280 -680	-210 -310	-210 -370	-210 -460							
>160~180	-580 -830	-310 -560	-310 -710	-230 -330	-230 -390	-230 -480	-208	-245	-305	-395	-125	-148	-185
>180~200	-660 -950	-340 -630	-340 -800	-240 -355	-240 -425	-240 -530	-170	-170	-170	-170	-100	-100	-100
>200~225	-740 -1030	-380 -670	-380 -840	-260 -375	-260 -445	-260 -550							
>225~250	-820 -1110	-420 -710	-420 -880	-280 -395	-280 -465	-280 -570	-242	-285	-355	-460	-146	-172	-215
>250~280	-920 -1240	-480 -800	-480 -1000	-300 -430	-300 -510	-300 -620	-190	-190	-190	-190	-110	-110	-110
>280~315	-1050 1370	-540 -860	-540 -1060	-330 -460	-330 -540	-330 -650	-271	-320	-400	-510	-162	-191	-240
>315~335	-1200 -1560	-600 -960	-600 -1170	-360 -500	-360 -590	-360 -720	-210	-210	-210	-210	-125	-125	-125
>335~400	-1350 -1710	-680 -1040	-680 -1250	-400 -540	-400 -630	-400 -760	-299	-350	-440	-570	-182	-214	-265
>400~450	-1500 -1900	-760 -1160	-760 -1390	-440 -595	-440 -690	-440 -840	-230	-230	-230	-230	-135	-135	-235
>450~500	-1650 -2050	-840 -1240	-840 -1470	-4820 -635	-480 -730	-480 -880	-327	-385	-480	-630	-198	-232	-290

f					g			h							
5	6	7	8	9	5	6	7	5	6	7	8	9	10	11	12
-6 -10	-6 -12	-6 -16	-6 -20	-6 -31	-2 -6	-2 -8	-2 -12	0 -4	0 -6	0 -10	0 -14	0 -25	0 -40	0 -60	0 -100
-10 -15	-10 -18	-10 -22	-10 -28	-10 -40	-4 -9	-4 -12	-4 -16	0 -5	0 -8	0 -12	0 -18	0 -30	0 -48	0 -75	0 -120
-13 -19	-13 -22	-13 -28	-13 -35	-13 -49	-5 -11	-5 -14	-5 -20	0 -6	0 -9	0 -15	0 -22	0 -36	0 -58	0 -75	0 -150
-16 -24	-16 -27	-16 -34	-16 -43	-16 -59	-6 -14	-6 -17	-6 -24	0 -8	0 -11	0 -18	0 -27	0 -43	0 -70	0 -110	0 -180
-20 -29	-20 -33	-20 -41	-20 -53	-20 -72	-7 -16	-7 -20	-7 -28	0 -9	0 -13	0 -21	0 -33	0 -52	0 -84	0 -130	0 -210
-25 -36	-25 -41	-25 -50	-25 -64	-25 -87	-9 -20	-9 -25	-9 -34	0 -11	0 -16	0 -25	0 -39	0 -62	0 -100	0 -160	0 -250
-30 -43	-30 -49	-30 -60	-30 -76	-30 -104	-10 -23	-10 -29	-10 -40	0 -13	0 -19	0 -30	0 -46	0 -74	0 -120	0 -190	0 -300
-36 -51	-36 -58	-36 -71	-36 -90	-36 -123	-12 -27	-12 -34	-12 -47	0 -15	0 -22	0 -35	0 -54	0 -87	0 -140	0 -220	0 -350
-43 -61	-43 -68	-43 -83	-43 -106	-43 -143	-14 -32	-14 -39	-14 -54	0 -18	0 -25	0 -40	0 -63	0 -100	0 -160	0 -250	0 -400
-50 -70	-50 -79	-50 -96	-50 -122	-50 -165	-15 -35	-15 -44	-15 -61	0 -20	0 -29	0 -46	0 -72	0 -115	0 -185	0 -290	0 -460
-56 -79	-56 -88	-56 -108	-56 -137	-56 -186	-17 -40	-17 -49	-17 -69	0 -23	0 -32	0 -52	0 -81	0 -130	0 -210	0 -320	0 -520
-62 -87	-62 -98	-62 -119	-62 -151	-62 -202	-18 -43	-18 -54	-18 -75	0 -25	0 -36	0 57	0 -89	0 -140	0 -203	0 -360	0 -570
-68 -95	-68 -108	-68 -131	-68 -165	-68 -223	-20 -47	-20 -60	-20 -83	0 -27	0 -40	0 63	0 -97	0 -155	0 -250	0 -400	0 -630

表E-2 常用及优先用途轴的极限偏差数值（GB/T 1800.4—1999）摘编（续） （μm）

代号	js			k			m			n			p		
基本尺寸(mm) \ 等级	5	6	7	5	6	7	5	6	7	5	6	7	5	6	7
≤3	±2	±3	±5	+4 0	+6 0	+10 0	+6 +2	+8 +2	+12 +2	+8 +4	+10 +4	+14 +4	+10 +6	+12 +6	+16 +6
>3～6	±2.5	±4	±6	+6 +1	+9 +1	+13 +1	+9 +4	+12 +4	+16 +4	+13 +8	+16 +8	+20 +8	+17 +12	+20 +12	+24 +12
>6～10	±3	±4.5	±7	+7 +1	+10 +1	+16 +1	+12 +6	+15 +6	+21 +6	+16 +10	+19 +10	+25 +10	+21 +15	+24 +15	+30 +15
>10～14 >14～18	±4	±5.5	±9	+9 +1	+12 +1	+19 +1	+15 +7	+18 +7	+25 +7	+20 +12	+23 +12	+30 +12	+26 +18	+29 +18	+36 +18
>18～24 >24～30	±4.5	±6.5	±10	+11 +2	+15 +2	+23 +2	+17 +8	+21 +8	+29 +8	+24 +15	+28 +15	+36 +15	+31 +22	+35 +22	+43 +22
>30～40 >40～50	±5.5	±8	±12	+13 +2	+18 +2	+27 +2	+20 +9	+25 +9	+34 +9	+28 +17	+33 +17	+42 +17	+37 +26	+42 +26	+51 +26
>50～60 >65～80	±6.5	±9.5	±12	+15 +2	+21 +2	+32 +2	+24 +11	+30 +11	+41 +11	+33 +20	+39 +20	+50 +20	+45 +32	+51 +32	+62 +32
>80～100 >100～120	±7.5	±11	±15	+18 +3	+25 +3	+38 +3	+28 +13	+35 +13	+48 +13	+38 +23	+45 +23	+58 +23	+52 +37	+59 +37	+72 +37
>120～140 >140～160 >160～180	±9	±12.5	±20	+21 +3	+28 +3	+43 +3	+33 +15	+40 +15	+55 +15	+45 +27	+52 +27	+67 +43	+61 +43	+68 +43	+83 +43
>180～200 >200～225 >225～250	±10	±14.5	±23	+24 +4	+33 +4	+50 +4	+37 +17	+46 +17	+63 +17	+51 +31	+60 +31	+77 +31	+70 +50	+79 +50	+96 +50
>250～280 >280～315	±11.5	±16	±26	+27 +4	+36 +4	+56 +4	+43 +17	+52 +17	+72 +17	+57 +31	+66 +31	+86 +31	+79 +50	+88 +50	+108 +50
>315～335 >335～400	±12.5	±18	±28	+29 +4	+40 +4	+61 +4	+46 +21	+57 +21	+78 +21	+62 +37	+73 +37	+94 +37	+87 +62	+98 +62	+119 +62
>400～450 >450～500	±13.5	±20	±31	+32 +5	+45 +5	+68 +5	+50 +23	+63 +23	+86 +23	+67 +40	+80 +40	+103 +40	+95 +68	+108 +68	+131 +68

注：*基本尺寸小于1mm时，各级的a和b均不采用。

r			s			t			u		w	x	y	z
5	6	7	5	6	7	5	6	7	6	5	6	6	6	6
+14 +10	+16 +10	+20 +10	+18 +14	+20 +14	+24 +14	—	—	—	+24 +18	+28 +18	—	+26 +20	—	+32 +26
+20 +15	+23 +15	+27 +15	+24 +19	+27 +19	+31 +19	—	—	—	+31 +23	+35 +23	—	+36 +28	—	+43 +35
+25 +19	+28 +19	+34 +19	+29 +23	+32 +23	+38 +23	—	—	—	+37 +28	+43 +28	—	+43 +34	—	+51 +42
+31	+34	+41	+36	+39	+46	—	—	—	+44	+51	—	+51 +40	—	+61 +50
+23	+23	+23	+28	+28	+28	—	—	—	+33	+33	+50 +39	+56 +45	—	+71 +60
+37	+41	+49	+44	+48	+56	—	—	—	+54 +41	+62 +41	+60 +47	+67 +54	+76 +63	+86 +73
+28	+28	+28	+35	+35	+35	+50 +41	+54 +41	+62 +41	+61 +48	+69 +48	+68 +55	+77 +64	+88 +75	+101 +88
+45	+50	+59	+54	+59	+68	+59 +48	+64 +48	+73 +48	+76 +60	+85 +60	+84 +68	+96 +80	+110 +94	+128 +112
+34	+34	+34	+43	+43	+43	+65 +54	+70 +54	+79 +54	+86 +70	+95 +70	+97 +81	+113 +97	+130 +114	+152 +136
+54 +41	+60 +41	+71 +41	+66 +53	+72 +53	+83 +53	+79 +66	+85 +66	+96 +66	+106 +87	+117 +87	+121 +102	+141 +122	+163 +144	+191 +172
+56 +43	+62 +43	+73 +43	+72 +59	+78 +59	+89 +59	+88 +75	+94 +75	+105 +75	+121 +102	+132 +102	+139 +120	+165 +146	+193 +174	+229 +210
+66 +51	+73 +51	+86 +51	+86 +71	+93 +71	+106 +71	+106 +91	+113 +91	+126 +91	+146 +124	+159 +124	+168 +146	+200 +178	+236 +214	+280 +258
+69 +54	+76 +54	+89 +54	+94 +79	+101 +79	+114 +79	+119 +104	+126 +104	+139 +104	+166 +144	+179 +144	+194 +172	+232 +210	+276 +254	+232 +310
+81 +63	+88 +63	+103 +63	+110 +92	+117 +92	+132 +92	+140 +122	+147 +122	+162 +122	+195 +170	+210 +170	+227 +202	+273 +248	+325 +300	+390 +365
+83 +65	+90 +65	+105 +65	+118 +100	+125 +100	+140 +100	+152 +134	+159 +134	+174 +134	+215 +190	+230 +190	+253 +228	+305 +280	+365 +340	+440 +415
+86 +68	+93 +68	+108 +68	+126 +108	+133 +108	+148 +108	+164 +146	+171 +146	+186 +146	+235 +210	+250 +210	+277 +252	+335 +310	+405 +380	+490 +465
+97 +77	+106 +77	+123 +77	+142 +122	+151 +122	+168 +122	+186 +166	+195 +166	+212 +166	+265 +236	+282 +236	+313 +284	+379 ++350	+454 +425	+549 +520
+100 +80	+109 +80	+126 +80	+150 +130	+159 +130	+176 +130	+200 +180	+209 +180	+226 +180	+287 +258	+304 +258	+339 +310	+414 +385	+449 +470	+604 +575
+104 +84	+113 +84	+130 +84	+160 +140	+169 +140	+186 +140	+216 +196	+225 +196	+242 +196	+313 +284	+330 +284	+369 +340	+454 +425	+549 +520	+669 +640
+117 +94	+126 +91	+146 +94	+181 +158	+190 +158	+210 +158	+241 +218	+250 +218	+270 +218	+347 +315	+367 +315	+417 +385	+507 +475	+612 +590	+742 +710
+121 +98	+130 +98	+150 +98	+198 +170	+202 +170	+222 +170	+263 +240	+272 +240	+292 +240	+382 +350	+402 +350	+457 +425	+557 +525	+682 +650	+822 790
+133 +108	+144 +108	+165 +108	+215 +190	+226 +190	+247 +190	+293 +268	+304 +268	+325 +268	+426 +390	+447 +390	+511 +475	+626 +590	+766 +730	+936 +900
+139 +114	+150 +114	+171 +114	+233 +208	+244 +208	+265 +208	+319 +294	+330 +294	+351 +294	+471 +435	+492 +435	+566 +530	+696 +660	+856 +820	+1036 +1000
+153 +126	+166 +126	+189 +126	+259 +232	+272 +232	+295 +232	+357 +330	+370 +330	+393 +330	+530 +490	+553 +490	+635 +595	+780 +740	+980 +920	+1140 +1100
+159 +132	+172 +132	+195 +132	+279 +252	+292 +252	+315 +252	+387 +360	+400 +360	+423 +360	+580 +540	+603 +540	+700 +660	+860 +820	+1040 +1000	+1290 +1250

表E-3 常用及优先用途孔的极限偏差数值(GB/T 1800.4—1999)摘编 (μm)

基本尺寸(mm) \ 等级 \ 代号	A*	B*		C		D				E		F			
	11	12	13	11	12	8	9	10	11	8	9	6	7	8	9
≤3	+330 +270	+200 +140	+240 +140	+120 +60	+160 +60	+34 +20	+45 +20	+60 +20	+80 +20	+28 +14	+39 +14	+12 +6	+16 +6	+20 +6	+31 +6
>3～6	+345 +270	+215 +140	+260 +140	+145 +70	+190 +70	+48 +30	+60 +30	+78 +30	+105 +30	+38 +20	+50 +20	+18 +10	+22 +10	+28 +10	+40 +10
>6～10	+370 +280	+240 +150	+300 +150	+170 +80	+230 +80	+62 +40	+76 +40	+98 +40	+130 +40	+47 +25	+61 +25	+22 +13	+28 +13	+35 +13	+49 +13
>10～14	+400	+200	+330	+205	+275	+77	+93	+120	+160	+59	+75	+27	+34	+43	+59
>14～18	+290	+150	+150	+95	+95	+50	+50	+50	+50	+32	+32	+16	+16	+16	+16
>18～24	+430	+290	+370	+240	+320	+98	+117	+149	+195	+73	+92	+33	+41	+53	+72
>24～30	+300	+160	+160	+110	+110	+65	+65	+65	+65	+40	+40	+20	+20	+20	+20
>30～40	+470 +310	+330 +170	+420 +170	+280 +120	+370 +120	+119	+142	+180	+240	+89	+112	+41	+50	+64	+87
>40～50	+480 +320	+340 +180	+430 +180	+290 +130	+380 +130	+80	+80	+80	+80	+50	+50	+25	+25	+25	+25
>50～60	+530 +340	+380 +190	+490 +190	+330 +140	+440 +140	+146	+174	+220	+290	+106	+134	+49	+60	+76	+104
>65～80	+550 +360	+390 +200	+500 +200	+340 +150	+450 +150	+100	+100	+100	+100	+60	+60	+30	+30	+30	+30
>80～100	+600 +380	+440 +220	+570 +220	+390 +180	+520 +180	+174	+207	+260	+340	+126	+159	+58	+71	+90	+123
>100～120	+630 +410	+460 +240	+590 +240	+400 +180	+530 +180	+120	+120	+120	+120	+72	+72	+36	+36	+36	+36
>120～140	+710 +416	+510 +260	+660 +260	+450 +200	+600 +200	+208	+245	+305	+395	+148	+185	+68	+83	+106	+143
>140～160	+770 +520	+530 +280	+680 +280	+460 +210	+610 +210										
>160～180	+830 +580	+560 +310	+710 +310	+480 +230	+630 +230	+145	+145	+145	+145	+85	+85	+43	+43	+43	+43
>180～200	+950 +660	+630 +340	+800 +340	+530 +240	+700 +240	+242	+285	+355	+460	+172	+215	+79	+96	+122	+165
>200～225	+1030 +740	+670 +380	+840 +380	+550 +260	+720 +260										
>225～250	+1110 +820	+710 +420	+880 +420	+570 +280	+740 +280	+170	+170	+170	+170	+100	+100	+50	+50	+50	+50
>250～280	+1240 +920	+800 +480	+1000 +480	+620 +300	+820 +300	+271	+320	+440	+510	+191	+240	+88	+108	+137	+186
>280～315	+1370 +1050	+860 +540	+1060 +540	+650 +330	+850 +330	+190	+190	+190	+190	+110	+100	+56	+56	+56	+56
>315～335	+1560 +1200	+960 +600	+1170 +600	+720 +360	+930 +360	+299	+350	+440	+570	+214	+265	+98	+119	+151	+202
>335～400	+1710 +1350	+1040 +680	+1250 +680	+760 +400	+970 +400	+210	+210	+210	+210	+125	+125	+62	+62	+62	+62
>400～450	+1900 +1500	+1160 +760	+1390 +760	+840 +440	+1070 +440	+327	+385	+480	+630	+232	+290	+108	+131	+65	+223
>450～500	+2050 +1650	+1240 +840	+1470 +840	+880 +448	+1110 +448	+230	+230	+230	+230	+135	+135	+68	+68	+68	+68

G		H							JS			K		
6	7	6	7	8	9	10	11	12	6	7	8	6	7	8
+8 +2	+12 +2	+6 0	+10 0	+14 0	+25 0	+40 0	+60 0	+100 0	±3	±5	±7	0 -6	0 -10	0 -14
+12 +4	+16 +4	+8 0	+12 0	+18 0	+30 0	+48 0	+75 0	+120 0	±4	±6	±9	+2 -6	+3 -9	+5 -13
+14 +5	+20 5	+9 0	+15 0	+22 0	+36 0	+58 0	+90 0	+150 0	±4.5	±7	±11	+2 -7	+5 -10	+6 -16
+17 +6	+24 +6	+11 0	+18 0	+27 0	+43 0	+70 0	+110 0	+180 0	±5.5	±9	±13	+2 -9	+6 -12	+8 -19
+20 +7	+28 +7	+13 0	+21 0	+33 0	+52 0	+84 0	+130 0	+210 0	±6.5	±10	±16	+2 -11	+6 -15	+10 -23
+25 +9	+34 +9	+16 0	+25 0	+39 0	+62 0	+100 0	+160 0	+250 0	±8	±12	±19	+3 -13	+7 -18	+12 -27
+29 +10	+40 +10	+19 0	+30 0	+46 0	+74 0	+120 0	+190 0	+300 0	±9.5	±15	±23	+4 -15	+9 -21	+14 -32
+34 +12	+47 +12	+22 0	+35 0	+54 0	+87 0	+140 0	+220 0	+350 0	±11	±17	±27	+4 -18	+10 -25	+16 -38
+39 +14	+54 +14	+25 0	+40 0	+63 0	+100 0	+160 0	+250 0	+400 0	±12.5	±20	±31	+4 -21	+12 -28	+20 -43
+44 +15	+61 +15	+29 0	+46 0	+72 0	+115 0	+185 0	+290 0	+460 0	±14.5	±23	±36	+5 -24	+13 -33	+22 -56
+49 +17	+69 +17	+32 0	+52 0	+81 0	+130 0	+210 0	+320 0	+520 0	±16	±26	±40	+5 -27	+16 -36	+25 -56
+54 +18	+75 +18	+36 0	+57 0	+89 0	+140 0	+230 0	+360 0	+570 0	±18	±28	±44	+7 -29	+17 -40	+28 -61
+60 +20	+83 +20	+40 0	+63 0	+97 0	+155 0	+250 0	+400 0	+630 0	±20	±31	±48	+8 -32	+18 -45	+29 -68

续表

代号 / 等级 / 基本尺寸(mm)	M			N			P		R		S		T		U
	6	7	8	6	7	8	6	7	6	7	6	7	6	7	7
≤3	-2 -8	-2 -12	-2 -16	-4 -10	-4 -14	-4 -18	-6 -12	-6 -16	-10 -16	-10 -20	-14 -20	-14 -24	—	—	-18 -28
>3～6	-1 -9	0 -12	+2 -16	-5 -13	-4 -16	-2 -20	-9 -17	-8 -20	-12 -20	-11 -23	-16 -24	-15 -27	—	—	-19 -31
>6～10	-3 -12	0 -15	+1 -21	-7 -16	-4 -19	-3 -25	-12 -21	-9 -24	-16 -25	-13 -28	-20 -29	-17 -32	—	—	-22 -37
>10～14	-4	0	+2	-9	-5	-3	-15	-11	-20	-16	-25	-21	—	—	-26 -44
>14～18	-15	-18	-25	-20	-23	-30	-26	-29	-31	-34	-36	-39			
>18～24	-4	0	+4	-11	-7	-3	-18	-14	-24	-20	-31	-27	—	—	-33 -54
>24～30	-17	-21	-29	-24	-28	-36	-31	-35	-37	-41	-44	-48	-37 -50	-33 -54	-40 -61
>30～40	-4	0	+5	-12	-8	-3	-21	-17	-29	-25	-38	-34	-43 -59	-39 -64	-51 -76
>40～50	-20	-25	-34	-28	-33	-42	-37	-42	-45	-50	-54	-59	-49 -65	-45 -70	-61 -86
>50～60	-5	0	+5	-14	-9	-4	-26	-21	-35 -54	-30 -60	-47 -66	-42 -72	-60 -79	-55 -85	-76 -106
>65～80	-24	-30	-41	-33	-39	-50	-45	-51	-37 -65	-32 -62	-53 -72	-48 -78	-69 -88	-64 -94	-91 -121
>80～100	-6	0	+6	-16	-10	-4	-30	-24	-44 -66	-38 -73	-64 -86	-58 -93	-84 -106	-78 -113	111 146
>100～120	-28	-35	-48	-38	-45	-58	-52	-59	-47 -69	-41 -76	-72 -94	-66 -101	-97 -119	-91 -126	-131 -166
>120～140	-8	0	+8	-20	-12	-4	-36	-28	-56 -81	-48 -88	-85 -110	-77 -117	-115 -140	-107 -147	-155 -195
>140～160									-58 -83	-50 -90	-93 -118	-85 -125	-127 -152	-119 -159	-175 -215
>160～180	-33	-40	-55	-45	-52	-67	-61	-68	-61 -86	-53 -93	-101 -126	-93 -133	-139 -164	-131 -171	-195 -235
>180～200	-8	0	+9	-22	-14	-5	-41	-33	-68 -97	-60 -106	-113 -142	-105 -151	-157 -186	-149 -195	-219 -265
>200～225									-71 -100	-63 -109	-121 -150	-113 -159	-171 -200	-163 -209	-241 -287
>225～250	-37	-46	-63	-51	-60	-77	-70	-79	-75 -104	-67 -113	-131 -160	-123 -169	-187 -216	-179 -225	-267 -313
>250～280	-9	0	+9	-25	-14	-5	-47	-36	-85 -117	-74 -126	-149 -181	-138 -190	-209 -241	-198 -250	-295 -347
>280～315	-41	-52	-78	-62	-73	-94	-87	-98	-89 -121	-78 -130	-161 -193	-150 -202	-231 -263	-220 -272	-330 -382
>315～335	-10	0	+11	-26	-16	-5	-51	-41	-97 -133	-87 -144	-179 -215	-169 -226	-257 -293	-247 -304	-369 -426
>335～400	-46	57	-78	-62	-73	-94	-87	98	-103 -139	-93 -150	-197 -233	-187 -244	-283 -319	-273 -330	-414 -471
>400～450	-10	0	+11	-27	-17	-6	-55	-45	-113 -153	-103 -166	-219 -259	-209 -271	-317 -357	-307 -370	-467 -530
>450～500	-50	63	-86	-67	-80	-103	-95	-108	-119 -159	-109 -172	-239 -279	-229 -292	-347 -387	-337 -400	-517 -580

注：*基本尺寸不小于1mm时，各级的A和B均不采用。

参 考 文 献

[1] 中华人民共和国国家质量监督检验检疫总局. 机械制图. 北京：中国标准出版社，2007.

[2] 中国标准化管理委员会. 技术制图　图纸幅面和格式. 北京：中国标准出版社，2008.

[3] 中国标准化管理委员会. 技术制图　投影法. 北京：中国标准出版社，2008.

[4] 中国标准化管理委员会. 产品几何技术规范（GPS）技术产品文件中表面结构的表示法. 北京：中国标准出版社，2006.

[5] 国家标准工作组. 王槐德. 机械制图新旧标准代换教程（修订版）. 北京：中国标准出版社，2009.

[6] 国际标准化技术委员会. 技术制图. 北京：中国标准出版社，2007.

[7] 梁东晓. 机械制图. 北京：中国劳动社会保障出版社，2006.

[8] 王五一. 机械制图. 北京：中国地质大学出版社，2006.

[9] 李跃兵，钟震坤. 机械制图. 长沙：中南大学出版社，2008.

[10] 艾小玲，耿海珍. 机械制图. 上海：同济大学出版社，2009.

[11] 姚民雄，华红芳. 机械制图. 北京：电子工业出版社，2009.

[12] 李典灿. 机械图样识读与测绘. 北京：机械工业出版社，2010.

[13] 金大鹰. 机械制图. 北京：机械工业出版社，2009.

[14] 奚旗文主编. 机械图样的识读与绘制. 北京：电子工业出版社，2012

反侵权盗版声明